山东省航空航天学会 2023 学术年会论文集

崔岩 编

北京航空航天大学出版社

内 容 简 介

《山东省航空航天学会 2023 学术年会论文集》是山东省航空航天学会 2023 学术年会征集的优秀论文汇编,共收录学术论文 61 篇,涉及航空航天设计技术、工艺技术、材料技术、仿真技术、测试技术、检测技术、无人机技术、质量管理技术和工程管理技术等多个专业领域,内容丰富,具有一定的理论性、实用性和参考价值。

图书在版编目(CIP)数据

山东省航空航天学会 2023 学术年会论文集 / 崔岩编
. -- 北京 :北京航空航天大学出版社,2023.12
ISBN 978 - 7 - 5124 - 4254 - 2

Ⅰ. ①山… Ⅱ. ①崔… Ⅲ. ①航空工程-学术会议-文集②航天工程-学术会议-文集 Ⅳ. ①V-53

中国国家版本馆 CIP 数据核字(2024)第 001757 号

山东省航空航天学会 2023 学术年会论文集
崔 岩 编
责任编辑 董 瑞 周世婷
*
北京航空航天大学出版社出版发行
北京市海淀区学院路 37 号(邮编 100191)　http://www.buaapress.com.cn
发行部电话:(010)82317024　传真:(010)82328026
读者信箱:goodtextbook@126.com　邮购电话:(010)82316936
北京富资园科技发展有限公司印装　各地书店经销
*
开本:787×1 092　1/16　印张:26.75　字数:702 千字
2023 年 12 月第 1 版　2023 年 12 月第 1 次印刷
ISBN 978 - 7 - 5124 - 4254 - 2　定价:238.00 元

前　　言

　　《山东省航空航天学会 2023 学术年会论文集》是山东省航空航天学会 2023 学术年会征集的优秀论文汇编。山东省航空航天学会 2023 学术年会的主题为"创新引领　科技赋能",重点关注山东省航空航天企事业单位在科技创新、智能制造、军民融合及相关领域的科学研究进展和技术创新成果,搭建各单位科技创新交流和产业发展合作平台,促进山东省航空航天科学技术发展和产业发展,促进航空航天科学技术的普及和推广,为山东强省战略实施做出贡献。本届学术年会由山东省航空航天学会主办,山东航天电子技术研究所承办,集中展示和交流了山东省航空航天领域科研院所、高等院校和企事业单位的科学研究和工程技术人员的科研成果、创新成果、管理成果和工程实践,突出新产品、新技术、新结构、新材料、新工艺、新试验测试技术等方面的科技研究及工程应用。

　　本论文集共收录:学术年会主旨报告 1 篇,学术论文 60 篇,内容涉及航空航天设计技术、工艺技术、材料技术、仿真技术、测试技术、检测技术、无人机技术、质量管理技术和工程管理技术等专业领域,内容丰富,具有一定的理论性、实用性和参考价值。

　　本书是山东省航空航天领域广大科技工作者辛勤工作的成果,衷心感谢所有论文作者的辛勤付出!

　　由于水平有限,疏漏和错误在所难免,希望广大读者提出意见和建议。

崔　岩

2023 年 10 月

目　　录

材料技术

仿真技术

测试技术

检测技术

无人机技术

质量管理技术

工程管理技术

主旨报告

2023

空天数据链智能化发展简析

杨志群　沙金良

（山东航天电子技术研究所，山东·烟台，264003）

摘要： 未来战争模式必将由信息化向智能化转变，本文针对未来空天飞行器无人化、集群化、智能化作战场景和任务，以美军通用数据链的发展动态为参考，阐述了空天数据链智能化发展的迫切性，凝练了智能数据链需要研究和突破的关键技术，为后续智能化数据的发展提供参考。

关键词： 空天数据链；无人化；集群化；智能化

1　引　言

现代战争已成为夺取制信息权的博弈，谁拥有信息优势，谁就掌握了战争的主动权。这将对信息获取、处理与利用、传输与分发、信息对抗与决策提出了更高的要求。空天飞行器数据链作为各类航空航天平台与海上、陆地平台互联互通的纽带，承担着各平台传感器的情报传输、指令下达、信息共享等信息传输任务，起着至关重要的作用。

随着机械化、信息化向无人化、集群化、智能化方向发展，传统的按照既定模式的数据链传输，在技术、成本诸多约束下研制的功能和性能确定，使用的频段、带宽、波形等参数相对固定，在强对抗无人作战场景下，不具备适应环境任务变化、按需可靠传输、为决策提供信息保障的能力，无法适应空、天、陆、海多域无人作战所需的信息交互速度、节点规模、互联互操作、环境适应性等新型作战需求。

2　美军数据链发展动态

美军数据链经过了 3 个阶段研制建设，已逐步形成支持美军和北约各类空中情报侦察任务的通用数据链（CDL）体系，装备包括陆、海、空、天、海军陆战队以及各类情报机构，包括 E-8、EC-135、RC-130、F-16、全球鹰等美军战斗机、直升机、无人机、特种飞机、舰船、车、地面站等，涵盖海陆空军的多类平台。按照速率划分，主要包括 5 种类型的数据链，如表 1 所列。

表 1　按照传输速率划分的主要 5 种类型的数据链

类型	名　称	传输速率/Mbps	适用范围
Ⅰ 型	通用数据链	10.7	飞行马赫数小于 2.3、高度小于 24 km 的机载平台
Ⅱ 型	高级通用数据链	21.42	飞行马赫数小于 5、高度小于 45 km 的机载平台
Ⅲ 型	多平台通用数据链	44.73	飞行马赫数小于 5、高度小于 150 km 的机载平台
Ⅳ 型	扩展到卫星通信的数据链	137	中低轨卫星
Ⅴ 型		274	高轨、中继卫星

美军数据链典型应用如下：

（1）卫星数据链情报支持和中继传输。天基卫星数据链主要用于天基侦察信息的宽带传输以及星上处理生成的各级数据和情报的实时分发,技术体制兼容 CDL 标准,支持各类传感器和平台设施的复用。

（2）大容量信息传输及空基中继。实现无人机、有人机传感器信息的实时高速传输,机载平台作为信息汇聚节点,将各类信息汇聚后,向陆基和海基站点实时下传。

（3）多平台协同作战。通用数据链能够支撑各类情报侦察监视、电子战等作战平台的协同作战,实现同类传感器协同信号定位、异构传感器交叉定位、多个传感器综合使用、察打一体的目标信息实时传输、异地/异构传感器的交叉指示和融合。

为了支撑高效多域异构平台的联合作战,美军综合运用了卫星和空基、陆基、海上视距等多种无线通信手段,用于解决战场各类传感器侦察信息采集回传、信息共享、汇聚融合、指令下达等应用问题。多域联合作战下的数据链应用如图 1 所示。

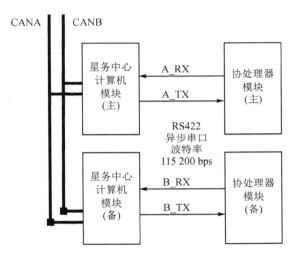

图 1　多域联合作战下的数据链应用

2014 年,美国国防部高级研究计划局（DARPA）支持的"平台间对抗环境中的通信"（C2E）项目,旨在发展抗干扰、难探测的通信技术,开发和部署自适应通信系统,应对各种频谱战威胁,综合利用异构网络、中心网络以及无中心无线自组织网络,确保通信网络传输安全可靠,最大可支持 104 个网络节点,单个节点的数据率达 10 Mbps 量级。

2015 年,在 C2E 项目基础上,又支持开发网络动态适应技术,重点研究自适应网络管理技术,在干扰环境中或关键网络节点突然中断时,能通过不同路由方式使信息得到恢复——自适应性。保证各类航空平台在面对主动干扰时,能在一定安全等级下进行即时高速通信——抗拒止能力;并使用 C2E 项目的硬件开展演示验证,保证原始射频数据在不兼容的网络之间进行通信,为各类航空平台使用——通用性。

天基方面,2021 年 DARPA 的天基自适应通信节点（Space－BACN）计划将创建一个低成本、可重构的星间光通信数据链,其可以在单个波长功率 100 W 以下支持高达 100 Gbps 的速率,创建一个低轨卫星"高速传输互联网",并允许军事/政府和商业/民用卫星星座之间的持续通信,极大程度扩展了美军空间通信能力。

3　空天数据链智能化发展需求

俄乌开战以来,作战形态和作战样式发生了根本性的改变,越来越多的无人智能设备正成为作战的主力军,智能化技术在军事上广泛应用。2017年,DARPA提出以"马赛克战"为代表的决策中心战,旨在冲突中制造迷雾和阻碍,破坏或拒止冲突双方的观察—调整—决策—行动(OODA)环路,其中最有效的途径是破坏和干扰对抗的信息传输链路,因为OODA环路中四个环节的任务和执行依据均来源并高度依赖于实时态势信息的传输链路,如图2所示。

3.1　强对抗电磁环境需求

强对抗环境下,各类参战平台的雷达、通信、对抗设备节点数量大,电磁环境复杂,面临可用频谱资源受限,数据链的传输能力、传输可靠性大大下降。主要体现在:

➢ 可用通信频点缺乏;
➢ 数据传输速率降低;
➢ 有效通信时间缩短;
➢ 空间传输对象限制;
➢ 通信网络难以为继;
➢ 传输可靠性降低。

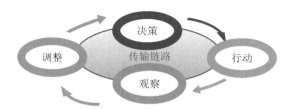

图2　数据链在OODA中的重要作用

通过对战场环境的电磁频谱智能感知,可以实时掌握所面临的电磁环境和战场态势,采用相应的智能传输策略,提高数据链在复杂电磁环境下的生存能力,保障信息交互的稳健性和可靠性。

3.2　跨域多任务作战需求

围绕海/陆/空/天/水下等多域、跨域作战下的情报、侦察、监视、打击、评估等多任务场景,不同飞行平台对数据链传输能力的要求各不相同,且要求互联互通、互操作。例如卫星广域态势感知任务对数据链的传输速率、时效性以及可靠性与空中目标精确识别、跟踪任务完全不同,且在空域、海域、陆域以及不同速度域下对数据链的要求也不尽相同,要求具备适应多任务、多平台、多域传输的能力。

3.3　无人集群分布式协同需求

未来指挥与通信领域中,指挥控制架构从"集中式"向"分布式"转变,异构无人集群遂行侦察、监视、打击评估等任务时,自主任务分配、航迹规划、协同控制、协同决策均需要进行信息传输。对数据链的智能要求主要体现在以下几个方面:

➢ 弹性组网:节点按需组网和重入网,保障战损情形下自组织网络通信;
➢ 高效率传输:根据任务需要,保障对抗电磁环境下的传输效率;
➢ 抗截获能力:保持无人集群信息传输的安全性。

3.4　以"认知优势"为制胜机理的变化对数据链的需求

美军"决策中心战"的规划和实施,制胜机理也发生根本变化,关键要素从信息域转到认知域,从争夺"信息优势"向获取"认知优势"转变,核心理念是提高OODA环路每一个环节的更新速度、灵活程度、协同能力等几个要素,生成比对手更快地适应变化环境的能力,感知、控制和指挥决策对数据链传输提出了新的需求,感知、调整、决策、控制与数据链传输将无缝衔接、融合一体:

> 数据链与传感器感知融合一体需求,感知即传输;
> 数据链与指挥决策融合一体需求,传输模式自主指挥决策;
> 数据链与控制融合一体需求,自主控制传输;
> 数据链与感知/决策/控制等要素自主配置与重构需求;
> 设备小型化、集成化:数据链设备与感知、控制等设备复用和融合。

4 空天数据链智能化关键技术

4.1 基于人工智能的频谱感知技术

空天数据链面临着强对抗下复杂电磁环境,各种干扰此起彼伏,除了大气噪声、多径、工业干扰、各种探测/通信设备的同频/带外干扰外,交战双方的蓄意干扰也严重影响数据链的传输。通过接收并感知系统所处电磁环境,获取通信频段内的敌我干扰频谱、时域、空域特性及对应的能量等级和能量分布、时间特征、空间位置等;频谱感知系统必须具备超宽带、高灵敏度、时效性、低功耗并且具有足够的智能性。图3示意了一种基于深度学习的频谱感知系统。

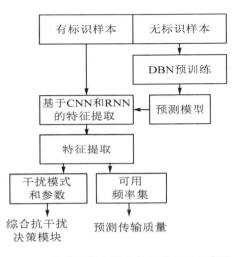

图 3 一种基于深度学习的频谱感知示意图

4.2 基于认知的数据链抗干扰与自适应传输技术

在战场环境瞬息万变的情形下,空/时/频资源和平台能耗极其有限,指挥决策对信息传输的时效性和传输能力提出更高的要求,如何智能化确定数据链参数(如通信时间、通信频率、调制方式、发射功率、编码方式等)并进行自适应调整,是取得制信权的关键。

常规的抗干扰方法基于变换域的干扰抑制,通过时域、频域、波形域的变换达到干扰的抑制。为了在不同干扰环境下实现数据的有效传输,必须通过环境频谱感知及干扰模式识别,细致分析通信频谱环境,并以此为据自适应调节通信波形等参数,动态完成波形重构,保证数据传输的高可靠高有效性。图 4 为一种基于认知的自适应传输技术示意图。

4.3 强顽存/高抗毁的弹性组网技术

未来天基支持下的陆、海、空多域对抗条件下,卫星、有人/无人机、导弹武器等各种飞行器之间的组网并实现点对点、点对多点、多点对多点的信息、数据和态势共享是各方取得战场态势优势的关键。为了提升大规模、多类型、灵活、环境和任务自适应的组网能力,至少需要解决以下关键技术:

> 强实时/低开销的大规模组网技术;
> 大规模网络资源动态分配技术;
> 大规模节点动态接入与组网技术;

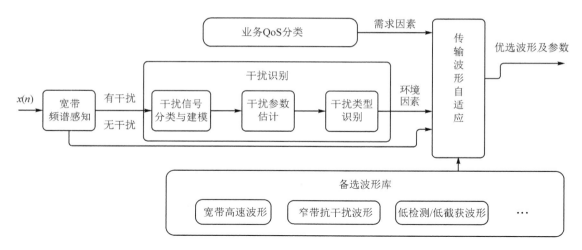

图 4　基于认知的自适应传输技术

> 强损毁条件下的网络自恢复和重建链技术;
> 网络认知/对抗与安全技术。

4.4　数据链自主协同管控技术

考虑到不同平台或传感器数据传输的策略、时机各不相同,并且对传输时延、传输带宽等传输能力有着极大的差异。因此必须根据不同的任务和场景对数据链收发端、通信网络进行智能化协同管理,从而在满足不同任务和场景需求等多约束条件下,最小化系统资源开销,最大化抗干扰性能、最佳传输效率。主要的关键技术有:

> 任务/场景驱动的数据链智能规划和资源配置技术;
> 任务/场景驱动的智能数据链传输控制技术;
> 动态环境下数据链自主时—空—致性校准技术。

5　结束语

基于卫星支持的空天飞行器数据链智能化建设迫在眉睫,通过分析美军数据链发展现状和趋势,总结凝练了数据链智能化发展的关键技术,可大大提升信息交互智能化水平,加速 OO-DA 环路的收敛速度,有效支撑强对抗复杂战场环境下无人化、集群化、智能化等新型作战模式。

参考文献

［1］尹浩.无人作战系统的通信问题［J］.中国军转民.2020,12.

［2］陈明德,和欣.马赛克战对指挥与通信领域的启示分析［J］.通信技术.2022,55(10):1284-1293.

［3］陈柱文.DARPA 启动马赛克通信项目［J］.电科防务.2020,7.

［4］蒋亚民.智能化系统重塑未来战场［J］.军事运筹与系统工程.2019,33(01):21-24.

设 计 技 术

2023

基于光纤传感网络的航天器结构损伤声发射定位

杨宁　张建德　郭春辉　刘洋

（山东航天电子技术研究所，山东·烟台，264003）

摘要：本文针对航天器结构损伤定位问题，利用光纤布拉格光栅构建传感器网络获取结构损伤释放的声发射信号，并提出一种基于最小二乘支持向量机的航天器结构损伤智能定位方法。首先，采用最小二乘法和小波变换分别去除损伤信号直流趋势项和噪声干扰；然后，结合互相关分析算法，提取损伤信号时差；最后，将提取的损伤信号时差作为输入，损伤位置作为输出，利用最小二乘支持向量机，实现航天器结构损伤的精确定位。实验结果表明，基于最小二乘支持向量机的光纤光栅损伤定位系统对 18 组测试样本进行损伤定位识别，其损伤位置横坐标与纵坐标识别误差均在 5 mm 之内，为航天器结构损伤定位提供了一种可靠方法。

关键词：航天器；结构健康监测；损伤定位；光纤传感；声发射

1　引　言

由于结构疲劳老化、结构应力释放、大气摩擦、外部高速撞击等原因导致的航天器结构损伤过程会以声发射的形式出现，因此，基于声发射技术的航天器结构损伤定位技术引起了广泛关注[1-3]。研究人员希望借助在航天器结构上安装声发射传感器，构建传感网络，在线监测损伤事件的发生，定位损伤位置。这对于实现航天器长寿命、高可靠运行，提高我国航天器整体设计水平有着重要意义。

损伤定位的前提是损伤信号的准确监测。传统的信号监测中，压电式装置多被使用[4,5]，但存在体积大、安装复杂、受电磁干扰等缺点，难以适应航空航天恶劣环境的要求。光纤光栅传感器是 20 世纪 70 年代发展起来的一种先进传感器，其原理是光波在光纤中传输时，特征参量会受到外界因素的调制而发生直接或间接的变化，通过解调受调制光波的各种本征参数即可获得外界物理量的信息。光纤传感器具有灵敏度高、体积重量小、抗电磁干扰、信号复用能力强等优点[6-8]。

本文基于光纤布拉格光栅（Fiber Bragg Grating，FBG）传感器构建传感网络，实时获取结构损伤释放的声发射信号并提取信号特征，以实现航天器结构的损伤定位。针对监测信号存在的干扰问题，首先引入最小二乘法和小波变换算法进行预处理；然后，结合互相关算法，提取损伤信号时差；最后，采用最小二乘支持向量机算法，建立信号时差与损伤位置之间的关系模型，实现航天器结构损伤的高精度定位。

2　损伤定位算法

2.1　结构损伤信号预处理

在进行损伤定位时，由于 FBG 传感器波长漂移和外界环境干扰等因素，易使 FBG 传感器监测的损伤信号中含有直流趋势项和噪声,直接影响损伤定位精度。因此,需要进行数据预处理,以去除直流趋势项和噪声干扰。

2.1.1 基于最小二乘法的直流趋势项去除

采用最小二乘法去除直流趋势项。定义采样数据为 $\{x_k\}(k=1,2,\cdots,n)$,由于是等间隔采样,因此为简化运算,设定采样间隔 $\Delta T=1$,则可确定待定系数 $a_j(j=0,1,\cdots,m)$,构成 m 阶多项式函数:

$$x_k^* = a_0 + a_1 k + \cdots + a_m k^m \quad (k=1,2,\cdots,n) \tag{1}$$

并满足 x_k^* 与 x_k 的误差平方和最小,即

$$E = \sum_{k=1}^{n} (x_k^* = x_k)^2 = \sum_{k=1}^{n} \left(\sum_{j=0}^{m} a_j k^j - x_k \right)^2 \tag{2}$$

令 E 对 a 偏导为零,得到 $m+1$ 元方程组:

$$\sum_{k=1}^{n} \sum_{j=0}^{m} a_j k^{j+1} - \sum_{k=1}^{n} x_k k^i = 0 \quad (i=0,1,\cdots,m) \tag{3}$$

求解方程组,确定待定系数 a_j,得到消除趋势项公式 y_k:

$$y_k = x_k - x_k^* \tag{4}$$

2.1.2 基于小波变换的信号噪声去除

采用小波变换[9~11]去除噪声干扰。定义

$$f(t) \in L^2(R) \tag{5}$$

式中,$L^2(R)$ 表示平方可积的实数空间,即能量有限的信号空间;R 代表实数。

选取小波函数 $\psi(t)$,则其连续小波变换为

$$W_f(a,b) = |a|^{\frac{1}{2}} \int_R f(t) \psi^* \left(\frac{t-b}{a} \right) dt \tag{6}$$

式中,a 为伸缩因子;b 为平移因子;ψ^* 表示小波函数的共轭。

在计算机应用中,必须将连续小波离散化,因此引入

$$a = a_0^j, \quad b = k a_0^j b_0 \tag{7}$$

式中,k、j 为整数;a_0 为大于1的固定伸缩步长。

可离散化小波变换的系数为

$$W_{j,k}(t) = a_0^{-\frac{1}{2}} \int_R f(t) \psi^* (a_0^{-j} t - k b_0) dt \tag{8}$$

进一步得重构公式:

$$f(t) = C \sum_{-\infty}^{\infty} \sum_{-\infty}^{\infty} W_{j,k} a_0^{-\frac{1}{2}} \psi(a_0^{-j} t - k b_0) \tag{9}$$

式中,C 为与信号无关的常数。

2.2 损伤信号时差提取

时差提取算法主要采用互相关函数法[12]。互相关函数是在时域比较两个信号相似程度的一种方法,信号的互相关可以定量的描述两个信号的延迟。假定安装位置不同的2个FBG传感器接收到的同一损伤源的信号为 $x_1(t)$ 和 $x_2(t)$,表示为

$$\begin{cases} x_1(t) = s(t) + n_1(t) \\ x_2(t) = s(t-\tau_0) + n_2(t) \end{cases} \tag{10}$$

式中，$s(t)$ 为损伤源信号；τ_0 为信号时差；$n_1(t)$ 和 $n_2(t)$ 为噪声。

时差 τ 可由其互相关函数得到，2 个信号的互相关函数为

$$R_{x_1 x_2}(\tau) = R_{ss}(\tau - \tau_0) + R_{sn_1}(\tau) + R_{sn_2}(\tau - \tau_0) + R_{n_1 n_2}(\tau) \tag{11}$$

假定信号 $s(t)$、噪声 $n_1(t)$、噪声 $n_2(t)$ 互不相关，则公式简化为

$$R_{x_1 x_2}(\tau) = R_{ss}(\tau - \tau_0) \tag{12}$$

根据自相关性质，有

$$|R_{ss}(\tau - \tau_0)| \leqslant R_{ss}(0) \tag{13}$$

因此，当 $\tau - \tau_0 = 0$ 时，$R_{x_1 x_2}(\tau)$ 为最大值，此时 τ 值便为信号时差。但实际上，噪声之间存在相关性，故公式可表示为

$$R_{x_1 x_2}(\tau) = R_{ss}(\tau - \tau_0) + R_{n_1 n_2} \tag{14}$$

即 $R_{n_1 n_2}$ 存在使得 $R_{x_1 x_2}(\tau)$ 取最大值时的 τ 偏离 τ_0，影响了时差求取精度。因此，需要先采用 2.1 节中小波变换减小噪声影响，然后进行互相关分析，提取信号时差。

2.3 结构损伤定位

2.3.1 四边形阵列定位原理

声发射时差定位技术主要由三方面组成：到达时间的确定、波速的测定和定位算法。传统的声发射时差定位主要针对各种不同类型的特殊传感器阵列进行显式求解，如任意三角形阵列算法、四边形阵列算法等。其中，较为经典的时差定位算法是四边形阵列算法[13,14]。

损伤声发射四边形阵列定位原理如图 1 所示。在图 1 中，定义 4 个 FBG 传感器的位置坐标分别为 (x_1, y_1)、(x_2, y_2)、(x_3, y_3)、(x_4, y_4)，损伤声发射源坐标为 (x, y)。假设损伤声发射源信号传播到 4 个 FBG 传感器的到达时间及波速分别为 t_1、t_2、t_3、t_4 及 v，那么可以得到四边形阵列定位方程组如下：

$$\begin{cases} \sqrt{(x-x_2)^2 + (y-y_2)^2} - \sqrt{(x-x_1)^2 + (y-y_1)^2} = v(t_2 - t_1) \\ \sqrt{(x-x_3)^2 + (y-y_3)^2} - \sqrt{(x-x_1)^2 + (y-y_1)^2} = v(t_3 - t_1) \\ \sqrt{(x-x_4)^2 + (y-y_4)^2} - \sqrt{(x-x_1)^2 + (y-y_1)^2} = v(t_4 - t_1) \end{cases} \tag{15}$$

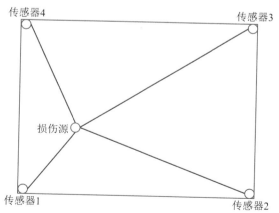

图 1 四边形阵列定位原理图

分析四边形阵列定位方程，FBG 传感器粘贴位置为固定值，波速 v 是常数，因此，损伤声发射源位置仅与声发射信号到达不同传感器的时差有关。然而，由于在航天器结构中，声发射

信号传播波速通常不为常数，假定波速 v 是常数将会影响定位精度。

2.3.2　基于最小二乘支持向量机的损伤定位算法

采用最小二乘支持向量机[15-17]算法，建立信号时差与损伤位置之间的关系模型，消除信号传播波速的影响，提升定位精度。

对于数据样本 $(x_1,y_1),(x_2,y_2),\cdots,(x_n,y_n),x_i\in R^N,y\in R,i=1,2,\cdots,n$，可以选取非线性映射函数 $\varphi(\cdot)$ 将数据样本从原来空间映射到高维空间，进而在高维空间中构造一个最优决策函数：

$$y(x)=\boldsymbol{w}^{\mathrm{T}}\varphi(x)+b \tag{16}$$

式中，$\boldsymbol{w}$ 表示权向量，b 表示偏置项。

由式(16)可知，$y(x)$ 为线性回归函数，这样，最小二乘支持向量机的回归问题就转化为求解如下约束性优化问题：

$$\begin{cases} \min\limits_{w,b,e} J(\boldsymbol{w},e)=\dfrac{1}{2}\boldsymbol{w}^{\mathrm{T}}\boldsymbol{w}+\dfrac{1}{2}C\sum\limits_{i=1}^{N}e_i^2 \\ \mathrm{s.\,t:}\ y_i=\boldsymbol{w}^{\mathrm{T}}\varphi(x_i)+b+e_i \qquad (i=1,2,\cdots,N) \end{cases} \tag{17}$$

式中，e_i 代表误差项；C 代表惩罚因子。

引入拉格朗日函数将式(17)转换成不具有约束条件的优化问题：

$$L(\boldsymbol{w},b,e,\theta)=J(\boldsymbol{w},e)-\sum_{i=1}^{N}\theta_i(\boldsymbol{w}^{\mathrm{T}}\varphi(x_i)+b+e_i-y_i) \tag{18}$$

式中，θ 代表拉格朗日乘子。

进而依据优化条件可以推得

$$\begin{cases} \dfrac{\partial L}{\partial w}=0 \\ \dfrac{\partial L}{\partial b}=0 \\ \dfrac{\partial L}{\partial e_i}=0 \\ \dfrac{\partial L}{\partial \theta_i}=0 \end{cases} \Rightarrow \begin{cases} \boldsymbol{w}=\sum\limits_{i=1}^{N}\theta_i\varphi(x_i) \\ \sum\limits_{i=1}^{N}\theta_i=0 \\ \theta_i=Ce_i \\ \boldsymbol{w}^{\mathrm{T}}\varphi(x_i)+b+e_i-y_i=0 \end{cases} \tag{19}$$

进一步推得最小二乘支持向量机模型输出为

$$y(x)=\sum_{i=1}^{N}\theta_i k(x,x_i)+b \tag{20}$$

式中，$k(x_i,x)$ 代表核函数，核函数的不同所构造的最小二乘支持向量机也就不同，本文采用径向基核函数

$$k(x,x_i)=\exp\left[-\frac{(x-x_i)^2}{2\sigma^2}\right] \tag{21}$$

式中，σ 为核宽。

将式(21)代入式(20)得

$$y(x)=\sum_{i=1}^{N}\theta_i\exp\left[-\frac{(x-x_i)^2}{2\sigma^2}\right]+b \tag{22}$$

式(22)即为最小二乘支持向量机模型。

根据上述分析，定义样本数据为 $\{(x_i,y_i),i=1,2,3,\cdots,n\}$。其中，$x_i$ 表示传感器网络内

不同 FBG 传感器监测信号时差，$x_i = \{t_{i1} - t_{i3}, t_{i2} - t_{i4}\}$；$y_i$ 表示航天器结构实际损伤位置，$y_i = \{y_{i1}, y_{i2}\}$，y_{i1} 表示实际损伤位置横坐标，y_{i2} 表示实际损伤位置纵坐标。这样即可构建以 x_i 作为输入，y_{i1} 作为输出的基于最小二乘支持向量机的航天器结构损伤横坐标识别模型；也可构建以 x_i 作为输入，y_{i2} 作为输出的基于最小二乘支持向量机的航天器结构损伤纵坐标识别模型。然后，分别选定合适的核宽和惩罚因子，完成基于最小二乘支持向量机的航天器结构损伤位置识别。

3　损伤定位系统构建

基于光纤光栅传感网络的航天器结构损伤定位系统主要由光源、环形器、光纤分路器、分光滤波器、探测及信号处理设备、航天器结构和 FBG 传感器等组成。实验系统如图 2 所示。

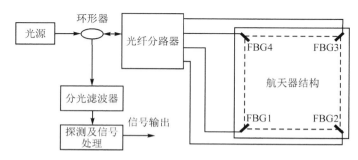

图 2　航天器结构损伤定位系统

光源选用 Santec 可调谐半导体激光器 TSL － 510；探测及信号处理设备采用研华工控机，采样频率选用 400 kHz；航天器结构选取航天太阳能电池翼结构，将其简化为航天铝合金结构，尺寸为 600 mm×600 mm×2 mm，四边固支于实验台；选定结构表面 500 mm×500 mm×2 mm 范围作为实验区域，并在实验区域四角贴有 4 个 FBG 传感器，其粘贴位置和中心波长如表 1 所列。可调激光器中心波长设定为 1 562.615 nm，输出光强为 5 mw。航天器结构损伤定位系统如图 3 所示。

表 1　FBG 中心波长及粘贴位置

FBG	中心波长/nm	位置/mm,mm
FBG1	1 562.589	(0,0)
FBG2	1 562.590	(500,0)
FBG3	1 562.587	(500,500)
FBG4	1 562.590	(0,500)

4　实验结果与分析

4.1　信号时差提取

选定最小二乘支持向量机模型输入为 FBG1、FBG3 监测损伤信号时差 Δt_{13} 和 FBG2、

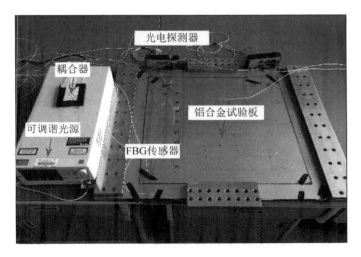

图 3   航天器结构损伤定位系统图

FBG4 监测损伤信号时差 Δt_{24}。以 Δt_{13} 为例探索信号时差提取方法:损伤铝合板上(250 mm, 350 mm)位置点,FBG1 和 FBG3 监测的损伤信号如图 4 所示,可以看出,损伤信号存在直流趋势项和噪声干扰,因此需要对原始数据进行预处理去除直流趋势项和噪声干扰。

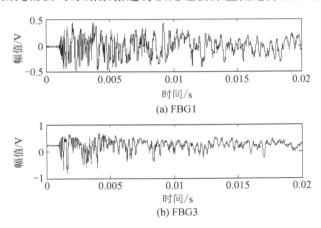

图 4   损伤 FBG 信号

时差提取仅须对损伤信号初始阶段波形进行分析,因此,为降低计算量,提取损伤信号初始阶段波形,采用最小二乘法去除直流趋势项,结果如图 5 所示。

然后,采取小波变换技术对信号进行多尺度分解,提取特定频率段信号,进行小波重构,减弱噪声干扰。本文选用具有较强信号局部特性描述能力的 DB4 小波进行 4 尺度分解。图 5 中 FBG1 信号小波分解结果如图 6 所示。

由图看出,分解信号中 a_4 信号与图 5 中 FBG1 信号具有较强相似性,因此提取 FBG1 和 FBG3 信号小波分解的 a_4 部分实现信号去噪,如图 7 所示。进而将 FBG1 信号与 FBG3 信号进行互相关分析,从而获取信号时差。

4.2   损伤区域定位识别

在划定的实验区域,任意选定 24 个位置点进行损伤实验,得到 24 组数据。采用最小二乘

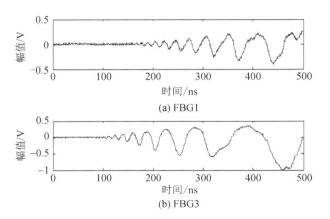

(a) FBG1

(b) FBG3

图 5　去除直流趋势项的损伤 FBG 信号

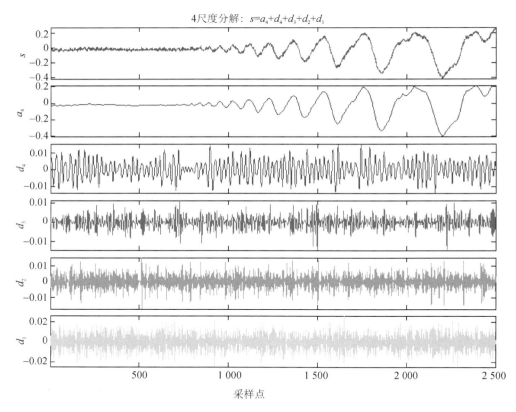

图 6　FBG1 信号小波分解结果

支持向量机进行航天器结构损伤定位实验,包括最小二乘支持向量机模型训练和测试两部分。训练的目的是建立最小二乘支持向量机模型,测试的目的是验证最小二乘支持向量机模型可靠性。因此,选取 24 组数据中 6 组数据为训练样本,其余 18 组数据为测试样本。以时差 Δt_{13} 和 Δt_{24} 作为输入,实际损伤位置作为输出,构建最小二乘支持向量机。由于损伤位置包含横坐标和纵坐标两部分,因此,须构建两个最小二乘支持向量机模型。

损伤位置横坐标测试结果如图 8(a)所示,纵坐标测试结果如图 8(b)所示。由图可以看出,基于最小二乘支持向量机的航天器结构智能定位模型对横、纵坐标位置定位误差均在

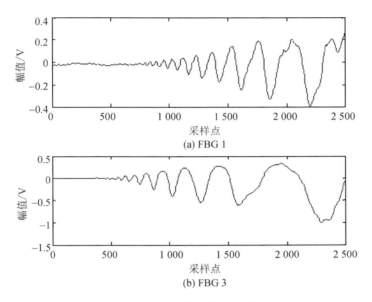

图7 去除噪声的损伤 FBG 信号

5 mm 之内,具有较高精度,优于文献[18]中基于菱形光纤布拉格光栅传感阵列的传统声发射定位方法(平均误差 12.9 mm),以及文献[19]中基于 FBG 和 BP 神经网络的声发射定位方法(平均误差 6.65 mm)。

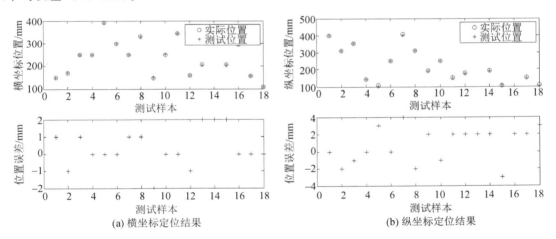

图8 损伤定位测试结果

5 结 论

针对航天器结构损伤定位问题,提出了基于最小二乘支持向量机的航天器结构损伤智能定位算法。首先采用最小二乘法和小波变换去除损伤信号直流趋势项和噪声干扰,然后结合互相关分析算法,提取损伤信号时差作为最小二乘支持向量机输入,并以损伤位置作为最小二乘支持向量机输出,构建基于最小二乘支持向量机的航天器结构损伤定位系统。实验结果表明,基于最小二乘支持向量机的航天器结构损伤定位系统对 18 组测试样本进行损伤定位,其损伤位置横坐标与纵坐标识别误差均在 5 mm 之内,可满足实际应用需要。因此,利用光纤光栅传感网络,结合最小二乘支持向量机智能算法实现航天器结构的损伤定位具有可行性。

参考文献

[1] 綦磊,樊帆,孙立臣,等. 一种基于声发射阵列的航天器在轨碰撞与泄漏定位方法[J]. 载人航天,2018,24(4):520-523.

[2] 綦磊,孙立臣,闫荣鑫,等. 基于混沌—BP 神经网络的真空泄漏声发射在线检测技术[J]. 真空科学与技术学报,2017,37(6):649-653.

[3] 刘源. 空间碎片撞击典型航天器结构损伤模式识别技术研究[D]. 哈尔滨:哈尔滨工业大学,2018.

[4] 贾东永,刘治东,庞宝君,等. 典型载人航天器密封舱结构空间碎片高速撞击声发射定位技术研究[J]. 载人航天,2012,18(5):31-37.

[5] Loutas T H, Kostopoulos V, Ramirez-Jimenez C, et al. Damage evolution in center-holed glass/polyester composites under quasi-static loading using time/frequency analysis of acoustic emission monitored waveforms[J]. Composites Science and Technology, 2006, 66(10):1366-1375.

[6] 邱芷葳,温茂萍,周红萍,等. 基于光纤光栅的 PBX 声发射监测方法[J]. 含能材料,2020,28(5):449-455.

[7] 孟丽君,谭昕,霍俊杰. 声发射与超声波同时敏感的光纤光栅传感网络研究[J]. 仪表技术与传感器,2019,(10):102-107.

[8] SHEN J S, ZENG X D, LI W, et al. An FBG acoustic emission source locating system based on PHAT and GA[J]. Optoelectronics Letters, 2017, 13(5):0330-0334.

[9] 何玉钧,王梓蒴,尹成群,等. 利用平稳小波变换处理 FBG 传感信号[J]. 红外与激光工程,2011,40(11):2295-2300.

[10] 李维松,许伟杰,张涛. 基于小波变换阈值去噪算法的改进[J]. 计算机仿真,2021,38(6):348-351,356.

[11] LIU R M, ZHOU K Y, YAO E T. Monitoring of wind turbine blades based on dual-tree complex wavelet transform[J]. Transactions of Nanjing University of Aeronautics and Astronautics, 2021, 38(1):140-152.

[12] 张宇. 基于互相关的无源时差定位研究[D]. 兰州:兰州交通大学,2019.

[13] 尹莘新. 基于时差法的声发射源定位方法研究[D]. 长春:吉林大学,2020.

[14] 黄烨飞. 空间碎片撞击源定位监测网络布局研究[D]. 哈尔滨:哈尔滨工业大学,2019.

[15] 王琼,王君波,郭俊钰,等. 基于支持向量机的色林错湖冰提取及时空分布[J]. 载人航天,2019,25(6):789-798.

[16] Mellit A, Pavan A M, Benghanem M. Least squares support vector machine for short-term prediction of meteorological time series[J]. Theoretical and Applied Climatology, 2013, 111(1-2):297-307.

[17] ZHANG N, Williams C, Behera P. Water quantity prediction using Least Squares Support Vector Machines (LS-SVM) method[J]. Journal of Systemics, Cybernetics and Informatics, 2014, 2(4):53-58.

[18] 吕珊珊,耿湘宜,张法业,等. 基于菱形光纤布拉格光栅传感阵列的声发射定位技术[J]. 红外与激光工程,2017,46(12):159-163.

[19] 申景诗,曾晓东,姜明顺. 基于 FBG 和 BP 神经网络的声发射定位方法[J]. 振动、测试与诊断,2018,38(4):816-820.

星载可重构实时数据管理系统设计

赵雪纲[1] 徐国良[1] 赵新鹏[2] 邱化强[2]
(1. 山东航天电子技术研究所,山东·烟台,264003;
2. 北京神舟航天软件技术有限公司,北京,100094)

摘要：智能化航天器和星上载荷技术的发展对空间海量数据的高可靠实时管理提出了迫切需求,但目前的在轨数据管理设备还无法满足航天器长期高可靠、高性能、可重构的数据管理需求。本文综合国内外航空、航天等领域中的数据管理技术,在分布式存储系统架构基础上,利用软件定义方法构建了可动态重构、高可靠容错的星载实时数据管理系统,融合了软硬件的特征,并引入了数据预处理能力,可满足航天器任务智能规划、软件自主升级、信息在轨智能处理等对空间海量数据的实时管理需求,为新一代智能航天器的实时数据管理系统设计提供参考。

关键词：软件定义;可重构;数据管理

1 引　言

智能化航天器技术的快速发展对空间数据存储和处理的性能、可靠性、灵活性提出了很高的需求,以支撑航天器自主运行、任务智能规划、软件自主升级、智能化星系处理等功能。目前在航天领域中,数据管理系统以嵌入式处理单元为主,系统计算能力和存储资源有限,迫切需要研制通用性强、性能优越的实时数据管理系统来增强空间数据管理的能力[1-3]。

(1) 航天器数据存储通用性和可扩展性需求

数据存储管理系统具备通用性和可扩展性,不受限于专用协议和接口,拥有多种纵向或横向扩展存储资源的选择,是空间数据智能管理技术发展的主要方向。需要目标存储设备支持在任何时候添加/删除存储节点,同时不会造成系统功能中断,可随时为目标存储设备的存储池增加容量,利用存储集群实现无限容量。

(2) 卫星影像数据高速存储和访问的需求

卫星影像数据量庞大,且处理的实时性要求很高,影响处理性能的瓶颈往往在于数据的密集型存储和访问性能低下。针对数据密集型的存储和访问加速技术,提升数据落盘速度,降低读写延迟,是当前卫星影像数据处理亟须解决的问题。

(3) 航天器信息系统对存储数据可靠性和容错性的需求

航天器智能化应用的基础是数据安全性,要求数据管理系统提供有效的可靠性和容错性机制。关键数据保护、数据复本和宏数据的分布式备份、高耐用性集群管理、瞬态故障后数据重建、存储硬件故障时服务无中断等都是新一代航天器信息系统对数据管理的可靠性和容错性的需求。

(4) 基于多源异构信息融合的空间数据预处理

目前不同卫星的系统、信息种类性质都不尽相同,并且采集的空间数据一般具有海量性、异构性和冗余性等特点。需要针对空间数据的特性进行预处理,增加空间数据的鲁棒性,提高系统对空间数据的容错能力。

以欧美为代表的航天强国十分重视航天关键数据的存储和管理,很早就联合商业公司开展了大量研发工作,基本实现了可用的航天器数据管理系统架构,如 NASA 喷气推进实验室(JPL)使用 Amazon SWF 实现对航天器关键数据的综合管理[4]、瑞典公司 AAC Microtec 和 Spacemetric 合作开发的 Bluestone 系统支持卫星数据海量存储和检索管理等。而我国目前的智能数据管理系统多是围绕商业和个人应用,暂还不能满足航天航空领域的高安全可靠和复杂业务需求。

本文设计的星载实时数据智能管理系统主要是面向当前以数据为核心的信息化、智能化、体系化发展趋势,针对卫星对海量数据的实时可靠管理的需求,将传统的星上载荷数据存储管理设备升级为全国产化的星载实时数据管理系统,支撑航天器数据管理智能化技术的发展。

2　实时数据管理系统设计

2.1　实时数据管理系统架构

星载可重构实时数据管理系统主要由星载应用软件和多个存储节点构成的存储集群组成,总体架构如图 1 所示。存储节点包括可重构数据异构加速硬件平台、多介质存储单元、数据管理软件运行环境等。

星载应用软件通过 HT－NVMe/TCP 协议利用存储集群对数据进行存储加速和管理,提高数据存储的速度和可靠性。存储集群由多个存储节点组成,每个存储节点挂载了多个存储单元,并可根据需求增删存储单元,存储载体可以为 SSD、FLASH 等介质,系统支持异构存储的统一管理。

对星载应用软件而言,存储节点分为主节点和副节点,主节点只有 1 个,副节点可以有 $1\sim n$ 个,主节点负责对副节点进行统一管理和调度,副节点会根据主节点的指令对数据进行存储和备份。

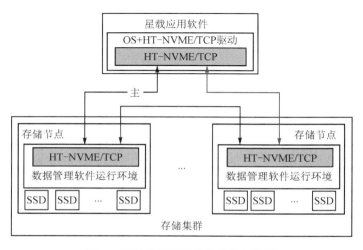

图 1　实时数据管理系统总体架构图

　　星载实时数据管理系统采用基于国产软硬件的架构设计,主要由基于国产处理器的主控单元、可重构加速单元、分布式存储资源和分布式通信网络及协议栈构成。系统支持单个数据管理系统内的存储资源动态扩展和数据高可靠管理,同时考虑未来航天星链及体系化发展需求,增加了分布式集群扩展能力,系统的网络协议支持通过高速以太网通信实现集群数据管理。基于实时数据管理系统的星上系统连接关系如图 2 所示。

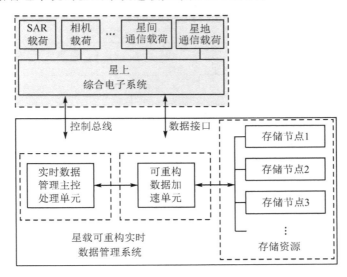

图 2　基于实时数据管理系统的星上系统连接图

2.2　基于异构加速硬件的实时数据管理平台

　　系统硬件架构以国产通用处理器和 FPGA 为核心,采用了标准的电气和机械接口,并能够与其他系统兼容,如图 3 所示。通过主控处理器运行国产操作系统实现系统控制,FPGA 实现应用任务的并行硬件加速,最大限度地提高系统运行能力。硬件平台支持在轨可重构,可为各种应用场景提供一个灵活的平台,支持系统快速开发。通过系统重构,也可使装备在发射后依然能够根据任务需要,动态地改变系统配置或功能。另外,利用 FPGA 丰富的计算资源和逻辑资源,可以在 FPGA 中实现数据压缩、分条聚合、负载均衡、数据容错等算法,充分释放 CPU 计算资源。利用 FPGA 动态可重构的特性,把控制器算法制作成 IP 核,之后可根据数据量大小、存储器数量、冗余容错需求等,按需求动态重构控制器。

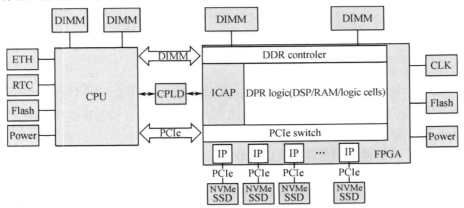

图 3　实时数据管理平台硬件框图

　　实时数据管理系统采用通用处理器和FPGA作为可重构硬件平台的基本构件块,如图4所示。通用处理器提供可重构计算的控制功能,实施对可重构资源的管理;可重构FPGA被划分为多个可重构区域,利用静态控制逻辑实现对全部可重构区域的控制和重构,每个可重构区域内实现多个数据处理功能模块,建立与分布式存储资源的通信连接,实现数据的存储管理。

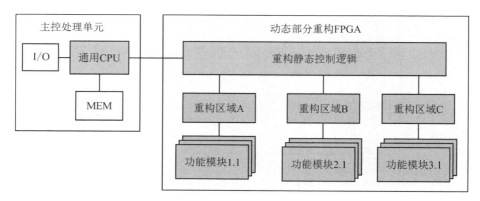

图4　可重构数据管理平台架构框图

3　实时数据管理系统软件运行环境

3.1　系统软件体系架构

　　星载实时数据管理系统的软件体系架构如图5所示,软件运行环境作为分布式数据存储系统的运行平台,屏蔽了底层硬件的实现细节,只为应用提供抽象接口。系统运行环境主要包括中间件服务层和核心层,中间件服务层包括数据管理、集群管理、通信管理等功能;核心层除了可进行操作系统的基础操作外还可进行存储资源池化、存储资源管理和调度等。

3.2　主要的支持功能

　　星载实时数据管理软件运行环境的支持功能主要涉及以下几个方面:
　　(1)存储资源池化
　　采用软件定义方式将每个存储节点的存储资源统一分配为主存储区与备份存储区,隐藏存储单元的硬件差异,将存储资源虚拟化,建立统一的存储资源池,由系统应用进行管理和调度。
　　(2)分布式存储资源管理
　　数据管理系统采用冗余机制对数据进行存储,使得在系统中某部分存储单元失效的情况下,剩余的可用存储单元依旧能够修复失效节点上的数据,提高存储数据的安全性。
　　(3)分布式存储资源调度
　　SSD、FLASH等存储介质都存在使用次数受限的特性,该特性限制了存储设备的使用寿命。为提高存储设备的寿命,设计采用动态和静态相结合的分布式存储资源调度算法,将擦除/写入循环平均地分配到各存储单元中,均衡存储介质的读写频次,进而延长使用寿命[5]。

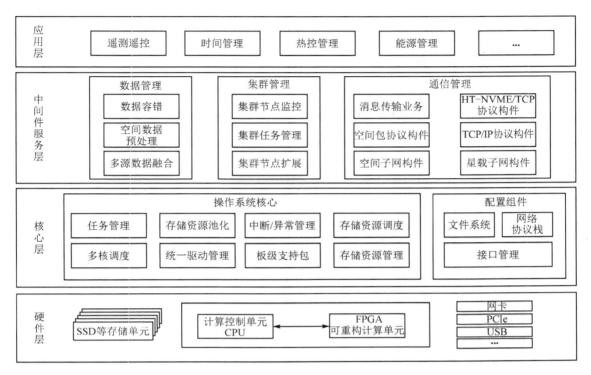

图 5　数据管理软件体系架构框图

（4）多核处理器多任务实时调度

采用多核并行处理技术可以以较低的功耗获得更好的性能，但也引入了系统资源、行为和状态的不确定性。系统采用动态调度与静态调度方法相结合的策略，可实现多个任务在多个核上分配与运行。多核动态调度方法是在预分配的时间窗口内，以时间片为周期，根据任务优先级将优先级最高的几个任务分配到当前空闲的核上执行，此方式效率较高，保证了任务的实时性。静态调度方法根据用户的配置预先进行静态配置，从而获得确定的总体任务执行序列，操作系统在调度时将这些相关性任务分配到相同的核上并按顺序执行，以减少资源抢占和冲突[6]。

（5）多源异构空间数据的预处理

目前，不同航天器的系统、信息种类性质都不尽相同，并且采集的空间数据一般具有海量性、异构性和冗余性，数据管理系统软件支持对多源空间数据进行容错管理、降维、数据压缩等预处理，增加空间数据的鲁棒性。

（6）面向集群的节点管理

针对卫星大规模组网运行及空间数据多样化、海量化的发展趋势，数据管理系统可扩展支持集群式管理能力。系统支持对集群节点的状态监视、任务派发等功能，实现对集群系统中节点资源管理和负载平衡。监视和统计的负载信息包括节点中的 CPU 空闲率、内存空闲率、存储空闲率、网络延时等，系统通过实时监视捕获的信息，对节点的负载情况建立信息表，采用综合动态属性获取权值的均衡算法来实现资源管理和负载均衡控制。

4   可重构软件运行支撑环境

硬件资源的动态重构必然导致软件功能的重构,其核心是利用特定的调度算法和资源管理方法将各种数据处理计算分配到最优的硬件计算资源上。软件运行支撑环境作为各种数据处理计算任务的运行平台,屏蔽了可重构硬件和存储资源的实现细节,直接提供数据处理任务/进程级的抽象[7,8]。

星载实时数据管理系统在传统国产实时操作系统的基础上,扩充了对基于 FPGA 数据处理的可重构支持,形成空间智能数据处理计算软件运行支撑环境。对 FPGA 数据处理可重构支持的方式有多种,如可以作为一个外设进行基于位流(bitstream)直接重构。但为了便于统一管理,保持实时操作系统的原有接口语义,系统将可重构的硬件计算逻辑抽象为硬件数据处理任务,将硬件数据处理任务与软件数据处理任务进行统一调度和管理。

星载实时数据管理系统采用图 6 所示的方式对传统操作系统进行了扩展,使其支持可重构硬件需求。其实施的关键点在于:

1)将可重构硬件(FPGA)上执行的运算抽象为硬件数据处理任务。硬件重构实施以硬件数据处理任务为基本逻辑单元,硬件数据处理任务的外部抽象和软件任务是等同的。

2)为了支持对硬件数据处理任务的管理,在 FPGA 上提供扩展功能,包括提供统一通信接口、内存管理、设备驱动等,使得可重构硬件上运行的硬件数据处理任务能够使用与软件任

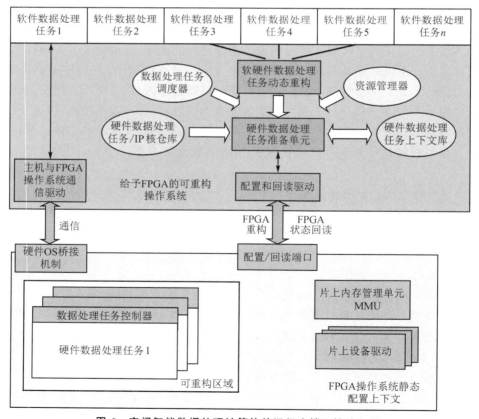

图 6   空间智能数据处理计算软件运行支撑环境流程图

务相同的抽象方式进行通信和外部设备访问。其中,硬件数据处理任务管理部分由软件运行支撑环境启动时进行静态配置,在运行过程中不进行动态重构。

3)在通用处理器(CPU)上运行的软件支撑环境能提供可重构功能支持。这种支持主要包括硬件数据处理任务/IP核仓库管理、任务调度器、可重构资源管理器、软硬件数据处理任务动态重构器、硬件数据处理任务上下文存储服务和任务准备单元等。

4)硬件数据处理任务/IP核仓库管理功能。用于提供可在可重构平台上运行的各种数据处理任务的实现逻辑(bitstream)的保存、检索等。

5)可重构资源管理功能。用于管理各种可重构资源的使用情况,为确定各硬件数据处理任务在可重构硬件中位置提供准确信息。

6)硬件数据处理任务调度功能。用于确定什么时候进行重构,以及重构后何时启动硬件任务、终止硬件任务等;从重构计算架构出发,硬件数据处理任务调度根据任务类型实施相应的调度算法,如基于优先级的抢占调度、基于多级队列调度、先来先服务调度等。

7)软硬件数据处理任务动态重构功能。主要根据系统运行态势和数据处理任务外部需求,生成硬件数据处理任务代码。

8)硬件数据处理任务上下文保存。由于硬件数据处理任务与软件任务具有相同的语义,硬件数据处理任务执行过程中可能会被中断和调度,这个过程中需要保存硬件数据处理任务的上下文。

9)硬件数据处理任务准备单元。根据硬件任务的比特流文件、上下文信息、资源分配信息等组合成可以配置到FPGA的重定位比特流。

5 结束语

本文综合国内外航空航天等领域的数据管理技术,在分布式存储架构基础上,基于国产处理器和数据加速硬件,采用软件定义的实时数据管理软件运行环境和数据重构与性能优化,给出了满足空间海量数据实时管理需求的数据管理系统设计方案,为新一代智能航天器的实时数据管理系统设计提供参考。

参考文献

[1] 张庆君,郭坚,董光亮,等. 空间数据系统[M]. 北京:中国科学出版社,2016.

[2] 赵和平. 以综合电子技术构筑航天器智能化的坦途[J]. 航天器工程,2015,24(6):1-6.

[3] 王元乐. 一种可重构的星载高性能智能异构计算系统[J]. 空间控制技术与应用,2022,48(5):125-132.

[4] 李洁琼. 海量存储资源管理关键技术研究[D]. 武汉:华中科技大学,2011.

[5] 李莹. 基于任务分裂的多核平台实时任务调度研究[D]. 大连:大连理工大学,2014.

[6] Claus C, Muller F H, Zeppenfeld J, et al. A new framework to accelerate Virtex-II Pro dynamic partial self-reconfiguration[C]. In: Proc of Parallel and Distributed Processing Symposium. Long Beach, CA, 2007, 1-7.

[7] 王峰. 部分重构计算系统的关键技术研究[D]. 合肥:中国科技大学,2007.

共形双极化超表面阵列天线研究

刘鹏　赵银雪　周广勇　蔡伟奇　庞晓宇

（中国航空工业集团公司济南特种结构研究所，

高性能电磁窗航空科技重点实验室，山东·济南，250023）

摘要：未来航空航天装备逐渐向着高集成、模块化、智能化发展，作为信号通信的前端设备，天线也向着与载体表面共形集成方向发展，因此高性能的共形天线设计成为航空航天无线通信设备的研究热点。超表面由于其优异的电磁调控性能在高性能天线设计中得到了广泛的应用，本文基于双极化贴片天线叠加超表面覆层的宽带双极化超表面天线结构，与典型曲面结合进行一维线阵共形设计和柱面共形设计；经仿真分析后，两种共形模式下的双极化超表面阵列天线可分别形成笔形波束方向图和全向辐射方向图，在飞行器共形天线的设计中具有一定的应用前景。

关键词：共形；双极化；超表面；天线

1　引　言

未来航空航天装备逐渐向着高集成、模块化、智能化发展，各类先进的航空航天装备，如飞机、导弹、舰船等逐渐将射频通信的前端设备内埋或共形与它们的结构表面，使得天线及其阵列结构的外形与装备载体的结构表面相贴合，形成共形天线结构[1]。另外，共形天线由于可以覆形于飞行器载体表面，在隐身载体平台上具有极大的应用前景[2]。

超表面是一种平面型的二维电磁超材料，由金属或非金属单元周期或非周期性排列而成。超表面具有低剖面、易集成、易加工的优点，并且通过设计不同的超表面单元结构、单元大小及单元间距，可以对电磁波的幅度、传播模式、相位和极化方式等性能进行人为的调控，使得超表面在高性能天线设计上得到广泛的应用[3]。

双极化天线是一种工作在同频率下并且极化正交的天线，可以辐射出两种极化正交的电磁波，从而应用于收发同工、极化复用等场景当中。另外，双极化天线在干扰和抗干扰设备中也是一种常见的天线形式[4]。

共形双极化天线集双极化和共形等优势于一身，逐渐在飞行器平台上得到深度应用。结合超表面对电磁波调制的优异特性，本文基于文献[5]中的天线结构，设计了一款工作于 X 波段的超表面共形天线，并基于典型曲面设计了共形的双极化超表面阵列天线，从而为飞行器共形天线的设计提供一些思路。

2　天线设计

本文基于文献[5]中的天线结构所提出的 X 波段双极化超表面共形天线单元的几何结构及其拓扑图见图 1。该天线具有两个基底层和三个金属层。其中，第一层金属层为超表面层，含有 4 × 4 个方形金属贴片;第二层金属层为天线贴片层,为一个方形金属贴片,方形金属片延伸出的矩形贴片为天线的馈线,通过分别激励两个馈线上的馈电端口可以激发出 x 极化(垂直极化)和 y 极化(水平极化)两个线极化辐射模式;第三层金属层为地板层。天线单元两个基板的介电常数 $\varepsilon_r = 2.55$,损耗角正切值 $\tan \delta = 0.001\,9$。两层基板的长度和宽度均为 $W_g = 50$ mm。两层基板的厚度分别为 $h_1 = 1$ mm、$h_2 = 1.5$ mm。在上基板上蚀刻了包含 16 个单元的超表面层,超表面单元的宽度 $W_p = 8$ mm,间隙 $g = 0.5$ mm。给超表面层提供激励的方形微带天线边长 $W = 11$ mm。

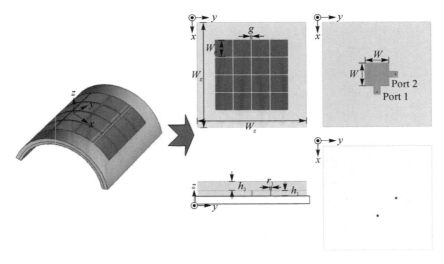

图 1　天线单元结构

双极化超表面共形天线单元两个端口的反射系数曲线和方向如图 2 和图 3 所示。该天线的垂直极化模式在频率 5.4～7.4 GHz 范围内反射系数小于 −6 dB,水平极化模式在频率 5.46～8.7 GHz 范围内反射系数小于 −6 dB。由于天线结构沿 x 方向共形,垂直极化的工作带宽要低于水平极化,如果沿 y 方向共形则情况相反,但两个极化均拥有良好的轴向辐射方向图。

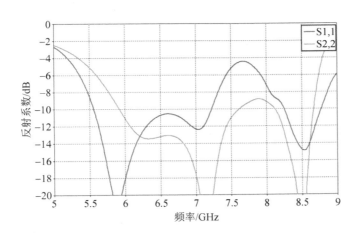

图 2　天线单元结构反射系数

以图 1 中的双极化超表面共形天线单元为基础,沿 y 轴方向延拓为一个 1×8 的一维线

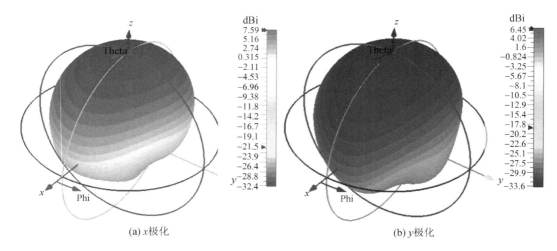

(a) x 极化　　　　　　　　　　　　　　(b) y 极化

图 3　天线单元结构的方向图(6 GHz)

阵,阵元周期为 25.2 mm。考虑到飞机、导弹等飞行器上的典型曲面,设计了如图 4 所示的共形双极化超表面天线阵列,其沿 x 方向共形,弯曲角度为 150°,为共形结构一;另外考虑到飞行器上的全向通信功能,以平面 1×8 的一维线阵为基础,沿 y 方向共形设计了一个圆柱形的共形阵列,为共形结构二(见图 5)。

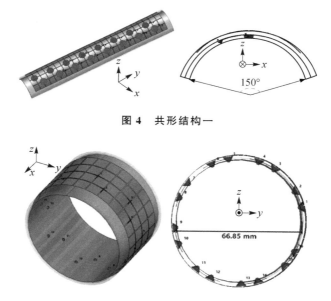

图 4　共形结构一

图 5　共形结构二

3　结果与讨论

在三维全波电磁软件中分别对共形结构一和共形结构二进行了仿真分析。其中,图 6 给出了共形结构一在垂直极化和水平极化下的有源反射系数曲线,可以看出,在组成阵列后,天线的有源反射系数有一定程度的恶化。垂直极化的反射系数曲线在频率 5.3~6.8 GHz 范围内在-6 dB以下,水平极化的反射系数曲线在频率$5.5\sim7.6$ GHz范围内在-6 dB以下。图7给出了共形结构一在垂直极化和水平极化下的yoz面方向图,可以看出,在共形之后,该天线阵列可以实现良好的波束合成特性,且拥有12 dBi以上的增益。

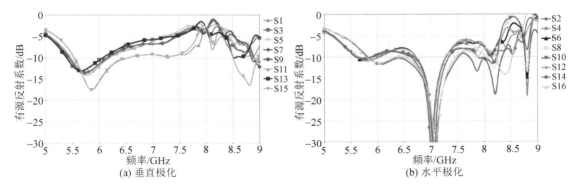

图6 共形结构一的有源反射系数曲线

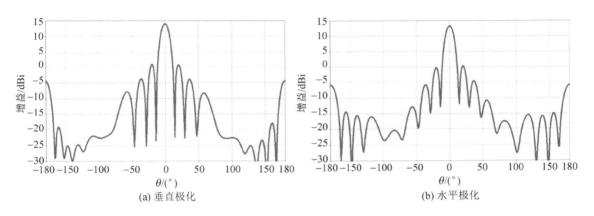

图7 共形结构一的yoz面方向图(6 GHz)

图8给出了共形结构二在水平极化和垂直极化下的有源反射系数曲线,8元天线单元组成的一维线阵在柱面共形后,水平极化天线的有源反射系数在频率$5.3\sim7.2$ GHz范围内小于-6 dB,垂直极化天线的有源反射系数在频率$5.7\sim6.8$ GHz范围内小于-6 dB。图9给出了共形结构二在水平极化和垂直极化下的水平面切面方向图,可以看出,在柱面共形之后,该结构的共形天线阵列在水平面拥有全向辐射性能,且拥有良好的不圆度性能,因此该共形天线

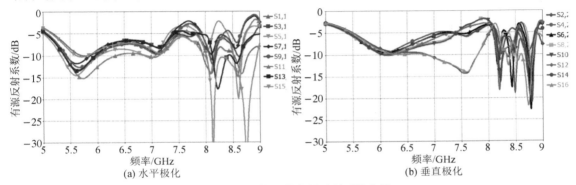

图8 共形结构二的有源反射系数曲线

结构可以应用于飞行器的全向通信中。

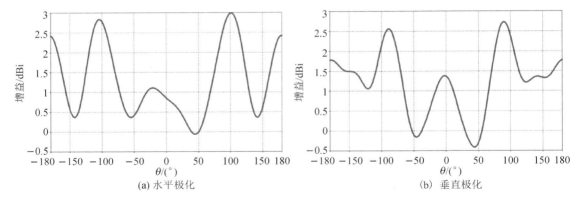

(a) 水平极化　　　　　　　　　　　　　　　(b) 垂直极化

图 9　共形结构二的 *yoz* 面方向图(6 GHz)

4　总　　结

本文以宽带双极化超表面共形天线单元为基础,针对飞行器典型曲面,分别对一维线阵沿 x 方向(共形结构一)和 y 方向(共形结构二)进行共形设计形成两种共形结构。经过仿真分析,共形结构一的垂直极化模式和水平极化模式分别在 $5.3{\sim}6.8$ GHz 和 $5.5{\sim}7.6$ GHz 频段下的反射系数小于 -6 dB,且可以实现良好的笔形波束合成特性;共形结构二的垂直极化模式和水平极化模式分别在 $5.7{\sim}6.8$ GHz 和 $5.3{\sim}7.2$ GHz 频段下的反射系数小于 -6 dB,且可在水平面形成全向辐射性能。本文所设计的共形双极化超表面天线在飞行器共形天线的设计上具有一定的应用前景。

参考文献

[1] 唐蕾. 基于变换光学的共形阵列天线设计的研究[D]. 北京:北京交通大学,2014.

[2] 张昊天. 全机翼共形强耦合超宽带相控阵技术研究[D]. 四川:电子科技大学,2022.

[3] 李治. 基于特征模分析的超表面天线设计[D]. 山西:山西大学,2022.

[4] 梁硕毅. 共形双极化天线阵列研究[D]. 陕西:西安电子科技大学,2021.

[5] ZHAO C,ZHANG S,WANG F,et al. A Compact Metasurface Antenna Array With Diverse Polarizations[J]. IEEE Antennas and Wireless Propagation Letters,2022,22(3):571-575.

基于 ZedBoard 的测控应答机测试设备设计

肖慧敏[1]　　曲永[2]　　马承志[1]　　曹振兴[1]　　李伟强[1]
(1. 山东航天电子技术研究所,山东·烟台,264003;
2. 烟台台海玛努尔核电设备有限公司,山东·烟台,264000)

摘要: 航天测控通信的技术发展一直处于不断探索和创新,为了适应快速发展的航天技术,测控应答机测试设备具备综合化、一体化、集成化、小型化、智能化、低成本、可重构等特点,可以实现多个型号测控应答机的数据模拟和数据交互。基于 Xilinx 官方的 ZedBoard 开发板与 AD 公司的 AD9361 射频子板作为通用硬件开发平台,通过上位机参数配置或者加载不同的.mcs 文件来实现不同调制体制、不同码速率、不同编解码方式等测控通信测试功能。以 AD9361 为核心器件代替由分立器件搭建射频收发端,采用 Vivado 环境用 HDL 语言对 FPGA 的 PL 端进行开发的方法,完成对 AD9361 的配置和数据收发操作。利用 PS 端的网口进行系统参数配置、频点配置以及遥测遥控数据的交互,对外接口简单。系统应用于多个航天测控类设备的地面有线测试,设备携带方便,系统搭建简单。

关键词: ZedBoard;测控应答机;参数化;AD9361

1　引　言

对于航天测控通信中,不同型号测控应答机的调制体制、信息速率、PCM 码型、数据帧长、伪码长度以及码速率、遥测遥控功能以及输出信号功率等都有所不同,本文设计的参数化测控通信测试系统能够适应多带宽、多功能、多场景、多体制、多码率等需求,且要求多频段、系统参数可配置,算法模块可重构。目前的测控通信类测试设备使用的是 CORTEX 设备或者定制的测试设备。对于 CORTEX 设备,其虽然功能强大,但是造价高、体积大、数量有限,如果存在多个型号任务集中测试的情况会出现资源冲突;定制的测试设备,大多采用机箱板卡的研制形式,功能比较定制化,不能通用于多个型号,设备移动也不是很方便,系统搭建比较耗时耗力。而本文参数化测控通信测试系统选择采用 FPGA 来实现,FPGA 的高速数据处理能力,可以重构的优势,非常适合算法的实现和配置,但是传统的 FPGA 对于浮点计算,算法的实现,外部网口、SPI、SD 卡等接口的驱动不是很容易,现在 Xilinx 公司的 Z7 系列可以完全解决此困难。中频射频的收发功能,不再采用传统的 AD 和 DA 的模式,采用新型数字化芯片 AD9361,芯片中集成 12 位 DAC 和 ADC,宽频带可以至此 70 MHz～6.0 GHz,适用于点对点通信系统和通用无线电系统。测控应答机作为航天器测控系统的重要部件,应答机测试设备的测试覆盖性以及测试参数性在整个测试过程中尤为重要[1]。

2　硬件平台选型

对市场上常用的硬件平台调研进行分析比对,具体的指标情况如下。

2.1　NI 公司产品

采用 NI 公司的射频信号发射与接收分析模块与 PXI－E 机箱共同实现,通过对 NI 的产品进行调研得知,NI 的射频信号发射与接收分析模块为 PXI－E 板卡,而且一块板卡只支持一个通道,需要我们对板卡进行控制和开发,来实现所需要的功能,使用时需要重新搭建环境,配备鼠标、键盘、显示器才能配合整个系统正常运行。项目测试过程中还需要一整套设备来进行配合测试,如果测试地点多变的话,此种方案不是最优方案。

2.2　生产商自研产品

采用生产商自己研发的基于 ZYNQ XC7Z100 FFG900 模块和 AD9361 模块的硬件平台,硬件平台采用 FMC 的接口与 AD9361 进行物理连接,并外扩有光纤和万兆网口,HDMI、SD卡、千兆以太网、USB 接口等,功能比较齐全。生产商提供详细的接口驱动例程,方便对硬件平台理解和使用,但是此板卡具有厂家的唯一性和定制性,后续项目使用过程中硬件平台的稳定性以及可靠性没有经过大量验证,还存在一定的风险性,而且硬件平台价格较贵。

2.3　Xilinx 官网开发板与 AD 公司 EVM

采用 Xilinx 官方的 ZedBoard 开发板与 AD 公司的 AD9361 射频子板作为通用开发平台,开发板与射频子板一整套的价格不足 1 万,性价比较好。ZedBoard 是基于 Xilinx Zynq－7000扩展式处理平台的低成本开发板,也是行业首个面向开源社区的 Zynq－7000 扩展式处理平台。

利用通用开发板和 AD9361 射频子板组成的通用硬件平台,外部通过 AC－DC 电源转换模块,给测试设备进行供电,人机界面的交互通过网口实现,对外接口简单,测试过程中无须单独搭建环境,只须将网口接入计算机即可,也支持远程对硬件平台进行程序重构,以实现不同的功能。该平台体积小、成本低、使用简单方便,具有很好的便携性,方便测试过程中使用。对于 AD9361 射频子板,官方还提供可以直接投产的 PCB 文件,ZedBoard 开发板采购渠道比较多,而且板卡的稳定性较好,可降低开发过程中的技术风险,是最佳的硬件平台选择方案。

3　整体架构设计

3.1　模拟源生成及接收数据解调

现阶段测控应答机虽然其功能结构相似,调制体制、编码类型、码速率比较类似,但是现有的测试设备实现的很多都是针对特定的需求进行设计和验证。本文基于 Zynq－7000 实现通用调制解调平台的设计,PS 端采用 C 语言实现参数寄存器配置的下发以及网口通信与数据收发缓存的功能。PL 端实现 AD9361 的配置、基带信号的成形滤波、码型变换、信道编码、信号调制等信号处理;解调信号接收载波捕获、载波跟踪、位同步、帧同步、信道译码、信号解调等数据处理[2]。

测控应答机常用的调制体制为 BPSK 与 QPSK,测试设备主要实现 BPSK/QPSK 接收解调数据恢复功能和 BPSK/QPSK 模拟源调制发送功能,数据处理流程简单示意图见图 1 和图 2。

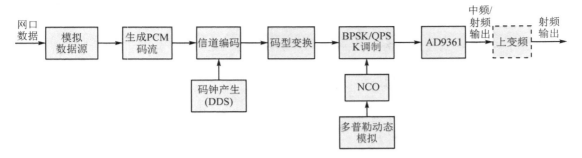

图 1　PCM - BPSK/QPSK 模拟调制

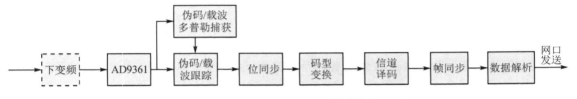

图 2　PCM - BPSK/QPSK 接收解调

　　模拟调制发送与接收解调可以自闭环进行测试,AD9361 的工作频率为 70 MHz～6 GHz,如果模拟的工作频率高于 6 GHz,外部可以通过变频器进行频率转换来满足芯片的工作范围,也可以直接输出中频信号进行测试。模拟源调制的主要功能是产生 PCM - CDMA - BPSK/QPSK 的基带信号,根据参数配置选择相应的编码方式,通过扩频调制后,可以直接输出中频 70 MHz 的信号进行测试,也可以输出射频信号进行测试。模拟数据根据配置有伪随机码、固定码、台阶码等多种类型,也可以用户指定加载的数据文件进行发送。测试设备具有单载波输出禁止功能,当需要使用单载波测试模式时,可通过上位机进行配置输出单载波[3]。

　　测试设备的多普勒模拟是必备功能之一,用于模拟目标飞行时由多普勒效应产生的载波频率变化,多普勒模拟方式支持点频和扫描两种模拟方式,多普勒速率和范围均可通过参数配置。输出的调制信号功能可调,也可以带有给定的多普勒频偏和多普勒一次变化率。

　　接收解调的参数可以直接映射模拟源的设置参数,也可以单独设置,对伪码多项式、伪码初相、伪码速率以及帧长均可以配置。接收解调主要实现伪码和载波的捕获、伪码和载波的跟踪、信道译码、码型变换、位同步、帧同步等功能,并将整个处理过程的状态信息写入状态寄存器中,通过网口进行返回。状态寄存器主要包括伪码捕获状态、伪码同步、位同步、载波同步、帧同步,如果有卷积编码情况会返回维特比译码的状态信息,便于用户进行链路状态判断[4]。

3.2　参数化配置模块

　　通过外部计算机的应用程序利用网口将参数配置到测试设备中,来满足不同场景、不同功能的测试验证需求。

　　PS 端需要对 PL 端的寄存器进行配置,这些寄存器主要包括不同场景、不同功能的测控应答机的参数配置以及接收解调的伪码同步、位同步、载波同步、帧同步、维特比同步等同步状态信息,以及读取回来的 AGC、信噪比、载噪比等信号状态。ZYNQ 的 PL 端提供了一个专门用于 PS 端与 PL 进行参数、变量和控制信息配置的 BRAM - IP 核[5]。BRAM 的读写需要通过 AXI 总线,并且需要 BRAM 控制器共同配合才能完成正常的读写。PS 端 BRAM 的数据交互控制流程如图 3 所示。

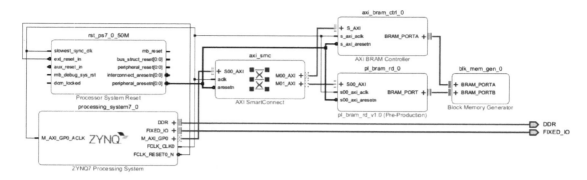

图 3　PS 端 BRAM 的数据交互控制流程示意图

3.3　PL 端与 PS 端数据交互

本设备中数字基带部分的参数配置以及数据交互,是通过网口与上位机进行数据传输。PL 侧主要实现 AD9361 芯片配置和接口逻辑,基带信号数据处理以及数据的缓存;PS 端主要实现网口协议,配置参数的下发,以及遥测状态的读取等功能[6]。PL 和 PS 之间通过片内的互联总线 AXI 总线进行交互,当需要读取数据时,AXI 总线从 PS 的 DDR 内存中读取数据,AXI 流总线将数据传输到 PL 的 FIFO 缓冲区;PL 接收到数据后缓存到 FIFO 中,产生中断,通知 PS 端读取数据。PS 与 PL 的数据交互数据示意图见图 4[7]。

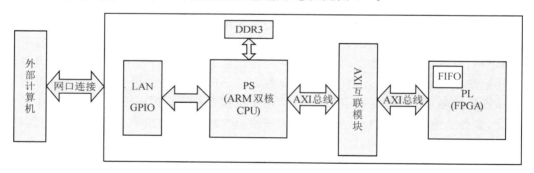

图 4　PS 与 PL 数据交互示意图

采用以太网通信接口协议,传输层采用 TCP/IP 协议,应用层采用 Socket 通信方式。应用软件具有数据存盘、挑点处理与显示功能,能够进行误码率、误帧率的实时和事后统计处理。

向 PL 端发送配置参数和待调制发送数据,界面输入具有合法性检查功能,对输入不合法的取值范围进行警告报错;采集 PL 端基带解调处理的状态信息,读取 PL 端基带解调接收的遥测数据,保存源码和解析后各功能的数据文件。

4　测试设备验证应用

4.1　传输速率验证测试

采用 Zedboard 的 PS 端进行网口驱动,通过上位机软件将要进行调制的数据源加载到测试设备中,利用 Zedboard 的 PL 与 PS 共享内存的思路,将数据进行共享,实现算法的实现验证。上位机实现上行遥控数据源的模拟发送和下行遥测数据的保存分析,图 5 为验证上位机软件的界面,通过实测,网口的收发速率达到了 10 Mbps。

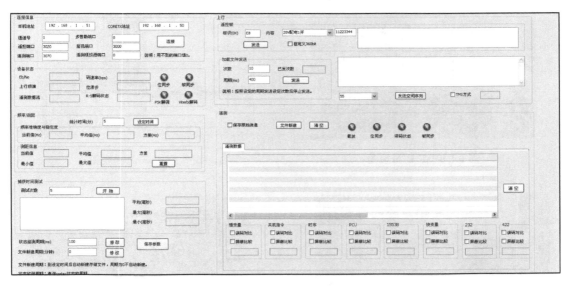

图 5   验证上位机软件

采用通用开发硬件平台与标准化 AD/DA 子板,设计便携式的结构形式,对外接口只有中频/射频交互通道、网口交互通道以及供电接口,方便不同场景下测试场地更换等需求。具体的实物如图 6 和图 7 所示。

图 6   中频/射频数据通道

图 7   测试设备外观

4.2   不同调制体制的星座图验证

通过配置不同的调制体制以及不同的信号速率等,用频谱仪观察输出的 BPSK 和 QPSK 的星座图,图 8 为 BPSK 的星座图,图 9 为 QPSK 的星座图。

4.3   单载波/调制信号频谱验证

通过上位机进行单载波输出或者禁止以及调制信号的输出功能测试,用频谱仪观察实际输出的单载波或调制信号频谱。图 10 为单载波输出频谱图,图 11 为调制信号输出频谱图。

图 8   BPSK 的星座图

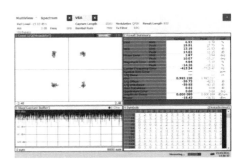

图 9   QPSK 的星座图

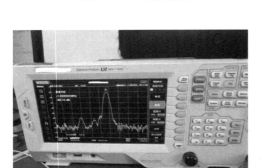

图 10   单载波输出频谱图

图 11   调制信号输出频谱图

5   总   结

通过设计参数化的测控应答机测试设备，可以适应不同型号的测试需求。参数可配置，根据实际的项目进行参数适配，这样搭建一个通用性的通信数据平台，适用于多宽带、多功能、多场景、多模式的项目应用工况。采用 ZYNQ 来进行实现，非常适合数据交互的实现和配置，后续还可以增加算法功能模块以及功能裁减。对外接口简单，携带方便，使用简单，人际交互也比较方便。

参考文献

[1] 刘彦刚.一种基于 FPGA 的软件无线电平台设计与实现[D].成都:电子科技大学,2016.
[2] 闫复利.通用化测控应答机设计[J].信息通信,2020(8):89-91.
[3] 张焱,马金鑫,叶雷,等.基于 ZYNQ7000 的 S 波段 USB 应答机设计[J].计算机测量与控制,2019,27(1):275-279.
[4] 陈晖照.基于 FPGA 的中频测控通信模块的设计与实现[D].西安:西安电子科技大学,2011.
[5] 毛杰.基于 ZYNQ 的 FC 交换机软件设计[D].成都:电子科技大学,2020.
[6] 胡婉如,王竹纲,胡俊杰,等.一种基于 Zynq - 7000＋AD9361 的通用调制平台设计[J].电讯技术,2020,60(12):1485-1490.
[7] 张鹏辉,张翠翠,赵耀,等.基于 ZYNQ - 7000 FPGA 和 AD9361 的软件无线电平台设计[J].实现技术与管理,2019,36(8):85-93.

蜂窝夹层复合材料压缩损伤特性研究

马伟杰[1]　周春苹[1]　袁帅[2]

（1.航空工业济南特种结构研究所·高性能电磁窗航空科技重点实验室,山东·济南,250023;
2.空军装备部驻济南地区军事代表室,山东·济南,250023）

摘要：针对大厚度芳纶纸蜂窝侧向承压能力较弱,在成型过程及使用过程中易出现滑移和塌陷等缺陷的现象,利用试验与有限元分析相结合的方法分别建立了精细化和等效模型,研究大厚度蜂窝在侧压下的承载能力及损伤破坏模式。通过蜂窝芯子和含倒角蜂窝夹层结构的测压试验验证了有限元分析模型的准确性,结果表明有限元分析模型得到的加载曲线与试验结果吻合度较高,大厚度蜂窝承受侧向压力时主要出现蜂窝格孔的屈曲失稳破坏,精细化模型和等效实体模型均能准确预测该类大厚度蜂窝承受侧压载荷时的破坏模式,其中精细化模型更能体现出结构失效过程中的格孔破坏过程。

关键词：蜂窝夹层结构;压缩失效;损伤特性

1　引　言

蜂窝夹层结构是由复合材料面板和蜂窝芯子结构用胶膜胶接固化组成的新型复合材料结构。除具有传统复合材料的普遍优点之外,蜂窝夹层结构的轻质、高刚度特性更为显著,且具备制造成本低、耗材少等经济性优势,已被广泛应用于雷达天线罩、舵面及舱门等飞机复合材料结构件。蜂窝夹层结构不仅结构形式与传统复合材料结构不同,其在制造、运输及服役过程中也可能会出现新型的损伤模式,如蜂窝芯子屈曲塌陷、蜂窝与面板脱粘等,对结构的安全服役造成隐患,因此有必要开展蜂窝夹层结构的失效分析研究。

针对夹层复合材料结构失效新特点,国内外学者针对仿真分析和试验方法已经开展了广泛研究。Fatt[1]等利用失效准则考虑了面板的断裂和蜂窝芯子的剪切破坏,预测了夹层结构在高速冲击下的剩余强度,但是分析模型中采取面板瞬间失效模型,并未考虑渐进损伤影响。Ambur[2~4]等对蜂窝夹层结构的冲击载荷下的响应进行了研究,利用局部-整体等效方法对蜂窝格孔尺寸、蜂窝厚度、冲击能量等因素对冲击接触力、位移、面板应变、损伤等结果的影响进行分析,发现夹层结构蒙皮厚度对冲击阻抗起重要作用。

以上研究多基于宏观模型开展,无法准确表征夹层结构的破坏机理,对于不断提升的高保真度仿真要求,多尺度方法为蜂窝夹层结构的精确仿真提供了解决思路。多尺度方法是指由细微观结构的高精度仿真反映宏观结构性能的力学分析方法,根据微观结构的响应特征及失效趋势指导复合材料结构的设计和制造,由于复合材料结构具有结构上的宏-细-微观多尺度特性,多尺度方法在其仿真分析领域发展迅速。王宝芹[5]等基于多尺度思想预测了蜂窝夹层复合材料结构的压缩失稳载荷和破坏模式。惠新育[6]等进行了平纹编织 SiC/SiC 复合材料的多尺度建模,并进行了承载状态下的损伤演化及强度性能预测。Guin W E[7,8]等分别从蜂窝拼接宽度和多层蜂窝结构等设计参数开展蜂窝结构性能研究,提出了蜂窝夹层结构设计模型。

Yd A[9-12]开展了蜂窝夹层结构相关动态力学性能研究,对夹层结构的设计制造提供有效技术支撑。

综上所述,建立精准数值有限元模型对提高蜂窝夹层复合材料结构分析精度,指导夹层复合材料结构设计具有重要意义。本文针对蜂窝夹层结构的面板和芯子建立周期性单胞,利用 ABAQUS 软件进行大厚度蜂窝夹层结构的压缩损伤特性研究,同时结合等效试验探究蜂窝夹层结构的失效模式,为复杂蜂窝夹层结构设计提供技术支撑。

2　试验件及试验方法

本文共涉及两种试验,分别是蜂窝芯子测压试验和典型含倒角蜂窝夹层结构承压测试试验,其中测压试验件用于测试蜂窝芯子材料性能和校准蜂窝单胞模型的仿真模型;承压测试试验件用于进行大厚度蜂窝结构压缩损伤特性研究。两种试验件的蜂窝均采用芳纶纸基蜂窝,试验用蜂窝芯子格孔为边长 3 mm 的正六边形结构,通过叠层板拉伸定型、浸胶固化而成,生产工艺导致蜂窝壁壁厚分布不均匀,为典型的单双壁结构。两种试验件由蜂窝芯子、胶膜和预浸料组成,结构原材料见表 1。

表 1　原材料

材　料	牌　　号	相关参数	生产厂家
蜂窝芯	ACT2 - 3.2 - 48	48 kg/mm^3	自制
预浸料	CYCOM 970/PWC T300 3K	—	进口
胶膜	J69C	150 g/mm^2	黑龙江石油化工研究院

蜂窝芯子测压试验件尺寸为 90 mm×90 mm,采用万能试验机进行试验,试验机的上压盘连接加载端,使其只能沿竖直 Z 方向移动加载,下压盘连接试验机固定端,试验时将蜂窝芯子放置于下压盘中心位置,通过位移加载方式控制上压盘加载速度为 0.2 mm/min,输出数据为蜂窝芯的压缩位移-载荷曲线。典型含倒角蜂窝夹层结构承压测试试验件尺寸为 500 mm×600 mm,长宽尺寸不同主要是为了区分蜂窝格孔方向,斜坡通过数控机床机加制成,四边倒角尺寸均为 30°。试验件借用热压罐工艺实现结构的压力施加,将试验件通过预浸料及胶膜粘接在平板模具上。图 1 和图 2 为两种试验示意图。

图 1　蜂窝芯子测压试验示意图　　　　图 2　典型含倒角蜂窝夹层结构承压试验示意图

3 夹层结构建模及损伤退化

3.1 蜂窝夹层结构有限元模型

考虑到结构的受载状态及重量要求,目前常用蜂窝夹层结构为 A 夹层三明治结构,由上下复合材料面板和蜂窝芯子组成,蜂窝与面板之间由胶膜黏接。

考虑到细观结构特征,本文采取精细化模型和等效模型协同分析进行蜂窝夹层结构的高保真分析,通过建立芯子单胞实现蜂窝结构的失效计算及破坏模式。两种模型协同分析可避免在大尺寸整体结构中的蜂窝格孔建模,有效降低高保真有限元建模难度和模型规模,从而大幅度提高模型分析效率。

3.2 材料损伤及刚度退化模型

复合材料损伤分析的基本理论包含材料损伤判定准则和损伤演化规律两部分,其中损伤判定准则是描述材料在加载情况下开始发生损伤的起始点,即当结构某一点位置的应力应变状态达到判定准则时就认为该点处发生损伤,在仿真分析中通常以积分点刚度矩阵的折减进行体现;损伤演化规律是发生损伤之后材料的力学行为演变规律,与未损伤状态有明显区别。根据大量试验及研究表明,蜂窝夹层复合材料在冲击压缩载荷下的失效包含面板层间失效和芯子的失稳。

面板的失效模式包含基体的拉伸和压缩失效以及纤维的拉伸和压缩失效,本文采用失效理论中常用的 Hashin 准则开展研究,具体判定标准如下:

$$
\begin{cases}
D_f^T = \left(\dfrac{\sigma_{11}}{X_T}\right)^2 + \left(\dfrac{\tau_{12}}{S_{12}}\right)^2 + \left(\dfrac{\tau_{13}}{S_{13}}\right)^2 \geqslant 1, \quad \sigma_{11} \geqslant 0 \\[2mm]
D_f^C = \left(\dfrac{\sigma_{11}}{X_C}\right)^2 \geqslant 1, \quad \sigma_{11} \leqslant 0 \\[2mm]
D_m^T = \left(\dfrac{\sigma_{22}}{Y_T}\right)^2 + \left(\dfrac{\sigma_{12}}{S_{12}}\right)^2 + \left(\dfrac{\sigma_{23}}{S_{23}}\right)^2 \geqslant 1, \quad \sigma_{22} \geqslant 0 \\[2mm]
D_m^C = \left(\dfrac{\sigma_{22}}{2S_{12}}\right)^2 + \left[\left(\dfrac{Y_C}{2S_{12}}\right)^2 - 1\right]\dfrac{\sigma_{22}}{Y_C} + \left(\dfrac{\sigma_{22}}{S_{12}}\right)^2 = 1, \quad \sigma_{22} \leqslant 0
\end{cases}
\tag{1}
$$

其中,X_T 和 X_C 分别为单向板沿纤维方向的拉伸强度和压缩强度;Y_T 和 Y_C 分别为单向板垂直于纤维方向的拉伸强度和压缩强度;S_{12} 为单向板面内剪切强度。

根据 Hashin 准则判定方法,只要模型中单元的应力状态满足任意一个表达式,即认为该单元发生失效,一个单元可同时存在多种损伤模式。单元一旦失效将不能继续承受载荷,在模型中的处理方法为进行单元删除或者将该单元的刚度折减为 0,即刚度完全退化。

夹层结构中蒙皮与蜂窝芯子通过胶膜连接,由于蒙皮与芯子的材料性能不匹配,结构受载可能引起黏接界面的破坏,因此需要考虑胶黏剂的失效模拟。本文采用 cohesive 单元进行胶层的模拟,并利用内聚力单元的双线性本构模型考虑其失效模式,如图 3 所示。

在胶黏剂刚度退化模型中引入损伤变量 D 来进行退化处理,其刚度折减式为

$$\begin{cases} K_{nn} = (1-D)K_{nn}^0 \\ K_{ss} = (1-D)K_{ss}^0 \\ K_{tt} = (1-D)K_{tt}^0 \end{cases} \qquad (2)$$

$$D = \begin{cases} 0 & (\delta < \delta_0) \\ \dfrac{\delta_{max}(\delta - \delta_0)}{\delta(\delta_{max} - \delta_0)} & (\delta_0 \leqslant \delta < \delta_{max}) \\ 1 & (\delta_{max} \leqslant \delta) \end{cases}$$

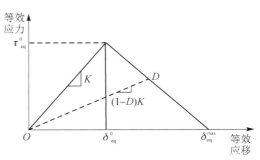

图3 双线性本构模型

式中,$K_{ii}(i=n,s,t)$表示3个方向上的刚度参数;δ_0、δ_{max}为胶黏剂材料参数。

3.3 有限元建模

测压蜂窝芯子结构有限元模型尺寸加载方式与试验件保持一致,采用 ABAQUS/Explicit 显示算法对该模型进行计算,模型中利用刚体平板模拟试验机上下压盘,刚体平板与蜂窝之间采用绑定约束限制两者之间的相对位移,将参考点与上面板进行耦合约束,通过参考点施加位移,考虑到格孔压缩过程中可能发生压缩接触,将蜂窝胞壁之间设立为通用接触。蜂窝材料参数通过蜂窝纸拉伸试验测出。蜂窝芯子测压仿真模型如图4所示。

为保证结构成型质量,含倒角蜂窝需要进行成型压力评估,本节根据含倒角蜂窝夹层结构承压测试试验分别建立精细化全尺寸蜂窝格孔仿真模型和实体等效模型。考虑到全尺寸蜂窝格孔的建模效率问题,采取 Python 参数化建模并定制了相关插件,该插件可完成蜂窝格孔的建模、单-双壁厚材料的赋予以及四边倒角的生成。

为保持含倒角蜂窝夹层结构的两种模型进行成型压力仿真计算与试验情况一致,模型中同时以壳单元的形式考虑外包胶膜和预浸料的作用,由于成型开始时温度未达到胶膜及预浸料的固化温度,所以模型中将其材料参数设置为固化前参数,即保证仿真中蜂窝变形仅为外压作用。两种有限元模型如图5所示。

图4 蜂窝芯子测压仿真模型

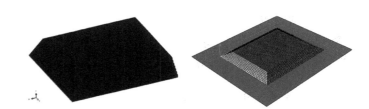

图5 含倒角蜂窝夹层结构仿真模型

4 仿真校验

4.1 蜂窝芯子测压试验及仿真结果

蜂窝芯子测压试验及仿真结果如图6~图8所示。

图 6　芯子测压试验变形

图 7　芯子测压仿真变形

图 6～图 8 给出了蜂窝芯子测压试验及仿真变形图及加载点的力-位移曲线变化图。可以看出大厚度蜂窝芯子在承受测压载荷时，初始阶段蜂窝芯子变形为线性阶段，蜂窝壁变形量较小，随载荷的增加结构迅速失效，内部格孔率先发生失稳，蜂窝壁出现折断且格孔失稳由结构内部中心逐渐向外扩展，失稳过程中，上下压盘与蜂窝紧贴，未发生相对变形，加载力总体趋势保持平稳，由于结构从稳定平衡状态转变为不稳定平衡状态，随位移的增加胞壁多个褶皱呈现缓慢堆叠状态，仿真与试验结果的力-位移曲线相吻合，表明了仿真模型的有效性。

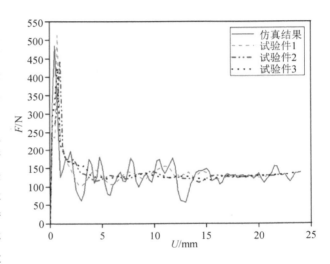

图 8　试验与仿真力-位移曲线

4.2　典型含倒角蜂窝夹层结构承压试验及仿真结果

图 9～图 12 给出了典型含倒角蜂窝夹层结构承压试验与仿真结果。

图 9　含倒角蜂窝夹层结构承压试验件

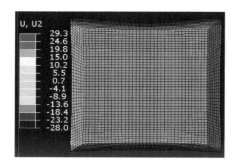
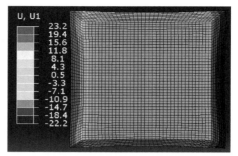

图 10　实体等效模型分析结果

图 11　精细化模型分析结果

通过解剖试验件发现,该结构在承受压力载荷时主要的破坏模式为侧向蜂窝格孔的失稳屈曲,体现为倒角处蜂窝的挤压及倒角部分的向内凹陷。通过精细化和实体等效两种模型的分析结果可知,两种模型均能有效模拟出倒角区域变形趋势及破坏模式。与试验对比发现,精细化模型仿真结果明显大于试验结果,这是由于精细化模型中未考虑变形的非线性导致的;而实体等效模型因单元刚性较大而限制了结构变形,因此结果变形值略低于试验结果,但是总体上能有效反映结构的整体变形状态。

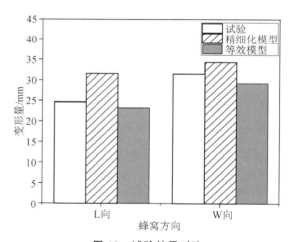

图 12　试验结果对比

两种模型仿真结果与试验数据的对比有效证明了模型的准确性。精细模型虽然能够体现结构受载状态下的格孔失效模式,但计算耗时远高于等效模型,而等效模型建模和计算效率高,能够准确模拟此类结构受载状态下的整体变形情况,因此在工程中建立实体等效模型更具有优势。当需要研究结构内部的失效模式及细观变化时,可建立局部精细化模型。

5　结　论

本文基于试验与仿真联合分析方法,开展了大厚度蜂窝夹层结构压缩损伤特性分析:
1) 完成了大厚度蜂窝芯子测压和含倒角结构承压损伤试验,表明此类结构抗侧压能力较弱,极易发生蜂窝格孔压缩屈曲失效,在结构设计及服役状态应尽量避免侧面受压。

2)建立了精细化和等效实体模型协同仿真分析模型,分析结果与试验结果数据吻合度较高且破坏模式完全一致。

3)等效模型与实验对比误差大致为 6%～8%,小于精细化模型的 20%～30%,更适用于工程评估。

参考文献

[1] Ambur D R, Cruz J. Low-speed impact response characteristics of compositesandwich panels[C]//Proceedings of 36th AIAA/ASME/ASCEAHS/ASSStructures. Structural Dynamics and Material Conference, 1995: 2681-2689.

[2] Feli S, Namdari Pour M H. An analytical model for composite sandwich panels with honeycomb core subjected to high-velocity impact[J]. Composites Part B: Engineering, 2012, 43(5): 2439-2447.

[3] Buitrago B L, Santiuste C, Sánchez-Sáez S, et al. Modelling of composite sandwich structures with honeycomb core subjected to high-velocity impact[J]. Composite Structures, 2010, 92(9): 2090-2096.

[4] Sukkur S, Palanisamy P, Vijayakumar K R. Experimental investigations and finite element analysis of composite sandwich structures with honeycomb core - Evaluation for strength and quality[J]. Carbon - Science and Technology, 2016, 8(1): 63-73.

[5] 王宝芹,王木难,刘长喜.基于多尺度方法的蜂窝夹层复合材料结构轴向压缩稳定性[J].复合材料学报,2020,37(03):601-608.

[6] 惠新育,许英杰,张卫红,等.平纹编织 SiC/SiC 复合材料多尺度建模及强度预测[J].复合材料学报,2019,36(10):2380-2388.

[7] Guin W E, Nettles A T. Effects of core splice joint width on the performance of composite sandwich structures with honeycomb core: An experimental study[J]. Journal of Sandwich Structures and Materials, 2022, 24(1): 720-741.

[8] Naresh K, Cantwell W J, Khan K A, et al. Single and Multi-layer Core Designs for Pseudo-Ductile Failure in Honeycomb Sandwich Structures[J]. Composite Structures, 2020, 256: 113059.

[9] 吕丽华,王荣蕊,刘文迪,等.蜂窝状三维整体机织结构型吸波复合材料的设计,制备与性能[J].复合材料学报,2023,40(3):1488-1494.

[10] YD A, ZHEN C A, XIN X A, et al. Mechanical characteristics of composite honeycomb sandwich structures underoblique impact[J]. Theoretical and Applied Mechanics Letters, 2022, 12(05): 359-370.

[11] KAMRAN M, WU F, XUE P, et al. New Numerical Modeling for Impact Dynamics Behavior of Composite Honeycomb Sandwich Structures [J]. Journal of Aerospace Engineering, 2020, 33(4): 04020016.

[12] 赵志勇,袁昊,刘闯,等.倾斜胞壁 Nomex 蜂窝芯压剪复合力学响应[J].复合材料学报,2023,40(1):521-529.

一种高可靠易扩展星载综合电子系统设计

罗文[1]　李思佳[1]　王新磊[1]　熊浩伦[2]

（1. 山东航天电子技术研究所，山东·烟台，264003

2. 航天东方红卫星有限公司，北京，100094）

摘要：综合电子系统是卫星信息处理和任务管理的中心，随着航天技术应用的高速发展，对综合电子系统的集成度、标准化、通用化提出了更高的要求。本文根据某卫星的高可靠、小型化、高集成度的研制需求，跟踪标准化、可扩展、系统可重构的发展趋势，设计了一种高可靠、模块化、标准化、易扩展的综合电子系统，涵盖了星务管理、整星热控、星地测控、中继测控、高速遥控、GNSS、故障现场记录等功能，并按功能项进行模块化设计实现，提高综合电子系统的适应性、可扩展性和通用性，可以缩短研制周期，实现批生产，已应用于多颗卫星，在轨工作稳定，可以向其他卫星推广应用。

关键词：星载综合电子；系统设计；高可靠；可扩展

1　引　言

随着航天技术应用的高速发展，卫星的应用需求和载荷功能不断增加，对卫星平台的电子学单机占比降低的需求越来越强烈，并且，提高卫星的集成度有利于实现一箭多星的发射方式，降低发射成本，提升发射效率。卫星综合电子系统是一个具有一定功能、由多种软硬件功能模块组成的集成系统，在统一的任务调度和管理下，完成整星的管理、控制和数据处理功能。根据卫星的应用场景和功能特点，卫星综合电子系统可包含整星全部或部分电子设备，有效整合整星电子单机。

本文根据某卫星的高可靠、小型化、高集成度的研制需求，跟踪标准化、可扩展、系统可重构的发展趋势，设计了一种高可靠、模块化、标准化、易扩展的综合电子系统，应用于长寿命中、低轨卫星，并通过了发射及在轨飞行的应用验证，满足任务的需求。

2　任务需求

综合电子系统是卫星测控、信息处理和任务分发中心，主要包括星地测控和星务管理等，具体功能项如下：

1) 实现自主任务规划及任务调度，使各个在轨任务分时运行；

2) 配合地面测控站完成卫星测距、测速；

3) 按照测控体制提取遥控信号，转给星务计算机进行遥控数据的解密、译码、执行和分发；

4) 星务计算机将遥测信号组帧后，由测控模块进行调制和上变频，通过天线发送到地面站；

5) 接收并解调地面站高速遥控信号，转给高速遥控处理模块进行解密、执行、存储和分发；

6）实现常规遥控模式与高速遥控模式指令及自主切换功能；

7）实现卫星模拟量、电平量、温度量采集功能；

8）实现直接 OC 指令及间接 OC 指令控制功能；

9）实现卫星平台及载荷自主闭环热控功能；

10）为卫星提供位置、速度、时间信息，实现定位、定轨、校时授时功能；

11）实现故障自主诊断、软件重构功能；

综合任务需求，总结卫星对综合电子系统的主要功能需求如表 1 所列。

表 1 综合电子系统功能接口需求

功能分类	接口功能需求
内/外系统总线	CAN 总线，波特率 500 kbps
测控内总线	RS485 接口，波特率 115 200 bps
星地遥控	扩频 RS422 同步接口，波特率 2 000～4 000 bps 自适应
星地遥测	RS422 同步接口，波特率 16 384 bps
星间遥控	RS422 同步接口，波特率 2 000～4 000 bps 自适应
星间遥测	RS422 同步接口，波特率 16 384 bps
星地高速遥控	RS422 同步接口，波特率 1.2 Mbps
中继高速遥控	LVDS 同步接口，波特率 5 Mbps
高速遥控数据分发	RS422 异步接口，波特率 500 kbps
固存数据传输	LVDS 同步接口，波特率 10 Mbps
星时管理/秒脉冲	RS422 接口
载荷通信	RS422 异步接口，波特率 500 kbps
星箭分离	电平量采集接口
模拟量采集	模拟量采集接口
温度量采集	温度量采集接口
直接指令/间接指令	OC 型接口
热控功能	OD 型接口
测距测速	测距精度：优于 5 ms，测速精度：优于 2 cm/s
GNSS 系统	定轨位置精度：优于 10 m；定轨速度精度：优于 0.02 m/s

总结上述卫星任务需求，以满足功能需求为基本，以高可靠、标准化、高集成、易扩展理念为设计原则，开展综合电子系统设计工作。

3 综合电子系统设计

3.1 系统架构

综合电子系统采用标准化、模块化设计思路，以可重构的星务计算机为核心，通过 CAN 总线将各模块连接在一起，实现综合电子系统内各模块间的数据交互，系统架构如图 1 所示。

综合电子系统集成了电源变换、GNSS系统、星地测控单元、遥测遥控单元、星务计算机、数据存储模块、采集模块、热控模块,实现了卫星平台管理、任务规划、常规测控、高速遥控、定轨定位、自主管理、软件重构等功能。

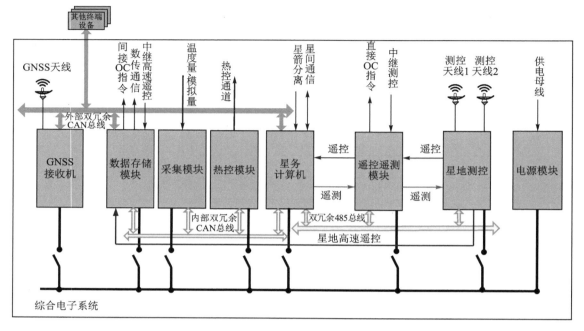

图1　综合电子系统架构图

综合电子系统的主要设计描述如下:

1)综合电子系统采用笼屉式结构形式,各功能模块立式并行排列,采用CPCI插件与底板进行互联。各模块均为6U标准模块化设计,可根据任务需求进行删减或增加其他模块化产品,不会影响各功能模块的设计状态。

2)综合电子系统采用集中式供电方式,由电源变换模块将供电母线转换为各功能模块需要的二次电源(如+5.5 V、+12 V、−12 V),并在各模块内部设置切机和加断电控制电路。

3)为了提高卫星测控功能的可靠性,采取合理的测控通道冗余措施及优先级设计,保证星地测控、中继测控功能运行正常;

4)综合电子系统采用内外双总线设计,可有效提高星务计算机对整星任务调度的效率,降低CAN总线的占用率,提高总线通信的可靠性。

5)采用CPCI底板实现各功能模块的通信互联,任务需求变化时,只需要适应性更改底板即可实现增删其他功能模块。

3.2　模块设计

(1)星务计算机

星务计算机采用CPU+FPGA架构实现,由处理器最小系统、上电复位及看门狗电路、自主切机电路、FPGA接口扩展电路构成,与系统软件共同构成了一个中心处理单元,完成遥控接收、遥测发送、CAN总线管理、时间管理、中断处理等,支持狗咬复位计数、自主切机,具有故障自主诊断、容错设计及应用软件在轨重构能力。星图计算机结构如图2所示。

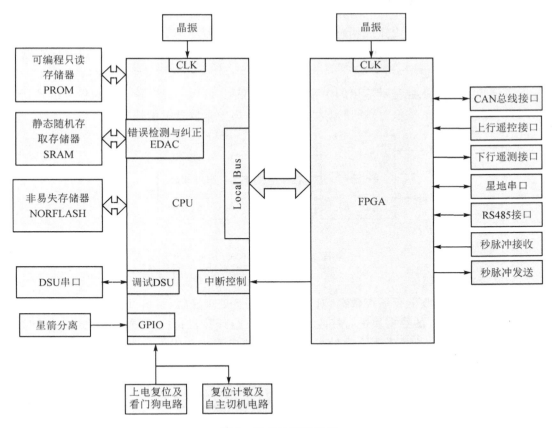

图 2　星务计算机结构

星务计算机 CPU 核心处理器选用抗辐照处理器 BM3803FMGRH，BM3803FMGRH 是一款 SPARC V8 体系结构的 32 位高性能抗辐射微处理器，集成高性能整数处理单元、浮点处理单元、独立的指令和数据 Cache 以及其他丰富的外设接口，内部采用 TMR（三模冗余）、EDAC（错误检测与纠正）等组合策略实现了对 SEU（单粒子翻转）故障的完全容错。星务计算机接口扩展 FPGA 选用抗辐照反熔丝型 FPGA，具有功耗低、抗空间单粒子翻转能力强、可靠性高等优点，完全满足星务计算机对数据处理能力和速度的需求。

星务计算机为冷备常加电工作模式，上电时默认星务计算机主份工作，主份星务计算机在故障发生后不能正常工作的情况下，如软件跑飞、SRAM 发生单粒子效应等情况，导致外部硬件看门狗不能清除达到 3～6.75 s（3 次狗咬脉冲）后，由外部硬件看门狗对主份星务计算机进行复位，之后 3～6.75 s 内主份星务计算机仍然处于故障状态，看门狗再次狗咬时，由遥测遥控模块对备份星务计算机加电，同时给主份星务计算机断电，备份星务计算机获取当班权正常工作。备份星务计算机亦设计有看门狗复位接口，当狗咬计数达到或超过 1 次时，备份星务计算机仅进行复位操作，不会自主切回主份，必须由地面发送直接指令才能让主份星务计算机加电工作获取当班权。

星务计算机自主切机策略只能从星务计算机主份切换到星务计算机备份工作方式，不自主实现备机切主机的操作。整机重新加电时，星务计算机主备份状态保持在断电时的状态。

（2）星地测控模块

星地测控电路由测控基带和射频通道组成，见图 3。

测控基带的主要功能是接收射频通道输出的中频信号,对该信号进行 A/D 采样。经采样后的数字序列在数字基带内完成伪码捕获与跟踪、载波恢复与解扩、测距测速信息采集,将解调出的上行遥控数据送给计算机模块;同时接收来自计算机模块的遥测信息包,进行扩频、调制后发给射频发射通道。

射频通道实现对测控基带输出的中频信号的上变频、放大、滤波,输出射频传导信号;同时实现对接收射频信号的滤波、低噪声放大、下变频,输出中频信号给测控基带。

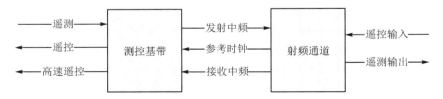

图 3　星地测控模块

（3）遥测遥控模块

遥测遥控模块接收上行遥控数据,对遥控数据进行处理校验、解析、译码,并根据协议进行直接指令输出;对注入的数据块进行接收校验并转发给计算机;发送下行遥测数据,对计算机的遥测数据进行信息处理、将遥测组帧等发送给星地应答机和中继应答机;通过 RS485 总线与计算机进行通信,接收计算机的指令和实时反馈自身的工作状态。遥测遥控模块见图 4。

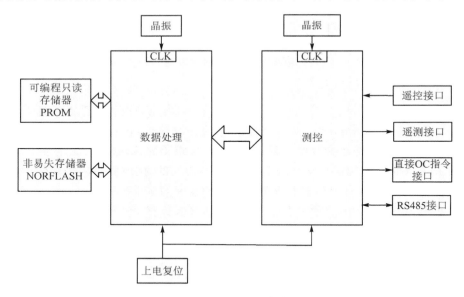

图 4　遥测遥控模块

遥测遥控模块对遥控数据的优先级选择:

遥测遥控 A:优先处理星地测控 A 的遥控数据,其次处理星地测控 B 的遥控数据,最后处理中继测控的遥控数据;

遥测遥控 B:优先处理星地测控 B 的遥控数据,其次处理星地测控 A 的遥控数据,最后处理中继测控的遥控数据。

（4）GNSS 接收机

GNSS（Global Navigation Satellite System）接收机及其天线完成卫星正常姿态的定位定轨，接收导航信号，主要功能如下：

1）接收 GPS 导航系统和北斗导航系统的信号，解调、解算出定位信息、定轨信息、时间信息，从而完成卫星定位、定轨、授时等；

2）执行星务计算机的指令，并反馈自身遥测参数；

3）向整星广播卫星实时定位信息；

4）在 GPS 及 BD 信号中断情况下提供外推服务功能，保持提供连续的导航服务；

5）输出秒脉冲信号，具有在 GPS 及 BD 信号中断情况下连续输出秒脉冲信号的功能，并广播此秒脉冲对应的 UTC 累计秒计数。

GNSS 接收机如图 5 所示。

（5）采集模块

采集模块完成整星的电平量、模拟量和测温量的多路选择和模拟量与数字量的转换，该模块设置了测温基准电压、同源校准电压、异源校准电压、模拟开关监测电压等，实时将自身遥测和量化采集的结果发送给星务计算机。采集模块如图 6 所示。

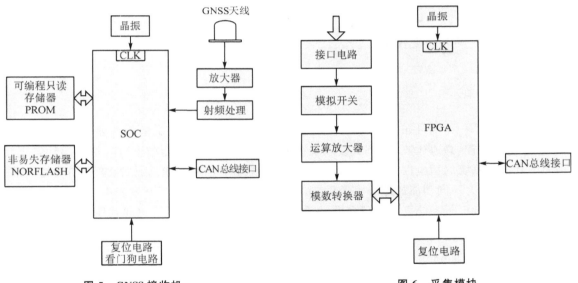

图 5　GNSS 接收机　　　　　　　　　图 6　采集模块

（6）热控模块

热控模块作为整星热控回路的控制单元，完成卫星平台和载荷加热回路开环和闭环控制，并向星务计算机实时反馈自身所有加热回路的开关状态。为了保护整星热控电源，在每个加热回路中设计熔断器，防止某一路因加热回路工作异常使热控电源发生电流过载，而影响其他加热回路的正常工作。热控模块如图 7 所示。

（7）数据存储模块

数据存储模块完成整星关键数据、高速遥控数据等的存储及下传，用于整星健康状态检查、故障定位、各单机的在轨软件重构，具体如下：

1）整星 CAN 总线监视和遥测源包数据的存储及下传；

2）星务计算机的程控、任务等重要数据的存储与应急恢复；

3）高速遥控数据的接收、解密、解析、存储及分发。

数据存储模块大容量存储器选用 NAND 型 FLASH，用于存储不少于一周的 CAN 总线数据和遥测数据；星务重要数据存储容量需求较小，选用空间环境适应性较好的 MRAM；高速遥控数据存储器要求速度快、容量大，选用同步动态随机存储器 SDRAM。数据存储模块见图8。

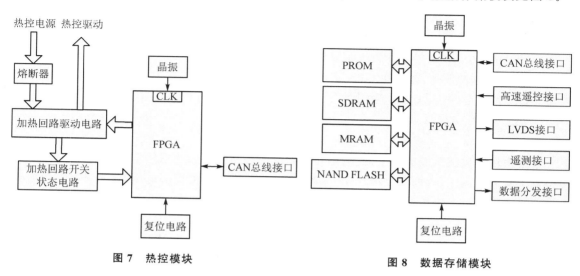

图7　热控模块　　　　　　　　　　　　图8　数据存储模块

4　结　论

本文设计了一种高可靠、易扩展、标准化的综合电子系统，涵盖了星务管理、整星热控、星地测控、中继测控、高速遥控、GNSS、故障现场记录等功能，并按功能项进行模块化设计实现，提高综合电子系统的适应性和可扩展性。根据不同类型卫星的需求，通过配置不同功能和数量的模块，组合为不同功能的综合电子系统，缩短了研制周期，减少了开发成本，有利于实现批生产。本文综合电子系统已应用于多颗中低轨卫星，在轨工作稳定，可以向其他卫星上推广应用，也可以为未来综合电子的发展提供参考。

参考文献

［1］姜连祥.微小卫星综合电子系统体系结构研究［C］.//2011年小卫星技术交流会.

［2］詹盼盼,张翠涛.软件定义卫星技术研究［C］.//2018年航天型号信息化与软件技术交流会.

基于看门狗的航天器软件健康管理设计

周祝旭　郝雨川

（山东航天电子技术研究所，山东·烟台，264003）

摘要： 随着嵌入式软件在航天领域应用的不断加深，程序运行的稳定性越来越受到重视。由于不同的芯片抗干扰能力不同，在环境比较恶劣的情况下，部分芯片极易受到外界干扰而导致运行异常，甚至死机。为了使系统可以从错误状态恢复正常，一般采用看门狗设计来监测系统的运行状态，通过看门狗的复位来帮助系统重新运行。本文介绍了一类围绕看门狗电路实现的软件健康管理设计。针对当前卫星常用看门狗模块，设计了一类通用的软件健康管理方案，本方案覆盖裸机程序与操作系统两种情况；为中小规模裸机程序提供高效且可靠的方案；为带操作系统的嵌入式系统提供完整可靠的健康管理方案。本方案提供看门狗"喂狗"时间监视设计，并给出推荐设计值和工程实例。文中所提方案均已有在轨验证经验，切实可行。

关键词： 星载设备；软件设计；看门狗；健康管理

1 引 言

看门狗电路源于工业控制领域，用于低成本恢复软件工作状态。由于其简单可靠的特点，作为常用可靠性手段被引入航天领域[1]。使用看门狗来监视软件状态是航天控制器软件对于软件异常和单粒子翻转等情况处理的主流方案之一。

1.1 航天领域看门狗的由来

由于卫星工作在无人干预的高空、低温、强辐射的空间环境，对星载计算机必须要求长寿命，高可靠性，抗辐射。传统星载计算机采用专门设计的抗辐射器件和基于硬件冗余的容错系统，采用硬件冗余结构虽然增加了可靠性，但导致体积、重量、功耗和成本都成倍增加[2]。

21世纪初，美、英、以色列等国在尝试低成本小卫星设计时，为提高性能且降低造价，除了大量选用商用器件外，还将工业控制的看门狗技术引入使用。美国"SMEX 系列"小卫星的星载计算机就抛弃硬件冗余结构，而采用"加固处理 CPU＋软/硬件看门狗"设计。首次批量验证了"提高单机自我恢复能力"替代"硬件冗余"的可行性。当星载机出现故障时，系统通过看门狗来进行复位，使卫星恢复正常[3]。

1.2 航天领域看门狗的优点

空间高能粒子撞击所造成的存储器或寄存器发生单数码位翻转的单粒子翻转（SEU）现象或单粒子锁定（SEL）现象对软件系统影响很大。经查阅文献，所有导致星载计算机出故障的现象中，带电重粒子轰击引起的计算机器件 SEU 效应的瞬态故障最严重，SEU 的瞬态故障率为永久故障率的 1 000 倍[2]。通过看门狗监视，可使 SEU 导致的程序异常在短时间内恢复。由于历史的成功尝试，看门狗设计已不局限于低成本小卫星使用，而是在各平台与硬件冗余设计相辅相成。当前我所承研载人航天、院内大卫星、东方红小卫星等宇航型号均已普遍采用[4]。

2　设计原理

由于星载设备尺寸、重量、成本的要求,星载设备的存储、运算资源往往会在满足任务要求的前提下,尽可能精简。过度复杂的软件框架在星载设备往往会失去通用性,故本文针对基本看门狗设计、健康监视设计两尺度分别给出设计方案。

2.1　基本看门狗程序设计

基本看门狗指的是通过外部硬件/FPGA/CPU特定模块监视软件运行状态,软件需要在生命周期全程以小于监视时间要求的间隔给出健康信号,否则触发监视等待超时处置。

常见基本看门狗有三类:

1)MAX706等外部看门狗芯片。均有明确最小喂狗时间要求,如图1所示。通过硬件配合电路设计,需要CPU按照最小周期流出余量,以"读取XX地址""XX地址写入0x55"等约定方式进行喂狗。以MAX706芯片手册要求为例,最小狗咬时间为1 s,软件设计时应按照不大于0.8 s喂狗。本文主要精力非硬件设计,不展开赘述[4]。

PARAMETER	SYMBOL	CONDITIONS		MIN	TYP	MAX	UNITS
Output-Voltage High (MAX706P) (MAX706AP)	V$_{OH}$	V$_{RST(MAX)}$ < V$_{CC}$ < 3.6V	I$_{SOURCE}$ = 215μA	V$_{CC}$ - 0.6			V
	V$_{OL}$	V$_{RST(MAX)}$ < V$_{CC}$ < 3.6V	I$_{SINK}$ = 1.2mA			0.3	
	V$_{OH}$	4.5 < V$_{CC}$ < 5.5V	I$_{SOURCE}$ = 800μA	V$_{CC}$ - 1.5			
	V$_{OL}$	4.5V < V$_{CC}$ < 5.5V	I$_{SINK}$ = 3.2mA			0.4	
Output-Voltage High (MAX708_)	V$_{OH}$	V$_{RST(MAX)}$ < V$_{CC}$ < 3.6V	I$_{SOURCE}$ = 500μA	0.8 x V$_{CC}$			V
	V$_{OL}$	V$_{RST(MAX)}$ < V$_{CC}$ < 3.6V	I$_{SINK}$ = 500μA			0.3	
	V$_{OH}$	4.5V < V$_{CC}$ < 5.5V	I$_{SOURCE}$ = 800μA	V$_{CC}$ - 1.5			
	V$_{OL}$	4.5V < V$_{CC}$ < 5.5V	I$_{SINK}$ = 1.2mA			0.4	
WATCHDOG INPUT							
Watchdog Timeout Period	t$_{WD}$	MAX706P/R, MAX706AP/AR, V$_{CC}$ = 3.0V		1.00	1.60	2.25	s
		MAX706S/T, MAX706AS/AT, V$_{CC}$ = 3.3V		1.00	1.60	2.25	
WDI Pulse Width (MAX706_, MAX706A_)	t$_{WP}$	V$_{IL}$ = 0.4V	V$_{RST(MAX)}$ < V$_{CC}$ < 3.6V	100			ns
		V$_{IH}$ = 0.8V x V$_{CC}$	4.5V < V$_{CC}$ < 5.5V	50			
Watchdog Input Threshold (MAX706_, MAX706A_)	V$_{IL}$	V$_{RST(MAX)}$ < V$_{CC}$ < 3.6V				0.6	V
	V$_{IH}$	V$_{RST(MAX)}$ < V$_{CC}$ < 3.6V		0.7 x V$_{CC}$			
	V$_{IL}$	V$_{CC}$ = 5.0V				0.8	
	V$_{IH}$	V$_{CC}$ = 5.0V		3.5			
WDI Input Current		WDI = 0V or V$_{CC}$	MAX706_	-1.0	+0.02	+1.0	μA
			MAX706A_	-5		+5	

图1　MAX706手册时间要求

2)CPU内置看门狗模块。部分CPU芯片自带看门狗模块,由CPU芯片自监视运行情况并执行CPU复位[5]。图2为TI公司TMS320x28335内部看门狗模块。

3)FPGA看门狗模块。通过FPGA设计实现,由FPGA监视CPU运行情况并执行CPU复位操作。需要CPU以读写地址的方式进行喂狗,喂狗方式与看门狗芯片方案类似。图3为某宇航型号FPGA看门狗模块的喂狗操作说明。

综上对比,在时间可配置性、优缺点、使用情况等方面对三种看门狗设计进行比对,结果见表1。

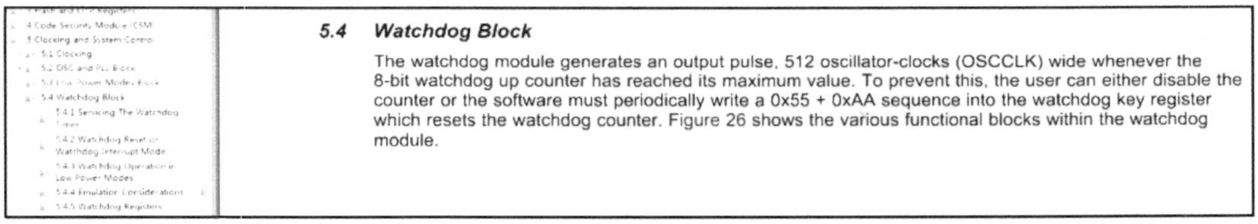

5.4 Watchdog Block

The watchdog module generates an output pulse, 512 oscillator-clocks (OSCCLK) wide whenever the 8-bit watchdog up counter has reached its maximum value. To prevent this, the user can either disable the counter or the software must periodically write a 0x55 + 0xAA sequence into the watchdog key register which resets the watchdog counter. Figure 26 shows the various functional blocks within the watchdog module.

图 2 TMS320x28335 内部看门狗模块

看门狗	喂狗信号寄存器	0xE00	写	cpu 喂狗 0x55（低 8 位）
	CPU 接管看门狗	0xE01	写	x55（低 8 位）CPU 接管:FPGA 看门狗

图 3 某宇航型号 FPGA 看门狗模块的喂狗操作说明

表 1 基本看门狗模块特点

类 型	外部看门狗芯片	CPU 内置看门狗模块	FPGA 看门狗模块
狗咬时间	基本固定,少数可配置	时间灵活	时间灵活
设计依据	随硬件电路变化	随 CPU 变化	使用模块化,无须自行设计
使用情况	较多	较少	较多
优点	除时间外,可一并监视 Vcc 及 pfi 单板电压状态	无须外围硬件支撑,狗咬时间调整方便	模块化固化产品,软件设计成熟可靠,狗咬时间调整方便
缺点	芯片个体差异导致时间固定性差、狗咬时间随设计方案调整困难	非第三方监视手段,功能使能一定程度依赖软件自身	不支持硬件(电压)监视
需求描述	满足芯片手册最小值	满足芯片手册最小值	满足 FPGA 实现最小值
软件设计	推荐按照小于最小值/2 进行定周期喂狗,(不推荐<1 ms 间隔频繁喂狗设计,过于频繁地喂狗会造成 CPU 资源的浪费)		

2.2 健康监视程序设计

当前主流航天器软件中,看门狗功能基本特指基本看门狗设计。健康监视设计普遍不够重视,大多数软件缺乏健康监视设计。广义角度下,对硬件状态、特定软件(任务)状态的监视恢复设计;对任务执行流程的异常分支重试一定次数后退出;对周期性任务执行时间过长中止等设计均可看作看门狗设计[6]。

在裸机环境下,看门狗可用作不可修复故障的恢复手段,常见使用方式有 3803 芯片环境,异常 TRAP 出现后,软件记录异常信息后停止喂狗,从而触发复位恢复。

在系统环境下,除了不可修复故障的恢复手段外。健康监视可为对周期性任务的恢复设计,在任务超过预期执行时间 2 倍以上仍未完成时,记录异常,重启任务;也可为对驱动类任务的隔离设计,确认硬件彻底失效时,停止任务或降低优先级运行[7]。

针对上文现状,本文针对①简单、资源单薄的裸机程序,②相对复杂、资源丰富的系统环境程序,分别给出设计方案建议。

3 设计方案

本文针对裸机和系统环境程序独立给出设计方案,二者相近的初始化部分统一描述。

3.1　初始化看门狗设计

初始化过程随业务不同而有所差异,主要分两类工况进行喂狗设计。一类为短时间的初始化函数间进行喂狗;一类为长时间的初始化函数内进行喂狗。典型业务场景见表 2。

表 2　初始化喂狗工况

初始化运行工况	典型场景	喂狗方式
各初始化函数累计运行时间接近($t_{min}/2$)	① 数据结构初始化; ② 冷热复位初始化; ③ TRAP 信息初始化; ④ 串口驱动初始化; ⑤ 信号量初始化; ⑥ 小数据量数据恢复	函数间进行喂狗
单初始化函数运行时间超过($t_{min}/2$),甚至最长时间有可能超过 t_{min}	① 1553B 初始化(含 RAM 自检、自主分配空间); ② Flash 三区校验及纠正; ③ 对外握手/建链/索要重要数据; ④ 依据部分输入数据进行排序、查找; ⑤ 大数据量数据恢复	函数内部长耗时的循环、等待步骤进行喂狗
注:t_{min} 为硬件最小狗咬时间		

由表 2 可知,初始化喂狗时间在测试过程最容易遗漏,尤其对于初始化时间随部分数据特性变化的函数,十分危险。典型场景 1:存储类软件上电查找延时遥测数据最终存储位置;典型场景 2:软件存储无序参数,上电后冒泡排序使用。

在系统环境下,初始化过程应格外注意任务建立前初始化和任务体中初始化,任务建立前初始化设计过程与裸机环境类似;任务体中初始化设计较为特殊,由于任务体运行时,看门狗任务已运行,为确保以喂狗位置单一,任务体内初始化应确保以简短或间歇释放 CPU 的方式触发喂狗。

3.2　裸机环境看门狗设计

裸机环境下,主程序及喂狗设计为基本看门狗设计,主要分两类:一类为无周期设计,当前周期运行完成后尽快执行;另一类为定周期设计,按照预期程序周期执行。

无周期设计简单,执行效率较高,有指令执行性能需要且功能简单时适用,典型无周期业务流程示例如图 4 所示。此设计在常规工况下喂狗往往过于频繁,在老的硬件电路设计下,喂狗过于频繁而被滤波喂狗失效的概率很小;在擦除 Norflash 等非常规工况下,往往由于设计过于简单,设计师无须思考各任务功能执行时间即可完成喂狗和程序结构设计,容易滋生执行时间无概念、设计简单而排故时工况复杂的问题。

定周期设计规整、执行可预期,软件功能复杂和性能达标时建议使用,典型定周期业务流程示例如图 5 所示。此设计喂狗方式优点是采用定周期进行单次喂狗,空闲时任意喂狗,喂狗可预期性强;缺点是指令执行延迟取决于主程序周期,性能低于无周期设计。但设计难度及工作量大于无周期设计:一是由于依赖于定时器进行定周期,需要考虑定时器异常时软件恢复处置策略;二是需要设计师对每一个功能模块执行时间有明确的预期和设计。

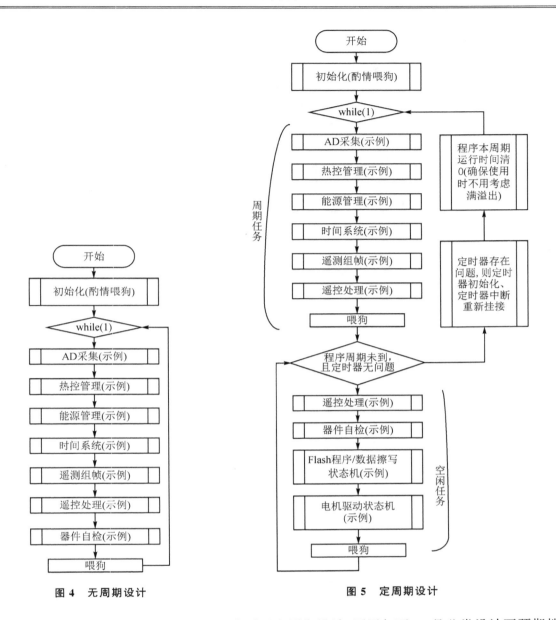

图 4 无周期设计   图 5 定周期设计

建议在软件无高性能场景下,尽可能采用定周期设计,原因如下:一是此类设计可预期性强,执行工况固定单一、简单可靠,可测试性强,故障风险低;二是采用定周期设计,程序功能中较长时间定时(百毫秒\秒级)设计简单可靠;三是提高程序规划,主动划分周期任务(单周期固定/至少运行一次任务)和空闲任务(任务紧张可拖后运行/异常情况可不运行/任务空闲多运行),引入任务优先级概念,(后续转系统环境时)提高任务设计能力。

针对长时间执行(Norflash 擦除、电机转动、流程序列)的任务,无特殊困难应进行状态机设计,确保每周期执行工作量可控,提高系统稳定性、确定性,减少各任务之间时间耦合。在定周期设计时,慎重违背设计原则进行单任务长时间阻塞设计。违背原则设计会带来很多麻烦和增加设计难度,单纯补充喂狗可能会忽视长时间运行对其他功能的影响。

3.3 系统环境看门狗设计

系统环境下,喂狗设计主要有两层次:

第一层为基本看门狗设计,如图 6 所示,首先统计软件中所有需要监视的任务(示例见表 3),之后将看门狗任务优先级设置为低于所有被监视任务的优先级即可。

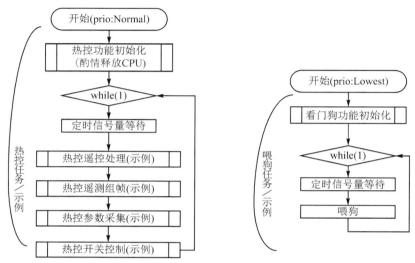

图 6 基本看门狗设计

表 3 监视任务示例

序 号	任务名	优先级	备 注
1	定时信号管理任务	9	监视调度正确性
2	TM 遥测任务	10	测控驱动,监视确认地面通信正确性
3	1553B 任务	14	
4	遥控驱动任务	15	
5	时间管理任务	17	时间系统,监视星时维护正确性
6	内总线任务	20	载荷驱动,监视载荷通信正确性
7	CSB 任务	20	
8	UART 任务	20	
9	驱动管理软件总任务	20	
10	延时遥测任务	20	星务应用功能,监视各功能正确性
11	遥控任务	20	
12	星内通信任务	20	
13	重要数据保存任务	20	
14	热控任务	20	
15	能源任务	20	
16	程控主任务	20	
17	程控副任务 1	20	
18	程控副任务 2	20	
19	FDIR 检测任务	20	
20	FDIR 恢复任务	20	
21	自主飞行任务	20	

序　号	任务名	优先级	备　注
22	看门狗任务	21	若监视任务异常运行,则此任务无法按时喂狗,狗咬复位
23	在轨维护任务	22	非主线任务,若未影响功能运行,不建议复位
24	空闲任务(SRAM刷新)	100	非主线任务,若未影响功能运行,不建议复位

注:表中优先级号越小优先级越高

第二层为任务健康监控设计,最高优先级任务做任务监控,具体业务任务执行过程进行软件喂狗,如图7所示。监控任务监视到某任务异常时,若用户认可软件自主恢复,则进行有限次数(3次)任务重加载,恢复次数耗尽后仍异常则停止喂狗任务,触发狗咬复位。

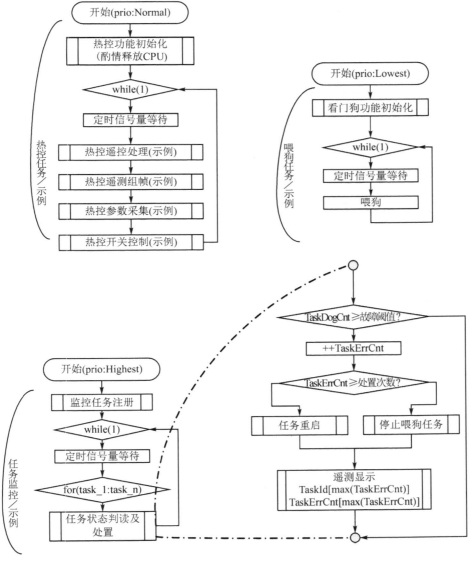

图7　任务监控设计——自主恢复

　　监控任务监视到某任务异常时,若用户选择软件地面恢复(见图8),则仅遥测下传异常任务信息,地面人员决策是否需要特性处置或复位。

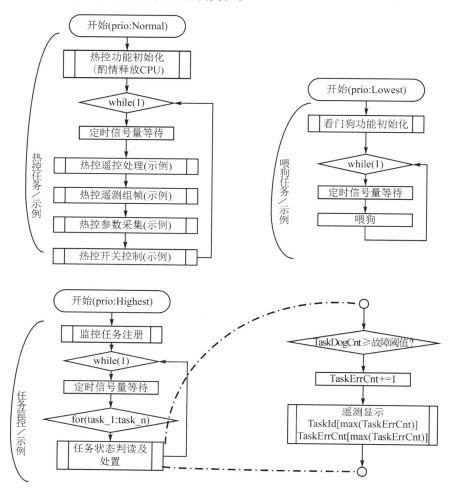

图8　任务监控设计——地面处置

　　以某通信卫星3803芯片配合SpaceOs操作系统为例,介绍监控任务实现。软件中需要提供健康监控结构体,如图9所示。

```
/*
结构体名称 任务健康状态
详细说明 任务健康状态管理使用
*/
typedef struct{
    INT32 taskFedCnt;      //v 任务软狗计数
    UINT8 taskEn;          //v 任务使能状态
    INT32 taskErrhld;      //v 任务非健康门限
    UINT32 taskErrCnt;     //v 任务非健康次数
}taskHealthCheckStr;
```

图9　健康监控结构体

软件中须提供以下接口。

1）注册接口，见图 10。

```
/** 函数功能 任务健康检测注册
 *
 *      @idea 周期性喂狗任务
 *      @param taskId  任务 ID
 *      @param errHld  异常报警阈值 [2,1000]
 *      @return      TRUE 注册成功/FALSE 注册失败，此 ID 已注册过或故障阈值非法
 *      @see    无
 *      @note   无
*/
UINT8 taskHealthRegister(UINT8 taskId,UINT32 errHld)
{
    if ((myTaskHealth[taskId].taskEn ==  TRUE)
        ||(errHld<=1)
        ||(errHld>1000))
    {
        return FALSE;
    }
    myTaskHealth[taskId].taskErrCnt = 0;
    myTaskHealth[taskId].taskFedCnt = 0;
    myTaskHealth[taskId].taskErrhld = errHld;
    myTaskHealth[taskId].taskEn = TRUE;
    return TRUE;
}
```

图 10　健康监控注册接口

2）喂狗接口，见图 11。

```
/** 函数功能 任务健康检测-喂狗
 *
 *      @idea 喂狗，清除软狗计数
 *      @param taskId  任务 ID
 *      @return    无
 *      @see    无
 *      @note   无
*/
void taskHealthFeed(UINT8 taskId)
{
    myTaskHealth[taskId].taskFedCnt = 0;
}
```

图 11　健康监控喂狗接口

3）设置接口，见图 12。

```
/** 函数功能 任务健康监视-设置
 *
 *      @idea 设置软狗计数
 *      @param taskId  任务 ID
 *      @return    无
 *      @see    无
 *      @note   无
*/
void taskHealthSet(UINT8 taskId)
{
    myTaskHealth[taskId].taskFedCnt++;
}
```

图 12　健康监控设置接口

4）检查接口，见图 13。

```
/** 函数功能:任务健康监视-检查
 *
 *      @idea 周期调用，检查是否存在任务超时错误
 *      @param 无
 *      @return    无
 *      @see    无
 *      @note    无
 */
void taskHealthCheck(void)
{
    UINT32 i;
    for (i=0;i<256;i++)
    {
        if (myTaskHealth[i].taskEn == TRUE)    /*p 本任务需要监视*/
        {
            if (myTaskHealth[i].taskFedCnt>myTaskHealth[i].taskErrhld)
            {
                myTaskHealth[i].taskErrCnt++;
                taskHealthFeed((UINT8)i);
            }
        }
    }
}
```

图 13　健康监控检查接口

5）获取结果，见图 14。

```
/** 函数功能 任务健康监视-获取结果
 *
 *      @idea 反馈超时最严重的任务
 *      @param 无
 *      @return      0~255异常ID/256 正常/其他非预期
 *      @see    无
 *      @note    无
 */
UINT16 taskHealthGetStatus(void)
{
    UINT32 i;
    UINT32 maxCnt;
    UINT16 maxErrId;
    taskHealthCheck();
    maxCnt = 0;
    maxErrId = 256;
    for (i=0;i<256;i++)
    {
        if (myTaskHealth[i].taskEn == TRUE)    /*p 本任务需要监视*/
        {
            if ((myTaskHealth[i].taskErrCnt>0)
                &&(myTaskHealth[i].taskErrCnt>maxCnt))
            {
                maxCnt = myTaskHealth[i].taskErrCnt;
                maxErrId = (UINT16)i;
            }
        }
    }
    return maxErrId;
}
```

图 14　健康监控获取结果接口

6）获取故障次数接口，见图 15。

```
/** 函数功能 任务健康监视-获取结果
 *
 *      @idea 反馈超时最严重的任务
 *      @param 无
 *      @return    0~255异常 ID/256 正常/其他非预期
 *      @see    无
 *      @note    无
 */
UINT16 taskHealthGetStatus(void)
{
    UINT32 i;
    UINT32 maxCnt;
    UINT16 maxErrId;
    taskHealthCheck();
    maxCnt = 0;
    maxErrId = 256;
    for (i=0;i<256;i++)
    {
        if (myTaskHealth[i].taskEn == TRUE)    /*p 本任务需要监视*/
        {
            if ((myTaskHealth[i].taskErrCnt>0)
                &&(myTaskHealth[i].taskErrCnt>maxCnt))
            {
                maxCnt = myTaskHealth[i].taskErrCnt;
                maxErrId = (UINT16)i;
            }
        }
    }
    return maxErrId;
}
```

图 15　健康监控获取故障次数接口

7）使用示例接口，见图 16～图 19。

```
UINT8 myTaskId[7] =
{TM_TASK_ID, SIPTM_TASK_ID, TC_TASK_ID, TCS_TASK_ID, PCS_TASK_ID};

/** 函数功能 初始化任务监视序列
 *
 *      @idea 装订任务ID
 *      @param 无
 *      @return 无
 *      @see    无
 *      @note    无
 */

void taskHealthInit(void)
{
    UINT32 i;
    memset((UINT8 *)myTaskHealth, 0, sizeof(myTaskHealth));
    for (i=0;i<sizeof(myTaskId);i++)
    {
        /*p 期望超过3 个周期异常则报警*/
        taskHealthRegister(myTaskId[i],3);
    }
}
```

图 16　初始化注册示例

```
/** 函数功能 遥控任务
 *
 *      @idea 遥控任务
 *      @param 无
 *      @return 无
 *      @see    无
 *      @note   无
 */
int Task_TC(void)
{
    while (1)
    {
        OSSemTake(SEM_BELL_Task_TC,WAIT_FOREVER);/*p 延时 */
        /*p 健康监视软狗 */
        taskHealthFeed(TC_TASK_ID);
        Exec_All_TC_Cmd();/*p 执行所有的遥控指令 */
        Dispense_Clock_Cmd();/*p 执行时标指令 */
        Extract_Auto_Cmd();/*p 自主指令分发操作 */
    }
    return 0;
}
```

图 17　任务喂狗示例

```
/** 函数功能 健康监控软狗计数增加
 *
 *      @idea 健康监控软狗计数增加
 *      @param 无
 *      @return 无
 *      @see    无
 *      @note   无
 */
void taskHealthSetAll(void)
{
    UINT32 i;
    for (i=0;i<sizeof(myTaskId);i++)
    {
        taskHealthSet(myTaskId[i]);
    }
}


#define taskHealthCycleMs 448
/** 函数功能 最高优先级任务调用
 *
 *      @idea 持续设置所有任务的软狗计数
 *      @param 无
 *      @return 无
 *      @see    无
 *      @note   无
 */
void taskHighest(void)
{
    taskHealthInit();
    while (1)/*p 任务体 */
    {
        if ((timeUpdate%(taskHealthCycleMs/appTimeTick)) == 0) /*p 每448ms设置一轮 */
        {
            taskHealthSetAll();
        }
    }
}
```

图 18　任务设置示例

```
/** 函数功能 任务监视设置遥测
 *
 *      @idea装订任务ID
 *      @param无
 *      @return无
 *      @see    无
 *      @note   无
 */
void RefreshTaskHealthTm(void)
{
    UINT16 res = taskHealthGetStatus();
    UINT8 errTaskId;
    UINT32 errTaskCnt;
    if (res < 0x100)        /*存在故障*/
    {
        errTaskId = (UINT8)res;        /*p 故障任务ID*/
        errTaskCnt = taskHealthGetCnt(errTaskId); /*p 故障次数*/
    }
}
```

图 19　任务检测示例

图 10～图 19 分别描述了某型号软件健康监视接口设计,按照注册、喂狗、配置、检查、获取结果、故障处理划分完整健康监控功能。任务在多任务环境下,任务体量普遍偏大,存在多人协作开发场景,易出现分离测试时喂狗时间满足性能要求、合并后某工况喂狗时间超时情况,应注意协作开发过程喂狗峰值工况相互交底,规避"A 喂狗峰值工况时发起 B 喂狗峰值工况"情况。

3.4　喂狗间隔软监视设计

根据以往项目经验,看门狗测试受测试环境影响严重。喂狗动作的正确性往往在测试初期即可确认,但喂狗间隔测试需要在软件完全稳定后确认。在(软件稳定后的)研制后期,硬件设备难以保持看门狗信号硬件可测量状态,故纯硬件测量看门狗间隔的手段经常性影响研制过程。

为规避此问题,应对看门狗函数进行改造,利用定时器"软监视"。"软监视"目的是监视喂狗时间性能临界或同数量级超时,不考虑喂狗时间远超狗咬时间的小概率工况(例如狗咬时间 1.4 s,代码实现错误导致 100 s 喂狗,此类远超狗咬时间问题按照复位情况排查,此功能适合监视狗咬时间 1.4 s,实际有 1.8 s 喂狗情况),设计主要包含定时器设置、监视初始化、监视时间记录三部分,以 3803 为例,具体思路如下。

3.4.1　定时器设置及驱动接口

定时器设置为自动重载模式,不使用中断(其他功能需要可使用)。确认定时器计数记满回卷时间至少大于狗咬时间 1.5 倍以上。以图 20～图 22 所示的 3803 定时器模块为例,3803 定时器共 24 bit 定时计数,设置当量为 1 μs,则最多可记录时间为 16.777 215 s,可用于狗咬时间小于 10 s 的监视任务。

设计时间获取接口,每次读出微秒值,见图 21。

设计时间差获取接口,每次读出微秒时间间隔,见图 22。

3.4.2　喂狗监视初始化

在初始化程序中,应对喂狗监视进行初始化设置,如图 23 所示,本功能初次实践确认仅需全局变量 lastTime,其他均可局部变量完成。

```
/*处理器时钟频率配置单位Hz*/
#define CPU_FREQ                        (64000000)
/*系统寄存器区基址*/
#define BSPMECBASE                      (0x80000000)
/*定时器的当量，单位us。BM3803的三个定时器用一个scaler*/
#define TIMER_SCALER                    (1)
/*计数器预分频计数器*/
#define BSPSCALERCOUNT_INIT             (((TIMER_SCALER*CPU_FREQ)/1000000)-1)
/*计数器预分频重载计数器*/
#define BSPSCALERLOAD_INIT              (((TIMER_SCALER*CPU_FREQ)/1000000)-1)
/*定时器0控制寄存器*/
#define BSPTIMEROCTRL_INIT              ((1)<<2)|  \
                                        ((1)<<1)|  \
                                        (1))

/** 函数功能  初始化定时器0，当量是us
 *       @idea初始化定时器0，当量是us
 *       @param无
 *       @return无
 *       @see    无
 *       @note   无
 */
void BSP_Init_T0(void)
{
    V_U32 *cpu_mec;
    /* 存储器 */
    cpu_mec = (V_U32 *)BSPMECBASE;
    cpu_mec[0x60 / 4] = BSPSCALERCOUNTINIT;     //设置预分频计数器
    cpu_mec[0x64 / 4] = BSPSCALERLOAD_INIT;     //设置预分频重载值
    cpu_mec[0x40 / 4] = 0xffffff;               //设置定时器0的计数值
    cpu_mec[0x44 / 4] = 0xffffff;               //设置定时器0的重载值
    cpu_mec[0x48 / 4] = BSPTIMEROCTRL_INIT;     //设置定时器0的控制字
}
```

图 20　定时器初始化

```
/*GPT寄存器基址*/
#define BSP_GPT_REG                     (0x40)
/*GPT计数器寄存器*/
#define BSP_GPT_CR                      (BSP_GPT_REG)
/*GPT计数器寄存器最大值*/
#define GPT_COUNTER_MAX                 (0x00ffffff)

/** 函数功能:读取当前GPT，当量是us
 *
 *       @idea读取当前GPT，当量是us
 *       @param无
 *       @return当前GPT值,单位是us
 *       @see    无
 *       @note   无
 */
U32 getGPT(void)
{
    V_U32 *mec = (V_U32 *)BSPMECBASE;
    U32 temp = (mec[BSP_GPT_CR / 4])&GPT_COUNTER_MAX;
/*p 读当前GPT*/
    return (temp * TIMER_SCALER);
}
```

图 21　获取时间接口

```
/*设置TIMER计数器初始值/
#define TIMER0_INIT                    (0x00ffffff)
/*GPT计数器寄存器重载值初始值 */
#define GPT_COUNTER                    (TIMER0_INIT)

/** 函数功能 计算两次GPT 差值，当量是us
 *      @idea计算两次GPT 差值，当量是us
 *      @param timeold老时间-开始时间
 *      @paramtimenew 新时间-结束时间
 *      @return两次GPT 差值,单位是us
 *      @see    无
 *      @note    无
 */
U32 getGPTDiff(U32 timeold, U32 timenew)
{
    U32 diff;
    if ( timenew <= timeold )  /*p GPT为减计数*/
    {
        diff = timeold- timenew;
    }
    else  /*p处理计数值回卷的情况*/
    {
        /*p 0xffffffff是32 位处理器的最大值*/
        diff = (GPT_COUNTER & GPT_COUNTER_MAX)-timenew + timeold + 1;
    }
    return (diff * TIMER_SCALER);
}
```

图 22　获取时间间隔接口

```
UINT32 lastTime;
/** 函数功能 看门狗初始化
 *
 *      @idea看门狗初始化
 *      @param无
 *      @return  无
 *      @see    无
 *      @note   包含获取初次时间
 */
void dogFedInit(void)
{
    lastTime = getGPT ();
    dogFed();
}
```

图 23　喂狗监视初始化接口

3.4.3　喂狗监视

周期性调用喂狗函数时,会自动记录最大喂狗间隔的代码示例,如图 24 所示。

4　结　论

本文首先介绍了航天看门狗原理与优缺点,然后基于星载设备资源水平分为基本看门狗与健康监视两个尺度展开设计,最后基于该尺度展开介绍了本文提出的初始化、逻辑环境、系统环境、喂狗间隔软监视设计,且在各设计中提供可行代码方案。文中所提代码方案均经过在轨验证,通用可行。

```
/** 函数功能 看门狗喂狗
 *
 *      @idea 自使用看门狗喂狗
 *      @param 无
 *      @return   无
 *      @see     无
 *      @note    喂狗时调用 自带最大喂狗间隔统计，当前100ms
 */
void dogFed (void)
{
    UINT32 nowTime, diffTime;
    static UINT32 maxTime = 0;
    /*p TODO 调用实际喂狗动作 */
    nowTime = getGPT();      /*p 获取当前时间 */
    diffTime = getGPTDiff(lastTime, nowTime)/100000;/*p 求差计算与上次喂狗时间间隔 */
    if (maxTime<diffTime)
    {
        maxTime = diffTime;    /*p 记录最大值 */
    }
    lastTime = nowTime;
}
```

图 24　喂狗监视接口

参考文献

［1］段沛沛.基于看门狗原理的冗余保护机制[J].火控雷达技术,2012,(3)：69-71.

［2］卢东昕,滕丽娟,洪炳熔,等.基于看门狗的星载软件抗 SEL、SEU 保护系统设计[J].哈尔滨工业大学学报,2001,33(1)：14-20.

［3］徐凌翔.基于数据流异常检测的嵌入式软件容错研究[D].成都:电子科技大学,2011.

［4］刘进军,洪家平.基于看门狗芯片 MAX708 的数据保护系统设计[J].电子工程师,2007,33(4)：57-61.

［5］刘俊朋.基于 AUTOSAR 看门狗的服务机制研究与实现[D].成都:电子科技大学,2013.

［6］姜婷,张吟.VxWorks 下基于看门狗的通用定时器设计[J].电子技术,2011,38(9)：35-37.

［7］王敏.基于 VxWorks 的 MLS 中央监控分机的设计与实现[D].西安:西安电子科技大学,2010.

一种星载高可靠性可重构最小系统软件设计

周祝旭　李志腾

（山东航天电子技术研究所，山东·烟台，264003）

摘要：本文描述了一种高可靠性卫星可重构最小系统软件的设计与实现。针对现如今卫星软件在轨重构的多样化需求，本文提出一种通用可重构最小系统软件架构，保证软件的在轨重构功能在具备高可靠性可控性的同时，具有较为简单的结构与较高的通用性和可拓展性。

关键词：可重构最小系统软件；软件设计；在轨重构

1　引　言

引导程序加应用程序的软件模式是嵌入式软件最常用的模式之一，引导程序负责设备初始化以及应用程序镜像的搬移启动。应用程序负责剩余与实际应用更加贴切的具体应用功能[1]。在这种软件结构下，引导与应用的开发可以十分独立，简化了应用程序对平台的维护工作，降低了引导程序通用化、型谱化的难度。因此，研究如何提高引导程序的通用性与可靠性是引导程序发展的一个主流发展方向[2]。航天领域更是如此，由于卫星软件的设备冗余有限，单机设备成本高昂，在轨不易维护的特性，研究提高引导程序可靠性、安全性显得更具价值[3]。

如何提高卫星引导程序的可靠性，主流研究方向如下：

1）提高引导程序镜像的可靠性。由于引导程序出现故障很大可能会使整个设备应用功能无法运行且无法补救，又由于引导程序功能相对简单、占用存储空间小。因此在航天领域，通常会选择相对昂贵但不会出现单粒子问题的高可靠性小容量 PROM 器件去存储，从根源上消除了单粒子翻转的可能[4]。

2）提高应用程序镜像的可靠性。引导软件最主要的功能就是将应用程序镜像从 ROM 存储区域搬移到 RAM 执行区域，因此应用程序镜像存储器件的可靠性也至关重要。由于应用程序动辄 100 KB～10 MB 的镜像体量会极大地增加设备成本。出于成本合理性考虑，应用软件会存储于更便宜但会出现单粒子翻转可能的 EEPROM 或 NORFLASH 中。故研究提高现有 EEPROM 和 NORFLASH 的可靠性也是一个有效科研方向[4]。

3）提高引导程序搬移应用程序的可控性以及补救能力。除了提高 EEPROM 或 NOR-FLASH 器件本身的可靠性，还可以通过增加、优化软件的保护策略去增加可靠性。所以研究引导软件搬移时的容错校验策略意义重大。由于应用程序存在被破坏的可能，一个好的引导软件架构，应该能够让地面用户知道并灵活处置引导时的故障。那么，研究如何让星上软件知道下传启动搬移过程中的进度及故障状态，如何让地面有充分灵活的能力控制引导搬移的过程，怎样补救故障等问题，对提高星上软件的可靠性具有重要意义[5,6]，也是此文的研究方向。

本文介绍了一种具备一定通用特性的，高可靠性、高可控性的可重构最小系统软件策略，并且该策略已在某卫星型号设备上得到了应用。

2 系统结构综述

本文介绍的可重构最小系统软件用于某卫星平台任务分发模块,该平台已有多型号在轨飞行经验。任务分发模块是该平台综合电子的功能模块之一,任务规划软件及其可重构最小系统软件独立运行于任务分发模块中,任务分发器 CPU 选用国防科技大学研制的 DSP 芯片 FT－C6701,通过 DSP 芯片高速运算特性保证应用软件任务智能分发处理高维算法计算的运行效率[7]。任务分发模块与星务计算机之间通过 RS422 接口进行通信,作为星上自主任务规划的专用处理模块,配合中心计算机模块完成星上自主任务规划功能:

1) 任务分发模块通过内部 RS422 异步串口实现与中心计算机模块的数据交互,接收自主任务规划数据、反馈任务规划结果;

2) 任务分发模块具有故障自主诊断以及应用程序可全部在轨重注能力,系统构成及硬件结构如图 1 所示。

而平台综合电子任务分发器模块 DSP 可重构最小系统软件完整功能如图 2 所示,软件功能主要包括:初始化和自检功能,自主任务规划应用软件整体上注,遥测遥控管理,应用程序启动。

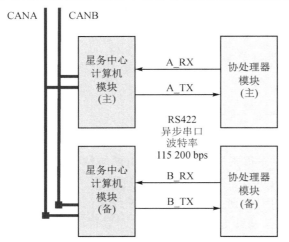

图 1 平台综合电子任务分发器模块系统构成及硬件接口

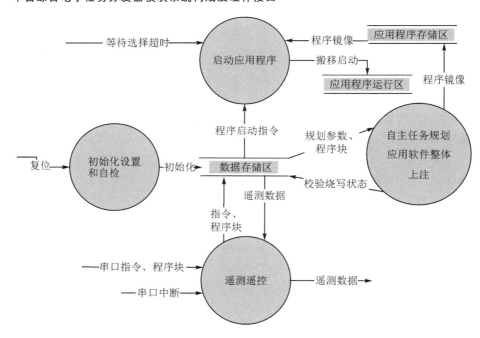

图 2 平台综合电子任务分发器模块 DSP 可重构最小系统软件功能

3　软件设计

可重构最小系统软件采用周期性循环执行固定任务加中断响应的工作流程,定义了两个中断源:RS422 串口中断和定时器 0 中断。控制流程采用中断驱动加顺序编程的方式。软件为单任务运行模式,为保证软件的小规模体量,不采用操作系统。

系统上电后首先进行初始化,然后主循环引导及重构状态机控制、遥测遥控管理。同时响应定时器 0 中断和 RS422 串口中断。

软件按 I/O 任务结构化划分准则,将软件划分为如下 4 个任务:

1）初始化任务;

2）引导及重构状态机控制任务;

3）遥测遥控管理任务;

4）串口中断处理任务。

针对上述任务,除初始化任务为上电或复位仅执行一次外,软件正常运行分为两种工作模式:循环模式、串口中断模式。当可重构最小系统软件初始化完成后,进入一个无限循环当中。可重构最小系统软件的具体运行控制过程如下:

当任务分发器模块加电或者重新上电时,首先执行系统初始化任务。

系统初始化任务执行完成之后,进入到主程序的主循环任务。按照一定顺序和要求周期性执行引导及重构状态机控制、遥测遥控管理、喂狗模块、模式选择超时管理模块。

在主循环任务循环执行过程中,当有串口中断产生时,当前正在运行的模块将挂起,转而调用 RS422 串口中断响应模块执行总线接口中断处理任务,在该模块中设置标志位,以通知循环执行模块处理总线数据。

在主循环任务循环执行过程中,当有定时器中断产生时,调用定时器中断处理模块执行时钟中断处理任务,定时中断任务仅为超时计数使用。

中断返回后,恢复中断前的上下文环境,继续执行主循环任务。主循环任务在执行过程中将检测中断处理任务中设置的标志,并进行判断。如果检测到总线数据,循环执行模块将执行相应的指令处理模块;如果定时器定时标志到达,循环执行模块将执行相应的定时操作。

可重构最小系统软件的控制流图见图 3。

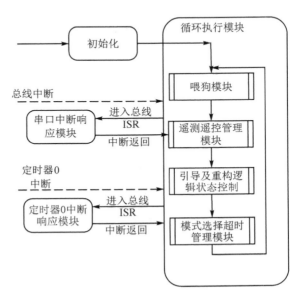

图 3　软件控制流图

4　软件实现

可重构最小系统软件主要由引导及重构状态机控制、遥测遥控管理、串口中断处理模块组成。

4.1　引导及重构状态机控制模块

控制整体软件工作模式,保证在不同状态时软件可以进入不同状态位置。具体控制逻辑如下:

上电后前 15 s 内判读是否有激励指令:"进入程序上注模式"指令或者"执行程序运行"指令,当有这些指令时,立即结束 15 s 等待,进入对应的上注模式分支、直接执行程序分支;当 15 s 过后但没有收到这两条指令时,默认进入直接执行程序分支。

当处于上注模式分支时,判读程序是否上注完成,当上注完成时进入准备校验烧写模式分支;注意,若出现上注未完成或者单包校验出错,用户可以通过更改标识使软件恢复初始上注模式。

当处于校验烧写模式时,判读当前校验烧写模式,当为地面校验烧写模式时,判读"执行程序校验"指令,当执行程序校验指令状态为有效时,进行程序校验;当为自主校验烧写模式时,直接进行程序校验。程序校验完成后,将校验结果写入校验状态。

当校验状态为校验成功时,判读当前校验烧写模式,当为地面校验烧写模式时,判读"执行程序烧写"指令,当执行程序烧写指令状态为有效时,进行程序烧写;当为自主校验烧写模式时,直接进行程序烧写。注意,若出现校验失败,用户可以通过更改标识使软件恢复初始上注模式。

当烧写完成时,将完成写入烧写状态,等待"执行程序启动指令",若该指令有效,进入程序搬移和启动模式,完整流程,如图 4 所示。

4.2　遥测遥控管理模块

遥测遥控管理模块执行遥测采集、指令解析处理、注入程序块解析处理的功能,由遥测数据采集、间接指令处理、上注程序块处理三个子模块构成。基于通用化设计,每个模块独立无耦合性设计,可将此软件设计指令及遥测嵌入到任意协议要求格式之中。

遥测模块设计按照各项目实际应用要求设计,线性采集各类遥测信息,此处不再赘述。

间接指令处理模块主要功能是处理星务中心计算机发送的在轨上注或直接启动的过程控制指令。识别并校验指令内容,在指令内容正确的情况下,执行指令相应动作,指令错误不执行,具体判别逻辑及指令类型如图 5 所示。

上注程序块处理模块主要功能是检测上注程序块格式,包括帧头、长度信息。当格式正确时,存储新程序块到 SRAM 程序缓冲区;当格式错误时,通过遥测警告通知地面相应错误信息,具体执行逻辑如图 6 所示。

4.3　串口中断处理模块

串口中断处理模块主要功能是追踪串口数据流文件同步帧头,记录帧头、捕捉完整数据帧数据,循环缓存方式存储数据内容。在串口中断处理任务中,设计可靠的非法数据帧剔除判别,为提高软件工作效率与减少应答转换时间,软件在中断中直接应答遥测信息,指令帧接收队列中,仅缓存合法指令,非法指令及遥测轮训均不占用队列空间,从而保证在程序相对长时间烧写过程中,虽然不再支持指令的处理,但依旧具备遥测组包和下传最新烧写状态的能力,具体功能流程如图 7 所示。

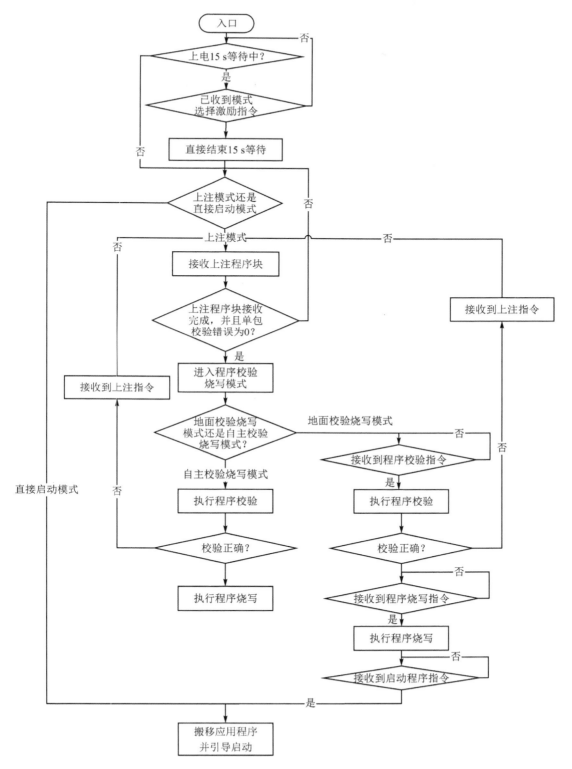

图 4　引导及重构状态机控制处理流程图

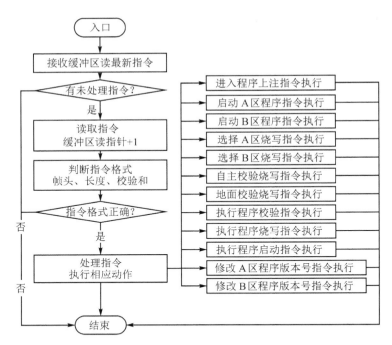

图 5　间接指令处理模块判别逻辑及指令类型

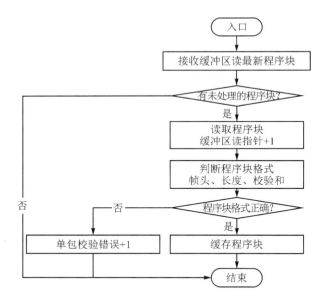

图 6　上注程序块处理模块执行逻辑

5　结　论

　　本文描述了一种卫星可重构最小系统软件的设计与实现,从通用性角度出发,实现了参数与逻辑、协议与操作的分离,提高了软件的可重用性。目前装载该软件的任务分发模块研制工作已经完成并已成功应用于同平台不同型号的任务模块中,从测试情况看,本软件工作稳定,

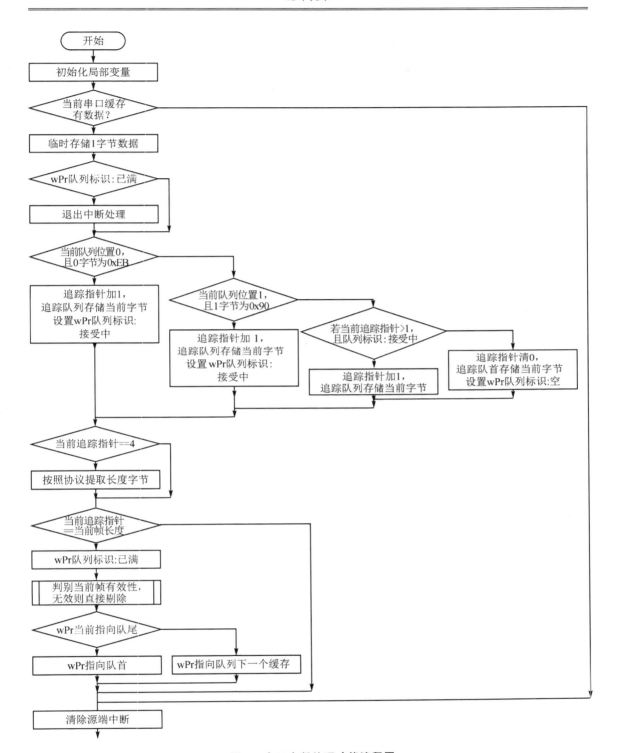

图 7　串口中断处理功能流程图

功能、性能符合设计要求,软件结构有效合理。

参考文献

［1］罗林欣.用 DSP 软件编程实现的引导装载系统分析［J］.数字技术与应用,2020,38(01):152-153.

［2］陶晋,余海霞,陈键.计算机软件的安装信息引导分析［J］.包装工程,2014,35(02):117-121.

［3］孙肖,周新蕾,杨洁,等.航天软件需求可靠性与安全性分析验证技术及工程应用研究［J］.质量与可靠性,2016(04):31-34.

［4］郭向英,赵雷,沈沛.面向单粒子效应的航天嵌入式软件软防护技术研究［J］.质量与可靠性,2013(01):54-58.

［5］周鹏举,倪明,施华君,等.高可靠的计算机模块引导软件［J］.计算机系统应用,2018,27(01):72-77.

［6］WANG,Z,LI Y,CUI W X,et al. Design for fault-tolerant boot loading system for on-board embedded software［J］.Electronic Design Engineering,2019(8):1.

［7］田黎育,何佩琨,朱梦宇.TMS320C6000 系列 DSP 编程工具与指南［M］.北京:清华大学出版社,2006.

钻锪一体托板螺母气钻工作原理、设计方法及其应用

秦星航　钟毅　丛林　韩大尧　张宇宙

(青岛前哨风动工具制造技术有限公司,山东·青岛,266000)

摘要: 目前托板螺母铆钉孔的加工方法是采用普通风钻与手持引孔器、锪窝限位器分别配合进行分步手工制孔、锪窝,工人劳动强度大且加工效率低下。本文介绍了一种具有双主轴与自动进给功能,可以同时制孔、锪窝的托板螺母气钻的动作原理及结构设计,并给出了减速比等参数的计算公式,该产品能够大幅度提高托板螺母所需铆钉孔的加工效率,降低飞机装配成本与装配周期,进而解决托板螺母装配精准制孔加工精度与质量的技术难题,降低工人劳动强度。

关键词: 钻锪一体;托板螺母;托板螺母气钻;锪窝孔精度;飞机制造;模块化设计

1 引　言

现代航空业制造技术相继出现了自动或智能制造技术,尤其是在飞机装配技术方面,更是采用了各种先进的工艺与工艺装备。其中,托板螺母已经越来越广泛地应用于飞机的装配连接。

目前绝大多数托板螺母安装用铆钉孔的加工方法是:采用托板螺母气钻模手动加工两个托板螺母装配孔,期间需要先加工一个小孔,然后翻转钻模,再加工另外一个小孔。如果有锪窝要求,当小孔加工完成后,用锪窝钻再对孔进行锪窝,完成托板螺母装配铆钉孔的加工。应国内某主机厂需求,青岛前哨风动工具制造技术有限公司于 2017 年设计仅制孔的托板螺母气钻,可一次定位,同时完成两个铆钉孔的制孔,但不具有高精度的锪窝功能,而且钻孔进给为手动进给。目前,国内尚没有国产的钻锪一体托板螺母气钻。

随着制孔锪窝精度及效率的要求,钻锪一体托板螺母气钻(下称托板螺母钻)的开发迫在眉睫。托板螺母钻具有双主轴同步加工与自动进给功能,应用该托板螺母钻可以一次定位完成两个托板螺母装配铆钉孔的加工,可简化工艺、提高工作效率。

2 托板螺母钻的设计

2.1 托板螺母钻整体结构

托板螺母钻主要由减速调节模块、发动机模块、运动活塞模块、钻模板模块、手柄模块 5 大模块组成(见图 1),其中减速调节模块、发动机模块和运动活塞模块为通用模块,不同型号的托板螺母钻只须设计计算手柄模块的中心块零件和钻模板模块的钻模板、胀紧轴、胀紧套零件。模块化的技术架构将相同的设计理念应用到不同型号的托板螺母钻中,各功能模块具有

相同的接口，使其具有通用性和互换性。不同的托板螺母钻具有相同的维修内容和维护程序。

2.2　气路设计和动作原理

2.2.1　自动胀紧、自动进给的气路设计和动作原理

如图 2 和图 3 所示，接嘴连接气源，按下按钮后，按钮推动压杆，压杆向下推动阀杆，气压阀打开，气路 1、2、3 连通（见图 2），气路 2 为发动机模块供气，发动机模块工作；气路 3 由 A 孔（见图 2）为运动活塞模块供气。A 孔进入手柄前端的气缸后，推动活塞轴克服弹簧向右运动，因活塞轴、连接块、胀紧轴均由螺纹连接，故胀紧轴向右运动从而撑开胀紧套，达到工具在工件的定位孔处胀紧的目的（此时工件和钻模板模块之间相对固定）；当连接块向右运动至与活塞轴套接触，由于 A 孔仍在进气，故手柄组件向左运动，钻头与工件接触进行制孔与锪窝。钻锪一体托板螺母气钻部分零件图见图 3。

松开按钮，阀杆复位，气压阀关闭。发动机模块停止运转，弹簧克服大气压力推动活塞轴向左移动，胀紧轴向左脱离胀紧套，托板螺母钻即可脱离工件。

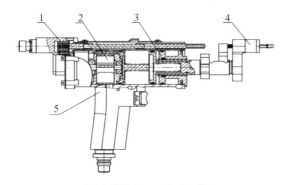

1—减速调节模块；2—发动机模块；
3—运动活塞模块；4—钻模板模块；5—手柄模块

图 1　钻锪一体托板螺母气钻结构总图

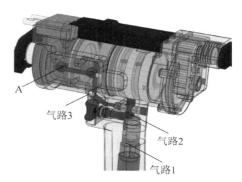

图 2　钻锪一体托板螺母气钻气路分布图

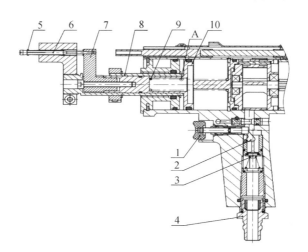

1—按钮；2—压杆；3—阀杆；4—进气接嘴；5—胀紧套；6—胀紧轴；7—连接块；
8—活塞轴套；9—弹簧；10—活塞轴

图 3　钻锪一体托板螺母气钻部分零件图

如图 4 所示，该托板螺母钻带有气动液压阻尼器，在托板螺母钻自动进给的过程中，可通过调节气动液压阻尼器的参数，加快或放缓进给速度，根据不同的加工材料，选取合适的进给速度。

2.2.2 锪窝深度控制的设计原理

如图 5 所示，主轴和输出齿轮通过半圆键和轴用弹性挡圈固定；主轴套尾端为外六方，齿形旋钮内部为内六方孔，通过六方块和弹簧，两者相对固定。在对锪窝深度调整时，克服弹簧张力向左拉动齿形旋钮，使齿形旋钮的外齿脱离齿形分度盘，若锪窝深度不足，则顺时针转动齿形旋钮，在六方块的连接作用下，主轴螺纹套向右传动，主轴套的螺距为 0.52 mm，齿形分度盘共 26 个齿（见图 6），故每个齿会调整约 0.02 mm 的锪窝深度，根据在试验件的锪窝深度，调整相应的齿数即可满足用户需求。

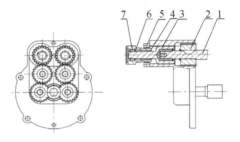

1—主轴；2—输出齿轮；3—主轴套；4—齿形旋钮；
5—齿形分度盘；6—弹簧；7—六方块

图 4 钻锪一体托板螺母气钻实物图　　图 5 钻锪一体托板螺母气钻部分零件图

2.2.3 模块化设计原理

图 5 中，输出齿轮之间的中心距为 19 mm；图 7 中，中心块的两孔之间的间距为 16 mm。为了实现中心距的改变，故将主轴的中间部分采用弹性钢丝软轴替代（见图 8）。在保证弹性钢丝软轴柔性的同时，又要保证其传扭的可靠性。若托板螺母的铆钉孔中心距参数发生变化，只须更改相应的中心块和钻模板；若托板螺母的定位孔参数发生变化，只须更改相应的胀紧轴和胀紧套即可满足用户的加工需求。

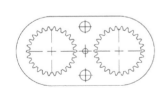

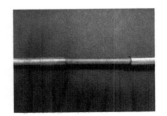

图 6 齿形分度盘正视图　　图 7 中心块与钻模板位置　　图 8 主　轴

2.3 减速方式和计算过程

若待加工材料是铝合金，则托板螺母钻的额定转速选取应在 3 000～7 000 r/min 范围内。若待加工材料变为钛合金，则托板螺母钻的额定转速应在 200～600 r/min 范围内。考虑到待加工材料大多以铝合金为主，因此该托板螺母钻的减速方式只采用了直接齿轮式减速，即可满足 3 000～7 000 r/min 的设计需求。(若加工材料变更,则托板螺母钻须再增加一套 NGW 行星齿轮减速机构,以满足 200～600 r/min 的设计需求。)

一级减速比＝－Z_2/Z_1＝传动齿轮齿数/套齿齿轮齿数＝2.5,其余减速比均为 1,故总减速比为 2.5。

由于该托板螺母钻发动机初始转速为 14 231 rpm,减速后约为 5 700 rpm,因此符合加工材料是铝合金的设计需求。

3　结　语

本文介绍了一种半自动制孔工具——托板螺母钻的结构及动作原理设计。伴随着托板螺母在飞机制造行业的应用场景不断增加,如何提高托板螺母系统装配问题已经成为重点研究方向。国产托板螺母钻作为一个成熟的托板螺母系统装配动力解决方案,能够完全替代国外托板螺母系统装配动力的其他产品。因此,国产托版螺母钻的市场前景较好,该产品的应用场合会不断增加。

参考文献

[1] 唐法从,崔连信,甘作霖.风动工具的使用与维修[M].北京:国防工业出版社,1989.
[2] 丁玉兰.人机工程学[M].4 版.北京:北京理工大学出版社.2014.
[3] 杨红涛,唐伟,宋巨玲,等.机械设计基础[M].徐州:中国矿业大学出版社,2013.
[4] 孙恒,陈作模,葛文杰.机械原理[M].北京:高等教育出版社,2006.

自动进给钻工作原理、设计方法及其应用

钟毅[1] 邢欣[2]

（青岛前哨风动工具制造技术有限公司，山东·青岛，266000；

西安飞机工业（集团）有限责任公司，陕西·西安，710089）

摘要：装配制孔是影响飞机结构抗疲劳性能和可靠性的关键工艺环节，为满足飞机高质量、高精度的制孔需求，自动进给钻以其体积小、质量轻、适用范围广的特点，在航空制造领域被广泛应用。本文介绍了一种自动进给钻的动作原理、气路控制及模块化设计，并且详述了进给量、减速比等主要参数的计算过程与传动设计。

关键词：航空制造；自动进给钻；装配制孔；模块化设计

1　引　言

随着新一代先进飞机的飞行性能不断提升，新型钛合金、高硬度高强度钢以及复合材料等难加工材料在飞机制造中被大量采用，而传统的手工制孔工艺劳动强度大、制孔效率低，已逐渐被半自动制孔和自动制孔制孔工艺所取代。自动进给钻作为典型的气动半自动制孔工具，可以满足各种不同材料和孔径的高精度、高稳定性加工需求，目前已在航空领域广泛应用。该工具的结构原理、设计制造一直是国内气动工具领域的研究短板。本文详细介绍了一款自动进给钻的传动原理与气动控制技术，并开展了自动进给钻转速模块、进给模块的齿轮传动比计算和断屑模块的结构设计方法，其实物已在飞机制造中成熟应用。

2　自动进给钻设计

2.1　整体结构和动作原理

自动进给钻主要由进气模块、发动机模块、减速模块、连接模块、运动控制模块5大模块组成（见图1），进气模块、发动机模块和连接模块为通用模块，不同型号的自动进给钻只须设计计算另外两个模块。模块化的技术架构将相同的设计理念应用到不同型号的自动进给钻中，各功能模块具有相同的接口，使其具有较好的通用性和互换性，同时所有机型具有相同的维修内容和维护程序。

2.1.1　发动机模块和进气模块、减速模块之间的气路控制及动作原理

发动机模块是通过进气阀杆来实现供气的，它是实现工具进气气动启动功能、发动机模块停机功能和紧急停车功能的重要零部件。

工具运转过程中的气路控制如图2所示，接通气源后，按下启动按钮5后，气路1和2连通，气体由气路1进到气路B最终进入开关阀体的按钮端7和进气阀杆3的右端（见图3）。由于进气阀杆3的右端截面积大于反方向端的对应截面积，同气压下，在图3右端所产生的力

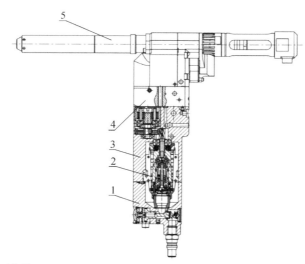

1—进气模块;2—发动机模块;3—减速模块;4—连接模块;5—运动控制模块

图1　自动进给钻的结构总图

量大于左端处,因此进气阀杆克服弹簧压力左移,打开胶圈密封,压缩气体进入发动机模块,发动机开始运转。

工具具备急停功能,在制孔过程中出现异常、断刀等紧急状况时,可以按下按钮7,将开关阀杆3右端的气腔连通大气,使其左端压力大于右端,这样进气阀杆右移,关闭进气通道,发动机模块停止进气,工具停止运转。

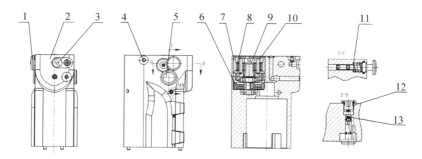

1—按钮;2—壳体;3—壳体堵;4—定位销钉;5—启动按钮;6—大齿轮;

7—内齿套;8—游行齿轮;9—中心轮;10—齿轮架;11—弹簧;12—启动按钮堵;13—弹簧

图2　发动机模块示意图

2.1.2　运动控制模块气路控制原理

自动进给钻运转时,按下启动按钮5后,产生的逻辑气路由图4所示的气路进入运动控制模块。这种情况下,发动机模块的进气控制不再由图2中启动按钮5实现。如图3所示,进气阀杆的位置因为压力差的原因,受力位置向左移动,保持主进气通道打开状态。此时,进气阀杆右端的气体通过阀杆的一个小孔D(见图3)提供。由此在释放启动按钮后,进气阀杆右面通过D处小孔获得保持高压气,保证压力不变。工具建立起了自己的平衡气路,保持进气阀杆处于打开状态,这样既保持了发动机进气,同时D处的小孔也为维持这个状态提供了气体。

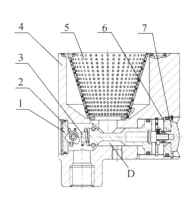

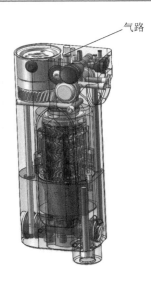

气路

1—小密封盖；2—进气弹簧；3—进气阀杆；4—进气块；
5—大过滤网；6—大密封盖；7—按钮；D—小孔

图 3　进气模块示意图　　　　　图 4　自动进给钻气路示意图

自动进给钻的换向和停止工具动作主要由小孔 D 的气体流入运动控制模块来实现，具体如下（见图 5）：当工具完成进给行程结束时，因主轴上的后行程限位块止动，而发动机继续旋转，主轴传递回来的止动力矩加大，由此引起换向机构中的端面离合器打开，位移距离刚好打开换向气缸处的进气密封带，此时平衡气路里气体进入换向气缸，推动活塞向右位移，克服弹簧力使端面离合器右端和左端分离，其中右端进给主动轮右移与右面止动端耦合，由此主轴保持旋转，但进给主动轮止动，而且轴向也保持止动，这样主轴因为旋转而快速反向退回，工具主轴开始回程。在回程终端，前限位块会打开主轴孔内的限位开关，此限位开关实际上是一个排气开关，打开后连通大气，由此将进入机头的平衡气路连通大气，这样会引起进气阀杆右端及紧急按钮端的气压下降，这样阀杆左端及进气端的压力就会大于紧急按钮端的压力，这样进气阀杆右移（见图 3），关闭进气气路。发动机模块停止运行。因发动机模块的转速太高会有一个大约 1 s 的延迟，大约 1 s 关闭供气阀。

为满足使用临时回程需求，工具设计有手动回程按钮，其原理为在平衡气路和换向气缸之间增加一个顺序阀机构，按下换向按钮时，连通平衡气路与换向气缸进气端，平衡气进入换向气缸，其余动作与上面离合打开后所述相同。

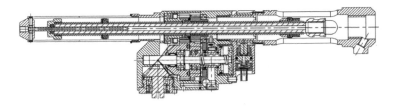

图 5　自动进给钻连接模块与运动控制模块示意图

2.2　机械传动齿轮与进给设计

自动进给钻所用气动马达转速为 60 000 r/min，而对于半自动制孔而言，常用转速范围为 100～3 000 r/min，因此需要进行减速处理。自动进给钻通常为五级减速。以样机 DE2100 -

3000 参数为例,其机械传动齿轮减速设计见图 6,工具转速计算过程如下:

I 一级减速 $=-Z_2/Z_1=$ 减速大齿轮齿数/发动机转子齿数 $=37/6\approx6.17$;

INGW 行星轮系 $=1+Z_b/Z_a=1+$ 内齿轮齿数/太阳轮齿数 $=36/12=4$;

I 锥齿轮副 $=Z_4/Z_3=$ 主动锥齿轮齿数/从动锥齿轮齿数 $=19/16=1.187\ 5$;

I 驱动齿轮副 $=-Z_5/Z_6=$ 主动齿轮齿数/从动齿轮齿数 $=27/41=0.692\ 3$;

I 总 $=$ I 一级减速 $\times$ INGW 行星轮系 $\times$ I 锥齿轮副 $\times$ I 驱动齿轮副 $=20.3$;

发动机初始转速为 60 000 rpm,减速后为 $60\ 000/20.3=2\ 959$ rpm。

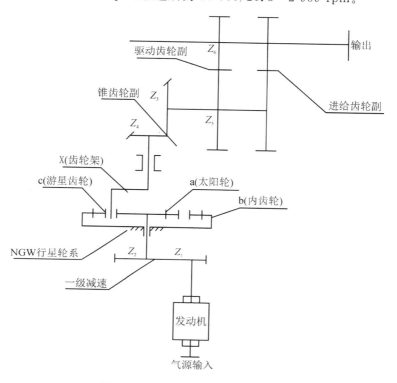

图 6　机械传动齿轮减速设计原理图

自动进给钻进给量与主轴导程和齿轮差速有关,其计算为进给量＝导程×(1－传动齿轮减速比/进给齿轮减速比),进给量 $=1.5\times\left(1-\dfrac{26}{18}\times\dfrac{27}{41}\right)=0.073\ 1$ mm/s。

2.3　微啄功能设计

在钻削过程中,连续的切割屑容易缠绕在钻头上从而划伤孔壁或挤压孔壁使孔的精度下降,因此在自动进给钻的设计中,引入微啄及振动切削技术,在主轴处增加了断屑设计,其具体结构如图 7 所示。工具旋转过程中,起伏端面与圆柱滚子在旋转过程中产生振动,振动辅助钻孔使得旋转刀具切割"非连续",这样高频微啄振动打碎钻削(见图 8),使排屑变得顺畅,有效降低钻削过程

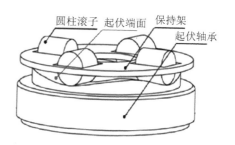

图 7　自动进给钻微啄设计示意图

中产生的热量,小片排屑降低划伤壁孔的风险,而且便于排屑,提高了孔的精度和表面质量。

自动进给钻设计时微啄功能的设计与被加工材料、加工孔径大小和工具的进给速度相关,进给速度越高,微啄所需的振幅越大,材料硬度越高,振动所需频率越高。常用的断屑振幅为0.10 mm、0.15 mm、0.20 mm 和 0.25 mm。自动进给钻微啄断屑效果如图9所示。

图8 振动断屑原理

(a) 微啄的切屑

(b) 不带微啄的切屑

图9 自动进给钻微啄断屑效果

3 产品实例

根据目前航空产品加工需求,已完成用于铝合金、复合材料、钛合金等材料的自动进给钻产品制造,其产品参数见表1。

表1 自动进给钻产品实例

型 号	功率/kW	转速/(r·min⁻¹)	进给速度/(mm·s⁻¹)	振 幅	客 户
DE2100 - 3000		3 000	0.05	0.3	西飞
DE210A - 1100		1 100	0.05	0.2	成飞
DE2100 - 1650		1 650	0.073	0.25	成飞
DE210A - 650		650	0.05	0.2	成飞
DE210A - 550	2.1	550	0.05	0.2	成飞
DE210A - 400		400	0.05	0.2	成飞
DE210A - 300		300	0.05	0.2	成飞
DE210A - 200		200	0.036	0.2	成飞
DE210A - 400P		400	0.05	0.2	洪都

4 结 语

本文介绍了一种半自动高级钻孔系统——自动进给钻的结构及动作原理设计。随着航空业对材料强度和制孔质量的要求不断提高,自动进给钻作为一个成熟的气动制孔工具,其产品结构可靠性高、适用范围广、制孔效率高,同时其产品系列可满足不同材料、不同孔径的制孔需求,具有良好的市场应用前景。

参考文献

[1] 王伟,董卫萍,邢欣,等.飞机装配自动进给钻应用及精度控制[J].中国设备工程,2020(16):90-91.
[2] 梁青霄.自动进给钻在飞机装配中的应用[J].西飞科技,2004(2):9-10.
[3] 唐法从,崔连信,甘作霖.风动工具的使用与维修[M].北京:国防工业出版社,1989.

星机双基 SAR 相位同步 FSS 天线罩设计方法研究

梁达　傅艺祥　李昊阳　杨振　庞晓宇

（中国航空工业集团公司济南特种结构研究所,高性能电磁窗航空科技重点实验室,

山东·济南,250023）

摘要： 双基 SAR 具有多模式成像、多角度观测、多维信息获取、抗干扰能力强等优势,是当前及未来 SAR 重要发展方向。相位同步是双基合成孔径雷达(SAR)的核心技术之一。星机双基 SAR 系统中卫星发射机发射雷达信号、飞机上接收机接收地面回波,可基于直达波同步技术,在特定构型下通过装置于飞机上的同步天线接收直达波实现相位同步。本文针对星机双基 SAR 系统中装置于飞机上的同步天线,设计了一种频率选择表面(FSS)天线罩,在保护内部同步天线免受外部环境干扰的同时,具有一定的隐身能力;详细介绍了相位同步 FSS 天线罩设计方法,分析了其传输与反射特性,在此基础上分析了 FSS 天线罩插入相位误差对相位同步精度的影响。设计的相位同步 FSS 天线罩在星机双基 SAR 系统中具有一定的应用潜力。

关键词： 双基合成孔径雷达;相位同步;频率选择表面;天线罩;传输特性

1　概　述

作为一种具备全天时、全天候成像能力的微波遥感系统,合成孔径雷达(Synthetic aperture radar,SAR)在近几十年受到各个航空航天大国的重视,其相关理论与技术得到迅猛发展,所获取的高分辨图像及反演的信息在军事和民用领域得到广泛应用。相比于单基 SAR,双基 SAR 具有多模式成像、多角度观测、多维信息获取、抗干扰能力强等优势,是当前及未来 SAR 重要发展方向[1-3]。然而,发射和接收系统不同频率源之间的频率偏差对双基 SAR 回波产生一个相位误差调制,如果不采取有效措施进行校正处理,会降低成像聚焦效果[4,5]。为了校正该相位误差,双向连续波对传、双向脉冲对传、直达波同步以及基于自聚焦的误差估计等多种相位同步方案被提出[2-6],其中,直达波同步是指雷达接收机在接收地面回波信号的同时,接收发射机发射的直达波信号实现相位同步。该同步方式已在星机、星地等双基 SAR 系统中得到验证与应用,具有广阔的应用潜力[7,8]。

雷达天线罩是集电磁波透明和结构防护于一身的功能性壳体,在航空航天系统中发挥着重要作用[9-11]。传统的雷达天线罩通常由电介质材料构成且具有特定形状,是一种能透过电磁波的"电磁透明窗口"。近年来随着航空武器装备智能化、隐身化等发展趋势,还要求雷达天线罩具备一定的隐身能力。频率选择表面(Frequency Selective Surface,FSS)对电磁波具有选择透过性,当电磁波入射到 FSS 上,表现出不同的特性,呈现带通或带阻滤波器的特点。采用 FSS 壁结构的雷达天线罩在天线工作频带内具有良好的透波电性能,在天线工作频带外呈现截止特性,从而具备一定的隐身能力,在军事武器装备上具有良好的应用前景[12]。

在星机双基 SAR 系统中,飞机上的接收机无需发射信号,只须接受地面回波与直达波信

号,这极大降低了飞机被敌方侦察到的概率,因而将在军事侦察与目标探测中发挥重要作用。本文针对星机双基 SAR 系统中的同步天线,设计了一种 FSS 天线罩,在保护内部同步天线免受外部环境干扰的同时,具有一定的隐身能力。本文首先介绍了星机双基 SAR 相位同步原理,其次介绍了相位同步 FSS 天线罩设计方法,其次详细分析了不同入射角下的 FSS 天线罩的传输特性,计算了插入相位延迟对相位同步精度的影响。最后,仿真分析了同步天线——FSS 天线罩一体化的性能。

2 直达波同步原理

在星机双基 SAR 系统中,发射机和接收机位于空间分置的卫星与飞机平台上。在特定空间构型下,飞机上的接收机在接收地面雷达回波 $S_E(t,\tau)$ 的同时,也可接收直达波信号 $S_D(t,\tau)$(其中 t 与 τ 分别表示距离向时间与方位向时间)。$S_D(t,\tau)$ 与 $S_E(t,\tau)$ 均含有相同的相位同步误差 $\Delta\theta_{syn,error}(t)$,同时 $S_D(t,\tau)$ 包含了发射信号的调制信息。因此 $S_D(t,\tau)$ 可以作为 $S_E(t,\tau)$ 的相位同步补偿器与匹配滤波器 $S_D(t,\tau)$,这个过程可以表示为[2]

$$s_{com}(t,\tau) = F^{-1}(F[S_E(t,\tau)] \cdot conj\{F[S_D(t,\tau)]\})$$
$$= W_r(f_\tau)\exp\left[-j2\pi(f_0+f_\tau)\frac{R_T(t)+R_R(t)-R_D(t)}{c}\right] \quad (1)$$

其中,$conj\{\cdot\}$ 表示取共轭;F 与 F^{-1} 表示傅里叶变换与傅里叶逆变换;$W_r(f_\tau)$ 为距离向频域窗,$R_T(t)$、$R_R(t)$ 及 $R_D(t)$ 分别表示发射机与目标距离、接收机与目标距离、发射机与接收机距离;f_0 为载频,f_τ 为距离频率,c 为光速。然后对 $s_{com}(t,\tau)$ 进行距离历程补偿,即可得到信号[2]:

$$s_c(t,\tau) = s_{com}(t,\tau)\exp\left[-j2\pi(f_0+f_\tau)\frac{R_D(t)}{c}\right] \quad (2)$$

对信号 $s_c(t,\tau)$ 进行成像处理即可得到双基 SAR 成像结果,见图 1。

3 FSS 天线罩设计及仿真

3.1 FSS 天线罩设计

FSS 通常由平面二维周期结构形成,其基本的电磁特性表现在它对具有不同频率、不同极化以及不同入射角度下的电磁波具有频率选择特性。一般来说,FSS 可以分为贴片型和缝隙型两种类型,它们在谐振时分别呈现出带通和带阻的特征[13]。针对星载双基 SAR 系统同步天线,需

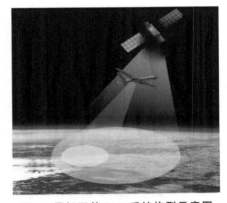

图 1 星机双基 SAR 系统构型示意图

要其天线罩有效带宽内能够透过电磁波,在其他频带内,呈现金属状态,并基于其外形实现隐身性能。为此,这里采用圆孔孔径结构单元,其结构示意图见图 2,图中 T_x、T_y 分别为 x、y 方向的周期,r_1 为内环的半径,r_2 为外环的半径。

以载频为 10 GHz 的 X 波段星机双基 SAR 系统为例,设计相位同步 FSS 天线罩。具体参数设计如下:$T_x = T_y = 13$ mm,$r_1 = 4.6$ mm,$r_2 = 5.6$ mm。在金属层的上下各有厚度 $d=$

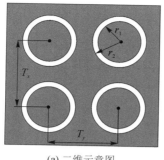 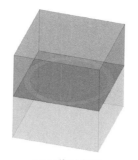

(a) 二维示意图　　　　　　　　(b) 三维示意图

图 2　圆环孔径结构 FSS 结构

7.5 mm、相对介电常数 $\varepsilon_d = 1.17$ 的介质材料。采用二维周期矩量法,分析设计的 FSS 天线罩传输与反射特性。仿真得到的不同入射角度下传输特性 S_{11} 与反射特性 S_{21} 曲线如图 3 所示。从图中可以看出,当入射角度为 0°时,谐振频率约为 10 GHz。当入射角达到 60°时,TE 与 TM 极化的传输特性仍旧较好。

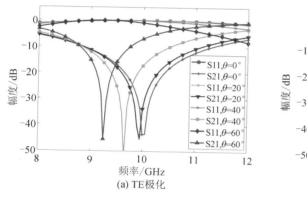 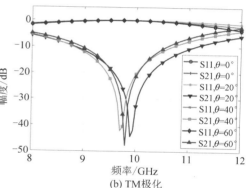

(a) TE极化　　　　　　　　　　(b) TM极化

图 3　传输特性 S_{11} 与反射特性 S_{21} 随入射角变化曲线

3.2　误差分析与仿真试验

将 S_{11} 参数表示为

$$S_{11} = |S_{11}| \mathrm{e}^{-j\varphi_{S_{11}}} \tag{3}$$

插入相位延迟(Insertion Phase Delay,IPD),可以表示为[11]

$$\mathrm{IPD} = \phi_{S_{11}} - \frac{2\pi(2d)\cos\theta}{c}f \tag{4}$$

不同入射角下的插入相位延迟 IPD 随频率变化曲线如图 4 所示,为提高相位同步精度,应补偿插入相位延迟,来提高相位同步精度。此外,FSS 天线罩实体模型进行了构建,结果如图 5 所示。设置一个磁偶极子天线来仿真天线-天线罩一体化性能,计算结果如图 6 所示。由图可知,当频率为 1 GHz 时,天线方向图的衰减可达 20 dB。然而当频率为 10 GHz 时,天线发射的电磁波几乎无损地透过雷达天线罩,从而表明天线罩具备一定的频率选择透过性。

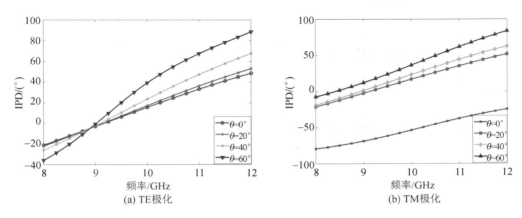

图 4 插入相位延迟 IPD

图 5 曲面 FSS 天线罩实体模型

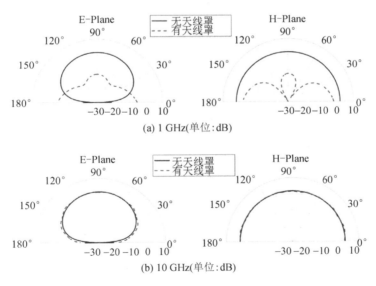

图 6 天线方向图

4 结 论

双基 SAR 具有多模式成像、多角度观测、多维信息获取、抗干扰能力强等优势,是当前及未来 SAR 的重要发展方向。直达波同步是星机双基 SAR 系统校正同步误差实现相位同步的有效方式。本文针对星机双基 SAR 系统中装置于飞机上的同步天线，设计了一种 FSS 天线罩。仿真分析表明，设计的相位同步 FSS 天线罩具有良好的传输与反射特性，可在 X 波段星机双基 SAR 系统有效带宽内透过电磁波，同时在其他频率范围内可等效为金属导体，使得入射的电磁波几乎完全反射，在星机双基 SAR 系统中具有一定的应用潜力。

参考文献

［1］ MOREIRA A，PRATS-IRAOLA P，YOUNIS M，et al. A tutorial on synthetic aperture radar［J］. IEEE Geoscience and Remote Sensing Magazine，2013，1（1）：6-43.

［2］ LIANG D，ZHANG H，LIU K，et al. Phase synchronization techniques for bistatic and multistatic synthetic aperture radar：Accounting for frequency offset［J］. IEEE Geoscience and Remote Sensing Magazine，2022，10（3）：153-167.

［3］ JIN G，LIU K，LIANG D，et al. An advanced phase synchronization scheme for LT-1［J］. IEEE Transactions on Geoscience and Remote Sensing，2020，58（3）：1735-1746.

［4］ YOUNIS M，METZIG R，KRIEGER G. Performance prediction of a phase synchronization link for bistatic SAR［J］. IEEE Geoscience and Remote Sensing Letters，2006，3（3）：429-433.

［5］ LIANG D，LIU K，ZHANG H，et al. A high-accuracy synchronization phase compensation method based on Kalman filter for bistatic synthetic aperture radar［J］，IEEE Geoscience and Remote Sensing Letters，2020，17（10）：1722-1726.

［6］ LIANG D，LIU K，ZHANG H，et al. The processing framework and experimental verification for the noninterrupted synchronization scheme of LuTan-1［J］. IEEE Transactions on Geoscience and Remote Sensing，2020，59（7）：5740-5750.

［7］ WALTERSCHEID I，ESPETER T，BRENNER A，et al. Bistatic SAR experiments with PAMIR and TerraSAR-X—Setup，processing，and image results［J］. IEEE Transactions on Geoscience and Remote Sensing，2010，48（8）：3268-3279.

［8］ WANG R，WANG W，SHAO Y，et al. First bistatic demonstration of digital beamforming in elevation with TerraSAR-X as an illuminator［J］. IEEE Transactions on Geoscience and Remote Sensing，2016，54（2）：842-849.

［9］ MENCAGLI M J，MARTINI E，MAC S，et al. A physical optics approach to the analysis of metascreens［J］. IEEE Access，2020，8：162634-162641.

［10］ 桑建华. 飞行器隐身技术［M］. 北京：航空工业出版社，2013.

［11］ KOZAKOFF D J. Analysis of Radome-Enclosed Antennas［M］. Boston：Artech House，2010.

［12］ 轩立新. 雷达天线罩工程［M］. 北京：航空工业出版社，2022.

［13］ 张明习. 频率选择表面设计原理［M］. 北京：国防工业出版社，2020.

面向试验数据传输的高速可重构速率控制器设计

丁洪利　　孟平　　吕明双　　李群英　　曹美会

（航空工业济南特种结构研究所，高性能电磁窗航空科技重点实验室，山东·济南，250023）

摘要：随着试验任务难度不断增加，测试设备间的数据传输数量显著增加，数据传输速率明显提升。目前，电磁特性试验场地的测试设备通常采用网口互联，且互联速率最高为 1 Gbps，但该速率无法满足实时高吞吐量试验数据的传输需求。此外，不同试验场地数据传输的速率要求通常不同。因此，本文基于 Xilinx GTX 收发器设计了面向高速率试验数据传输的可重构速率控制器，该控制器关键模块包含速率切换配置、主控、从控和读写周期控制等关键模块。可重构速率控制器采用主从双层控制策略，该策略分为主控层和从控层。主控层负责控制器系统级的读写操作、状态更新和状态记录，从控层用于控制寄存器级别的读写操作。实验结果表明，该控制器最高传输速率可达 6.25 Gbps，可动态重配置七种传输速率，且速率切换过程简单易行，显著降低了开发成本，有效提升了用户友好度，对提升电磁特性试验效率具有重要的意义。

关键词：数据传输；高速；可重构；速率控制

电磁特性试验用于表征电磁功能结构的电磁特性，是电磁功能结构研发设计和品质检验的必要环节。近年来，电磁功能结构愈加复杂，电磁特性试验任务的难度随之增加，这导致测试设备间数据传输数量显著增加，数据传输速率明显提升。当前电磁特性试验数据多采用局域网接口进行传输，传输速率上限为 1 Gbps，但该速率上限无法满足强实时性、高吞吐量试验数据的传输需求。此外，电磁特性试验数据具有不同的吉比特级速率传输需求，需求范围可达 1～6.25 Gbps。同时，不同传输速率之间的切换，通常需要经过重配置、重编译、重综合、重实现和重加载等步骤，导致开发成本显著提升，用户友好度明显下降。

虽然速率切换技术在网络、通信等领域的应用较为广泛，但目前鲜有面向高速电磁特性试验数据传输的可重构速率控制器。文献[1]设计了基于以太网的速率自适应模块，该模块可使远端的发射速率自动提高或降低，但其最高速率为 200 Mbps。文献[2]设计改变码元速率的自适应方案以支持较大幅度的变速率方案，该方案满足 1 kbps～2 Mbps 挡不同速率切换。文献[3,4]设计了具备可变速率功能的 CAN FD 控制器，该控制器采用状态机实现对数据帧的接收，但其速率上限为 1 Mbps。文献[5]实现了 2G/4G/8G 速率情况的端口切换以及端口间的速率自适应，但其未使用 DRP 进行参数配置。文献[6]提出了一种基于速率切换的 BLE Mesh 网络路由转发协议，但该协议仅适用于指定网络。文献[7]设计了一种 Serdes 多速率动态重配系统，但该系统的速率转换步骤有待进一步优化。文献[8]提出了基于光模块的速率模式切换方法，但该方法需要额外的低频信号。

本文基于 Xilinx GTX 收发器设计了一种面向高速率试验数据传输的可重构速率控制器，该控制器采用主从双层控制策略，该策略主控层用于控制器系统级的读写操作、状态更新和状态记录，从控层负责寄存器级的读写操作。控制器主要包括同步、速率切换配置、主控、从控、读写周期控制、状态记录、计时器、重试次数计数器和 Xilinx GTX 收发器等模块。实验结果表明,该控制器的传输速率最高可达 6.25 Gbps,可动态重配置 1 Gbps、1.25 Gbps、2 Gbps、2.5 Gbps、3.125 Gbps、5 Gbps 和 6.25 Gbps 共 7 种传输速率,突破了单一传输速率瓶颈,且速率切换过程简单易行,避免了重配置、重编译、重综合、重实现和重加载等步骤,减少了开发复杂度和设计难度,显著提升了用户友好度,对电磁功能结构电磁特性试验效率的提升具有重要的意义。

1　速率控制器设计

1.1　总体设计

如图 1 所示,可重构速率控制器主要由标同步模块、速率切换配置模块、主控模块、从控模块、读写周期控制模块、Xilinx GTX 收发器、状态记录模块、计时器和重试次数计数器共同构成。上位机监控接口用于控制器参数的配置和状态的采集。速率切换配置模块根据速率切换标志和速率模式生成当前的线速率,将当前线速率报告给上位机,并根据速率模式信号按照属性值准备等待写入 Xilinx GTX 收发器的写数据。主控模块主要由主控状态机构成,该状态机用于控制整个系统的读写操作、状态更新和状态记录;从控模块主要由从控状态机构成。状态记录模块用于指示速率切换的状态。读写周期控制模块生成从控模块进行单次读操作时所需的读地址,并产生从控模块进行单次写操作时所需的写地址和写数据,该模块由读周期控制单元和写周期控制单元组成。

同步模块将速率切换指令信号在本系统时钟域内进行同步以保持信号的完整性。若该模块检测到速率模式发生变化,则生成速率切换请求信号。该信号与来自 GTX 收发器的初始化完成标志共同构成主控模块的开始标志信号。此外,同步信号还输出速率模式信号到速率切换配置模块以备后续写入 Xilinx GTX 收发器使用。

地址选择模块用于生成传输到 GTX 收发器的地址信号。当读过程标志有效时,地址选择模块选择读地址作为 drpaddr 信号。否则,该模块选择写地址作为输出信号。

状态记录模块用于指示速率切换的状态,系统处于速率切换过程中置位忙信号。当接收到有效的忙清除信号时,状态记录模块清除忙状态;当接收到有效的忙状态置位信号时,状态记录模块拉高忙状态。当系统处于忙状态时,通过 GTX 收发器中的数据无效。当接收到来自主控状态机的操作失败信号时,该模块输出有效的切换失败标志,并报告给上位机。

计时器用于对 DRP_WAIT 状态计时。当接收到有效的从控清除或主控清除信号时,计时器清零。当没有检测到有效的清除信号时,计时器增加至单次操作等待上限。单次操作等待上限是由上位机监控接口配置的。达到该上限后,计时器置位等待超时信号并传输给从控模块。从控模块接收到该信号后由 DRP_WAIT 状态进入错误处理态。

重试次数计数器用于对主控状态机的重试次数进行计数,当该计数器接收到清除重试次数信号时,计数器清零。当接收到重试次数增加信号时,该计数器递增。当重试次数计数到重试次数上限时,重试次数计数器置位重试次数超限标志并传输给主控状态机。主控状态机接收到重试次数超限标志,由重试状态转移到空闲状态。其中,重试次数上限是上位机接口配置得到的。

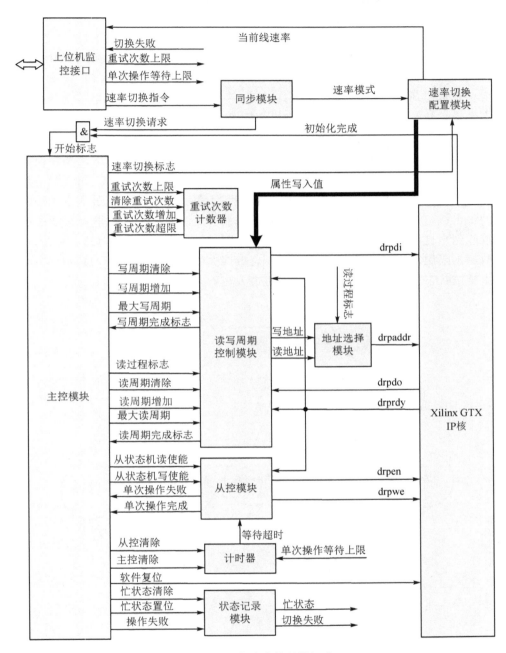

图 1　可重构速率控制器组成

1.2　关键模块设计

1.2.1　主控模块

主控模块主要由主控状态机构成,该状态机用于控制整个系统的读写操作、状态更新和状态记录。图 2 为该状态机的状态转换图,从图中可以看出:该状态机主要分为空闲态、校验态、读取态、读取等待态、NEXTR 态、写入态、写入等待态、NEXTW 态、速率切换态、复位态和重试态共 11 个状态。当检测到开始标志置位,主状态机由空闲态进入校验状态。主状态机在校验状态下,会无条件进入读取状态。在读取状态下,主控状态机无条件进入读取等待状态。若主状态机收到来自从状态机的已经置位的单次操作完成信号则进入 NEXTR 状态,否则仍然处于读取等待态。当检测到读周期完成标志置位时,则表示本次速率切换的所有读取操作已经完成,主状态机在 NEXTR 状态进入写入状态。若主控状态机在 NEXTR 状态未检测到读周期完成标志置位,则再次进入读取状态,进行下一个单次读操作。写入状态无条件进入写入等待状态。若主状态机接收到来自从状态机的已置位的单次操作完成信号,说明从状态机完成了单次 DRP 写入操作。此时,主状态机由写入等待状态进入 NEXTW 状态,否则主状态的状态不发生变化。当主状态机接收到有效的写周期完成标志时,说明本次速率切换的所有写周期已经全部完成。主状态机进入速率切换状态,否则进入再次写入状态,开始新一轮的单次写操作。主状态机由速率切换状态直接进入复位状态,复位状态无条件进入空闲态。为了保持系统的稳定性,在主从状态机中加入例如超时机制。若主状态机在读取等待状态或写入等待状态接收到来自从状态机的单次操作失败信号,则主状态机进入重试状态。在重试状态,若重试次数超出限制,则主状态机进入空闲态。若重试次数未超出限制且读过程标志有效,则主状态机由重试状态进入读取态,否则主状态机进入写入态。

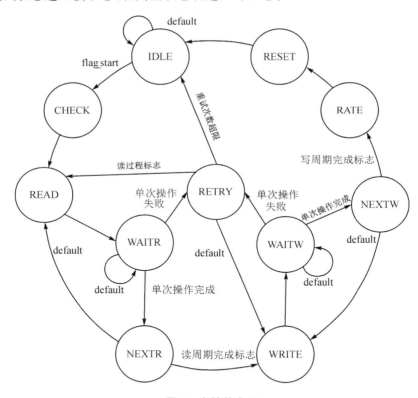

图 2　主控状态机

当主状态机处于空闲态:写周期清除信号被置位并用于清除写周期控制单元的写周期数目;读周期清除信号被置位并用于清除读周期控制单元的读周期数目;清除重试次数信号被置位并传输到重试次数计数器;生成主控清除信号用于计时器清零。

当主状态机处于空闲状态且下一状态仍为空闲状态,忙状态清除信号被置位并传输到状态记录模块以用于取消忙状态。当主状态机处于空闲且下一个状态为校验态时,忙状态信号被置位并传输到状态记录模块以用于标记忙状态的开始。此时,还需要根据速率模式设置最大读周期信号和最大写周期信号。最大写周期数目和最大读周期数目分别用于写周期控制单元所需的总写周期总数目和读周期控制单元所需的读周期总数目。

当主状态机在读取态,从状态机读使能信号被置位,用于将从状态机由开始状态转移到DRP_READ读状态。在主状态机的读取状态,读过程标志信号被置位。在读取等待态,主状态机仍置位读过程标志。

主状态机在 NEXTR 状态置位读周期增加信号以用于读周期控制单元中读周期数目的递增,进而控制读地址和读数据。在该状态,主状态机同样置位读过程标志信号。

在写入状态,主状态机置位读周期清除信号用于清除读取周期数目。同时,置位从状态机写使能信号将从状态机的工作状态由开始态转移到 DRP_WRITE 状态。在 NEXTW 状态,主状态机置位写周期增加信号,用于控制写周期数目的递增,进而控制写地址和写数据。

在速率切换状态,速率切换标志信号被置位,该信号被传输到速率切换模块以更新当前线速率值。在复位状态,主状态机置位转件复位信号并传输到 GTX 收发器。

若主状态机在重试状态超出重试次数上限,则置位操作失败标志并传输到状态记录模块。此时,主状态机发出主控清除信号用于清除计时器值,并置位重试次数增加信号用于重试次数的累加。

1.2.2　速率切换配置模块

速率切换配置模块根据速率切换标志和速率模式生成当前的线速率,并将当前线速率报告给上位机。不同速率切换指令对应不同线速率,切换指令与速率值之间的对应关系如表 1 所列。

表 1　切换指令与速率值对应关系

速率切换指令	对应速率/Gbps	速率切换指令	对应速率/Gbps
0x01	1.25	0x05	5
0x02	2	0x06	6.25
0x03	2.5	0x07	1
0x04	3.125		

速率切换配置模块根据速率模式信号按照表 2 准备等待写入 Xilinx GTX 收发器的写数据,该表中包含了速率模式与需要修改属性之间的对应关系。其中需要修改的属性又从属性名称、属性值修改前和属性值修改后三个方面进行了详细描述。配置模块准备好的写数据传输到写周期控制单元,等待写入 GTX 收发器中。

表 2　速率模式与修改属性对应关系

速率模式	需要修改的属性		
	属性名称	属性值修改前	属性值修改后
1	CPLL_FBDIV_45	4	5
	RXCDR_CFG	72'h03000023ff10100020	72'h03000023ff10200020
2	CPLL_FBDIV_45	5	4
	RXOUT_DIV	4	2
	TXOUT_DIV	4	2
3	CPLL_FBDIV_45	4	5

续表 2

速率模式	需要修改的属性		
	属性名称	属性值修改前	属性值修改后
4	CPLL_FBDIV	4	5
5	RXCDR_CFG	72'h03000023ff10200020	72'h03000023ff10400020
	CPLL_FBDIV	5	4
	RXOUT_DIV	2	1
	TXOUT_DIV	2	1
6	CPLL_FBDIV	4	5
7	RXCDR_CFG	72'h03000023ff10400020	72'h03000023ff10100020
	CPLL_FBDIV	5	4
	CPLL_FBDIV_45	1	4
	RXOUT_DIV	1	4

1.2.3 读写周期控制模块

读写周期控制模块由读周期控制单元和写周期控制单元构成。

读周期控制单元生成从控模块进行单次读操作时所需的读地址。GTX 收发器使用"读取—修改—写回"的模式进行属性的修改,因此明确待修改属性后,首先需要读取 GTX 收发器相应配置空间的属性数据,然后将读取的属性数据传输到写周期控制单元。待写周期控制单元修改后,写回相应地址的配置空间。当接收到来自主状态机主的读周期清除信号时,读周期控制单元将读周期计数清零。当接收到主状态机有效的读周期增加信号时,读周期控制单元开始对读周期进行计数。当读周期计数到最大读周期信号时,该模块置位读周期完成标志供主控状态机使用,指示本次速率切换的全部读操作已执行完毕,主状态机在 NEXTR 状态进入写入状态。不同的读周期代表读取不同的属性。在每个读周期,当读过程标志有效且 drprdy 信号有效时,读周期控制单元读取来自 GTX 收发器的 drpdo 值,并记录相应属性值,读过程标志可以有效避免写操作回应带来的误读取。

写周期控制单元生成从控模块进行单次写操作时所需的写地址和写数据。当接收到有效的写周期清除信号时,该模块将写周期计数清零。当接收到有效的写周期增加信号时,该模块开始对写周期进行计数。当写周期计数到最大写周期信号时,该模块置位写周期完成标志供主控状态机使用,指示本次速率切换的全部写操作已执行完毕。主控状态机接收到该信号后由 NEXTW 状态进入速率切换状态,否则继续进入写入状态,然后再进行读操作。不同的写周期代表不同的修改属性。相应地,不同写周期的写数据也不同。

2 结果与讨论

实验表明,该控制器可通过上位机指令 Com 信号的改变对数据传输速率 Rate 进行切换,且切换时序满足图 3 所示时序逻辑。当时钟上升沿采集到 Com 信号发生变化时,Rate 信号在经过一定时钟周期后发生变化。当 Com 指令分别为 0x01、0x02、0x03、0x04、0x05、0x06、0x07 时,对应速率分别为 1 Gbps、1.25 Gbps、2 Gbps、2.5 Gbps、3.125 Gbps、5 Gbps 和

6.25 Gbps。因此,该控制器具有操作简单,用户友好度较强的特点。

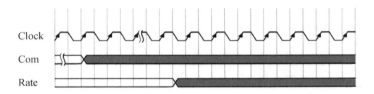

图 3　控制器时序逻辑

实验表明,该控制器时钟频率最高可达 200 MHz。该控制器有效数据宽度为 32 bit,且 GTX 收发器采用 8b/10b 编码,因此线速率为 6.25 Gbps 时所需时钟频率为 156.25 MHz。因此,该控制器可支持 6.25 Gbps 的线速率。

实验表明,该控制器所占查找表资源为 0.18%,寄存器资源为 0.1%。因此,该控制器具有较低的逻辑复杂度,显著降低了开发成本。

3　结　论

本文提出了一种面向试验数据传输的可重构速率控制器设计方案,该方案基于 Xilinx GTX 收发器。该方案中的控制器具备速率切换配置模块、主控模块和读写周期控制模块等关键模块,采用主、从双层控制策略分别控制系统级、寄存器级的操作,简化了速率控制器的逻辑复杂度,减小了设计开发难度。实验结果表明,该方案控制器时钟频率最高为 200 MHz,所占查找表资源为 0.18%,所耗寄存器资源为 0.1%,可解析上位机指令并重构 7 种传输速率,具有良好的高效性、简易性和实用性,可有效提升电磁功能结构电磁特性试验的效率。

参考文献

[1] 王美玲. 基于以太网的速率自适应激光无线通信系统设计[D]. 武汉:华中科技大学,2019.

[2] 李翔宇. 基于邻近空间链路协议的 OQPSK 自适应传输系统设计[D]. 南京:南京航空航天大学,2020.

[3] 龙雅文,谢亮,金湘亮. CAN FD 控制器中可变速率的实现[J]. 中国集成电路,2021,(261):37-41.

[4] 龙雅文. CANFD 控制器 IP 核的研究[D]. 长沙:湘潭大学,2021.

[5] 李智豪. 多速率光纤通道数据链路层设计技术研究[D]. 浙江:浙江大学,2019.

[6] 孙中杰. 基于速率切换的 BLE Mesh 网络路由转发协议[J]. 物联网技术,2021,(11):35-37.

工艺技术

2023

弱刚度薄壁雷达罩变形约束及自动装配对接技术研究

郝磊　张聘　高祥林　胡芳亿

（航空工业济南特种结构研究所,高性能电磁窗航空科技重点试验室,
山东·济南,250023）

摘要：弱刚度薄壁雷达罩由于自由状态变形较大、与机框连接结构复杂且与飞机机框装配精度要求高,现阶段主要采取装配余量现场修配的工艺方式,修配工作量大且影响互换性。为实现弱刚度薄壁雷达罩与飞机机框精准对接和快速装配,降低飞机机头大部件对接人工操作难度,提升装配效率和实现雷达罩互换性,对弱刚度薄壁雷达罩变形约束及自动装配对接技术开展研究。本文首先分析了现阶段影响弱刚度薄壁雷达罩与机头机框自动对接的因素,识别出主要影响因素。其次,针对弱刚度薄壁雷达罩在装机过程中需要大量修配的现状,开展变形分析、变形约束和自动装配对接等技术研究。最后,通过搭建自动对接系统原理样机进行模拟装机工艺试验,验证文本提出的变形约束及自动装配对接技术的可行性和有效性。

关键词：弱刚度薄壁雷达罩;高精度装配;复合材料变形;自动对接;阶差对缝

1　引　言

飞机装配技术是整个飞机制造过程中的核心和关键技术之一,飞机装配工作的劳动量占飞机制造工作总劳动量的 $50\% \sim 60\%$[1]。飞机大部件对接和装配是飞机总装阶段的主要工作内容,对接和装配精度很大程度上决定了飞机的生产周期、制造成本和生产质量[2]。

由于高性能雷达罩等电磁功能结构具有尺寸大、外形复杂、壁厚薄、重量轻、刚性弱等特征,同时取消了加强框、导销、铰链、快卸锁等加强结构和快速对接结构,在装配精度要求高,容差分配困难,装配手段落后,精度一致性低,工装制造精度低,复合材料变形等诸多因素交互影响,目前与飞机机头框的对接和装配需要大量的人工和时间,难以满足飞机装配高精度和高效率的要求。

为实现与飞机机框准确对接和快速装配,本文开展弱刚度薄壁雷达罩变形约束及自动装配对接技术研究,通过鱼骨图分析法分析影响准确对接和快速装配的主要因素。对于弱刚度薄壁雷达罩自由状态下的变形问题和与飞机机框装配效率问题,开展变形约束及自动装配对接技术研究,通过搭建自动对接系统原理样机模拟装机过程验证本文提出的变形约束和自动装配对接技术的可行性和有效性。

2　自动对接主要影响因素分析

为实现弱刚度薄壁雷达罩与飞机机框的精准对接和快速装配,以其装配过程为重点,基于主机对雷达罩接口的精度指标,对制造过程中的装配、机加、成型、喷漆、转运等过程运用鱼骨

图分析法[3]进行分析,查找可能影响弱刚度薄壁雷达罩与飞机机框快速精准对接的原因,以进一步确定影响雷达罩与飞机机框快速精准对接的主要影响因素。

2.1 装配效率问题

弱刚度薄壁雷达罩与飞机机框的装配精度要实现阶差和对缝间隙的高精度要求,由于现阶段雷达罩与飞机机框套合时,仅通过简易的托架车辅助支撑防跌落,不能起到定位导向作用,也无法施加装配力。故给弱刚度薄壁雷达罩和飞机机框分配了较为宽松的容差,装配手段落后,需要大量的人工和时间对连接孔、阶差、对缝间隙等装机接口进行现场修配,装配效率低下。

2.2 变形问题

弱刚度薄壁雷达罩在成型过程中存在较大的内应力,脱模后应力释放使其在自由状态下产生变形,现阶段在装检工装上变形可通过装检工装上的定位和压紧模块恢复,不影响装配精度。但是在装配完成后,自由状态下存在变形,并且与飞机机框装配时不像在装检工装上具备配套的定位和压紧装置,变形导致其不能精准安装到位,需要进行修配。

2.3 制造各环节精度问题

(1)端面精度问题

现阶段弱刚度薄壁雷达罩端面采用手工锯切,并采用在装检工装上多次适配方式保证端面间隙,手工加工无法保证根部端面精度,端面对缝间隙偏差较大且偏差波动较大。通过五轴数控机床铣边可实现其端面高精度要求。

(2)装配工装制造精度问题

现阶段装检工装的精度是采用数字化标工来实现的。各功能结构采用模块化设计、制造,然后使用激光跟踪仪安装调试为一体。考虑各模块本身的制造精度、激光跟踪仪的调试精度,因此工装的综合精度低[4]。通过分别配备装配工装和检验工装避免长期使用过程中的磨损,通过将影响装配接口精度的关键功能模块组合后进行整体加工来提高装检工装的精度。

(3)制孔精度问题

现阶段采用装检工装的钻模导向,使用气钻手工制孔,手工操作对转速、进给的控制不稳定,孔径精度不稳定,孔口易分层;手工操作对法向的控制不稳定,长期使用易造成钻套磨损,孔圆度和孔位精度超差。通过机器人自动制孔可实现制孔指标要求。

对弱刚度薄壁雷达罩的制造工艺全流程进行系统分析,影响其与飞机机框精准对接和快速装配的主要因素为其自由状态下的变形问题和与飞机机框的装配效率问题,在装检工装上由于定位和压紧模块满足装配精度要求,在自由状态下存在变形,在与飞机机框套合过程中缺乏定位、导向和提供装配力的装置,需要对弱刚度薄壁雷达罩变形约束及自动装配对接技术开展研究。

3 雷达罩变形分析及约束

对于弱刚度薄壁雷达罩自由状态下存在的变形问题,需要对其变形约束技术开展研究。通过变形统计分析技术分析其自由状态下的变形规律,用于指导其在自由状态下变形约束技术研究的开展。

3.1 雷达罩变形分析

为了统计分析弱刚度薄壁雷达罩自由状态下的变形规律,设计变形测量工装和间隙测量工装两套辅助测量工装。变形测量工装三维示意图见图 1,内圈的理论外形线为雷达罩产品根部理论外形线,外圈的 5 mm 检验线由理论外形线向外偏置 5 mm 获得,测量站位为辅助测量雷达罩产品变形量,通过游标卡尺测量各个站位处产品根部外形线和 5 mm 检验线之间的距离来表征产品变形量的程度。

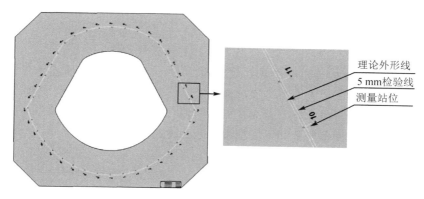

理论外形线
5 mm检验线
测量站位

图 1　变形测量工装示意图

间隙测量工装三维示意图见图 2,通过塞尺测量产品根部连接区内型面与工装雷达罩产品理论内型面间隙来表征雷达罩产品与飞机机框贴合面的间隙。

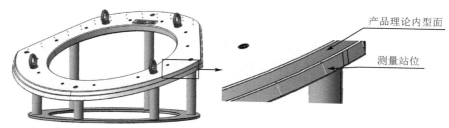

产品理论内型面

测量站位

图 2　间隙测量工装示意图

通过变形测量工装和间隙测量工装测量三架弱刚度薄壁雷达罩自由状态下的变形规律,测量数据折线图见图 3。

根据图 3(a)可知,9 站位附近和 29 站位附近对应点位变形量之和为正,即自由状态下在该处扩张,0 站位附近和 19 站位附近对应点位变形量之和为负,即自由状态下在该处收缩。根据图 3(b)可知,自由状态下整个产品开口扩大,最大间隙 1 mm 左右。

3.2 雷达罩变形约束

为实现弱刚度薄壁雷达罩自由状态下的变形约束,根据 3.1 节雷达罩变形数据分析结果,设计辅助夹持工装,如图 4 所示,用于控制其在自由状态下的变形。

由于弱刚度薄壁雷达罩为类锥状,根部的刚性较弱,选择其根部作为辅助夹持工装的安装

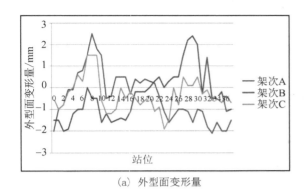

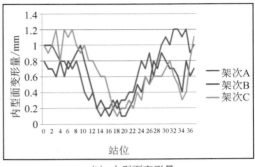

(a) 外型面变形量   (b) 内型面变形量

图 3　产品变形量统计

位置,采用位置精确的连接孔精确定位,用框架结构固定,控制雷达罩变形。

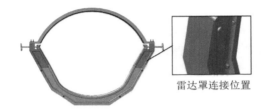

雷达罩连接位置

图 4　辅助夹持工装示意图

　　弱刚度薄壁雷达罩在装检工装上完成配修工作后,在外侧安装辅助夹持工装,并拧紧辅助夹持工装上的压紧块,将辅助夹持工装与雷达罩装配成为一个整体,以辅助夹持工装的刚性来控制雷达罩变形。将辅助夹持工装与雷达罩一起取下,等待后续装机环节。

4　自动对接系统搭建与试验

4.1　自动对接系统搭建

　　由于弱刚度薄壁雷达罩取消了传统的导销、铰链、快卸锁等对接交点结构,要实现其与飞机机框的快速准确对接,需要对其快速装配对接技术开展研究,在确保其在自由状态下实现保形的基础上,搭建具备足够的刚性和精确的交点结构的自动对接系统,通过自动对接系统实现雷达罩的保形,以及与飞机机框的快速精准对接。

　　弱刚度薄壁雷达罩与飞机机框的自动对接系统由对接工装、辅助夹持工装和模拟机框三部分组成。对接工装是自动对接系统里的重要组成部分,需要实现模拟机框与辅助夹持工装的相对位置精确定位,以及精准移动与对接。对自动对接过程进行梳理和整合可知,对接工装需要实现以下功能:

　　1) 与模拟机框、辅助夹持工装组合使用,共同组成完备的自动对接系统;

　　2) 准确牢固固定弱刚度雷达罩,保证其在对接过程中姿态的稳定;

　　3) 在外形检测设备配合下实现对接位置的精准找正;

　　4) 实现精准对接。

　　为实现以上功能,设计对接工装,如图 5 所示,对接工装由辅助夹持工装连接区、雷达罩支撑区和尖部固定区、导向机构四部分组成,辅助夹持工装通过激光跟踪仪确定其与机框的相对位置,配打定位销孔,实现辅助夹持工装位置的确定。导向机构采用重型高精度导轨,其可实现误差 0.02 mm/m 的移动。尖部固定区用于安装时的让位,尖部的定位、压紧和固定。

图 5　自动对接工装示意图

4.2　自动对接试验

为验证辅助夹持工装对弱刚度薄壁雷达罩整体变形的约束效果,以及在标定好雷达罩与模拟机框相对位置关系后,自动对接工装能否实现雷达罩与模拟机框的快速精准对接,设计如下试验方案以验证自动对接系统原理样机的可行性和有效性:

1) 在装检工装上进行雷达罩的配修,在罩体根部均匀选择 24 处位置,测量该 24 处位置的雷达罩与装检工装的阶差和对缝间隙;

2) 通过雷达罩定位孔定位安装辅助夹持工装,将雷达罩进行约束,固定雷达罩在装检工装装配时的外形状态;

3) 利用对接工装将雷达罩与模拟机框进行自动对接试验;

4) 测量 24 处标记点雷达罩与飞机模拟机框的阶差对缝。

自动对接试验过程见图 6,自动对接试验测量数据见图 7。

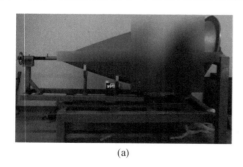
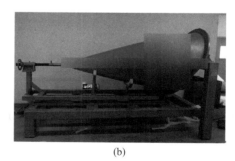

(a)　　　　　　　　　　　　　　　　　(b)

图 6　自动对接试验

分析图 7 装配阶差和装配对缝间隙折线图可知,阶差最大偏差为 −0.3 mm,对缝最大偏差为 0.39 mm,满足弱刚度薄壁雷达罩与飞机机框的装配要求,验证了自动对接系统在原理上的可行性和有效性。

5　结　论

本文首先从弱刚度薄壁雷达罩的成型、装配、机加等制造全生命周期和装机过程分析现阶段影响其与飞机机框快速对接和精准装配可能的影响因素。其次,针对弱刚度薄壁雷达罩在

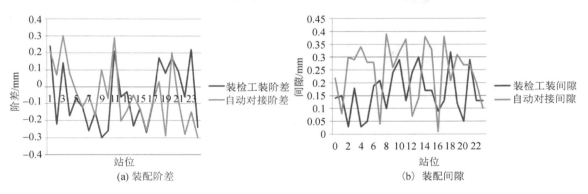

图7　自动对接数据统计

装检工装上满足装配精度,由于其在自由状态下存在变形和装机过程中缺乏定位、导向和提供压紧力的装置,因此设计变形测量工装和间隙测量工装分析弱刚度薄壁雷达罩自由状态下的变形规律,以指导设计自动对接系统。最后,通过搭建自动对接系统来开展模拟装机过程原理性验证试验,达到了预期目标,验证了本文提出的变形约束及自动装配对接技术的可行性和有效性。

本文提出的自动对接系统通过机械结构来实现雷达罩的装配,自由度低,后续需要对自动对接系统进行优化升级。一方面,通过增加六自由度调姿平台更好地实现弱刚度薄壁雷达罩与飞机机框的自动精准对接和快速装配[5];另一方面,对辅助夹持工装进一步开展轻量化低成本化设计[6],随产品一同交付主机,实现产品在生产中的应用。

参考文献

[1] 朱永国.飞机大部件自动对接若干关键技术研究[D].南京:南京航空航天大学,2011.

[2] 季红侠.飞机大部件对接中的自动测量技术研究与系统开发[D].南京:南京航空航天大学,2012.

[3] 夏锟,付思仁.鱼骨图分析法在尾桨综合在假期故障分析中的应用[J].工业技术创新,2021,8(6):96-100.

[4] 王皓,陈根良,黄顺舟,等.面向最优匹配位置的大部件自动对接装配综合评价指标[J].机械工程学报,2017,53(27):137-146.

[5] 卢小勇.激光跟踪仪的飞机部件对接调姿软件系统设计与开发[D].上海:上海交通大学,2012.

[6] 陈良杰,孙占磊,景喜双,等.基于iGPS的飞机部件对接技术研究[J].航空制造技术,2017(11),34-40.

航天器产品国产焊料应用研究

王启正　李青枰　金晓　温建芳　周璐

（山东航天电子技术研究所，山东·烟台，264001）

摘要： 本文主要对国产 Sn63Pb37 的锡膏和焊锡丝在航天产品中的应用进行验证，对焊料自身特性进行分析，得出国产焊料满足航天标准；将焊接后的不同封装器件进行工艺试验，得出焊点力学性能和电性能均满足航天电子产品的焊接需求。

关键词： 国产焊料；焊料特性；焊点可靠性

1　引　言

锡铅共晶合金焊料作为一种常见的焊接材料，由于其良好的润湿性、低廉的价格、成熟的工艺等优势，广泛应用于微电子产品中[1]。凭借其高可靠性的独特优势，成为军工领域中的主流焊料。

航天生产研制单位材料选用目录内的焊料（阿尔法/铟泰）均为国外品牌，且长期沿用状态，缺少对市场上国产主流焊料品牌的适用性研究，所以需要开展国产焊料应用研究工作。本文通过对某型号国产焊料进行成分分析，并进行产品板级焊接试验；对焊后焊点可靠性进行工艺分析，验证了国产焊料特性满足 Q/W 1491—2017《航天器电子电气产品钎料及钎剂》使用要求，焊接可靠性符合五院院标 Q/W 1261A—2017《航天器电子电气产品手工焊接技术要求》及 Q/W 1263A—2017《航天器电子电器产品表面安装技术要求》的规定，新材料可应用于航天电子产品生产。

2　国内外焊料分析

2.1　国内外焊料对比

当前，随着中国在军工行业的高速发展，以美国为首的国际组织为了阻止中国电子行业发展，开始在各行各业颁布禁令，禁止将芯片及周边产品出售给我国，部分产品明令禁止应用在军工产品上。为杜绝此类问题再次发生，寻找国产化替代产品势在必行。

航天电子产品选用焊料有严格的标准要求，需要综合分析焊料的合金成分、颗粒度、腐蚀性、卤素元素含量等。目前航天焊料选用目录包括铟泰和阿尔法两个厂家，调研两家国产焊料与进口焊料进行对比分析。

国产焊料在成分分析上与进口焊料基本一致，焊膏和焊锡丝的对比如表 1 和表 2 所列。结合五院物资部对焊接材料分析，对比国内外的焊料参数，国产焊料 1 在锡粉粒度、合金含量上与国外品牌锡膏最为接近，且焊料卤素含量较低，焊点持续服役期限更长，本文基于以上原因选取国产焊料 1 进行验证，验证焊接后产品质量和可靠性，是否适用宇航电子产品的焊接需求。

表 1　国内外锡膏参数对比

厂家特性	国产焊料 1	国产焊料 2	铟泰	阿尔法
产品标准型号	630LW (63Sn/37Pb)	QW – 7B0H2 (63Sn/37Pb)	SMQ92J/90%	OL – 107E
金属含量/%	89.52	89.12	89.9	89.76
卤素含量/%	0.04	0.12	0.029	0.033
锡粉粒度	4 号粉(20~38 μm)	4 号粉(20~38 μm)	4 号粉(20~38 μm)	4 号粉(20~38 μm)
粒度分布 20~38 μm/%	97.85	97.79	100	98.65

表 2　国内外焊锡丝参数对比

厂家特性	国产焊料 1	国产焊料 2	阿尔法
产品标准型号	某型号	—	63Sn/37Pb
助焊剂含量/%	1±0.5	1±0.5	1.2
卤素含量/%	0.033	0.1	0.04
线径大小/mm	0.5	0.5	0.5
焊剂连续性	均匀连续、无空断	均匀连续、无空断	均匀连续、无空断

2.2　国产焊料成分分析

对国产锡膏焊料成分进行分析,主要从金属粉末百分含量、焊料粒度及焊球形状、腐蚀性、助焊剂成分、润湿性等各个方面进行了分析及验证。

2.2.1　合金成分

1) 金属粉末百分(质量)含量试验

称取 10~50 g 的焊膏(偏差为 0.01 g),放入一个已称重的坩埚(或烧杯)中,并使其在不超过合金粉末液相线温度 25 ℃的条件下,使合金粉末熔化、冷却、凝固。用焊剂溶剂萃取剩余焊剂,将试样干燥,用天平称试样,确定焊膏试样中合金质量的百分含量。

按下列公式计算焊膏中合金粉末的百分(质量)含量:

$$合金粉末百分(质量)含量 = \frac{试样中合金质量}{原试样质量} \times 100\%$$

经过测量及计算,国产焊料合金粉末百分(质量)含量为 89.5%。

2) 粒度及焊球形状

称取约 1 g 焊膏,使焊膏处于室温,用刮片搅拌焊膏使其均匀,在称取约 49 g 稀释剂放入干净的量杯中并加入约 1 g 的焊膏,用刮片搅拌稀释剂与焊膏,使其成为均匀的混合物,并测量其密度;在干净的显微镜载物片上滴一小滴混合物,然后盖一个干净的玻璃片,再轻轻按压使一小滴混合物在两个玻璃片之间铺展,用显微镜观察视野范围内大约 50 个合金粉末颗粒的尺寸,测量它们的长轴与短轴,根据密度逐个计算其质量,并按尺寸分布档计算总量及其百分含量。锡膏粒度及球形 SEM 图见图 1。

3) 塌落试验

焊锡膏的坍塌性能十分重要,对后期的焊接起关键性作用,尤其是对密引脚器件,如果锡膏坍塌性能较差,锡膏经过锡膏印刷机印刷后,直接铺倒相连。

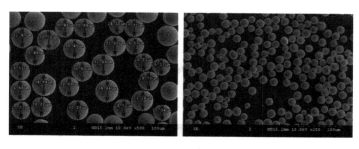

图 1　锡膏粒度及球形 SEM 图

采用尺寸为 76 mm×25 mm,厚度至少 1 mm 的磨砂玻璃片作为标准试样载体,试样载体数量为四块;用两种厚度(不同开口尺寸)的模板,见图 2(a)和图 2(b),分别在两个载体上印刷焊膏图形,形成四块试样。印刷的焊膏图形应均匀,焊膏图形之外不得有焊膏残粒;将每种模板印刷而成的两块试样进行编号,其中一块编为 1♯,另一块编为 2♯;将两个 1♯ 和两个 2♯ 印刷有焊膏图形试样置于温度为 25℃±5℃ 和相对湿度为(50±10)% 的环境中停留 10~20 min。先检验两个 1♯ 试样是否有桥连,再将两个 2♯ 试样在 150℃±10℃ 条件下放置 10~15 min 后冷却至室温,再检验其是否有桥连现象。

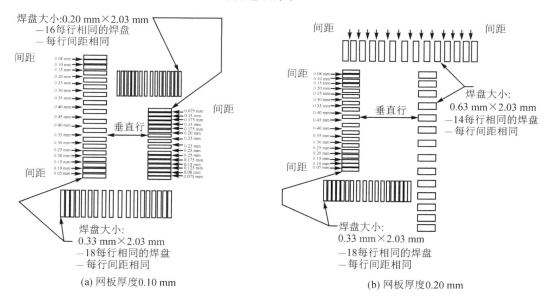

（a) 网板厚度0.10 mm　　　　　　　　　（b) 网板厚度0.20 mm

图 2　不同厚度模板示意图

通过测试,使用 0.1 mm 厚模板进行了锡膏印刷,放置在常温下,0.125 mm 印刷间隙的锡膏发生桥联;放置在高温状态下,0.15 mm 印刷间隙的锡膏发生桥联。使用 0.2 mm 厚模板进行锡膏印刷,放置在常温下,0.15 mm 印刷间隙的锡膏发生桥联;放置在高温状态下,0.2 mm 印刷间隙的锡膏发生桥联。

2.2.2　助焊剂成分

1）焊剂验证

助焊剂是焊锡膏的又一重要组成部分,它在整个回流焊接中只起辅助性作用。卤素含量和绝缘电阻测定参照 GB/T 9491—2002《锡焊用液态焊剂松香基》中的试验方法规定的要求进行验证。

本次焊料选用低活性助焊剂，R 型助焊剂卤素含量应小于 0.05％，实测 0.04％；焊剂试验试件在焊接后和加电试验后的绝缘电阻应不小于 1×10^9 Ω，满足标准要求。

2）铜镜试验

将大约 0.05 mL 的被测焊剂和配制的 0.05 mL 的标准焊剂相邻滴在同一块铜镜表面上，铜镜表面要自始至终无污染物、尘土和指印。将其水平放置在温度为 23℃±2℃，相对湿度为 45％～55％的无尘密闭室内 24 h。然后将铜镜侵入清洁的无水乙醇中除掉试验焊剂和标准焊剂。检查清洗后的铜镜无腐蚀现象，铜镜基本无变化。

3）润湿性

用尺寸为 76 mm×25 mm×0.2 mm 的无氧铜片作为试样，在印刷模板上开三个直径为 6.5 mm 的圆形孔，孔的中心距最小为 10 mm；用 60～80 ℃ 液态的铜清洗剂清洗试样 15～20 min，使用去离子水冲洗后再使用异丙醇漂洗，干燥后在去离子水中放 10 min，在室温下静置 30 min 晾干。将模板放在试样上，印刷焊膏；将试样放在热板上，一旦焊膏中的合金粉末熔化，立即从热板上以水平方式取出试样。试样在热板上的接触放置总时间应不超过 20 s，再流后用焊剂清洗剂除去残余焊剂，并在 10 倍放大镜目检，焊膏中的熔融焊料润湿了试样基体，并且铺展至施加了焊膏的区域的边界之外，测试得焊膏润湿性满足级别 1 标准。润湿性评价标准见表 3。

表 3　润湿性评价标准

级　　别	评判标准
1	焊膏中的熔融焊料润湿了基体（试样），并且铺展至施加了焊膏的区域的边界之外
2	基体（试样）上施加了焊膏的区域完全被焊膏中的熔融焊料润湿
3	基体（试样）上有部分施加了焊膏的区域未被焊青中的熔融焊料润湿
4	基体（试样）明显未被焊膏中的熔融焊料润湿，焊膏中的熔融焊料聚集为一个或多个焊料球

通过对焊料实测可以看出，焊料润湿了基体并且铺展至施加了焊膏的区域的边界之外，满足标准要求。焊料润湿图见图 3。

经过对国产焊料成分及性能的初步测试，国产焊料在合金成分、助焊剂成分、腐蚀性、润湿性等各个方面均满足焊接要求，下面使用国产焊料进行板级焊接试验。

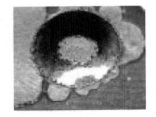

图 3　焊料润湿图

3　样件设计和试验

3.1　样件设计

3.1.1　焊料选择

选用两个批次的焊膏进行验证，产品手册参数如表 4 所列，存储温度为 1～10 ℃，使用前回温 4 h。

表 4　参　　数

合金成分熔点/℃	183	合金成分熔点/℃	183
粉末规格/μm	20～38	焊剂类型	R0L0
合金含量	89.5％±0.5％	卤素含量	＜0.05％

3.1.2　样件选择

根据目前焊接过程元器件不同,分别选择焊接曲线对应的典型产品进行验证,曲线及适用范围如表5所列。试验样件中须涵盖目前焊接的所有器件封装形式,涉及 BGA/CCGA/3D/CQFP/SOP/QFN/DIP 等封装形式,包括高铅焊柱,无铅焊球,有铅焊球,可伐合金等引脚材质,综合以上考虑因素,本次试验共制作 6 个样件,样件 2 焊膏为一个批次,其余样件焊膏为另一个,具体样件选择如表6所列。

表 5　焊接曲线

曲线名称	DDB	DDA	HZ	CCGA2
适用范围	PCB 板在 8 层板以下,并且有阻容和较小 IC 器件,无 QFP 等封装大芯片	PCB 板在 8 层板以下无 BGA,有 QFP、SOP 等封装器件或大于 8 层的 R/C 板	使用有铅的锡膏焊无铅的器件,主要焊接 BGA 器件或大于 8 层板以上有 QFP 器件等	针对引脚为高铅的 CCGA 等器件

表 6　样件列表

产品名称	数量	封装	型号	具体样件数量	验证
样件 1	1	CCGA	CCGA717	1	焊点可靠性
		3D	LSFN64G08VS8S1	1	
		PLCC	17V16	2	
		FP	JSR164245	2	
		FP	JMR28F256	2	
		FP	JC40109	2	
		电阻	RMK3216MB1R0J	6	
		电容	(G)CT48－1812－X7R－2KV－1000pF－KN	4	
样件 2	1	BGA	MT47H64M8SH－25EIT	2	焊点可靠性
		BGA	AT91SAM9G45C－CU	1	
		BGA	A3P1000－1FGG144M	1	
		QFN	DP83848HSQ/NOP8	1	
		SOP	TPS70448PWP	9	
		晶振	JZPB－26	2	
		三极管	BT2222A	2	
		SMD	MSK5251－1.0	1	
样件 3	1	QFP	QFP208		焊点可靠性
		二极管	2CK75D	3	
样件 4	1	BGA	XC7A100T－2CSG324I	2	电性能测试
		BGA	A3P1000－1FGG144I	4	
		SOIC	AT24CM01－SSHD	4	
		QFN	DS91M040TSQ	4	
		LCCC	AD9517－3ABCPZ	1	
		TSSOP	TPS767D301PWP	2	

续表 6

产品名称	数量	封　装	型　号	具体样件数量	验　证
样件 4	1	电阻	RMK1608KB103F	6	电性能测试
		电容	CT41G－1210－X7R－25V－22uF－K(N)	4	
		电阻	ZW56	3	
样件 5	1	3D	LSSR20M40VS6R1	2	焊点可靠性
		CBGA	LS2K1000－J	2	
样件 6	3	电阻	RMK1608KB103F	9	对比新旧焊料清洗、多余物
		电容	CA55－E－25V－47 μF－K	12	
		FP	29LV160	6	

3.1.3　样件制作

将焊膏和准备材料通过准备、SMT、清洗等流程完成样件的焊接,具体制作流程见图 4。

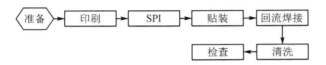

图 4　样件制作流程

1) 准　备

将需要验证的器件使用国产焊料进行去金、搪锡,并根据印制板焊盘进行整形操作,按卡料的规定放置在对应料盘的位置。制作贴装程序,检查程序坐标并投递对应的工装网板,样件对应的网板参数如表 7 所列。从冰箱取出锡膏后室温下回温 4 h。

表 7　网板厚度

名　称	样件 1	样件 2	样件 3	样件 4	样件 6	样件 7
厚度/mm	0.18/0.13	0.13	0.13	0.13/0.10	0.13	0.13

2) 印　刷

将焊膏放置在锡膏搅拌机中搅拌 3 min,把网板安装到设备上并进行对准,将焊膏涂覆在印刷区域 10 cm 左右间隔,保证焊膏的滚动,焊膏能使在印刷过程中锡膏沿刮刀宽度方向形成 ϕ9 mm～ϕ15 mm 的圆柱状即可,调整印刷机参数进行锡膏印刷。

3) SPI

编制 SPI 检查程序,对印刷后的印制板进行检测,焊膏涂覆面积须大于焊盘面积的 75%,印刷焊锡膏无桥连短路、塌陷、拉尖等问题,高度、体积均匀一致。

4) 贴　装

按照贴装程序,使用自动贴片机对相应器件进行贴装。

5) 回流焊接

根据器件的数量和类型选择对应的曲线进行印制板焊接,焊接曲线参数参照焊膏厂家推荐参数。

6）清　洗

焊后8 h内,对焊后的产品放置室温后使用水清洗机进行清洗。

7）检　查

对装联后产品焊点等进行检查。

3.2　试验验证

3.2.1　力学试验

结合 Q/W1263A—2017《航天器电子电器产品表面安装技术要求》,对焊接后的样件1～6进行力学试验,验证焊点的可靠性,具体实验要求参见表8～表10。

表 8　正弦振动试验条件

正弦振动	频率范围/Hz	10～2 000 Hz
	振动幅值	0.5 g(0至峰值)
	扫描速度/(oct・min^{-1})	2
	方向	X、Y、Z 方向

表 9　正弦振动最小量级

正弦振动的最小量级	频率范围/Hz	25～100	100～200
	PSD 等级(0至峰值)	20 g	15 g
	扫描速率/(oct・min^{-1})	1	
	保持时间:25～200 Hz 一个循环		

表 10　随机振动试验条件

随机振动最小量级	垂直于印制电路板	频率范围/Hz	20～100	100～500	500～2 000	20 grms	保持时间:每一轴向 5 min
		PSD 等级	6 db/oct	1.0 g^2/Hz	−6 db/oct		
	平行于印制电路板	频率范围/Hz	20～100	100～500	500～2 000	20 grms	
		PSD 等级	6 db/oct	1.0 g^2/Hz	−6 db/oct		

3.2.2　温度循环试验

结合 Q/W 1263A—2017《航天器电子电器产品表面安装技术要求》,对样件1～5进行温度循环实验,验证焊点的可靠性,温度循环实验要求:

a）温度范围为−55～100 ℃,温度变化速率不超过 10 ℃/min,极限温度至少保持15 min,每个循环 1 h,进行 500 个温度循环。

b）试验样件在做温度循环前应进行预烘去潮,温度 60～80 ℃。

3.2.3　电性能测试

对样件4在整个温度循环过程中进行电性能测试,要求产品性能正常,经过电性能测试,产品性能指标正常,满足要求。

4 焊点分析

4.1 金相剖切

温度循环试验和振动试验后,选取样件进行金相分析,并挑选外观状态最差的焊点进行剖切,剖切器件应涵盖目前常用的器件,具体参见表 11。

表 11 剖切器件型号

样件编号	剖切器件	数量	样件编号	剖切器件	数量
	CCGA717	1	样件 2	HCPL – 5601	1
样件 1	LSFN64G08VS8S1	1	样件 4	XC7A100T – 2CSG324I	1
	JC40109	1	样件 5	HE – OP270	1
	MT47H64M8SH – 25EIT	1		LM6142	1
样件 2	TPS70448PWP	1	样件 6	LS2K1000 – J	1
	MSK5251 – 1.0	1			

样件剖切的具体器件及位置见图 5。

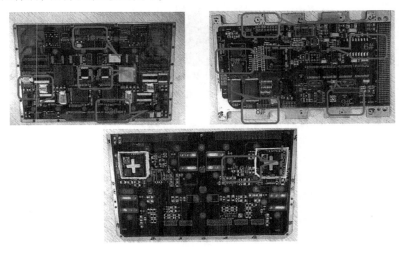

图 5 样件剖切位置示意图

4.2 合金层分析

锡铅焊料在焊接过程中往往与铜焊盘形成 Cu_6Sn_5 或 Cu_3Sn 金属间化合物,连续均匀的金属间化合物层是形成可靠焊接接头的保障,金属间化合物层厚度超标会造成焊点可靠性下降,同时,长期在高温下工作时,会出现金属间化合物的转变。当恶性金属间化合物增多时,往往也会造成焊点性能的下降,因此,厚度适中、连续的金属间化合物层是大家所需要的[3]。

通过对剖切后的焊点进行金相分析,合金层形貌平整连续,无明显凸起或凹陷,焊点合金层厚度均匀分布在 2 μm 之间,满足行业标准要求 0.5~4 μm,满足合格焊点要求。焊点具体状态如图 6 所示。

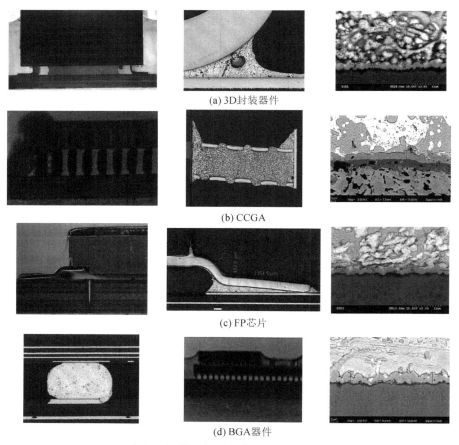

(a) 3D 封装器件

(b) CCGA

(c) FP 芯片

(d) BGA 器件

图 6　不同器件焊点试验后剖切结果

5　总　结

本文通过对比国产及进口焊料成分,对国产焊料合金含量、助焊剂含量、腐蚀性、润湿性等参数进行分析,焊料的物理化学成分符合要求。使用国产焊料进行板级焊接试验,焊后产品电性能符合要求,同时对样件进行力学、温循等环境试验,环境试验后进行金相剖切分析,合金层厚度均匀、连续,符合相关标准要求。该型号国产焊料在自身特性及焊点可靠性方面均满足航天标准要求。

参考文献

[1] 田飞飞,田昊,周明. 共晶锡铅焊料与薄金焊点可靠性研究[J]. 固体电子学研究与进展,2019,39(01):72-76.

[2] 彩然,张莹洁,刘子莲,蔡颖颖. 浅谈无铅焊料分类及发展[A]. 2018 中国高端 SMT 学术会议论文集,2018:5.

[3] 杨晓华,李晓延. SnPb 共晶焊料接头中 IMC 的形成及时效演变[J]. 有色金属,2007(03):37-42.

基于折展机构模型多种工艺要素融合的应用研究

高海乐　王庆博　过骏　高辉　刘金刚

（山东航天电子技术研究所，山东·烟台，264670）

摘要：空间折展机构种类繁多，由于特殊作用，通常对装配精度要求很高，其结构和装配协调关系极其复杂。针对现有设计阶段基本普遍采用三维设计模型数据，但工艺设计阶段仍采用传统二维图纸方式，未将装配过程工艺要素融合至模型中的现状，通过 MDB 建模技术对装配信息建模，分为装配产品信息、装配工艺信息和装配资源信息，为三维装配工艺规划技术、三维装配工艺仿真技术研究建立数据基础。

关键词：工艺要素；装配信息模型；MBD

1　引　言

随着我国航天事业进一步发展，一些大型的空间展开机构也会运用在飞船上，以适应不同的航天任务要求。空间折展机构具有收拢体积小，展开包络体积大的特点，尤其在航空航天领域，空间折展机构相比于充气天线拥有更高的展开位置精度、更高的强度、更大的折叠比，并且可重复展收，能够很好地满足航天通信任务的众多要求。

空间折展机构种类繁多，应用广泛，国内外从事机构学研究的专家、学者越来越多地致力于空间折展机构的设计与理论研究。空间折展机构也在航天工程中扮演了不可替代的角色[1]，如空间机械臂、折展太阳能电池板、空间站基础骨架、空间伸展臂等。随着卫星通信技术要求的不断提高，迫切需要增大雷达天线的口径，而火箭发射器载荷仓的空间及载荷都有限制。因此，设计大折展比、高刚度、高精度、质量轻的空间折展机构是目前提高雷达天线口径的最有效的方法。国内对于空间折展机构在航天领域应用的研究虽起步较晚，但成就显著。

目前，我国制造业普遍存在数据"断层"问题。虽然机械设计阶段已经基本普遍采用了商品化的三维 CAD 软件，如 UG、ProE、Solidworks、CATIA 等，产生了大量产品三维设计模型数据，但工艺设计阶段仍然采用传统的二维图纸方式；工艺及制造阶段并没有最大限度的利用设计阶段的三维模型数据，未将装配约束信息、装配精度信息、装配工艺信息、装配资源信息等装配过程信息通过三维模型数据展示，造成了工艺设计数据易出错以及指导工人生产不直观的问题。

本文针对折展机构产品模型装配过程多种工艺要素融合的需求，如设计阶段三维模型只展示产品几何信息和层次结构信息，导致工艺设计过程模型利用率低，工艺指令可视化程度低；在制造过程中，工装设计、工艺设计不合理，产品质量和交货周期的问题等。在三维数字化环境下，研究通过三维模型融合装配过程多种工艺要素技术，建立产品装配信息模型，提高装配工艺数据传递便捷性、准确性、直观性，更为三维装配工艺规划技术、三维装配工艺仿真技术研究建立数据基础。

装配过程多种工艺要素融合技术是在实现数模轻量化转换的基础上，基于 MBD 的装配信息建模技术实现产品设计信息的提取以及装配工艺信息的补充,基于装配工艺信息模型的创建,从而实现"装配过程多钟工艺要素融合"。图 1 所示为装配工艺信息模型结构。

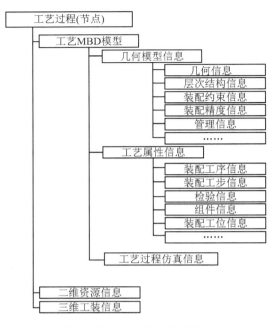

图 1　装配工艺信息模型结构

2　装配过程多种工艺要素融合技术研究

任何一个复杂产品的功能都是通过众多零部件间的相对运动与制约实现的,即产品的功能是通过产品的装配体实现。产品的装配问题一般可分解为产品设计、装配建模、装配分析及装配规划等问题,一个产品的实现过程可以划分为产品设计、工艺设计、装配制造等阶段。装配过程多种工艺要素可以理解为在产品设计—工艺设计—现场装配等阶段所有相关的产品结构信息、装配工艺信息和装配资源信息等,保证相关信息有效关联、结合,才能有效保证产品的装配效果。

为了实现装配过程多种工艺要素融合展示,需要实现产品装配信息模型的创建。一个完善的产品装配信息模型包含支持产品设计、工艺规划、工艺设计以及装配制造等与生产和装配相关联的所有内容,并可完整准确地传递不同层次部门(设计部门、工艺部门、制造部门)所需零部件的装配模型信息。产品装配信息模型建立的最终目的是为工艺部门和制造部门提供产品及零部件的装配信息,以实现对原有基于结构与功能的产品装配信息模型中装配工艺信息的补充与完善。产品工艺装配信息模型是面向产品装配规划的装配模型,该工艺装配信息模型可直接或者间接的反映装配过程。

随着三维数字化技术的深入与发展,基于模型定义(Model‐Based Definition,MBD)的数字化设计与制造技术已成为制造信息化发展的一个重要方向。MBD 的装配信息建模方法是一种面向计算机应用的产品数字化定义方法与技术,其核心思想是采用集成化的三维实体模型完成产品信息的表达,实现面向装配工艺与产品制造的零件三维信息模型设计。MBD 建模方法改变了原有以三维模型描述几何信息,以二维 CAD 图纸定义尺寸公差以及工艺信息的方法。MBD 建模方法将三维实体信息、装配结构信息、装配工艺信息和装配资源信息等结合,使三维模型成为生产制造过程中唯一的产品数据来源。本文将基于 MBD 的装配信息建模方法展开装配过程多种工艺要素融合技术研究。

装配信息建模是三维装配工艺规划和三维装配工艺仿真的基础与前提,详细及准确的装配信息模型对三维装配工艺规划及模型数据信息交互具有重要作用。三维装配工艺仿真系统除了解析零件模型的几何信息外,对于零件模型的装配工艺、装配资源等信息重点解析。现将装配信息模型分类为装配产品信息、装配工艺信息和装配资源信息。

2.1 装配产品信息

在机械设计环节,产品结构实际模型在设计软件中以层次化结构树的形式展示装配信息,现有三维和二维 CAD 软件都具有解析设计模型装配信息功能。如图 2 所示,设计部门完成展开机构装配产品信息的创建。

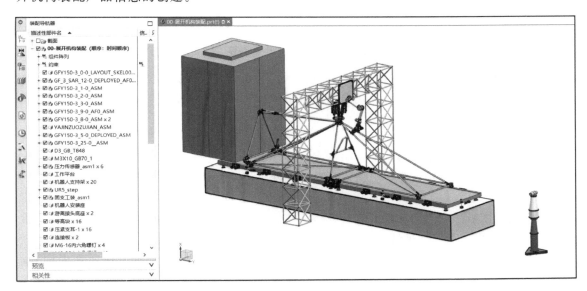

图 2 展开机构数模创建

装配产品信息可分为层次结构信息、产品几何信息、装配约束信息、装配精度信息以及管理信息。

2.1.1 层次结构信息

三维建模软件中的层次结构树表达产品层次结构信息,其意义在于简单明确地表达零件或部件在产品装配过程中的几何信息、位置信息、装配信息、材料信息等,层次结构信息是产品设计中必不可少的环节,在机械产品的设计中被广泛采用。如图 3 所示,通过对展开机构各类部件的分析,建立了展开机构装配层次结构信息。

展开机构由装配平台、模拟天线板、测试系统、框架、180°铰链、90°铰链、内桁架、外桁架、星体支撑架、支撑杆组件等零部件组成,在以上零部件下,又存在若干二级零部件。通过展开机构的层次结构树可简单、明确地表达出该产品中零部件的层次结构信息、产品装配关系,以利于设计与制造的信息交互。

2.1.2 产品几何信息

产品几何信息即指组成产品零件的几何造型信息,几何信息包含了数据结构中组成产品

图 3　展开机构层次结构图

零件的草图、坐标系、实体模型、标注集中的尺寸、基准等信息。产品几何信息的完整描述可实现算法对装配工艺规划中零件几何信息的正确提取,产品的几何信息是装配工艺在几何方向上可行性判定所需的最基本类型信息。

（1）零件坐标系信息

坐标系可分为世界坐标系和局部坐标系,在面向模型信息定义的过程中,零件间有相互关联（父子关系等）的三维模型在设计时应采用以局部坐标系为基准设计零件。

（2）实体模型信息

实体模型由满足装配需求的所有特征信息组成,实体模型几何要素的特征描述分别为几何特征、几何形面以及几何区域。其中,几何特征是在三维建模的过程中,零件几何元素形状描述所使用的特征形状,如内/外螺纹、倒圆角、凹槽、拔模斜度等;几何形面是指构成基本几何形状的几何面片要素,如平面、曲面、回转面、柱面等;几何区域隶属于几何形面的一部分,是具有特定要求的一部分区域,如在零件设计中具有特定装配精度的部分几何区域等。

实体模型信息是面向装配工艺规划的 MBD 建模技术的基础,实体模型信息是其他非几何信息（基准、标注）的基础与载体。通过将模型中几何特征、几何形面及几何区域信息有机结合,实现了对产品零部件几何特征的准确描述。

（3）基准信息

基准信息是用来确定生产过程中生产对象上所依据的点、面等几何关系的信息。基准信息在机械制造过程中应用十分广泛,产品零部件的尺寸标注、工艺流程中工件的定位、产品校验时尺寸的测量均须用到基准的概念。基准面和基准点信息的准确性决定了复杂产品装配过程的准确性与可靠性。图 4 所示为展开机构内桁架短杆接头组件装配基准面与基准点。

（4）标注集信息

基于 MBD 技术下的三维标注是实现无纸化办公的重要环节,三维环境下的标注具有二维图纸所没有的直观性、简易性等特殊优势,经过设计环节的零部件标注以及后期工艺装配环节的工艺信息标注的结合,可实现三维产品在整个规划设计到制造过程的数字化信息实时交互[2]。

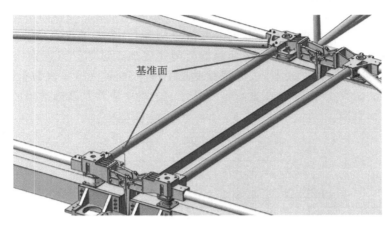

图 4　展开机构内桁架短杆接头组件安装基准示意图

面向装配工艺的 MBD 标注集信息主要包括在尺寸标注信息、生产要素等注释以及粗糙度等精度特征信息。它是在三维 CAD 软件空间中,根据模型解析出的设计信息对产品特征信息进行标注[3]。

1)尺寸信息

根据现有机械产品三维建模通用规则(GB/T 26099.1～26099.4—2010),现将尺寸分为定形尺寸、定位尺寸及总体尺寸。其中定形尺寸为确定基本几何元素大小所需要的尺寸,如孔径、边长等;定位尺寸即标记该零件处于大结构中具体位置或几何体之间的相对位置的尺寸,如孔中心轴与装配长方体边界的距离;总体尺寸即指装配体或零部件的总长度、总宽度及总高度等,用以描述装配体或零部件的主要外形信息。

2)注释信息

注释是对产品设计的解释和说明,注释信息包括更改说明、标准说明、附注信息、材料信息、版权说明信息等过程要素。三维工程注释与二维图纸中的明细栏及技术要求等内容相关,其数据结构由标准说明、零件注释、材料描述与标注说明组成,如表 1 所列。

表 1　数据结构注释信息

数据结构	注释信息说明
标准说明	包含管理与法律权利的数据等
零件注释	包含零件最终处理、关键特征等产品定义信息
材料描述	包含产品原材料及原材料集合,如材料名称、规格等
标注说明	用以描述特定工艺信息,如建模标准等

2.1.3　装配约束信息

装配约束信息反映的是装配对象之间的连接关系,装配约束信息包含有固定约束、偏移约束、固联约束、曲面接触、直线接触、接触约束以及角度约束等信息。

装配约束不利于三维装配工艺动画制作过程中零部件模型的移动,未单独研究模型中约束信息。

2.1.4　装配精度信息

精度特征信息主要用以描述几何形状和尺寸的许可变动量及误差,是产品在设计、装配与制造阶段的重要依据。如图 5 所示,精度特征信息可分为公差信息与表面粗糙度信息两大类。

公差信息可分为尺寸公差信息与几何公差信息两大类,公差的准确标注保证了产品的装配质量以及互换性等重要属性指标。表面粗糙度即评定加工过的材料表面由峰、谷和间距等构成的微观几何形状误差的物理量,表面粗糙度越小,则表面越光滑。表面粗糙度的大小对机械零部件的工作性能有很大影响,在进行零件设计的过程中应将其清晰准确的标注,以利于产品中零件的装配和制造。

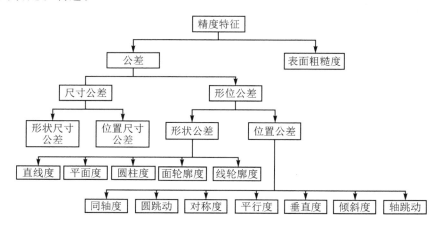

图 5　精度特征信息分类

2.1.5　管理信息

管理信息中,零部件信息主要包括零件名称、零件代号、产品型号、零件重量、零件类别等,产品信息中包含了产品编号、产品名称、版本、描述等信息。通过对属性的添加,可实现对管理信息的丰富,以完善装配产品信息的内容。展开机构管理信息如图 6 所示。

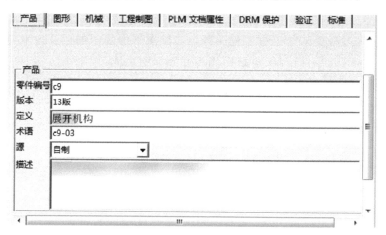

图 6　展开机构管理信息

2.2　装配工艺信息创建

装配工艺信息是装配产品信息、装配资源信息的连接纽带,是产品装配信息的核心,它将装配产品信息与装配资源信息通过装配方法与使用方法联系起来。装配工艺信息是产品或零部件装配工艺规程和操作方法的信息,是制定装配任务、指导装配工作、处理装配工作问题的重要基础和依据。装配工艺信息包含装配工序、装配操作、装配工位及装配工步等内容。例如展开机构装配工艺信息中共划分 13 道工序;工序一为模拟天线板安装,操作内容为:在工作平台上进行基准座及模拟天线板的安装、检查;装配工位为:工作平台。

2.3　装配资源信息创建

装配资源信息指与工艺相关的工装和工具信息,它包括零部件装配过程中使用的工装与工具类型和型号。例如展开机构工序一,安装 16 个基准座后需要使用工具"高度尺"检查各支撑高度,安装模拟天线板需要使用单板移动工装等。

2.4　装配过程多种工艺要素融合

为了完整清晰地表达产品三维实体信息、装配结构信息、装配工艺信息和装配资源信息等,须简化 MBD 建模复杂性[4],以利于设计—工艺—装配等信息的有效传递。

2.4.1　装配产品信息提取

根据三维模型信息的存储形式,三维模型一般分为实体三维模型和轻量化三维模型。区别在于:

① 产品三维模型承载设计信息量大,模型解析及数据处理效率低,模型主要在前期产品设计阶段,实现模型设计、模型检查,并且现阶段各 CAD 软件之间三维建模标准存在差异,模型承载的属性配置不统一导致数据读取不兼容现象。

② 轻量化三维模型是对实体三维模型进行简化处理,保留原模型的几何尺寸、BOM 结构、PMI 信息等,通过将原设计实体模型进行面片化处理,过滤了原三维几何模型中对三维动画显示无用的几何拓扑信息、零件特征信息、装配约束[5]。

因此,为保证系统对模型的显示与处理效率,保证用户良好的使用体验,对轻量化模型进行数据的读取及显示。

① 创建模型区:进行产品几何信息的显示,显示内容包括:

a. 显示模型几何形状;支持点选、框选零部件模型,可以对模型进行颜色调整、隐藏等操作;

b. 显示零部件坐标系:可作为装配仿真动画编制时方向参照;

c. 显示 PMI 信息:装配尺寸标注、装配精度标注、基准标注以及技术要求等注释信息标注;

② 创建 BOM 结构树:将产品原设计模型中结构树导入 BOM 区,与原设计 BOM 保持一致,显示完整的 BOM 层级结构且 BOM 与模型一对一关联;

③ BOM 与零部件属性关联:将零部件管理信息关联至 BOM 节点;如零部件的代号、产品名称、数量、材质、工艺技术规范或标准、加工要求等,以及设计者、版本号等,绑定与对应产品 BOM,方便进行大量零组件信息的管理与查看;

④ BOM 与模型关联:将零部件模型与 BOM 关联,可以通过 BOM 进行模型的显隐控住,利于模型的管理与查看。

2.4.2　装配工艺信息展示

工艺部门进行装配工艺详细设计时除显示装配产品信息,还须进行装配工艺信息的显示。

1) 设定工艺过程区

进行装配工艺步骤显示;支持以结构树方式组织工艺过程,包含工艺—工序—工步三级节点。工艺过程为产品节点,工序为工序节点,工步为工步操作内容节点。

2)工艺过程与 BOM 关联

设定组件列表绑定工艺过程节点,可以添加 Bom 零部件节点关联至组件列表;从而实现工艺过程—BOM—模型的有效关联。组件列表设定属性:序号、零件编号、零件名称、文件路径、数量等。

2.4.3　装配资源信息表达

1)二维资源数据维护

创建二维资源数据库,设定:工装、工具、设备、辅料等类别,设定属性:物料代码、物料名称,方便进行二维资源数据的维护;创建资源列表,设定:工装、工具、设备、辅料等类别,设定属性:物料代码、物料名称,资源列表绑定工艺过程,指定工艺过程对应的资源列表可以进行资源数据添加,从而实现工艺过程—BOM—模型—资源的有效关联。

2)三维工装资源维护

系统应允许三维工装资源的添加及维护,可通过“导入三维资源”功能设定三维工装模型可添加至工艺过程节点对应过程模型中,通过二维资源列表进行显隐控制,该三维工装模型仅能显示在添加工艺过程节点上,不能实现产品零件随意调整显示在各过程节点的效果。

将装配产品信息、装配工艺信息及装配资源信息通过多种技术手段融合至三维模型中,实现模型贯穿设计—制造一体化,为三维装配工艺及三维装配工艺仿真打好数据基础。

3　结束语

本文基于 MBD 的建模方法,用层次结构模型的思想建立了工艺过程层级结构,工艺人员完成产品装配工艺规划后,以装配产品信息为基础,以合理的装配操作步骤、装配资源信息、装配技术要求、装配技术图解、装配动画为补充,完成装配工艺设计内容。从而实现工艺过程关联 BOM、资源、动画等,实现了基本的装配过程工艺信息模型的表达与建立。

参考文献

[1]秦波,吕胜男,刘全,等.可展收抛物柱面天线机构的设计及分析[J].机械工程学报.2020(05):1-2.
[2]卢一帆,叶福田,柳伟.基于 MBD 技术的三维标注方法研究与系统实现[J].模具工业.2019(03):7-8.
[3]胡明庆,黄超.三维标注常见问题处理方案[J].机电信息.2020(11):1-2.
[4]靳江艳,黄翔,刘希平,等.基于模型定义的飞机装配工艺信息建模[J].中国机械工程.2014(05):569-572.
[5]卞汉建.基于 MBD 的船用柴油机装配信息定义技术研究[D].镇江:江苏科技大学,2017.

铝丝键合工艺研究及验证方法浅析

苏德志　王岑　王洪琨　国凤娟　武琳琳

（山东华宇航天空间技术有限公司,山东·烟台,264000）

摘要：铝丝引线键合是市场占有率和可靠性较高的电子封装技术,在功率器件封装中最为常见。本文介绍了两种数学算法与键合强度相结合的铝丝键合模型,分析误差能够控制在10％以内。针对铝丝键合,超声功率的影响程度大于键合压力,而键合压力又大于反应时间。超声功率中仅有4.8％作用于铝丝键合界面,Al-Al界面的超声功率密度最大;压力与铝丝键合强度呈抛物线关系,受界面结合程度影响,键合界面压力值先增大后变小;键合界面随反应时间的增加而不断增大,键合结束后,键合界面的面积存在微量反弹缩小现象。界面分析结果显示,Al-Al界面键合过程中,芯片侧易发生失效;Al-Au界面键合过程中,Au_2Al最易发生失效。

关键词：铝丝;键合;压力;功率;界面

1　引　言

电子产品是生活和工业中不可或缺的部分,其迅速发展与半导体制造产业息息相关。近年来,电子产品呈现出低成本、小型化、多功能和低功耗的特点。虽然新型电子封装互连技术层出不穷,但是以硅通孔技术、倒装芯片为代表的封装技术仍然无法完全替代引线键合。在封装产业当中,引线键合是最不可或缺的技术手段之一,也是现在应用最广泛的技术。据统计,2020年引线键合占所有封装形式的75％～80％。

引线键合的基本作用是实现硅基芯片和封装体之间的互连,包括引线与硅基芯片、引线与封装体之间的键合。引线键合的基本条件是不仅具备导电性能,而且拥有非常高的单位体积导电率。因此,键合材料只能在金、银、铜和铝四种元素中选择。其中,铝线是最早被使用的键合丝,封装占有量能够达到键合总量的18％～20％[1]。与金丝相比,铝丝成本更低,键合过程无须预热,不会形成金-铝间有害化合物;与银丝相比,铝丝的延伸率更好;与铜丝相比,铝丝具有更好的电热性能和抗腐蚀性[2]。铝线键合主要应用于功率器件,如垂直双扩散金属-氧化物半导体场效应晶体管（VDMOS）、绝缘栅双极型晶体管（IGBT）等[3]。虽然,铝丝键合的工艺研究层出不穷,但是在铝线工艺研究和验证方法的汇总相对较少。

本文通过模型建立、参数优化和验证试验三方面开展铝丝键合研究,总结了理论建模和工艺分析的基本方法,并通过失效分析手段验证了铝丝键合的可靠性。

2　模型建立

一直以来,建模仿真是研究工艺的有效手段之一,它可以直观地研究各结构瞬态的应力/应变情况,还可以有效地节约试验的人力、材料和时间成本,快速获得最优值。本文模型的建立均基于试验结果的基础。

　　张军等人[4]基于响应曲面法,建立了键合强度与工艺参数之间的模型。该方法集试验设计和计算于一身,先通过试验设计得到键合强度,采用平均值和标准差的方法进行计算。再通过拟合,得出超声功率、超声时间、劈刀高度和键合压力的二次多元回归模型。研究指出:超声功率和超声时间均与键合强度成正比关系,劈刀高度与键合强度成反比关系,而键合压力与键合强度存在抛物线关系。通过模型,作者得到了最优工艺参数组合,键合强度提高 20%,并通过试验验证了该结论。

　　毕向东等人[5]基于误差反向传播算法和正交试验结果的理论,设计了正交试验。根据拉力和推力结果,建立了 BP 神经网络,理论误差与实际误差控制在 10% 以内。该方法同样以实验数据为基础,采用单隐含层的网络结构,很好地预测了铝丝键合的强度。

3　参数优化

　　对于铝丝键合来说,影响强度的主要参数包括反应时间、超声功率和键合压力。

　　M. Maeda 等人[6]使用了激光位置传感器、激光多普勒振动仪和高速视频显微镜,搭建了高速测试系统,研究了铝线在键合过程中的变形性能,直观地展示了各工艺参数参与键合的顺序:键合过程中,键合压力首先导致铝线变形;到达一定力值后,键合压力不会使铝线进一步变形;增加超声功率,铝线继续变形,直至极限变形值;在键合过程中,铝线和基板的接触面会随着反应时间而增大。

　　根据正交试验和拉力/推力结果得出:影响铝丝键合的工艺参数排序:超声功率＞键合压力＞反应时间。

3.1　超声功率

　　Shah 等人[7]采用压阻式力学微传感器检测 25 μm 铝丝的超声功率,结果发现:

　　① 键合过程是塑性变化过程。t_b 时,超声功率为零;超声功率打开后,经过 6 ms,超声功率达到最大值;然后,由于引线和焊盘之间的面积增加,界面的超声功率呈逐渐下降趋势。超声功率与时间关系如图 1 所示。

　　② 键合过程中,最大的界面功率是 11.5 mW,仅占电流分配给超声换能器功率的 4.8%,大部分超声功率损耗在内部摩擦和热扩散作用中。

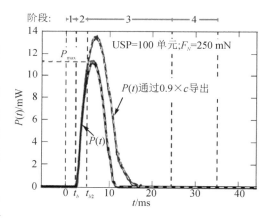

图 1　超声功率与时间关系[7]

　　③ Al－Al 界面的超声功率密度为 3.9 W/mm^2,是 Au－Al 界面的 2～2.6 倍,是 Au－SiO2 界面的 1.9 倍。

3.2　键合压力

　　高荣芝等人[8]通过高频采集装置对键合压力进行标定,研究了键合强度随键合压力变化的情况。结果表明:键合强度随压力变化呈抛物线形式;当键合压力从 0 开始增加,压力为 16.1 N 时,键合强度达到最大值,即 520 g;键合压力继续增加时,键合强度反而下降。键合强度(S)随压力(f_B)变化情况见图 2。

压力对铝丝键合的机理为：① 键合开始阶段，压力有利于压紧铝丝和焊盘，增加超声作用中的阻尼，减少传递能量的损失，有效去除了键合焊盘表面的氧化层，从而提高了键合强度；② 键合压力达到最优值时，键合压力继续增大，传递的能量持续增加，但是键合的有效功率减小；③ 过量的键合压力会导致键合点出现硬化裂纹及疲劳破坏，键合出现早期失效。

3.3 反应时间

M. Maeda 等人[9]在 SiO_2 基体上研究了反应时间对键合界面的影响，结果发现：开始阶段，键合压力对铝线和焊盘的接触面影响微小；加入超声功率后，接触面变化明显，10 ms 时接触面宽度为 105 μm，50 ms 时接触面宽度为 179 μm，150 ms 时接触面宽度为 222 μm；卸载超声功率和键合压力后，接触面的面积有微小的降低。

4 验证研究

李凯伟[10]认为键合线脱落的主要原因是铝线和焊盘材料的热膨胀系数不匹配。键合界面由于长期承受功率循环和温度循环，界面承受循环的剪切应力，不断的循环作用产生疲劳。周而复始的疲劳作用导致界面发生松动，最终导致键合界面分层脱落。焊料层疲劳示意图见图 3。

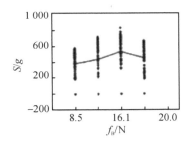

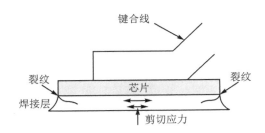

图 2　键合强度(S)随压力(f_B)变化情况[8]　　　图 3　焊料层疲劳示意图[10]

如果是 Al－Al 键合结构，其键合成分有且仅有 Al，失效常发生在芯片侧[11]。双金属键合结构常发生在管壳一侧，通常为 Au－Al 界面。Al 与 Au 反应后，会生成五种金属间化合物：$AuAl_2$、$AuAl$、Au_2Al、Au_5Al_2 和 Au_4Al。其中，Au_2Al 呈白褐色、脆性和电阻最大，是键合失效的主要原因；$AuAl_2$ 呈紫色，键合强度最高、电阻最小。

李军辉等人[12]通过研究 Al－Ni 超声键合界面发现：键和界面呈脊皱圆环形态，中心和外边是未结合的摩擦痕；相同工艺参数条件下，第一焊点的脊皱峰和转化超声能大于第二焊点。键合压力首先作用，键合界面尺寸增大，圆环的短轴延伸为长轴；随时间推移，键合界面由脊皱形向中央扩大，扩展为完整圆环；然后，键合功率开始作用，摩擦痕和脊皱加剧，形成最终键合界面。

Y. Huang 等人[13]研究了绝缘栅双极型晶体管（IGBT）中的键合铝线失效问题，并利用 $CuSO_4$ 与 Al 的沉淀反应对该区域进行了标注。使用扫描电镜观察键合界面：界面整体呈圆环状，外部圆环区域为键合作用面，内部圆环区域是由于铝材料本身挤压造成的，这与李军辉等人的研究结果一致。

5 结 论

　　本文基于现有的响应曲面法和误差反向传播算法,分析了模型建立和铝丝键合强度的关系,结果证明两个模型的分析结果均控制在 10% 以内,能够有效地找到铝丝键合的最优值。基于优化铝丝键合工艺参数,分析了超声功率、键合压力和反应时间对铝丝键合的影响。从过程顺序来看,键合压力首先与界面发生反应,然后超声功率参与界面反应,最终当键合压力卸掉时,反应结束;反应时间完全贯穿于整个键合过程。从影响程度来看,超声功率大于键合压力,而键合压力又大于反应时间。从验证分析来看,Al - Al 界面结合强度最好,呈圆环形,Au - Al 界面要防止 Au_2Al 化合物的形成。本文对铝丝键合研究具有一定得借鉴意义,后续工作将从劈刀和线径角度做深入分析。

参 考 文 献

[1] 柳建. Al - 1‰wtSi 键合线线材的研制机组织和纯度对其性能的影响[D]. 兰州:兰州理工大学,2007.

[2] 陈秀英,张秀珍,武树岭,等. 超声键合技术用于水晶压力传感器[J]. 传感器技术,1991,2:34-35.

[3] 江国栋,汪张超,何超,等. 混合集成电路内键合失效模式及机理分析[J]. 电子质量,2020,6:31-37.

[4] 张军,张瑶,张培,等. 基于响应曲面法的硅铝丝楔形键合参数优化[J]. 电子工艺技术,2020,41(2):83-86.

[5] 毕向东,谢鑫鹏,胡俊,等. 基于 DOE 和 BP 神经网络对 Al 线键合工艺优化[J]. 工艺技术与材料,2010,35(9):894-898.

[6] MAEDA M, YONESHIMA Y, KITAMURA H, et al. Deformation behavior of thick aluminum wire during ultrasonic bonding[J]. Materials Transactions,2013,54(6):916-921.

[7] SHAH A, GAUL H, SCHNEIDER-RAMELOW M, et al. Ultrasonic friction power during Al wire wedge-wedge bonding [J]. Journal of Applied Physics,2009,106:013503.

[8] 高荣芝,韩雷. 键合压力对粗铝丝引线键合强度的实验研究[J]. 压电与声光,2007,29(3):366-369.

[9] MAEDA M,YONESHIMA Y, KITAMURA H, et al. Deformation behavior of thick aluminum wire during ultrasonic bonding[J]. Materials Transactions,2013,54(6):916-921.

[10] 李凯伟. IGBT 功率模块键合线失效分析机器状态评估方法研究 [D]. 合肥:合肥工业大学,2020.

[11] 程春红,许洋,刘红兵. Au - Al 双金属键合可靠性分析 [J]. 半导体技术,2011,36(7):562-565.

[12] 李军辉,韩雷,谭建平,等. Ni - Al 超声楔形键合分离界面的结构特性及演变规律 [J]. 焊接学报,2005,26(4):5-8.

[13] HUANG Y, JIA Y, LUO Y, et al. Lifting-off of Al bonding wires in IGBT modules under power cycling:failure mechanism and lifetime model[J]. IEEE Journal of Emerging and Selected Topics in Power Electronics,2020,8(3):3162-3173.

三维布线应用及线束批量生产

徐延东　孙一丹　赵德刚　王成鑫　王静

（山东航天电子技术研究所，山东·烟台，264003）

摘要： 为了降低走线安全间距质量风险，提升产品一致性及生产效率，提高线束的整体布局和敷设质量，实现线束生产准备阶段的最大化，基于三维结构模型实现三维布线。本文在三维布线技术的研究基础上，将三维布线技术与实际生产环节紧密相连，分析了三维布线技术在设计阶段和生产加工阶段的优势，总结固化了三维布线的流程，该技术满足当前复杂线缆研制过程中关于布线信息尤其是线束模型信息的需求，提高了电装效率、电装质量及产品一致性。

关键词： 电子设备；三维布线；工艺设计

随着当下航天、船舶、电子等机电系统的快速发展，目前机电系统变得越来越复杂，产品结构也越来越复杂，系统的集成度更高。线缆由于其能够传输信息与能量被广泛应用于机电系统中，因此提高线缆的整体布局和敷设质量对于充分发挥产品的整机性能、保证产品在工作期间的可靠性具有重要意义[1]。

当下产品大多需要使用导线来进行电气互连，对外电连接器也多为焊线式，同时为避免硬安装，大功率器件也需要使用导线与印制板进行连接。由于产品设备之间的线缆越来越多，系统逐渐向线缆高密度化发展，导致线缆布线变得更加复杂，布线难度大大增加[2]。传统布线主要采用手工布线，对手工布线人员的经验和布线方法要求较高，受经验和布线习惯的影响，不同的人员所走的线缆路径也不一致，导致同样的任务出现多种线缆路经，后续对于线缆路径还需要进行调整修改，严重影响研制进度。传统的整机布线技术还存在布线设计精度低等缺点。

为将风险工序前移，提高线缆的整体布局和敷设质量，实现生产准备最大化，实现线束批量生产，本文在三维布线技术的研究基础上，将三维布线技术与实际生产环节紧密相连，应用计算机三维辅助布线设计技术进行布线模拟，通过三维布线提前规划导线走线路径，根据走线路径获取导线长度并使用软件导出 BOM 数据，满足了当前复杂线缆研制过程中关于布线信息尤其是线束模型信息的需求。生产准备阶段依据导出的三维布线数据进行导线处理，实现线束批量生产，提高了工作效率。

1　传统线缆布线设计

传统的线缆布线设计主要是依靠模装法进行，即需要在每一台产品的实物上进行线缆布线然后取样获得线缆的详细走线路经、精确长度、导线长度测量具体位置以及导线长走线的固定位置等。

传统的线缆设计与制造流程存在以下不足：

① 需要先将产品进行装配，装配完成后在设备内部进行布线设计，即只有完成结构的设计、制造和装配后，才能进行线缆的布线，存在串行工作模式的弊端，无法在前序对导线进行定长，工作量全部后推，导致生产效率低下。同时由于布线人员的经验和布线习惯不同，走线路

经也难以统一,后续对于线缆路径还需要进行调整修改;

② 导线在电装过程中需要进行剪线、剥线、搪锡等处理,在印制板上处理时不仅受结构限制,同时易引入多余物,给产品带来隐患;

③ 为防止导线过短,在导线下线阶段常常留存较多余量,造成浪费;

④ 无法在前序识别线束布线方面风险,很多产品在开发过程中存在布线不规范,元器件选择不合适,产品结构不合理等问题在产品进入正式生产阶段后才能发现,严重影响产品研制进度。

针对线缆传统设计流程的弊端,目前采用三维布线技术在前序进行布线模拟,大大提高了生产效率。

2　三维布线技术

2.1　三维布线技术概述

在产品设计阶段,需要进行简单布线来确定设计的合理性,在产品正式进入生产之前需要进行完整的线缆的布线设计,布线设计时需要考虑线缆的规格型号、线缆走线路径、线缆的固定位置,以及线缆与线缆、线缆与紧固件、线缆与结构件之间是否存在干涉等。

三维布线技术是根据设计类安装图纸、走线图纸、连线表以及三维结构模型,使用三维设计软件进行立体线缆布设工艺设计技术。在三维结构图上可直接进行线缆布线,同时实现布线设计时所需的所有功能。

(1) 建立线缆数据库,包括线缆规格型号、直径大小等参数,可直接调用所需线缆,为布线提供准备;

(2) 可直接设置导线最小弯曲半径,保证导线的走线路径符合标准规范,也可检验布线工艺是否能满足要求,保证设计的走线空间能够满足线缆的弯曲标准;

(3) 直接在三维结构模型上进行布线操作,在布线的同时可以通过测量来检查线缆与线缆之间、线缆与紧固件以及线缆与结构之间的安全间距是否符合规范。

三维布线技术作为一种新的电子设备整机布线工艺技术,可以很好地解决传统布线技术的不足。

2.2　三维布线流程及实例

三维布线设计流程如图 1 所示。

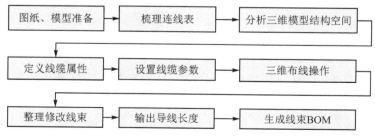

图 1　三维布线设计流程

(1) 首先要建立具有完整三维信息和连接点位置信息的连接器与印制板模型,在连接器端以及印制板端创建线缆连接端坐标系与轴,代表导线的接入、接出点。连接器模型见图 2。

（2）依据连线关系并按照线缆的电气特性、连接方向路径，把整机线缆划分为多个线束，每个线束对应一个线束零件，方便后续布线与调整。

（3）三维布线按照划分好的线束创建线束零件，每个线束对应一个线束零件。根据使用的线缆型号创建线轴，线轴中定义线缆型号、线缆直径、最小转弯半径等信息，可以建立多个线轴，同时满足不同的导线型号需求。

（4）依据连线关系及走线示意图，确认走线路径，布线路径规划布线路径的规划是三维布线的一个重要环节，直接影响到布线质量的好坏。线缆的布局合理性和已成为影响其整机质量的重要因素之一。要做到线缆的布局合理性，不仅需要熟练运用三维软件，更重要的是具备专业的电装工艺理论以及实际的布线经验。

（5）布线的重点在于预定义网络路径的建立，即走线路经的建立。网络路径应尽量定义出所有的路径。需要注意线缆与线缆、线缆与紧固件以及线缆与结构件之间是否存在干涉路径，必须明确每个连接器出线点导线的出线方向和折弯半径，这也是之前建立坐标系和线轴的作用。如果网络路径建立合理，线缆折弯半径合理，系统可以自动生成所需要的线缆。

（6）三维布线采用全自动布线方式布线，全自动布线操作较为简单，在逻辑参照的基础上，根据导线型号选择线轴，系统自动识别线轴的起点和终点，利用之前预定义的网络路径，导线便自动生成在三维模型上，线束内的导线、电缆在线束零件中按照规划好的布线路径进行布设。然后针对个别导线进行手工调整，完成整机布线。三维布线模型见图3。

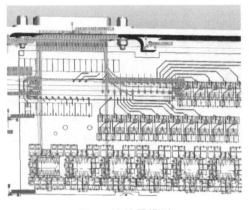

图 2　连接器模型　　　　　　　　　　图 3　三维布线模型

（7）布线完成后，查看并导出模型中导线的长度，补充进线束在 BOM 中的长度，随工艺文件一同作为输入传递给现场工作人员，工作人员根据 BOM 中的长度对导线进行定长处理，可实现线束批量生产，大大加快生产速率，免去后续装配完成后在设备中进行定长处理引入的多种问题。

3　三维布线优势和作用

3.1　机电结合，实现精准布线

经过研究实践，结合 Altium 软件转化成 PCB 文件导入三维模型，将电路图纸和结构图纸结合，一方面提高布线效率和准确率，统计线束长度转化成固定格式报表提供给生产准备和手工人员，提高生产准备效率，规范下线、走线一致性；另一方面在布线过程中审核连线表和关键工艺特性,发现问题及时处理,避免后续生产现场打断。

电路图纸与结构图纸结合,精确定位焊点,减少大量测量工作,点位坐标直接在 PCD 图上建立,导线型号、打弯半径保持与实际焊接情况一致,实现 1:1 定长。三维布线与实际生产图片对比见图 4。

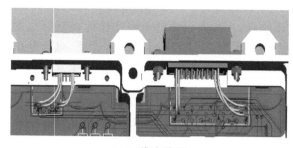 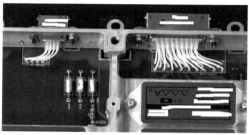

(a) 三维布线图　　　　　　　　　　　　　　(b) 实际焊接图

图 4　三维布线与实际生产图片对比

3.2　提前定长,风险工序前移

提前定长,将导线焊接准备工序前移,剥线、剪切和搪锡操作在生产准备阶段完成,既节省手工电装工时,又可以避免手工电装时因对导线进行剪切、搪锡等操作产生多余物。同时节省经济成本与时间成本。导线未定长与定长情况对比见图 5。

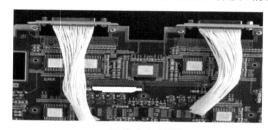 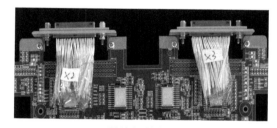

(a) 导线未定长图　　　　　　　　　　　　　(b) 导线提前定长图

图 5　导线未定长与定长情况对比

3.3　线束长度数据一键导出

现场操作者须根据线束 BOM 数据进行下线等操作,依据同一种数据可以实现线束批量生产,提高现场生产效率,节约生产时间。三维布线后,使用 VLOOKUP 函数将 PROE 导出的线束长度跨表格一键转移至线束 BOM,方便快捷且能保证准确性。导线长度数据导出见图 6。

图 6　导线长度数据导出

3.4 建立模型数据库,一键调用

针对一对一就近焊接的导线,梳理出常用螺装器件以及它们对应的常用封装库,进行模型数据库的建立。数据库中需要包括器件规格型号、封装名称、选用导线的规格型号、器件与结构的位置关系以及导线总长度、剥线长度以及套管防护的长度等。数据库建立后,标准封装库模型 BOM 数据可直接调用,后续可推广至设计源头,设计师可直接使用布线模型进行设计,提高线束 BOM 编制效率。目前已建立多种电连接器、电源模块、MOS 管以及霍尔器件等封装库模型。导线模型封装库建立见图 7。

图 7 导线模型封装库建立

4 三维布线在生产中的应用情况

4.1 一对一导线布线

随着导线模型数据库的建立,以及一对一导线布线在三维布线技术中的熟练应用,在有着丰富的经验积累的基础上,已经完善了三维布线操作规范,明确了三维布线流程、标准、规定及要求。目前一对一电连接器、继电器等已实现 100% 三维布线,准确率在 95% 以上。在进行一对一导线布线模型建立的同时,也在不断完善模型数据库的建立,并与结构模型绑定,直接从结构模型快速调用线束长度信息,为今后节约布线时间,提高线束 BOM 编制效率。

一对一导线经常对应着大量的设备需求,能够在生产准备阶段进行定长,同样代表着可以在前序将大量后续需要的电连接器、电源模块等导线都准备好,后续在装配阶段直接安装,实现线束批量生产。

4.2 长走线布线

长走线在布线时需要考虑的要求更多,最重要的是走线路径的确认,长走线在布线设计时需要考虑线缆的固定位置和线缆与线缆、线缆与紧固件以及线缆与结构件之间是否存在干涉等。目前通过三维布线技术也可实现长走线的设计,过于复杂的走线结构可利用通用布线工装、快速 3D 打印专用工装等方式,补充软件布线短板,实现螺装电感线圈、长线束等与结构解耦,实现线束组件的提前准备。目前长走线可以通过结合软件与工装等共同实现导线精准定长、布线走线、指导现场生产的目的。长走线布线模型与实际焊接对比见图 8,布线工装见图 9。

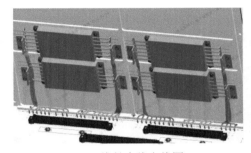

(a) 三维长走线布线图

(b) 实际焊接图

图 8 长走线布线模型与实际焊接对比

5　结束语

采用三维布线技术能够提高线缆的整体布局和敷设质量,实现生产准备最大化,实现线束批量生产。利用三维布线提前规划导线走线路径,根据走线路径获取导线长度并使用软件导出 BOM 数据,满足了当前复杂线束研制过程中关于布线信息尤其是线束模型信息的需求。

三维布线技术的应用在机电设备的全生命周期中都发挥着积极的作用,尤其是在设计以及生产加工阶段,可

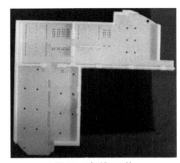

图 9　布线工装

以起到优化完善设计、提高生产效率、降低走线安全间距质量风险、提升一致性、降低成本和保障质量的作用。利用三维布线技术,工艺人员可以在新项目的设计阶段提前介入,直接在源头进行把关,提升产品的可制造性,防止设计完成后,在生产阶段出现难以实施的问题。三维布线的介入也是帮助结构和电气工程师设计出可靠的产品。同样通过三维布线,可以为现场提供精准的布线参数,有效地指导现场人员进行布线操作,解决以往布线靠经验、批次产品一致性低的问题。目前,通过三维布线,生产准备实现最大化,手工电装环节效率提升 3 倍以上。

参考文献

[1] 王发麟.复杂机电产品线缆敷设若干关键技术研究[D].南京:南京航空航天大学,2018.

[2] 鞠传海.基于 CREO 的三维线缆布线关键技术研究[D].南京:南京航空航天大学,2016.

[3] 史建洲,童立超,李石,等.线束组件在电子整机设备上的应用研究[J].科技风,2022(18):58-60.

[4] 刘佳顺,刘检华,王志斌,等.虚拟环境下复杂线缆的集成信息模型[J].计算机集成制造系统,2013,19(5):964-971.

[5] 周三三,刘恩福.电子设备三维布线工艺技术应用研究[J].电子工艺技术,2011,32(4):227-228,232.

[6] 王泽锡,杨帅举.电子设备整机三维布线工艺研究[J].航空科学技术,2015(7):51-55.

[7] 史建洲,童立超,李石,等.线束组件在电子整机设备上的应用研究[J].科技风,2022(18):58-60.

[8] 卞春芳,顾仲欣.基于 Creo 软件的三维布线技术的应用[J].中国科技信息,2017(10):36-37.

不同因素对高锁螺母预紧力的影响
——DOE 试验研究

高超　王晓亮　王晓颖　洪俊杰　刘岩松

（东方蓝天钛金科技有限公司,山东·烟台,264003）

摘要：预紧力是高锁螺母极为重要的性能指标,标准中对其有明确的验收要求。预紧力的大小受多种因素综合影响,确定对其影响最为显著的因子并加以控制,最终使得预紧力满足验收要求,对产品实际生产加工有着重要意义。DOE(试验设计法)可以通过较少次数的试验,找到优质、低耗的因素组合,确定最为显著的影响因子,进而实现改进的目的。

关键词：高锁螺母;预紧力;DOE 试验

1　变量识别及控制

1.1　因子及响应

根据高锁螺母预紧力形成机理并结合实践经验,识别出"拧断力矩的大小""十六醇浓度的大小"为连续型影响因子。

高锁螺母常需要进行三方复验,与三方检测机构试验人员沟通了解到,其预紧力试验垫片硬度为 HRC40 左右,材料为合金钢,状态为淬火＋回火、表面粗糙度 1.6。而厂内预紧力试验垫片硬度为 HRC20 左右,材料为合金钢,状态为退火,表面粗糙度 1.6。双方预紧力试验垫片硬度存在显著差异,为验证垫片硬度是否对预紧力同样有显著影响,将"试验垫片硬度"识别为离散型影响因子。

响应为"预紧力的大小"。

1.2　变量控制

为保证试验结果有效性,须对干扰试验的变量进行有效控制。理论上除须验证的变量外,产品及试验其余变量应保持一致。但实际工程实践必然存在加工误差,工程实践只能在可行范围内对各影响因素进行严格合理控制。

本次验证试验用样件由 201811—491—03 批次产品截留。产品信息见表 1。

表 1　验证产品信息

图　号	名　称	规　格	材　料	原材料质保单号
XXX353	密封型双六角抗拉型高锁螺母	MJ6×1	A286	1969

1.2.1　需要验证的变量控制

拧断力矩:设定验证拧断力矩范围为 7.5～9.5 N·m,低水平为 7.5 N·m、中间值为 8.5 N·m、高水平为 9.5 N·m。实际加工通过控制刀补,调机至拧断力矩满足 7.5 N·m±0.1 N·m后,完成所需数量样件加工。其余两组同理。(实际加工情况:以 8.5 N·m 组为例,调机至产品拧断力矩为 8.53 N·m 后,完成所需 6 件样件加工留用。加工第 7 件产品实测拧断力矩为 8.70,故 6 件样件拧断力矩范围控制为 8.53～8.70 N·m,极差 0.17 N·m,满足验证要求)

十六醇浓度大小:设定验证十六醇浓度范围为 4%～8%,低水平为 4%、中间值为 6%、高水平为 8%。实际加工通过分别配置不同浓度十六醇完成对各组产品涂覆,容易实现。

试验垫片硬度:一组为退火,一组为淬火+回火。实现硬度高、低对比,该变量为离散变量,只须实现硬度高低不同,硬度具体值无须控制。实际加工情况:退火态应为 HRC20 左右、淬火+回火态为 HRC40 左右。除硬度不同外,尺寸及表面粗糙度保持一致,均为 1.6。

1.2.2　其余变量控制

尺寸一致性控制:产品采用塑性成型,收口部位六方尺寸由模具保证,同批产品一致性可达微米级;其余尺寸由数控一次装夹加工保证。

硬度一致性控制:取 5 件随炉硬度块检验硬度,硬度实测值分别为:HRC32.5,HRC33.0,HRC32.9,HRC33.1,HRC32.7。极差为 0.6HRC,一致性良好。

收口参数一致性控制:采用同一个设备、同一副收口压头、相同收口参数完成收口。

表面处理控制:样件采用相同涂覆方法一块儿完成二硫化钼涂覆,涂覆后用量具检螺纹通止。

试验条件控制:试验采用同一台扭拉试验机、相同的试验程序、同一批试验螺栓(对中径尺寸加严挑拣)。

2　试验实施过程

(1)通过软件形成试验方案,见图 1。

	标准序	运行序	中心点	区组	拧断力矩大小	十六醇浓度	试验垫片硬度
1	9	1	0	1	8.5	6	20
2	5	2	1	1	7.5	4	40
3	8	3	1	1	9.5	8	40
4	2	4	1	1	9.5	4	20
5	7	5	1	1	7.5	8	40
6	10	6	0	1	8.5	6	20
7	14	7	0	1	8.5	6	40
8	3	8	1	1	7.5	8	20
9	4	9	1	1	9.5	8	20
10	1	10	1	1	7.5	4	20
11	12	11	0	1	8.5	6	40
12	11	12	0	1	8.5	6	20
13	6	13	1	1	9.5	4	40
14	13	14	0	1	8.5	6	20

图 1　试验方案

(2)按上述变量控制手段完成各组所需样件加工。各组样件须激光打标记予以区分,具体标记规则见表 2。

表 2　标记规则

拧断力矩	7.5 N·m	8.5 N·m	9.5 N·m
代号	a	b	c
十六醇浓度	4%	6%	8%
代号	1	2	3
垫片硬度	20HRC	40HRC	—
代号	A	B	—

据此,各组样件须标记内容见表 3。

表 3　各组样件标记内容

运行序	中心点	区　　组	拧断力矩大小	十六醇浓度	试验垫片硬度	标记内容
1	0	1	8.5	6	20	b2A
2	1	1	7.5	4	40	a1B
3	1	1	9.5	8	40	c3B
4	1	1	9.5	4	20	c1A
5	1	1	7.5	8	40	a3B
6	0	1	8.5	6	40	b2B
7	0	1	8.5	6	40	b2B
8	1	1	7.5	8	20	a3A
9	1	1	9.5	8	20	c3A
10	1	1	7.5	4	20	a1A
11	0	1	8.5	6	40	b2B
12	0	1	8.5	6	20	b2A
13	1	1	9.5	4	40	c1B
14	0	1	8.5	6	20	b2A

按标识内容对样件进行挑拣并装袋区分,见图 2。

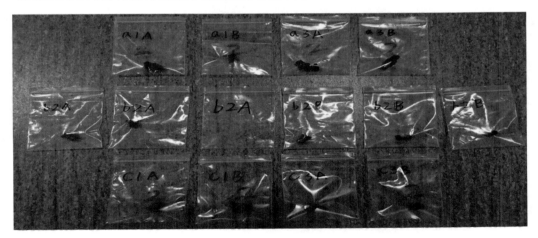

图 2　试验样件

(3) 对样件按运行序顺序依次对样件开展试验,记录各组预紧力实测值。(注:试验过程中,做过试验后,垫片与螺母支撑面接触区域会残留产品留下的二硫化钼及十六醇,为防止该因素对试验造成影响,每完成一组试验,需用干净的抹布将垫片表面完全擦拭干净。)各组试验数据见图 3,试验完成后样件实物见图 4。

运行序	中心点	区组	拧断力矩大小	十六醇浓度	试验垫片硬度	预紧力大小
1	0	1	8.5	6	20	10.67
2	1	1	7.5	4	40	9.63
3	1	1	9.5	8	40	13.23
4	1	1	9.5	4	20	12.89
5	1	1	7.5	8	40	10.68
6	0	1	8.5	6	40	12.11
7	0	1	8.5	6	40	11.99
8	1	1	7.5	8	20	10.51
9	1	1	9.5	8	20	13.22
10	1	1	7.5	4	20	10.25
11	0	1	8.5	6	40	11.79
12	0	1	8.5	6	20	11.86
13	1	1	9.5	4	40	12.47
14	0	1	8.5	6	20	11.76

图3　预紧力实测值

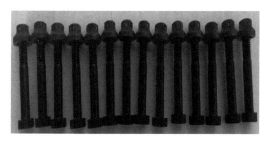

图4　试验后样件实物

3　试验结果分析

利用软件对试验数据进行处理及分析。标准化效应的正态图见图5,拟合因子图见图6。

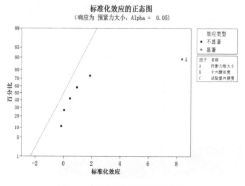

图5　标准化效应正态图

图6　拟合因子图

分析:数据显示,在保持其余变量一致可控的前提下,开展"拧断力矩""十六醇浓度""试验垫片硬度"对预紧力的影响,对预紧力影响最为显著的因子为"拧断力矩"。预紧力大小交互作用见图7,预紧力大小主效应见图8。

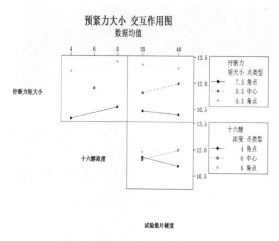

图7　预紧力大小交互作用图

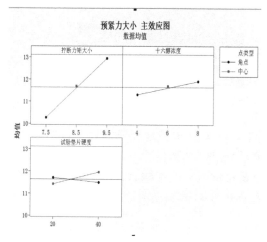

图8　预紧力大小主效应图

响应优化:拧断力矩大小为 9.5 N·m,十六醇浓度大小为 8%,试验垫片硬度为 20 HRC,预测预紧力大小为 13.014 6 kN,符合合意性 0.992 679,见图 9。

响应优化

参数

	目标	下限	望目	上限	权重	重要性
预紧力大小	望目	11	13	15	1	1

整体解

拧断力矩大小 = 9.5
十六醇浓度 = 8
试验垫片硬度 = -1 (20)

预测的响应

预紧力大小 = 13.0146 ,合意性 = 0.992679

复合合意性 = 0.992679

图 9 响应优化

4 对响应优化进行验证

按照响应优化提供的参数加工样件,开展试验,试验结果见表 4。

表 4 响应优化验证

响应优化值	拧断力矩 9.5 N·m	十六醇浓度 8%	垫片硬度 HRC20	预测预紧力大小 13.014 6 kN
实际值	拧断力矩 9.43 N·m	十六醇浓度 8%	垫片硬度 HRC20	实测预紧力大小 13.227 kN
结论	符合			
注	13 kN 为标准要求的预紧力中间值			

5 总 结

在前期技术积累基础上开展"不同影响因素对高锁螺母预紧力的影响"验证试验,借助 DOE 形成高效、合理的验证方案,利用软件对试验数据进行处理分析,得出其他影响因素一致可控前提下,对高锁螺母预紧力最为显著的影响因子为"拧断力矩大小"。利用响应优化,得到了获取理想预紧力的各因子的具体值,并通过了实际试验相符性确认。

实际生产加工,应通过过程控制,保证其他影响因素一致可控的前提下,通过"拧断力矩"与"十六醇浓度"的合理搭配,获取满足标准要求的预紧力。

参考文献

[1] 徐梅香,胡建清,韩志忠.高锁螺母、高锁螺栓的国产化研制[J].直升机技术,2009(3):94-97.

[2] 崔明慧.波音 737 飞机紧固件的应用研究[J].航空制造技术,2013(13):96-99.

[3] 刘风雷,刘丹,刘建光.复合材料结构用紧固件及机械连接技术[J].航空制造技术,2012(1/2):102-104.

固溶工艺对 GH4738 合金晶粒
组织性能的影响研究

胡付红　申庆援　牛光景　王晓亮　洪俊杰　闫红文

（东方蓝天钛金科技有限公司，山东·烟台，264003）

摘要： 本文研究及验证了 GH4738 合金镦制后的十二角自锁螺母经过不同固溶工艺制度处理后，GH4738 合金晶粒组织性能演化规律。研究结果表明，当采用固溶（1 050 ℃×60 min）+稳定化（845 ℃×4 h）+时效（760 ℃×16 h）制度所生产的产品符合标准对晶粒组织的要求；对于 GH4738 合金材料，提高固溶处理温度和适当延长保温时间，能够适当造成晶粒长大，对于整体偏细的晶粒度组织可以通过调整固溶温度和延长保温时间控制晶粒组织。

关键词： GH4738；晶粒组织；固溶工艺；十二角自锁螺母

1　研究背景

航空发动机是航空装备发展建设的关键，是衡量一个国家装备水平、科技工业实力和综合国力的重要标志。高温合金紧固件具有耐高温、高强度、高抗疲劳性、高耐蚀性、高可靠性等特点，是航空发动机重要承力连接件。连接结构在高空复杂的交变载荷环境下易产生疲劳裂纹，对整机的安全造成极大威胁。近年来，飞机的快速发展对高端紧固件材料性能发起了更为严酷的挑战，低成本、高性能、高可靠性成为其发展的主要趋势。GH4738 合金是镍基高温合金[1,2]，该合金在 760 ℃ 以下具有较高的屈服强度和抗疲劳性能，在 870 ℃ 以下具有良好的抗氧化性能和抗燃气腐蚀能力，特别适用于制造航空发动机高端紧固件[3-5]。

GH4738 合金十二角自锁螺母标准要求晶粒度应为 2 级～6 级，允许有少量的 1 级和 7 级晶粒，不允许有粗于 1 级的晶粒和细于 7 级的晶粒。晶粒大小应基本均匀，没有明显的粗细晶粒区域。在影响 GH4738 晶粒度尺寸大小众多因素中，固溶处理是控制 GH4738 合金组织性能的关键环节。固溶处理主要作用是通过再结晶，恢复热镦成型破碎的晶粒，形成新的晶粒组织。固溶温度过高，晶粒长大能量增加，会加快晶粒长大速度，同样较长的保温时间也会造成晶粒出现一定的长大；固溶温度过低，会造成再结晶不充分[6-8]。固溶温度和保温时间控制不当，均会造成紧固件产品晶粒度超出上下限要求，从而导致金相组织出现不合格问题。

本文重点研究了不同固溶工艺制度对 GH4738 合金十二角自锁螺母晶粒组织性能的影响规律，为工厂实际生产提供指导性建议。

2　试验材料与方法

2.1　原材料状态选取

本文中十二角自锁螺母产品原材料采用国产固溶态 GH4738 原材料，原材料初始晶粒组织见图1。

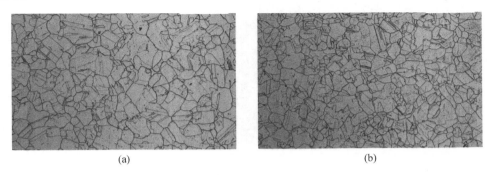

(a)   (b)

图1　国产固溶态晶粒度为3.5级

2.2　固溶工艺对晶粒组织验证方案

在 GH4738 原材料规范中,推荐 GH4738 材料热处理工艺制度如下:固溶处理:(1 040～1 080)℃±10 ℃,保温1～4 h,空冷或更快冷却;稳定化处理:845 ℃±10 ℃,保温4 h±0.5 h,空冷;时效处理:760 ℃±10 ℃,保温16 h±1 h,空冷。

在上述热处理过程中,固溶处理对产品晶粒度有直接影响。固溶温度过高,晶粒长大能量增加,会加快晶粒长大速度,同样较长的保温时间使晶粒充分长大。因此,针对固溶处理温度和时间参数通过工艺验证加以优化,筛选出对产品组织性能的最佳固溶处理工艺制度。稳定化处理和时效处理是强化项析出的过程,提高了产品机械性能,对晶粒度大小没有影响。热处理验证方案见表1。

表1　十二角自锁螺母固溶工艺制度验证方案

方　案	固溶处理	稳定化	时　效
验证方案一	1 040 ℃×60 min	845 ℃×4 h	760 ℃×16 h
验证方案二	1 050 ℃×60 min	845 ℃×4 h	760 ℃×16 h
验证方案三	1 040 ℃×90 min	845 ℃×4 h	760 ℃×16 h

2.3　晶粒度检测方法

晶粒度检测方法执行 GB/T 6394,用比较法评定,有异议时用截线法测定。按照 GB/T 6394 分别判别十二角自锁螺母所用原材料固溶状态、螺母热镦后(固溶前)、固溶处理后晶粒度。

3　试验结果及分析

3.1　十二角自锁螺母热镦后热处理前晶粒组织

针对镦制完成后的十二角自锁螺母进行晶粒组织检测,未发现晶粒组织性能异常问题,显微组织见图2。

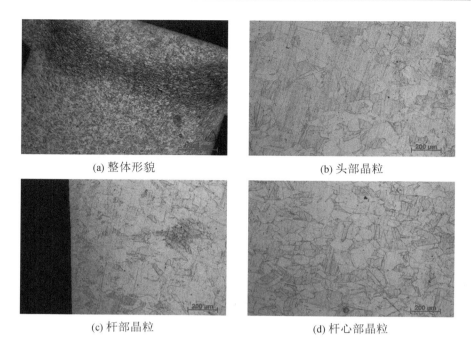

(a) 整体形貌　　　　　　　　　　　　　(b) 头部晶粒

(c) 杆部晶粒　　　　　　　　　　　　　(d) 杆心部晶粒

图 2　镦制后热处理前晶粒

3.2　十二角自锁螺母热处理验证方案一

　　针对镦制完成后的十二角自锁螺母,按照热处理验证方案一对产品进行热处理,产品晶粒度整体均匀,晶粒组织指标(4.5～6.5级)较标准要求偏细,显微组织见图3。

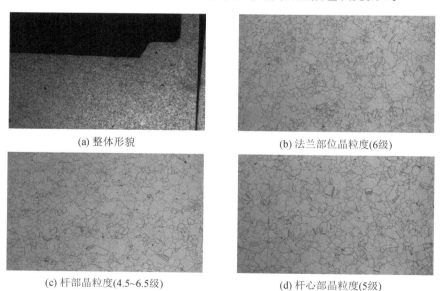

(a) 整体形貌　　　　　　　　　　　　(b) 法兰部位晶粒度(6级)

(c) 杆部晶粒度(4.5~6.5级)　　　　　　(d) 杆心部晶粒度(5级)

图 3　热处理验证方案一处理后产品晶粒度

3.3 十二角自锁螺母热处理验证方案二

针对镦制完成后的十二角自锁螺母,按照热处理验证方案二对产品进行热处理,产品晶粒度整体均匀,不存在粗细混晶现象,晶粒度指标(4.5～6 级)符合标准要求,显微组织见图 4。

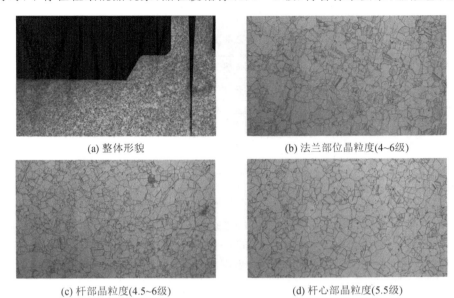

(a) 整体形貌　　　　　　　　　　(b) 法兰部位晶粒度(4～6级)

(c) 杆部晶粒度(4.5～6级)　　　　　(d) 杆心部晶粒度(5.5级)

图 4　热处理验证方案二处理后产品晶粒度

3.4 十二角自锁螺母热处理验证方案三

针对镦制完成后的十二角自锁螺母按照热处理验证方案三对产品进行热处理,产品晶粒存在粗细混晶现象,存在 1 级左右晶粒,不符合标准相关要求,显微组织见图 5。

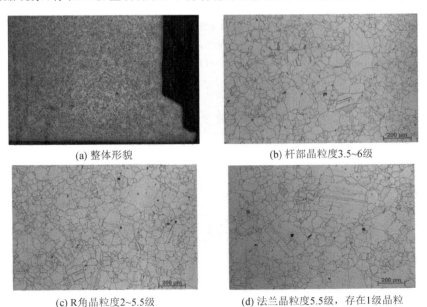

(a) 整体形貌　　　　　　　　　　(b) 杆部晶粒度3.5～6级

(c) R角晶粒度2～5.5级　　　　　(d) 法兰晶粒度5.5级,存在1级晶粒

图 5　热处理验证方案三处理后产品晶粒度

3.5　十二角自锁螺母热处理验证小结

按照表 1 制定的 3 种工艺验证方案,分别对 GH4738 十二角自锁螺母进行热处理后检测晶粒度,检测结果见表 2。从表 2 可以看出,3 种验证方案中以方案二结果最优,晶粒度符合产品规范要求。

表 2　不同固溶工艺制度晶粒度验证结果

方　案	不同固溶工艺制度晶粒度检测结果
验证方案一	产品晶粒度整体均匀,晶粒组织指标(4.5～6.5 级)较产品标准要求偏细
验证方案二	产品晶粒度整体均匀,不存在粗细混晶现象,晶粒度指标(4.5～6 级)符合产品标准要求
验证方案三	产品晶粒存在粗细混晶现象,存在 1 级左右晶粒,不符合产品标准规范要求

4　结　论

(1) 通过对镦制成型后的十二角自锁螺母进行不同固溶工艺制度验证,为实际生产产品优选了最佳热处理制度:固溶制度(1 050 ℃×60 min)＋稳定化(845 ℃×4 h)＋时效(760 ℃×16 h),采用该制度生产的产品符合产品标准对晶粒组织的要求;

(2) 固溶温度达到 1 040 ℃时,GH4738 合金晶粒尺寸发生变化,说明 1 040 ℃为 GH4738 合金晶粒尺寸变化的拐点温度,热处理提高固溶处理温度和适当延长保温时间,能够适当造成晶粒长大,对于整体偏细的晶粒度组织可以通过调整固溶温度和延长保温时间控制晶粒度。

参考文献

[1] 中国航空材料手册编写委员.中国航空材料手册:变形高温合金　铸造高温合金[M].北京:中国标准出版社,2001.

[2] 董建新.高温合金 GH738 及应用[M].北京:冶金工业出版社,2014.

[3] KELEKANJERI V,GERHARDT R A. Characterization of mirostructural fluctuations in Waspaloy exposed to 760 ℃ for times up to 2500 h[J]. Electrochimica Acta,2006,51(8/9):1873-1880.

[4] CHANG K M,LIU X B. Effect of γ' content on the mechanical behavior of the Waspaloy alloy system[J]. Materials Science and Engineering A,2001,308(1/2):1-8.

[5] 洪成森,姚志浩,张麦仓,等.Waspaloy 合金碳化物和 γ(相析出规律的热力学计算[J].北京科技大学学报,2008,30(9):1018-1023.

[6] 姚志浩,董建新,张麦仓,等.固溶及稳定化工艺对 GH738 合金碳化物和 γ' 相析出规律的影响[J].材料热处理学报,2013,34(10):43-49.

[7] 姚志浩,董建新,张麦仓,等.固溶及稳定化工艺对 GH738 合金碳化物和 γ' 相析出规律的影响[J].材料热处理学报,2013,34(10):31-35.

[8] 姚志浩,董建新,陈旭,等.GH738 高温合金长期时效过程中 γ' 相演变规律[J].材料热处理学报,2013,34(1):31-37.

微波基板高铅透率焊接工艺研究进展

王胜江　赵德刚　王启正　于辉　程浩

（山东航天电子技术研究所，山东·烟台，264670）

摘要：由于微波射频组件电路具有工作频率高，接地要求严格，种类与结构复杂等特点，对于该类电路基板与金属外壳之间的"大面积钎焊"多采用真空气相焊工艺，但大面积的微波用基板真空气相焊接时普遍存在空洞率难以控制进而造成返工返修的问题，从而严重制约了产品质量与生产效率。本文重点讨论了影响大面积微波基板焊接钎透率的因素，阐述了基板焊接高钎透率生产工艺及其关键控制点，同时还提出了基板焊接可靠性评价中存在的主要问题与定量评价方法。

关键词：微波基板；真空气相焊；钎透率；可靠性

1　引　言

军用微波组件广泛应用于外太空及深海等各种恶劣环境下，因此对组件的质量和长期可靠性提出了更严苛的要求，这就意味着微组装工艺中被广泛使用的基板与机壳互联质量要引起格外重视。

微波射频基板与金属外壳进行互联时，常使用的方法有导电胶黏接与钎焊，同导电胶黏接工艺相比，钎焊具有接触电阻小、热导率高、微波损耗小与结构强度大等优点，特别适用于微波基板与外壳的连接。

目前，大面积基板焊接常被采用的方法包括热板焊、回流焊与真空气相焊等。大量经验表明，采用传统的热台焊大概率会产生焊接过温或欠温问题，采用传统贴装回流焊炉，存在部分组件受高度限制不能进入炉体的问题，且以上两种焊接方式无法保证焊接的钎透率与均匀加热问题。因此为保证钎焊过程中的加热均匀，防止器件被氧化，降低基板空洞率，微组装生产中的基板焊接通常采用真空气相焊的焊接工艺方法。

真空气相炉是利用气相液（传热介质）蒸汽冷凝过程中释放热量，通过机壳或工装压块的热传递，进而使钎料熔化的新型真空回流技术。该种焊接方式具有生产效率高、产品一致性好、对组件的物理结构和几何特征不敏感等优点，有利于提高复杂组件升温的均匀性，并且真空气相焊设备在加热结束时抽真空会破坏熔融钎料的表面张力，可以将气泡"吸出"，进而对提高产品钎透率有一定帮助[1]。但大面积微波基板在焊接时通常因为种种因素致使钎焊层产生较大的空洞，这通常会导致微波产品产生过热失效，接地不佳以及微波损耗等直接影响，同时焊接结构的可靠性也大大下降。影响钎透率的因素有很多，主要原因涉及焊料类型、工艺参数、压块工装、焊接压力等方面。本文将根据空洞形成的机理以及相关实践经验，提出一系列提高大面积基板焊接钎透率的工艺措施，以实现良好的空洞控制效果。

2　空洞形成机理分析

大量文献表明,基板烧结过程中产生的空洞,主要来源于以下 3 个阶段:低温预热阶段的空洞一方面来源于助焊剂融化后部分蒸发,被蒸发的气体被没有蒸发的助焊剂包裹形成气泡,另一方面来源于助焊剂中的有机酸与焊料、盒体、基板接触形成的金属氧化物反应而产生的气泡。高温加热阶段,产生出气泡的可能性更大,因为助焊剂继续蒸发,金属氧化物继续反应,产生出更多的气泡,而且这些气泡会越变越大。与此同时,焊料由于达到了熔点,流动性变好的焊料会产生一定的表面张力,对气泡的排出产生了阻碍。冷却阶段,焊料表面仍会被氧化形成氧化膜,进一步阻碍气泡的排出。因为挥发和氧化还原继续反应,气泡仍会继续生成。最后焊料冷却凝固成固态,就会留下一定数量的空洞。另外,如果壳体、基板或者焊料表面有污染物也会造成空洞率的增加[2]。随着高科技领域的电子产品对基板焊接的钎透率要求越来越严格,其实际需求往往>85%,单个空洞面积不超总焊接面积的 10%,且无贯穿性空洞、关键区域不应有空洞,空洞用 X - Ray 表征的形貌如图 1 所示。

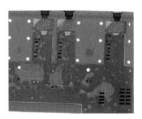

(a) 合格焊接面　　　　(b) 空洞总面积不合格焊接面　　　　(c) 单个空洞不合格焊接面

图 1　壳体焊接面 X 光图片

3　影响基板焊接钎透率的因素

3.1　焊料类型

3.1.1　焊片与焊膏

目前真空气相焊工艺中普遍选择焊膏和焊片,相比较而言,焊膏中助焊剂的量较多,且流淌性过强,而焊片中的助焊剂量可控,流淌性也较弱,此外焊片还可以设置尺寸规格预先成型,进而对锡量进行更好地定量控制,因此焊片更适于大批量高效率的真空气相焊工艺的实施。魏玉娟[3]与曾嵩[4]等各自进行了同种成分焊膏和焊片基板焊接的验证试验,研究发现基板焊接时焊片不仅更容易控制焊料的溢出,也可以明显提高基板的钎透率。

3.1.2　焊片规格

焊片的面积与厚度选择由焊接压力、焊后焊接空洞率和基板四周焊料的溢出情况进行确定。焊料量由焊料的面积与厚度共同决定,面积及大小的确定原则为:焊接时填平基板与外壳之间的缝隙,确保钎透率满足要求的情况下四周溢出 75% 以上。夏林胜[2]等研究发现基板焊接钎透率随着预制焊片面积与厚度的增加,焊接钎透率随之升高,但焊料溢出也会随之升高,在焊片厚度为 70～80 μm,焊料片占基板面积的 90%～100% 时,可获得满足产品焊料溢出要求同时又符合钎透率要求的结果。

3.2 焊前检查与预处理

众多研究发现[5,6],焊接基板、焊接机壳与焊料片的表面干燥状态、完整性与平整度对气泡的排出同样有不可忽视的影响。首先,不完整或沾污的镀层会影响气体排出与焊料的均匀铺展;其次,翘曲的基板、不平整的机壳与皱褶的焊料片之间会存在包裹气体的缝隙,同时增大焊料的流动阻力,继而影响整体的空洞率;另外,焊料片表面预涂覆的助焊剂在装配中可能会有缺损,尤其是接触到酒精一类的有机溶剂,该种问题会严重影响熔融焊料的流动性。因此为提高钎透率应确保焊接表面清洁平整,必要时采用 50 ℃下 15 min 的预干燥工艺解决残留有机物过多的问题[5];此外,基板应低于壳体平面 0.02 mm,并确保焊片表面助焊剂不缺损。

3.3 工艺参数

3.3.1 焊接温度曲线

某型号真空气相焊设备可有效控制炉内气氛,通过真空、进气、排气、预热和降温等过程,设置出相应的温度和气体控制曲线,从而实现烧结的全过程。基板真空烧结的工艺参数主要有烧结温度、时间以及真空度。真空烧结工艺曲线实例如图 2 所示,其中过程 1、过程 2 和过程 3 均为预热阶段,过程 4 为抽真空阶段,过程 5 为气相液回收阶段,过程 6 为冷却阶段。不同焊料焊接温度、真空值与气相液参数须根据实际情况进行调整。

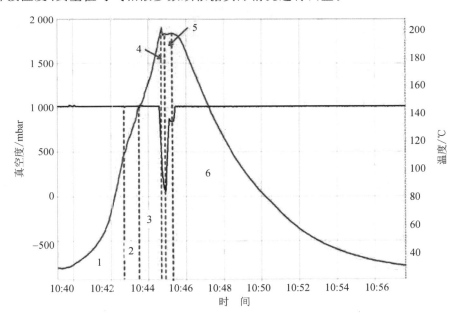

图 2   真空气相焊接工艺曲线实例

3.3.2 真空环境

在低温预热及焊接过程中,助焊剂中溶剂的挥发、有机酸与焊接面金属氧化物反应均可产生大量气泡,气泡大部分被排出。由于熔融焊料的表面张力,以及冷却阶段焊料表面氧化膜的形成,阻碍了部分气泡的排出,因此可以通过施加真空的方式将气泡排出。建议真空焊接阶段抽真空过程分为两步,首先使用 50% 的阀门角度抽真空至 80～120 mbar,维持 4～6 s,主要目的是先以较慢的速度排出熔融焊料内的部分大气泡,后将阀门角度调节至 100%,抽真空至 10~50 mbar,维持 15~25 s,尽量排出焊料中的小气泡[7,8]。曾嵩[4]等研究不同焊接氛围对基板焊接钎透率的影响时,提出了钎透率从高到低为真空+氮气>真空>空气氛围的观点,即真空环境可以帮助气泡破裂,促使气体排出。

3.4 焊接压力

对于面积较大的基板,一方面平面度有所欠缺,另一方面焊料片的厚度又相对较薄,焊接过程仅依靠锡焊料的表面张力难以做到与外壳的均衡接触,造成空洞偏大。因此,根据基板焊接面积的大小、焊料溢出情况和钎透率效果,有针对地在基板表面施加特定的压力和采用滤纸填充配合间隙(见图 3(a))。通过压块与敷形工装重力增加向下的压力,然后在真空的环境进行焊接,使焊料内部的气泡与外部产生内外压力差,有助于气体的排出,一般设置压力为 0.2~0.3 g/mm²。压力既要确保基板与外壳之间的接触,又须避免焊料从基板底部边缘或排气孔挤出,产生锡污染。值得注意的是,为保证气相焊时的热传递,压块宜选择铜块之类导热性良好的材料,为了保证敷形工装的均匀加压,对于面积超过 100 mm² 的工装可以分割成 2 块及以上,图 3(b)为某产品的敷形工装与压块的放置示意图。

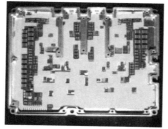 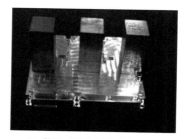

(a) 滤纸放置示意图　　　　(b) 敷形工装与压块放置示意

图 3　某产品滤纸、敷形工装与压块放置图

3.5 焊片与壳体结构

焊料片与机壳的设计不当,焊料融化时会影响气体的顺畅排出,因此设计良好的焊片形式与机壳结构对提高基板焊接的钎透率有着必要的帮助。在开始冷却阶段,焊料表面形成的氧化膜进一步阻碍气泡排出且气泡仍会持续生成[9]。最后焊锡冷却凝固成固态,就会残留下一定数量的空洞[3],如图 4 所示。基于此原理,可以将焊片裁出 0.05~0.2 mm 宽的排气通道或排气孔,经过实验验证该方法有利于空洞的减少。

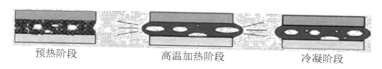

预热阶段　　　　　　高温加热阶段　　　　　　冷凝阶段

图 4　空洞形成机理图

此外有研究表明增加基板表面的粗糙度可以对焊料的铺展更为有益,通过对壳体结构中增加排锡槽可增加壳体边缘的表面能(见图 5),该处的润湿角 θ 得到降低,润湿性更好,为真空气相焊时抽真空提供了排气通道的同时还起到收集多余锡料的作用。王禾[10]等为了方便基板下面气泡顺利排出和减少多余锡量的向上翻溢,通过增设排锡槽的工艺方法巧妙地解决了这两种常见问题,并在实际生产中得到验证。其中真空气相焊应用中增加排锡槽后钎透率较之前提高了近 10%,翻锡率降低了约 10%,单个空洞尺寸缩小了 3% 左右。

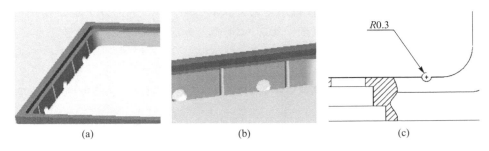

图 5 某组件排锡槽工艺设计

4 评价基板焊接可靠性的措施

4.1 X 光检测

在大尺寸基板焊接工艺中,基板焊接空洞率是检测焊接质量的重要指标,空洞位置和空洞率大小会显著地影响组件的性能与可靠性。X 光检测是一种无损检测方法,在被检测物体的一侧发射的 X 射线穿过物体后,经过信息处理将空洞分布情况显示在监视器上。其中灰度较大的地方表明材料比较致密,灰度较小的地方则表明材料不连续或材料稀疏[3,7]。焊接完成的基板进行 X 光空洞率检验要求:目测基板外观完好无损,微带线无损伤、无污染,无明显的焊料堆积;X 光检测要求钎焊空洞率不大于 15%,最大空洞率单向尺寸不大于焊接面总长的 10%[11]。

4.2 剪切力测试

界面失效是钎焊接头抗剪切强度下降的主要原因[5],由于业内关于基板焊接的结合强度研究非常有限,建议制作小尺寸试样并采用传统的标准进行评判,评判结果应满足 GJB 548C—2021 方法 2019.4.3.1.2 要求。在大面积钎焊领域应有相关的评判方法,因此后续研究者应关注该方向。

4.3 键合测试

分析气相焊接前后键合拉力测试结果可以判断真空汽相焊接对介质板键合区的可键合性有无影响,键合拉力应与焊接前保持一致,且均大于 3 gf,满足 GJB 548C—2021 方法 2011.2 要求。

5 结束语

以预警制导、航天探测、电子对抗、气象水文等为代表的高科技领域的电子产品对基板焊接的钎透率要求越来越严格,其实际需求往往>85%,这也给微组装工艺的从业者带来了巨大的挑战。本文通过对基板焊接产生空洞的机理分析着手,分析了空洞产生的主要因素并提出了抑制空洞产生的实用工艺方法。通过以上工艺措施的改进,基板烧结的空洞率可以得到很大改善,其中提高焊接温度,增大压力与改善结构的方式对提高钎透率的帮助较大。本文虽从工艺设计的角度给出了高效提高基板钎透率的方法,但是不同的工艺方法增益作用与不同方法之间的相互影响未详尽阐述,还待进一步深入研究。

参考文献

[1] 张怡,唐勇刚,王天石.LTCC基板与高硅铝合金大面积焊接工艺参数优化[J].压电与声光,2022,44(4):619-624.

[2] 夏林胜,原辉.微波多基板组件焊接工艺研究[J].电子工艺技术.2020,41(3):163-169.

[3] 魏玉娟.基板烧结中的空洞问题及措施[J].电子与封装,2020(204):1-4.

[4] 曾嵩,孙乎浩,王成,等.大面积基板焊接孔洞率研究[J].电子工艺技术,2017,38(5):272-283.

[5] 姜涵宁.功率模块中大面积烧结连接工艺及可靠性研究[D].天津:天津大学,2019.

[6] HANCE W B, LEE N C. Voiding Mechanisms in SMT[J]. Soldering&Surface Mount Technology,1993,5(1):16.

[7] 杨宗亮,张晨曦.微组装大面积基板焊膏共晶焊工艺研究[J].电子工艺技术,2016,37(5):270-27.

[8] 李孝轩,胡永芳,禹胜林,等.微波GaAs功率芯片的低空洞率真空焊接技术研究[J].电子与封装,2008,8(6):17-20.

[9] 王天石,张怡,王庆兵,等.LTCC电路基板大面积钎焊接头强度特征和失效分析[J].焊接,2021,4:28-34.

[10] 王禾,潘旷,杨程,等.排锡槽工艺对电子产品真空钎焊钎透率的影响[J].电子工艺技术,2019,40(6):332-340.

[11] 皋利利,包晓云,王丽虹,等.微带板高钎透率大面积钎焊技术研究[J].电子工艺技术,2015,39(6):311-316.

飞机刹车系统适航符合性方法研究

王振 赵志敏 郝伟

(滨州学院 飞行学院,山东·滨州,256600)

摘要:飞机刹车系统已经从手动机械刹车演变到了电子系统刹车,对其研究的目的是保证飞机刹车系统的安全性。为了验证飞机刹车系统适航符合性,采用合适的符合性方法并严格按照适航标准的规定进行,因此本文以 CCAR 25 部和 CCAR 23 部的部分适航标准为基础研究刹车系统符合性方法。首先对民航规章进行研究和分析,选择 CCAR 25.735 刹车(b)条款、CCAR 23.2130 着陆(a)条款和 CCAR 23.2305 起落架(b)条款作为重点进行研究内容,选取合适的符合性方法。主要针对符合性方法 MC2 进行分析计算,根据飞机的着陆距离提出计算公式,并收集飞机参数信息进行处理,最终得出以上三种机型在实施过程中满足适航标准所需的性能要求。

关键词:飞机刹车系统;符合性方法;适航标准

0 引 言

飞机刹车系统的发展始于 20 世纪初,当时飞机开始建造更大更重的结构,这就需要更先进的刹车技术,对飞机刹车系统的安全性要求更加严格。为了确保飞机刹车系统能够正常工作,在着陆后能够快速、安全地减速停止,并确保飞机在地面上行驶时具备足够的控制性,需要对飞机刹车系统的适航符合性进行研究。2013 年王浩对民用飞机刹车系统适航符合性进行研究,重点分析了 CCAR 25.735(b)条款,并提出了合适的符合性方法选取建议;2017 年杨鹏通过对比 CCAR 25 - R3 和 CCAR 25 - R4 两个版本中关于刹车系统的适航标准,分析了 R4 版本中所删除的内容,还对新增的内容进行了详细解读,选取合适的适航性方法对相关条款提出了具体分析建议。

本文详细介绍了有关飞机刹车系统的适航标准,并对其进行了研究分析,结合以上研究选取合适的符合性方法进行具体分析,重点进行 MC2 分析计算的研究。

1 符合性验证方法简单概述

适航符合性验证方法(ACVM)是民航当局用来验证飞机或飞机部件符合要求的适航标准的过程。ACVM 过程包括由审核人员进行的一系列检查、测试和文件审查,以确保飞机或部件符合适用的法规和安全标准。这一过程通常包括对设计和制造过程的审查,以及对飞机或部件本身的物理检查和测试。ACVM 流程的目标是确保所有飞机和部件在投入使用之前符合必要的安全和性能标准。这对于维护公众的安全以及确保飞机在最佳性能水平上运行非常重要。有几种不同类型的 ACVM 过程,取决于民航当局的具体要求和正在验证的飞机或部件的类型。这些措施包括符合性检查、认证测试和持续监控,以确保持续符合适航标准。常用符合性方法见表 1。

表 1　常用符合性方法

代　码	名　称	使用说明
MC0	符合性说明	适航要求符合性结论,一般情况下可以在符合性记录文件中得到相应的符合说明,为适航要求符合性结论
MC1	说明性文件	对与飞机的适航要求所进行的文件说明,主要有所使用的技术方法、具体安装图纸、所使用的计算公式以及飞机的制造方案和相应的飞行手册
MC2	分析/计算	飞机各方面性能参数的计算,包括飞行载荷、疲劳损伤、数据统计以及迭代后所提高的数据
MC3	安全评估	采用各种分析方法对飞机进行评估,其中有飞机级/系统级系统安全性评估、共因分析、故障树分析以及 FMECA 等方法
MC4	实验室试验	对飞机的某些零部件所处的环境进行的模拟实验、疲劳损伤试验、静力试验等
MC5	地面试验	在地面上所进行的包括减速器机翼、襟翼、旋翼等在内的使用寿命、耐用性等试验
MC6	飞行试验	根据相关条款的要求,验证应在飞行过程中进行,以验证适航性和性能。此方法通常包括在起飞、着陆等关键时刻进行验证
MC7	航空器检查	对飞机进行审查,检查其可达性、维修性以及隔离保护措施等方面。这包括但不限于检查飞机相关部件是否易于维护,在故障情况下是否可以有效地隔离和保护
MC8	模拟器试验	例如工程模拟器检查驾驶舱、评估潜在故障时的飞行性能表现、对任何可能导致危险情况的因素进行全面评估
MC9	设备合格性鉴定	机载设备的认定,尤其是条款中明确定义了需要经过批准的设备,必须采用 TSOA 设备,并提供相应的分析计算和试验报告,以支持飞机型号的审定

2　飞机刹车系统条款介绍

2.1　CCAR 23.2130 着陆(a)具体内容

要求申请人应当针对运行限制范围内的重量和高度临界组合,确定标准温度下的下述性能数据:(a)从高于着陆表面 15 米(50 英尺)到停止所需要的着陆距离。

2.2　CCAR 23.2305 起落架系统(b)具体内容

(b)所有飞机应当有可靠的使其停止的装置,该装置应当具有足够的吸收着陆动能的能力。要求验证中断起飞能力的飞机应当考虑此附加动能。

2.3　CCAR 25.735 刹车(b)具体内容

(b)刹车系统及其相关系统必须设计和构造成:

(1)如果任何电气、气动、液压或机械连接元件或传动元件损坏,或者任何单个液压源或其他刹车能源失效,能使飞机停下且滑行距离不超过第 25.125 条规定滑行距离的两倍。

(2)无论在飞行中或在地面上,刹车或其附近元件失效后从刹车液压系统泄漏的液体都不足以引起或助长有危害的火情。

通过对这三个条款内容的研究和分析,以及考虑到条件的限制,CCAR 25.735(b)、CCAR 23.2130(a)和 CCAR 23.2305(b)所使用到的符合性方法有 MC1 说明性文件、MC2 分析/计算。本文重点通过符合性方法 MC2 并以对飞机刹车系统的适航符合性进行研究。

3 符合性方法研究

3.1 针对 CCAR 25.735(b)的符合性方法

3.1.1 符合性说明

针对条款中所出现的损伤和失效,申请人需要提供连接元件和传动元件的相关文件,并表明其损坏不会影响飞机其他功能;同时需要提供证明性文件,足以说明飞机在出现液压或其他刹车能源不能正常使用发挥其作用进行着陆时,能够保证飞机刹车系统使飞机着陆的滑行距离满足条款的要求。

3.1.2 计算分析

飞机着陆距离的计算涉及多个因素,例如飞机型号、重量、速度、气象条件等。一般来说,飞机着陆距离可以通过以下公式进行估算:

$$L_D = \frac{V^2}{2g} \times \left(\mu + \left(\mu^2 + \frac{2 \times \dfrac{C_{Lmax}}{\pi \times S \times e \times k} \times W}{\rho S g} \right)^{0.5} \right) \tag{1}$$

其中,V 是降落速度,g 是重力加速度,μ 是轮胎与跑道之间的摩擦系数,W 是飞机的质量,C_{Lmax} 是最大升力系数,S 是机翼参考面积、本构效率因子 e 为 0.86,空气阻力系数 K 选取 0.05,空气密度为 1.225 kg/m³,μ 为 0.6,g 为 9.8 m/s²。这个公式是一个简化的模型,实际情况可能会更加复杂。本文通过这一简化公式来进行计算,并分析海拔、着陆速度对着陆距离的影响。以 B 737－800 型飞机为例进行研究,W 为 60 000 kg,V 为 240～278 km/h,S 为 124.6 m²,C_{Lmax} 取 2.5～3。

考虑到不同机场的海拔不同,机场的空气密度和重力加速度也会不同,以塔希恩国际机场为例,该机场空气密度大约是标准大气压下密度的 0.66,重力加速度大约 9.78 m/s²,假设 B 737－800 的重量为 60 000 kg,最大升力系数为 2.5,基于这些数据再次对飞机的着陆距离进行研究,结果见表 2 和图 1。

表 2 波音 737－800 型飞机着陆距离随空气密度变化数据

单位:m

ρ/(kg·m⁻³)	g/(m·s⁻²)		
	9.78	9.79	9.8
0.808 5	1 226.350 726	1 224.559 645	1 222.773 048
0.882	1 181.453 73	1 179.731 888	1 178.014 354
0.955 5	1 141.877 425	1 140.216 652	1 138.560 031
1.029	1 106.652 226	1 105.045 839	1 103.443 464
1.102 5	1 075.038 981	1 073.481 431	1 071.927 768
1.176	1 046.463 042	1 044.949 662	1 043.440 056
1.225	1 028.871 455	1 027.385 279	1 025.902 808

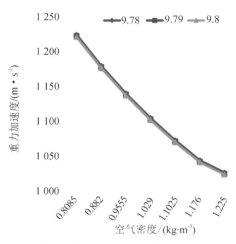

图 1　波音 737-800 型飞机着陆
距离随空气密度的变化

根据图 1 所示,可以清晰地看出三条不同重力加速度的线几乎重合,以此得出重力加速度对飞机着陆距离的影响非常小,而且重力加速度本身的变化也很小。随着空气密度的增加,飞机的着陆距离出现明显下降趋势。

考虑到着陆速度的不同,飞机的着陆距离也会变化,假设 B737-800 型飞机的质量为 60 000 kg,空气密度空气密度为 1.225 kg/m³,重力加速度为 9.8 m/s²,其他数据同上,结果见表 3 和图 2。

根据表 3 以及图 2,即可分析出飞机着陆距离随着陆速度的变化趋势。以上为通过简化公式计算出的基于 CCAR 25.125 条款的 B737-800 型飞机的着陆距离,因此根据 CCAR 25.735(b)的要求,最后的滑行距离 C_D 应不超过 L_D 的两倍即可满足要求,才能符合适航标准。

表 3　波音 737-800 型飞机着陆距离随速度变化情况

$V/$ (km/·s⁻¹)	C_{Lmax}					
	2.5	2.6	2.7	2.8	2.9	3
240	930.524 088	945.800 617 6	960.794 23	975.520 08	989.992 037	1 004.222 782
245	969.699 799	985.619 480 4	1 001.244 33	1 016.590 15	1 031.671 39	1 046.501 258
250	1 009.683 25	1 026.259 351	1 042.528 46	1 058.507 03	1 074.210 11	1 089.651 456
255	1 050.474 46	1 067.720 228	1 084.646 61	1 101.270 72	1 117.608 19	1 133.673 375
260	1 092.073 41	1 110.002 114	1 127.598 78	1 144.881 21	1 161.865 65	1 178.567 014
265	1 134.480 10	1 153.105 006	1 171.384 97	1 189.338 50	1 206.982 47	1 224.332 376
270	1 177.694 55	1 197.028 907	1 216.005 19	1 234.642 60	1 252.958 67	1 270.969 458

3.2　CCAR 23.2130(a)符合性方法

3.2.1　符合性说明

第 23.2130(a)条款只对飞机的着陆距离提出了要求,申请人需要提供来证明其所申请的飞机在正常运行限制范围内满足本规定的要求的文件说明、设计方案、材料清单,并提供实验数据,足以证明该飞机的着陆距离符合要求。

3.2.2　计算分析

计算方式与上文采用的方法相同,本文以塞斯纳 172R 为例来研究其着陆距离。赛斯纳 172R 的标准空重为 1 007 kg,最大着陆质量为 1 043 kg。在典型情况下,赛斯纳 172R 的降落速度为 120 km/h 左右,最大升力系数应该在 1.98 左右,机翼参考面积为 6.2 m²。将上述数据代入此公式从而得出塞斯纳 172R 的着陆距离应为 213.857 4 m。考虑到塞斯纳 172R 型号飞机重量对着陆距离的影响,下面对重量进行分析,图 3 所示为飞机重量对塞斯纳 172R 着陆距离的影响曲线,从中可以看出塞斯纳172R 的着陆距离随质量的变化,从而确定 23.2130 条款所规定的着陆距离。

3.3　CCAR23.2305(b)符合性方法

3.3.1　符合性说明

本条款对起落架的动能吸收量提出了要求,在着陆过程中,飞机刹车系统工作过程中会产生相当大的动能,为了使着陆过程安全有效地进行,刹车装置应配有动能吸收装置。申请人应当提供设备数据清单,提供相应动能吸收装置的性能参数,并配有测功器的使用记录,以表明对此条款的符合性。

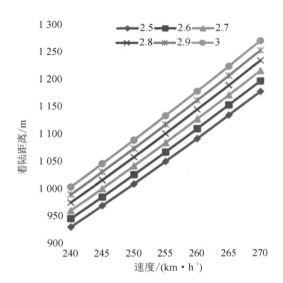

图 2　波音 737 – 800 型飞机着陆距离随速度变化数据

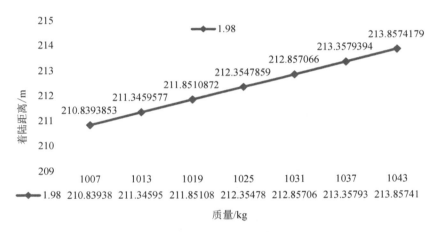

图 3　塞斯纳 172R 型飞机着陆距离图

3.3.2　计算分析

对于动能吸收量的计算,可以通过以下公式计算:

$$KE = \frac{0.013\,5WV^2}{N} \tag{2}$$

其中,KE 为动能;W 为载重;V 是地面速度;N 为主轮数量。动能指的是机轮的动能,单位是kg/m,载重就是飞机在设计时的质量单位为 kg。同样以塞斯纳- 172R 型飞机为例计算动能吸收量。W 取 1 007～1 049 kg;N 为 2 个,V 取 75 km/h、77 km/h、79 km/h、81 km/h,具体动能吸收量见图 4。

从图 4 可以了解飞机的动能吸收量的变化曲线,着陆速度对动能吸收量的影响非常明显,将表格当中计算出来的数据与飞机真实着陆时通过动能测功器测量得到的数据进行比对,从而确定是否符合相应条款的规定。

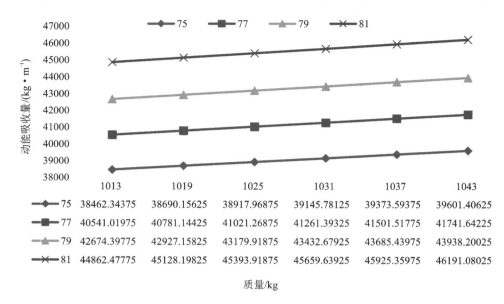

	1013	1019	1025	1031	1037	1043
75	38462.34375	38690.15625	38917.96875	39145.78125	39373.59375	39601.40625
77	40541.01975	40781.14425	41021.26875	41261.39325	41501.51775	41741.64225
79	42674.39775	42927.15825	43179.91875	43432.67925	43685.43975	43938.20025
81	44862.47775	45128.19825	45393.91875	45659.63925	45925.35975	46191.08025

质量/kg

图4　塞斯纳172R型飞机动能吸收量图

4　总　结

根据 CCAR 25.735、CCAR 23.2130 和 CCAR 23.2305 相应条款的规定进行符合性研究,通过表格与图形相结合的方法来对数据进行处理,并根据公式进行分析,着重通过符合性方法 MC2 进行研究,选取 B737 - 800 和塞斯纳172R 为参考,借助其相关数据作为参数进行分析,以此为基础分别求出飞机的着陆距离和动能吸收量,最终得出相应数据,如表4所列。关于飞机刹车系统适航符合性的研究,由于本文没有真实的适航取证流程作为基础,在实际进行过程中可能存在出入,但仍然可以作依据进行飞机刹车系统适航取证的参考。

表4　结果数据

型　号	着陆距离	最大滑行距离	动能吸收量
B737 - 800/m	873～1 270	1 746～2 540	—
A320/m	883～1 235	1 766～2 470	—
塞斯纳172R/(kg·m⁻¹)	210～214	—	38 462～46 192

注:表中最大滑行距离为基于 CCAR 25.735(b)要求下的滑行距离。

参 考 文 献

[1] 杨鹏.民用飞机刹车系统 CCAR 25.735 条款适航研究[J].民用飞机设计与研究,2017,12:107-112.

[2] 王浩.民用飞机刹车系统适航符合性考虑[J].科技资讯,2013(13):76-77.

[3] 中国民航总局.正常类飞机适航规定[J].中华人民共和国国务院公报,2022:30-50.

[4] 中国民航总局.运输类飞机适航标准[CCAR - 25 - R4][S].2011:69-71.

[5] 姜逸民,刘永军,戴攀,等.民用飞机起落架系统适航符合性研究[J].科技资讯,2010,245(32):74-76.

不锈钢 PH13-8Mo 1400 MPa 性能工艺控制研究

赵玉振　尹宝鲁　闫红文　董志林　孙嫣然　霍晓峰

(东方蓝天钛金科技有限公司,山东·烟台,264003)

摘要: 沉淀硬化不锈钢 PH13-8Mo 为综合性能优良的高强度材料,广泛应用于宇航产品制造。某螺栓产品对抗拉强度和硬度上下限均提出控制要求,需要通过热处理将产品力学性能控制在较窄范围之内,按照推荐的热处理工艺制度处理产品容易出现性能超出上下限问题。本文通过对 PH13-8Mo 产品热处理工艺特点进行分析,并针对抗拉强度和硬度均上下限控制提出了控制措施,这些措施成功应用到了实际生产中。

关键词: 不锈钢 PH13-8Mo;热处理;性能控制

1 引　言

PH13-8Mo(13Cr-8.0Ni-2.2Mo-1.1Al)属于沉淀硬化不锈钢,具有很高的抗拉强度,常用有两种抗拉强度,即 1 500 MPa 和 1 400 MPa,此外还具有优良的断裂韧性、良好的横向力学性能以及在海洋环境中耐腐蚀性能。由于具有良好的综合性能,PH13-8Mo 已广泛应用于宇航、核反应堆和石油化工等领域,如冷顶镦紧固件、飞机部件、反应堆部件以石油化工部件等装备,常用来替代容易出现氢脆问题的超高强度合金钢 30CrMnSiNi2A 材料。本文重点探讨 PH13-8Mo 1 400 MPa 等级紧固件产品的力学性能上下限工艺特点以及热处理控制措施。

2 PH13-8Mo 产品性能要求分析

某航空 PH13-8Mo 制造螺栓产品技术要求见表 1。

表 1　某航空 PH13-8Mo 制造螺栓产品技术要求

类　型	要　求	检验数量
原材料	AMS5629	—
抗拉强度	1 410~1 580 MPa	3 件随炉拉伸试样
硬度	43~48HRC	产品 100% 检验

从表 1 可以看出产品对抗拉强度和硬度同时提出了上下限要求,这是两种不同的测量系统,按照 GB/T 1172—1999《黑色金属硬度及强度换算值》[1],将抗拉强度 1 410~1 580 MPa 换算成硬度对应值为 44.5~47.5HRC,即为了确保抗拉强度和硬度测量均符合产品要求,硬度实际控制需要控制在 44.5~47.5HRC。同时由于产品硬度需要 100% 检验,考虑到材料性能的波动性,产品性能区间需要更加严格地控制。

3 PH13‑8Mo 1 410 MPa 材料热处理工艺特点分析

3.1 PH13‑8Mo 材料化学成分

PH13‑8Mo 化学成分见表 2[2]。

表 2 PH13‑8Mo 化学成分

单位:质量分数

化学元素	最小	最大	化学元素	最小	最大
C	—	0.05	Mn	—	0.10
Cr	12.25	13.25	Si	—	0.10
Ni	7.50	8.50	P	—	0.010
Mo	2.00	2.50	S	—	0.008
Al	090	1.35	N	—	0.010

材料在冶炼过程中为了准确控制合金成分,减少钢中气体含量,提高钢的纯洁度,采用真空感应＋真空自耗重熔双真空冶炼工艺。

3.2 PH13‑8Mo 材料 1 400 MPa 热处理工艺特点

PH13‑8Mo 热处理工艺制度为固溶＋时效处理。固溶处理后形成马氏体基体,经过时效处理后,在基体中析出弥散的合金化合物强化相粒子,第二相粒子能够起到阻碍位错运动的作用,从而达到提高材料强度的作用。

在 AMS5629 材料规范中,PH13‑8Mo 1 400 MPa 性能等级的材料推荐热处理工艺制度见表 3[2]。

表 3 PH13‑8Mo 1 400 MPa 性能等级的材料推荐热处理工艺制度

工艺制度	热处理工艺参数
固溶处理	927 ℃±14 ℃保温一定时间,空冷到 16 ℃从下
时效处理	538 ℃±6 ℃保温 4 小时(允差 0～30 min)后空冷
设备要求	符合 AMS2750 规范要求

按照表 3 热处理工艺制度处理后,材料性能符合表 4 要求。

3.3 PH13‑8Mo 1 400 MPa 材料热处理工艺局限性

按照规范推荐的热处理工艺制度对 PH13‑8Mo 1 400 MPa 性能等级的产品进行固溶＋时效处理后,硬度波动范围为 43～48 HRC,而 1 400 MPa 性能等级螺栓为了有效控制抗拉强度和硬度均符合要求,硬度需要

表 4 材料性能要求

性能分类	技术要求
抗拉强度(纵向)/ MPa[2]	≥1 413
屈服强度(0.2%)/MPa	≥1 310
伸长率(4D)/%	≥10
断面收缩率/%	≥50
硬度[3]/HRC	43～48

控制在 44.5～47.5 HRC,从工艺上无法确保产品完全合格。由于不同的材料批存在化学成分、微观组织的差异性,按照相同的工艺制度处理后,性能存在一定的波动性,同样无法使产品硬度均控制在要求的范围之内。

根据多年来对于 PH13－8Mo 螺栓热处理工艺的研究,发现单一的热处理工艺制度无法满足产品需要,PH13－8Mo 不同的材料批抗拉强度受时效温度影响很大。当时效温度偏高时,抗拉强度容易低于下限从而导致产品不合格,当时效温度偏低时,硬度容易超过上限从而导致产品不合格。

为了从热处理工艺上保证所有产品均合格,需要根据不同原材料批的性能差异性,采用动态的热处理工艺制度来实现对硬度的严格控制要求。

4 热处理过程控制措施

PH13－8Mo 热处理工艺制度为固溶＋时效处理,在生产实践中发固溶处理对于螺栓的最终性能影响相对较小,热处理工艺制度按照表 3 参数加以固化不动。而时效处理温度对于强化相的析出影响较大,对于抗拉强度和硬度影响较大,可以在表 3 时效工艺参数基础上,根据原材料复验数据对时效温度进行微调,从而实现螺栓对抗拉强度和硬度上下限的控制要求。具体采取如下措施:

(1)为了保证同炉产品的一致性,降低产品抗拉强度和硬度的离散性,提高了时效处理设备炉温均匀性的要求。表 3 时效处理炉温均匀性要求 ±6 ℃,热处理工艺上规定炉温均匀性须满足 ±5 ℃,实际生产中设备炉温均匀性可以达到 ±3.5 ℃,从时效处理设备上提高了同单炉不同位置产品性能的均匀性。

(2)在热处理工艺规程中加严了性能上下限控制范围,硬度由 43～48 HRC 调整为 44.5～47.5 HRC,抗拉强度由 1 410～1 580 MPa 调整为 1 430～1 580 MPa。

(3)从热处理工艺控制上,固化固溶处理工艺将时效处理温度由固定值优化为根据原材料批抗拉强度复验数据进行动态微调,具体参数见表 5。

表 5 固化固溶处理工艺参数

原材料抗拉强度/MPa	设定保温温度 T/℃
1 410～1 460(含 1 460)	535～538
>1 460～1 500(含 1 500)	540
>1 500	542～545

(4)由于时效温度对 PH13－8Mo 材料抗拉强度和硬度影响较大,为了进一步加强过程控制,在工艺中增加了根据实际检测结果调整时效温度的要求,即当同一材料批产品按照工艺处理后硬度高于 47.5 HRC 时,后续处理产品时将时效温度向上调整 2 ℃;当同一材料批产品按照工艺处理后平均硬度低于 45.5 HRC 时,后续产品时效时将温度向下调整 2 ℃。

通过采取以上四种措施,从工艺上解决了螺栓产品力学性能上下限控制问题。

5 结 论

PH13－8Mo 1 400 MPa 等级紧固件产品对抗拉强度和硬度提出了上下限控制要求,受原材料批次力学性能波动性影响,按照原材料推荐的热处理工艺制度无法确保产品性能 100% 合格。通过加强过程控制,从设备炉温均匀性加严控制、时效温度选择以及生产过程中对时效温度微调,解决了 PH13－8Mo 1 400 MPa 等级产品抗拉强度和硬度上下限控制问题,该措施已成功应用于 PH13 - 8Mo 1 400 MPa 等级紧固件产品批产品生产过程中。

参考文献

［1］中国计量科学研究院.黑色金属硬度及强度换算值 GB/T 1172—1999［S］.国家质量技术监督局,1999.

［2］Steel，Corrsion - Resistant，Bars，Wire，Forgings，Rings，and Extrusions 13Cr - 8.0Ni - 2.2Mo - 1.1Al Vacuum Induction Plus Consumable Electrode Melted，Solution Heat Treated，Precipitation Hardenable：AMS5629［S］.USA：SAE International，2020.

［3］Heat treatment Precipitation - hardening Corrosion - Resistant，Maraging and Secondary Hardening Steel parts：AMS2759/3［S］.USA：SAE International，2020.

宇航元器件内部气氛影响及控制方法研究

牛玉成　李兵

（山东航天电子技术研究所，山东·烟台，264003）

摘要： 为实现宇航元器件的内部气氛可控，满足高可靠、长寿命要求，须开展元器件内部气氛影响及控制方法研究。本文从内部气氛对元器件可靠性的影响出发，在原材料的选用、工艺过程控制、封装质量等封装生产方面，总结了内部气氛控制的方法和途径。

关键词： 宇航；元器件；内部气氛；控制方法

1 引　言

随着中国宇航的不断发展壮大，对元器件的国产化需求愈加迫切，对国内微电子封装制造能力提出了更高的要求。陶瓷封装由于本身绝缘性、稳定性较好，在宇航元器件中占有较大比重，研究内部气氛影响及控制方法，对于提高宇航元器件可靠性具有重要意义。

内部气氛作为考核元器件封装制造质量的重要指标，其工艺控制的好坏直接影响着最终元器件的可靠性。例如，水汽作为器件内部气氛中最为关注的有害物质，器件内过多的水汽是导致封装器件电路失效的主要因素。在 GJB 548B—2005 中，已要求 H 级微电子器件必须满足"电路内部水汽含量不大于 5 000 ppmv"指标要求。在长寿命卫星、导弹等高可靠性的宇航领域，还加强了对器件内部气氛中二氧化碳、氧气和氢气含量控制，明确要求器件内部气氛必须满足"电路内部水汽含量不大于 3 000 ppmv，二氧化碳、氧气和氢气含量均不大于 2 000 ppmv"指标要求。

2 内部气氛对元器件可靠性的影响

查阅相关文献资料[1]，器件在加速寿命试验时的中位寿命 τ_{50} 为

$$\tau_{50}(T, \%\mathrm{RH}) = C_1 \exp\left(\frac{N}{\%\mathrm{RH}} + \frac{E_a}{kT}\right) \tag{1}$$

式中，C_1 为常数，E_a 为激活能，N 为模型常数，%RH 为封装内的相对湿度，K 为波尔兹曼常数。

从式(1)可以知道，器件失效前的试验寿命与封装内的相对湿度成负幂指数关系，即器件寿命将随着内部水汽含量的升高而迅速降低，所以要保证器件长期可靠性，必须严格控制器件内部水汽的含量。同时内部残余气氛对器件性能影响也很大，其危害性主要表现在如下四个方面：

（1）水汽会加速对电路的腐蚀作用。如裸芯片金属化层或铝丝的腐蚀，以及键合点处金属间化合物的腐蚀。

（2）在低温状态下，水汽会凝结成液体或霜，导致电路绝缘性变差，甚至造成电路短路

失效。

（3）氧气、二氧化碳因为具有较强的氧化性，其存在会提高电路内部气氛活性，加速离子迁移，常与一些金属缓慢形成不稳定金属氧化物，严重影响键合点质量和长期可靠性。

（4）在一定环境条件下，氢气可以跟氧气、二氧化碳等缓慢发生反应生成水，进而腐蚀电路。

由此可以看出，水汽、氧气、二氧化碳、氢气均为有害气体，为提高器件长期可靠性，必须严格控制这些有害气体在器件内部的含量。由于水汽对电路危害极大，所以水汽的腐蚀机理及控制方法一直是国内外微电子制造行业重点研究的内容。

3　内部气氛的来源

3.1　封装环境的气体

封装环境是在一个相对封闭的箱体内，箱体具有较好的气密性，并不断充入干燥的、洁净的惰性气体，一般为高纯氮气，从而保证箱体内足够干燥。器件经真空烘烤工艺预先去除湿气后，被转移到平行缝焊系统中的手套箱内完成焊接，实现壳体气密性封盖。在封盖期间，器件会不断吸附手套箱内的气体，其中一部分气体被封入器件，构成了器件内的保护气体。

3.2　结构材料释放的气体

元器件主要由封装外壳、金属盖板，裸芯片、粘接胶或合金金属、键合丝等材料组成，这些材料表面或镀层都会吸附水汽或其他气体，同时在长期贮存或环境试验中这些材料都会释放出气体。尤其是陶瓷封装器件，由于瓷体本身具有很多微孔结构，较容易吸附一些气体。

3.3　外界环境渗入的气体

元器件经平行缝焊封盖后形成的气密性封装体，并不是指绝对意义上的完全气密，而是具有一定的漏气率。器件随着元器件贮存或使用时间的增加，内部的水汽会持续升高。据相关资料文献[2]，进入封装内部的水汽含量计算方法为

$$Q_{H_2O} = \Delta P_{iH_2O}\left(1 - e^{-\frac{L_{H_2O}}{V}}\right) \tag{2}$$

$$t = -\frac{V}{L_{H_2O}}\ln\left(1 - \frac{Q_{H_2O}}{\Delta P_{iH_2O}}\right) \tag{3}$$

$$L_{H_2O} = -\frac{V}{t}\ln\left(1 - \frac{Q_{H_2O}}{\Delta P_{iH_2O}}\right) \tag{4}$$

式中，Q_{H_2O} 为漏入封装内的水汽；ΔP_{iH_2O} 为封装内外初始水汽分压的差值；L_{H_2O} 为真实水汽漏率（约等于氦气漏率的 47.1%）；V 为封装内空余的容积（应扣除封装内元器件的体积）；t 为时间。

4　内部气氛的控制方法

器件内部气体由于本身看不见，摸不着，并很难加以检测并量化统计，器件内部气氛控制

方法一直成为微电子封装行业的技术难题。但近几年检测手段的发展,检测准确性的提高,为器件内部气氛的量化分析提供了依据。笔者所在单位近几年来一直致力于提高工艺制造能力,尤其是在高可靠封装方面,下了很大功夫,在使用 IVA-110S 型内部水汽含量分析仪检测基础上,经大量工艺试验,定量分析了不同材料、不同封装的元器件内部的气体成分,总结、积累了一些内部气氛控制方法,主要包括以下四个方面内容。

4.1 氮气源质量

氮气由于性能稳定,不与器件内部材料发生反应,往往作为保护性气体。按纯度,氮气分为纯氮和高纯氮。纯度越高,气体中混有的水汽、氧、二氧化碳等杂质气体就越少。据调研,烟台及周边地区,受氮气分离工艺限制,氮气质量一般,杂质气体较多,必须配备氮气二次纯化装置,以提高充入手套箱的氮气纯度。氮气二次纯化装置能够有效地去除水汽、氧等杂质气体,能够保证纯化后氮气中 H_2O、O_2 含量均小于 1 ppm。同时在厂房布局、施工方面,氮气源与封装设备距离尽量短,避免气体管路输送过长。

4.2 封装环境

手套箱是器件封装的主要工作区域,其环境质量直接关系到封入器件内部的气体成分,所以加强对手套箱内环境控制是必要的。首先手套箱必须保证洁净,箱内安放尽量少的工具、夹具,必要时使用尘埃粒子计数器进行环境监测,保证洁净度优于 1 000 级。氮气冲洗结束后氮气纯化系统进行自循环,保证封盖前 3~5 h 内手套箱内水汽含量小于 30 ppm。封盖时采用水汽含量实时监控闭环控制,若水汽超过最大限定值,应立即停止封盖。

4.3 密封前真空烘烤

真空烘烤是去除器件内部吸附的水汽及其他挥发性材料的有效方法。真空烘烤一般要求真空度小于 0.1Torr,烘烤温度在 120~150 ℃,烘烤时间至少为 12 h。根据器件组装工艺复杂程度、质量等级,真空烘烤工艺参数也不尽相同。对于宇航元器件,一般烘烤温度在 135~155 ℃,烘烤时间至少为 16 h,并采取"真空+氮气"交替运行模式,提高真空烘烤效果。

4.4 装片工艺

芯片装片环节,根据芯片尺寸、功率,可采用粘接剂或焊料等将裸芯片固定在底座上,这就对后续气氛控制提出了不同的控制方法。一般焊接工艺相对于粘接工艺,水汽含量更容易控制。对于粘接剂,一般氰酸酯类比环氧类水汽控制容易,但这也受粘接剂固化工艺(固化温度、气氛等)影响。器件组装过程中,难免会用到各种清洗剂,以保证器件内部的洁净,而去离子水、丙酮、酒精等清洁剂常会吸附在器件内部,需要保证清洗后充分烘干。封装完成后对器件内部气氛进行检测,各气体成分含量如图 1 所示。

图 1 中可以看出,氰酸酯类粘接剂比环氧类水汽含量低,而且二氧化碳含量也低,但发现陶瓷器件内的 H_2 含量明显偏多。考虑到 H_2 含量超标也影响器件长期可靠性,必须去除。H_2 主要来源于氮气源、壳体、粘接胶等。查询相关资料并试验验证,最终确定 H_2 主要来源于陶瓷外壳。在陶瓷外壳制造过程中,瓷体是在 H_2 氛围下烧结的,这样 H_2 就会吸附在瓷体内微孔结构中。须预先采取长时间高温真空烘焙方法对陶瓷壳体进行排氢处理,以满足高可靠性封装对低氢气氛的要求。

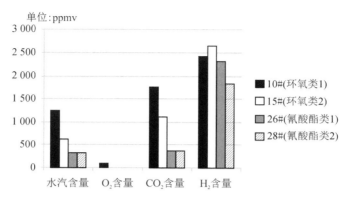

图 1　不同粘接材料的内部气氛含量柱状图

5　结　论

元器件内部气氛控制是一个系统工程,原材料、组装工艺、封装质量等环节均会影响器件内部气氛环境,最终影响宇航元器件长期工作的可靠性、稳定性。不同类型的元器件,由于其原料、结构、工艺不同,必须针对性地制定内部气氛控制和质量检测方法。

参考文献

[1] 贾松良.封装内水汽含量的影响及控制[J].电子与封装,2002,2(6):12.

[2] (美)格林豪斯.电子封装的密封性[M].刘晓晖,译.北京:电子工业出版社,2011.

[3] (美)李凯瑞,(美)恩洛.混合微电路技术手册-材料、工艺、设计、试验和生产[M].2 版.朱瑞廉,译.北京:电子工业出版社,2004.

中低频振动辅助飞机薄壁零件铆接工艺的研究

杜泽佳　　于强强

(山东中航和辉航空标准件有限责任公司,山东·济南,250102)

摘要: 在飞机的连接结构中,铆接是永久紧固两个薄壁板件的重要连接方式之一。铆接工艺类别众多,但现有的铆接工艺存在一些问题,如干涉量不均匀、镦头开裂等质量原因,而振动有助于改善这些情况,因此将中低频振动与铆接工艺相结合,为铆接工艺研究提供了一种新方向。

本研究基于有限元法对中低频振动辅助飞机薄壁零件铆接过程进行实体建模和仿真分析,精确分析薄壁钣金件的变形量、应变分布以及应力分布;分析铆钉材料的流动,镦头的成形质量,铆钉和被连接件的干涉;研究不同的振动参数,压铆速度等条件对最终铆接质量的影响。得出结论:中低频振动会对材料内部流动造成影响,可以改变材料成形时最大应力受力位置;压铆速度也会影响成形时内部材料的流动,形成大小不同的等效应变。对工业生产具有一定的理论指导意义。

关键词: 中低频振动;铆接;有限元分析

1　绪　论

1.1　研究背景及意义

铆接作为一种广泛实用的技术手段,从日常小零件到航空航天领域都有着不可代替的作用,相比于其他新兴技术,铆接技术发展较为缓慢,但是随着近年来高性能飞行器的研究,结构设计愈发重要,铆接的优势再次受到重视,各种铆接新工艺层出不穷:冲压铆接、摆碾铆接、滚压铆接、TOX圆点铆接、电磁铆接等。

目前,在实际飞机铆接工程中,国内外多采用锤铆、压铆和电磁铆接技术。但是,锤铆需要多次打击,且易导致铆钉墩头开裂。压铆难以实现干涉量分布于整个钉杆,无法满足结构长寿命的要求;此外,新型飞机结构中越来越多地使用大直径铆钉,而压铆方式难以克服大直径铆钉的变形抗力。电磁铆接技术所使用的工作电压属于高压范畴,存在着一定的不安全因素,且放电电压的大小关系到铆钉的应变速率,如果放电电压过高,铆钉应变速率会急剧增加,铆钉镦头剪切变形状况会因为成形速度的增加而迅速加剧,高应变率的剪切变形甚至可以形成剪切破坏。同时,电磁铆接后的镦头高度也难以控制,影响着铆接质量,这就意味着在电磁铆接电压选用时既需要避免剪切破坏又要考虑到成形后的镦头高度是否符合铆钉成形标准,对实际铆接工作带来了难度。图1所示为压铆、锤铆和电磁铆接的简单工作示意图。

随着超声振动在金属塑性成形中的应用,如拉拔、弯曲、镦粗等工艺中取得了良好的效果,一些学者尝试将超声振动与铆接技术相结合,研究结果表明对铆接质量也有一定程度的改善,但是超声振动设备无法承受较大载荷,限制了其应用范围。而中低频振动同样具有降低材料

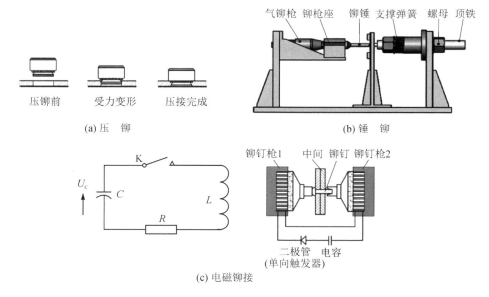

图 1　三种铆接方式示意图

流动应力和改善摩擦的作用,且能在较大载荷条件下正常工作,因此将中低频振动引入铆接工艺对改善铆接质量、提高连接件寿命具有积极作用。

本研究基于有限元法对中低频振动辅助飞机薄壁零件铆接过程进行数学建模和仿真分析,精确分析薄壁钣金件的变形量、应变分布以及应力分布;分析铆钉材料的流动、镦头的成形质量、铆钉和被连接件的干涉量;研究不同振动参数、压铆速度等工艺条件对最终铆接质量的影响。

1.2　中低频振动铆接工艺的研究现状

1.2.1　中低频振动铆接工艺原理

1955 年,Blaha 和 Langene C Ker 在锌棒拉伸试验中对其施加超声振动,发现材料成形力降低,发生"软化"现象,这种现象后来被称为 Blaha 现象。超声振动可以降低材料屈服强度,提升材料塑性成开对及限,改善表面质量。振动降低流动应力和接触摩擦的内在机理主要包括体积效应和表面效应。体积效应是指在变形过程中,振动对材料内部应力以及变形机制的影响,包括流动应力的降低和位错运动的变化等;表面效应是指材料与模具之间界面摩擦力的影响,如表面摩擦系数和表面粗糙度的降低。

解振东、王志亮、黄志祥等人均将超声振动应用于铆钉铆接工艺中,工艺示意图如图 2 所示。铆钉铆接过程可以分为四个阶段,初始阶段、钉杆膨胀阶段、镦头形成阶段、铆接结束阶段。首先铆钉沉头部分固定不动,铆钉尾部压头部分端面做高频振动同时向下移动,钉杆长度减小的同时直径增加,直至与上下板孔壁相接触,如图 2(b)所示。工具头继续向下移动,孔内材料继续沿径向流动,直至与孔过盈配合,形成一定干涉量,铆钉墩头逐渐形成,工具头继续向下移动直至镦头达到规定尺寸,如图 2(c)所示。研究表明,超声振动辅助铆钉铆接工艺能够促进材料流动,提高铆接干涉量,使铆接接头获得更高的力学性能;并且能够降低最大铆接力。

中低频振动与超声振动相比,中低频振动的振动频率一般在 2 kHz 以内,远小于超声振动的 20 kHz,振动幅值达到毫米、微米级,可以实现对振幅和频率的精准控制,振动加工设备

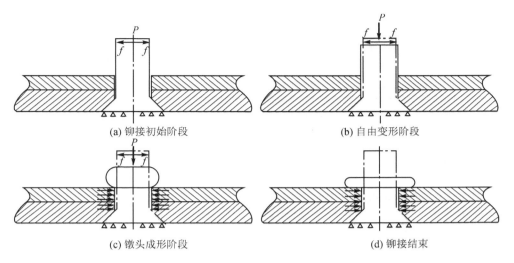

(a) 铆接初始阶段　　　　　　　　　　　(b) 自由变形阶段

(c) 镦头成形阶段　　　　　　　　　　　(d) 铆接结束

图 2　铆接工艺示意图

简单,载荷范围大,承载能力高,工程适用性强,有望应用于高强度材料的连接过程。将中低频振动应用于铆钉铆接过程时可以产生与超声振动相似的结果,低频振动辅助成形也可以降低材料流动应力。

在实际工程应用中,紧固件的加工和铆钉的铆接过程一般采用冷成形方式,容易出现裂纹等缺陷。中低频振动辅助铆钉铆接术能够有效降低材料的成形力,提高材料的成形极限,改善材料的成形性能。另外,中低频振动辅助铆钉铆接所使用的伺服压力机具有较高的承压能力,有望应用于高强度合金在室温下塑性变形。

1.2.2　中低频振动辅助铆接的国内外研究现状

目前国内飞机铆钉铆接主要应用压铆方式,随着大直径铆钉的使用,技术更为成熟的电磁铆钉铆接又有低电压电磁铆接技术出炉,解决了高电压铆接质量、设备的安全可靠性等问题,达到了工程应用水平,正在进一步改进推广。

面对电磁铆钉存在的铆钉墩头剪切区和剪切破坏缺陷的情况,南京航空航天大学黄志祥等人率先提出了超声振动辅助钛合金铆钉铆接成形工艺,之后山东大学解振东进行了 6063 铝合金铆钉超声振动辅助铆接实验研究和有限元模拟。研究发现超声振动辅助成形技术在铆接应用中有着诸多优点。超声振动辅助铆接成形工艺可以显著降低铆接成形力,并且增大铆接成形干涉量使得干涉量延铆钉轴线分布更为均匀。国内外学者围绕超声振动辅助铆钉铆接工艺进行了大量研究,当前研究更多是关注超声振动的施加方法、铆接实验装置的设计等方面。

超声振动辅助铆接所需要的铆接压力低、干涉量沿钉杆分布均匀、铆接结构稳定牢固、抗疲劳性能好,但是超声振动设备功率低,难以成形高强度或大直径铆钉。因此,需要参考现有的铆接成形方法,研究出一种操作方便、成形工艺简单、铆接质量好的铆接方法。山东大学翟雅迪进行了低频振动辅助钛合金塑性变形研究,指出低频振动对材料摩擦系数和表面成形质量的影响,以及其降低变形过程中的流动应力等。中低频振动的产生原理与超声振动不同,不需要超声波发生器、换能器等复杂的设备,在伺服压力机上利用伺服控制技术就可以实现冲头发生不同振动幅度、频率的振动。伺服压力机的发展有利于实现大功率中低频振动辅助成形工艺的应用。

2 铆接工艺

2.1 铆接种类

根据不同的用途,铆钉的种类也各不相同,而铆接方式也随之愈来愈多,例如:普通铆接、密封铆接、特种铆接、干涉配合、手铆法、冲击铆法、反铆法、拉铆法、自动钻铆法、应力波铆接法、热铆法、压铆法等。每种铆接方式都有其适用领域,而对飞机铆接来说,压铆法使用最为频繁。

使用压铆法铆接,由图 3 可以看出,铆钉钉杆能比较均匀地镦粗从而填满钉孔孔隙,相比于其他铆接方法更加稳定,材料流动均匀,外表质量更好,而且操作环境适宜。因此本试验辅助铆钉铆接的铆接方式采用辅助压铆法进行。

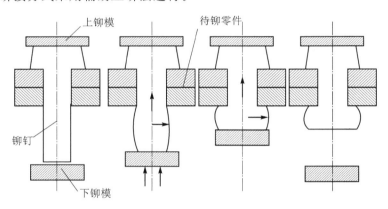

图 3   压铆的四个阶段

2.2 铆钉选择

本文选择直径 4 mm 的 133°沉头铆钉作为试验对象,铆钉材料选择 TA1 钛合金,连接钣件材料选用 C45 结构钢。

在确定了铆钉类型、直径和相应钣金件预留径孔之后,铆钉长度还要根据所需连接的钣金件总厚度以及铆接方式才能进行确定。

标准墩头按照以下公式计算钉杆长度:

$$L = ch + \frac{d_0^2}{d_1^2} \times \sum \delta \tag{1}$$

其中,d_0 为铆钉孔最大直径,d_1 为铆钉孔最小直径,$\Sigma \delta$ 为夹层总厚度。

压窝件标准墩头的铆钉长度一般为

$$L = \sum \delta + \delta_1 + 1.3d \tag{2}$$

其中,$\sum \delta$ 为夹层总厚度,δ_1 为表面压窝层厚度,d 为铆钉直径。

沉头铆钉铆接的铆钉长度一般为

$$L = \sum \delta + (1.2 \sim 1.7)d \tag{3}$$

一般情况下选择较小值,当铆钉材料强度大于连接件强度或连接件过厚而铆钉较细时选择较大值,本文铆钉所选材料强度大于连接件材料的强度,选择较大值:$L=4+1.65\times4=10.6$(mm),所以本试验所选铆钉长度为 10.6 mm。

2.3 切向应力

物体由于外因而发生变形时,在物体内各部分之间产生相互作用的内力,以此抵抗这种外因的作用,并力图使物体从变形后的位置恢复到变形前的位置。在所考察的截面某一点单位面积上的内力与单位面积之比称为应力。应力的量值等于单位面积上内力量值。同截面相切的力称为剪应力或切应力。

剪应力公式为

$$\tau^2 = \sigma_1^2 l^2 + \sigma_2^2 m^2 + \sigma_3^2 n^2 - (\sigma_1 l^2 + \sigma_2 m^2 + \sigma_3 n^2)^2 \qquad (4)$$

其中,τ 为剪切应力;σ_1、σ_2、σ_3 为主平面 x、y、z 受到的正应力;l、m、n 为三个方向的余弦。

将 $n^2 = 1 - l^2 - m^2$ 代入式(4),有

$$\tau^2 = (\sigma_1^2 - \sigma_3^2)l^2 + (\sigma_2^2 - \sigma_3^2)m^2 + \sigma^3 - ((\sigma_1^2 - \sigma_3^2)l^2 + (\sigma_2^2 - \sigma_3^2)m^2 + \sigma_3)^2 \qquad (5)$$

为求剪切应力,对上式 l、m 求偏导,使其为 0,设 $\sigma_1 > \sigma_2 > \sigma_3$ 将公式化简可得

$$\begin{cases} \tau_{12} = \pm \dfrac{\sigma_1 - \sigma_2}{2} \\ \tau_{23} = \pm \dfrac{\sigma_2 - \sigma_3}{2} \\ \tau_{31} = \pm \dfrac{\sigma_3 - \sigma_1}{2} \end{cases} \qquad (6)$$

2.4 本章小结

本章主要选择了试验所用铆钉种类,确定了铆接方法,根据公式得出了铆钉所需长度;根据切应力公式推导选择了合适的摩擦系数,为下一步 ABAQUS 建模分析做准备。

3 中低频振动辅助铆钉铆接有限元模型建立

3.1 有限元分析介绍

ABAQUS 使用起来十分简便,可以很容易地为复杂问题建立模型。例如,对于多部件问题,可以首先为每个部件定义材料参数,划分网格,然后将它们组装成完整模型。对于大多数模拟(包括高度非线性的问题),用户仅须提供结构的几何形状、材料特性、边界条件和载荷工况等工程数据。在非线性分析中,ABAQUS 能自动选择合适的载荷增量和收敛准则,并在分析过程中不断地调整这些参数值,确保获得精确的解答,用户几乎不必去定义任何参数就能控制问题的数值求解过程。图 4 所示为有限元分析过程示意图。

3.2 有限元模型

3.2.1 几何模型建立

本文选择铆钉杆直径为 4 mm 的 133°沉头铆钉作为研究对象。铆钉基本参数:直径 4 mm,钉长 10.6 mm,头部角度 133°,头部直径 7 mm。连接钣金件基本参数:厚度 2 mm,长

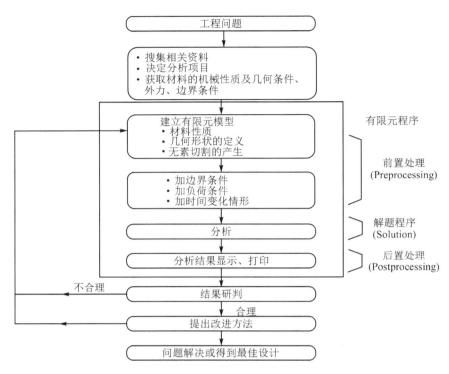

图 4　有限元分析示意图

度 9.95 mm,上钣金件与铆钉杆连接处为了降低应力使用了 0.03 mm 半径的倒圆角。铆钉
和连接钣金件之间留有 0.05 mm 的孔隙。

　　由于铆钉整体结构对称,为了降低计算难度,建模时采用轴对称模型,铆钉和铆接板均为
可变性类型,上下压头均采用解析刚体类型,模型为一条足够长的直线,可以代表压头的底面。
图 5 所示为 4 mm 沉头铆钉的轴对称模型;图 6 所示为 2 mm 厚度的两个外形不同的连接钣
金件;还要设置两个直线刚体,创建刚体之后需要设置参考点。

图 5　铆钉的轴对称图形

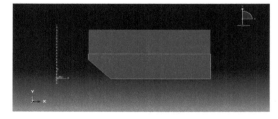

图 6　两个连接钣金件

3.2.2　网格划分

　　网格划分在有限元分析过程中非常重要,网格类型的选择和网格数量的多少都会影响最
终的分析结果,本次试验铆钉部分形变较多,连接钣金件受力较少,因此铆钉部分采用
0.15 mm 网格划分,共 1 343 个单元,连接钣金件上板部分采用 0.3 mm 网格划分,下半部分
采用 0.2 mm 网格划分,上下共 661 个单元,单元类型均为 CAX4R(四结点双线性轴对称四边
形单元;减缩积分;沙漏控制)。图 7 所示为设置网格单元类型,图 8 所示为网格全部划分后的
整体图。

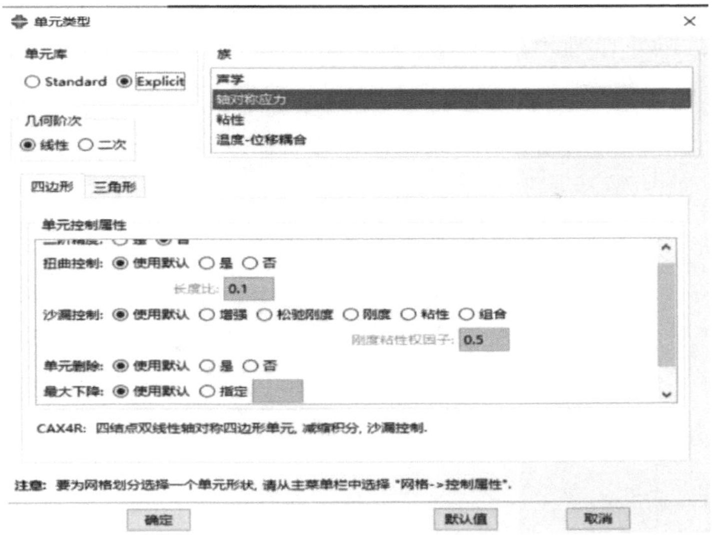

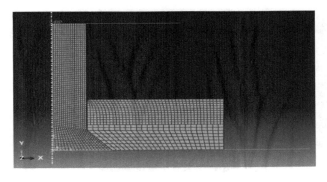

图 7　设置网格单元类型

图 8　网格划分

3.2.3　分析步设置

分析步 maojie 类型为动态、显式,开启非线性,时间长度设为 0.004,不限制最大时间增量步数,为了提高计算效率,定义质量缩放为半自动质量缩放,因为本试验模型简单,惯性力较小,可以选择在分析步开头应用于整个模型,缩放系数为 1 000,如图 9 所示。

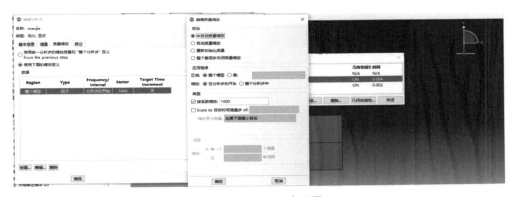

图 9　maojie 分析步设置

分析步 xiezai 类型为动态、显式,开启非线性,时间长度设为 0.003,增量和质量缩放系数与上一分析步相同,如图 10 所示。

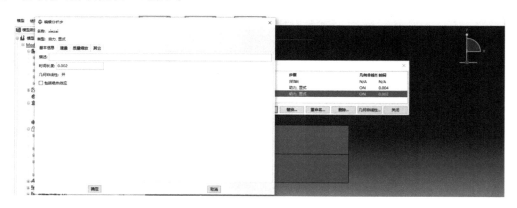

图 10   xiezai 分析步设置

3.2.4   定义接触

在表面管理器中创建会用到的接触表面以及各部件如图 11 所示。

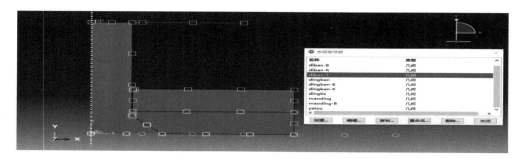

图 11   创建接触面和部件

定义接触属性为切向行为,使用罚函数作为摩擦公式,Intprop - 1 摩擦系数定义为 0.3,Intprop - 2 摩擦系数定为 0.1,如图 12 所示。

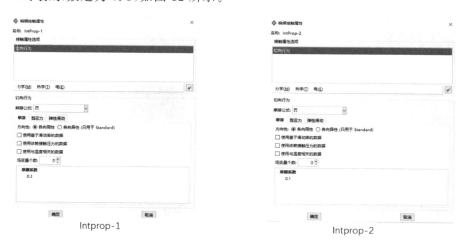

图 12   定义两个不同摩擦系数

定义压头与铆钉间的接触以及铆钉铆接过程中与连接钣金件的接触,如图 13 所示。接触面有:铆钉与底板的接触;铆钉与顶板的接触;铆钉与压头的接触。其中铆钉与压头间的接触摩擦属性定义为 Intprop - 2,其他接触摩擦属性均以 Intprop - 1 为基准。

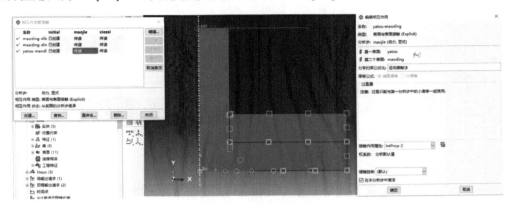

图 13　定义互相接触

3.2.5　定义边界条件

因为在部件建模过程中选择的是轴对称模型,所以不需要对铆钉杆设置边界条件。主要约束铆钉头部和头下部分延 Y 轴的移动;头部侧面延 X 轴的移动;连接钣金件侧面延 X 轴的移动。如图 14 所示,在初始分析步中定义两个连接钣金件侧面 X 轴的约束,并传递到后面两个分析步。

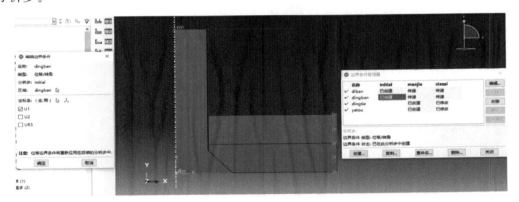

图 14　定义初始步约束

在 maojie 分析步中给铆钉头部施加一个在 Y 轴正方向上的 1 000 瞬时速度,xiezai 分析步中反方向施加,如图 15 所示。

在 maojie 分析步中给压头施加一个在 Y 轴上的振动载荷,xiezai 步中取消,如图 16 所示。

3.3　本章小结

本章节在 ABAQUS 软件中进行了沉头铆钉铆接的轴对称模型,定义了 TA1 钛合金和 C45 结构钢分别作为铆钉与连接钣金件的材料,并分别对不同部件进行了相应的 CAX4R 单元类型划分,在装配成形后设置了不同的分析步,对不同部件与表面间的互相接触定义了不同的接触方式及相关数值,最后通过对不同集合定义边界条件与约束,给定到对应分析步,完成

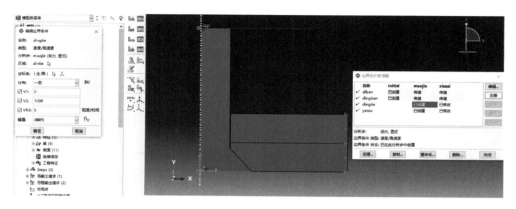

图 15　定义 maojie 分析步参数

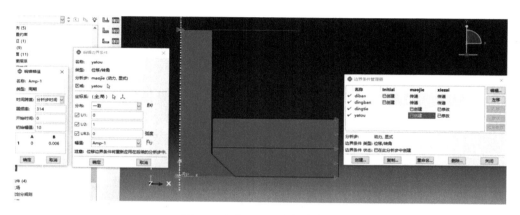

图 16　定义 xiezai 分析步参数

分析前的所有准备。

4　中低频振动下铆接件的变形行为

4.1　结果变形图

在上述有限元模型建立完毕并且施加完全各种边界条件后,在 ABAQUS 软件中提交模型进行分析,模型运动后在上下压头作用下使铆钉生成墩头,结果如图 17 所示。

4.2　等效塑性应力应变和横向位移图

由应力云图可以看出,墩头所受应力最大为 900 MPa,等效应变最大为 2.023,X 方向最大位移为 1.491 mm。在铆接整个过程中受力最大的是铆钉尾部,其次通过钉杆向两个连接钣金件扩散,改变应力云图使其云图间隔离散化,可以较为清晰地看出除了铆钉尾部受力最大,连接钣金件上板的左上角和左下角小区域受力也较大,如图 18 和图 19 所示。

通过对比铆接完成后的图 20 与刚开始铆接钉杆充盈的图 21 的等效塑性应变图可以发现,在钉杆材料充盈孔隙之后,除了铆钉尾部变形以及连接钣金件上板与墩头接触位置受到轻微干涉外,上板与下板和钉杆接触的位置也发生了小形变。图 22 所示为铆接过程最大的横向

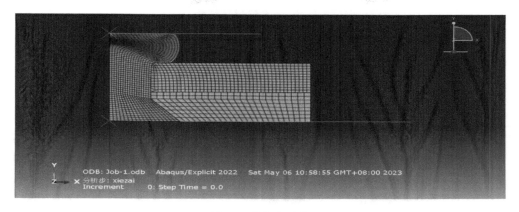

图 17   结果变形图

位移图。图 23 所示为钉杆和连接钣金件部分参考点 X 方向的干涉量。

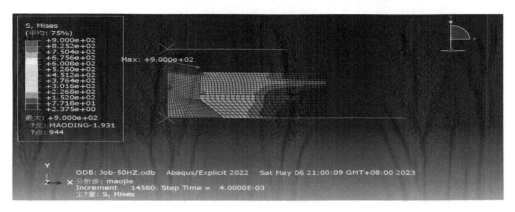

图 18   50 Hz 应力云图

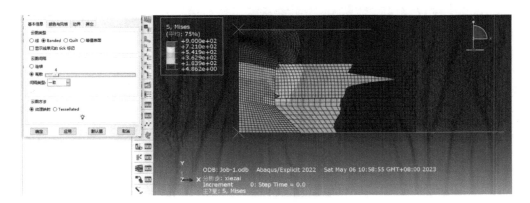

图 19   50 Hz 离散化应力云图

4.3   施加不同频率对比

铆接施加的原频率为 50 Hz,现施加 0 Hz、10 Hz、25 Hz、53 Hz、100 Hz,观察不同频率下铆接成形墩头的应力应变及 X 方向的最大位移。

对比不施加振动与五个低频率振动施加的铆接墩头成形结果(见表 1),可以发现应力云

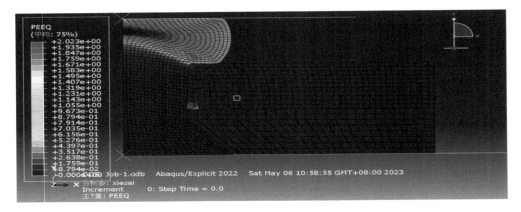

图 20　50 Hz 等效应变云图

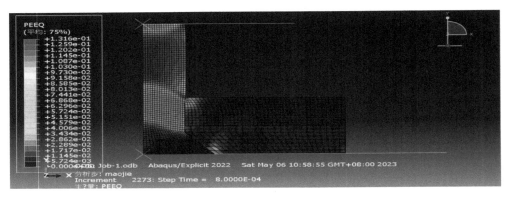

图 21　铆钉杆充盈孔隙

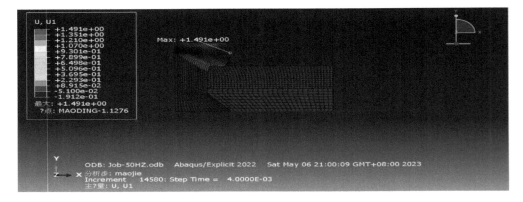

图 22　X 方向最大位移图

图中所受的最大应力都是 900 MPa,施加频率后的等效应变云图的最大应变(2.026(10 Hz、25 Hz)与 2.021(53 Hz))也十分相近,X 方向最大位移(1.491(50 Hz)与 1.497(10 Hz))也十分相近。

最大的不同是每个频率应力云图中所受最大应力的位置,表明振动会对材料内部流动造成一定影响。

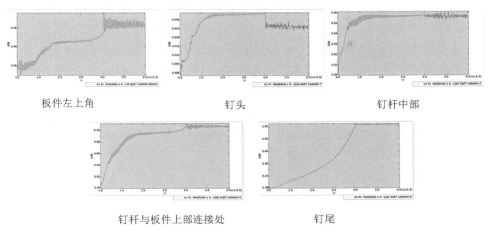

板件左上角 钉头 钉杆中部

钉杆与板件上部连接处 钉尾

图 23 钉杆和钣金件部分参考点的 X 方向的干涉量

表 1 不同频率结果

频率/Hz	最大应力/MPa	最大等效应变	X 方向的最大位移/mm
0	900	2.029	1.498
10	900	2.026	1.497
25	900	2.026	1.495
50	900	2.023	1.491
53	900	2.021	1.494
100	900	2.024	1.496

4.4 施加不同压铆速度对比

铆接施加的原压铆速度为 1 000 mm/s,现施加 800 mm/s、500 mm/s、1 600 mm/s 的压铆速度观察不同压铆速度对最终铆接成形墩头的影响。

通过对比 4 组不同压铆速度做出表 2,可以看出:压铆速度对最大应力没有影响,但是最大应力位置一直在改变;500 mm/s 和 800 mm/s 压铆速度下的等效应变比 1 000 mm/s 和 1 600 mm/s 压铆速度下的等效应变小 0.02 左右,但是 4 组压铆速度下的 X 最大横向位移并没有大的不同,而速度 1 600 mm/s 时的 X 方向干涉量变化较为凸显,说明速度较慢时墩头材料流动会更加充分(仅在 50 Hz 下验证)。

表 2 不同压铆速度结果

压铆速度/(mm·s⁻¹)	最大应力/MPa	最大等效应变	X 方向的最大位移/mm
500	900	2.005	1.491
800	900	2.004	1.489
1 000	900	2.023	1.491
1 600	900	2.020	1.492

4.5　本章小结

本章对模型的不同分析结果进行了对比,对 0 Hz、10 Hz、25 Hz、50 Hz、53 Hz、100 Hz 这些不同的频率变量进行了对比分析,得出了频率对物体内部材料流动具有一定影响的结论;对 500 mm/s、800 mm/s、1 000 mm/s、1 600 mm/s 的不同压铆速度变量进行了分析,同样得出了其对物体内部材料流动具有一定影响的结论;两个变量的改变对最大应力值没有影响,但是改变了所受最大应力的位置和钉杆 X 方向干涉量的变化率,在实际工业活动中可以根据不同需要选择相应变量以达到生产目的。

5　结　论

本试验是在 ABAQUS 有限元软件支持下做出的验证,结论由软件分析和个人观点总结得出:

1)中低频振动会对材料内部流动造成影响。
2)振动条件与压铆速度的施加不影响最后成形的应力最大值。
3)压铆速度在 50 Hz 下同样会对材料内部流动造成影响。
4)板件左上角与铆钉接触处会发生 0.05 mm 的小形变。

参考文献

[1] 翟雅迪.低频振动辅助钛合金塑性变形研究[D].济南:山东大学,2021.

[2] 杜明旭,赵文辉,王峻峰,等.基于有限元的座舱罩自动铆接力学分析[J].机械设计,2022,39(S2):1-5.

[3] 李佳欢.A286 高温合金沉头实心铆钉设计与仿真[D].天津:天津理工大学,2022.

[4] 管延锦,解振东,胡国锋,等.超声振动辅助铆接精确成形[OL].DOI:10.13330/j.issn.1000-3940.2021.09.017.

[5] 黄志超,李玲玲,李海洲.碳纤维复合材料与 5052 铝合金空心与半空心自冲铆接静强度分析[J].塑性工程学报,2022,29(02):20-27.

[6] 陈云鹤,范治松,龚成鹏,等.铆接方式对 2A10 铆钉镦头变形的影响[J].塑性工程学报,2021,28(10):130-140.

[7] 傅雅宁,赵世恒.仿生蜻蜓扑翼飞行器模型设计与气动特性分析[J].机械设计,2021,38(10):79-87.

[8] 黄志超,程露,涂林鹏,等.不同纤维铺层玻璃-碳纤维混杂复合材料与铝合金自冲铆接强度对比[J].塑性工程学报,2020,27(10):54-61.

[9] 单长啸.超声振动辅助无铆钉铆接工艺数值模拟及优化设计[D].济南:山东大学,2020.

[10] 郑学丰.碳纤维-铝合金薄板新型胶铆接合工艺研究[D].秦皇岛:燕山大学,2020.

飞机铆接工艺及发展概述

马泽地　　楚东龙

(山东中航和辉航空标准件有限责任公司,山东·济南,250102)

摘要：铆接装配在飞机的制造过程有十分重要的地位,随着对飞机性能要求的不断提高,人们愈来愈重视铆接质量,使其适应质量稳定、生产速率高、疲劳寿命长的要求。本文主要对飞机铆接技术发展中 3 种典型的铆接方式方法:人工铆接、自动铆接、电磁铆接进行介绍,从他们的发展历程、工艺、原理、优缺点进行了阐述。

关键词：人工铆接;自动铆接;电磁铆接

1　引　言

随着航空制造业的发展,飞机部件的连接的要求越来越高,对铆接的要求也是越来越高。无形之中推动着铆接技术不断向前发展,出现了液压铆接技术、自动钻铆技术、电磁铆接技术等。铆接的技术最早可以追溯到埃及和古希腊时期,19 世纪末到 20 世纪初,铆接开始应用在航空业上。随着飞机的不断发展,飞行速度和高度不断提高,尤其是高硬度铝合金成为飞机制造的主要材料后,铝合金在高温下容易变形,降低机械性能的缺点越来越明显,飞行中的共振和应力变化使焊点非常容易断裂。因此,铆接成为飞机零件连接的最终选择。飞机的高运行速度和大空间对其可靠性提出了严格的要求。铆钉具有工艺简单、拆卸方便、可靠性强等特点,可以在飞机上展示自己的技能。

2　人工铆接

人工铆接的工艺流程:

(1)准备工作:需要准备好需要铆接的金属件和铆钉,同时还需要准备好铆接工具和设备。

(2)钻孔:在需要铆接的金属件上钻孔,钻孔的位置和大小还需要根据铆钉的尺寸和要求来确定。

(3)安装铆钉:将铆钉插入钻孔中,然后用铆枪将铆钉的一端压入金属件中,使其与另一端的头部形成一定的凸起。

(4)压制铆钉:使用铆枪将铆钉的头部压制成一定的形状,使其与金属件紧密连接在一起。

铆接时,必须把飞机外表面上所有的凸起物都去掉,任何可能引起湍流及阻力的因素都必须减至最少。使用钉头与被铆接面齐平的铆钉,消除了铆接平面的阻力,从而实现更高的速度。齐平铆接工艺的选择取决于铆钉附近的蒙皮厚度。

第一种方法,埋头孔法。假设打一个直径为 1/8 英寸、钉头为 100° 的埋头铆钉。此工艺最好用于 1 mm 以上厚度的板材。从组装板材开始，为铆钉钻一个孔，用的是 1/8 英寸的铆钉，所以要钻 30 号孔。然后使用专用的沉孔工具进行沉孔。使用双刃、100°斜角、30 号导向轴的刀具。除非获得应力工程师的批准，否则埋头孔不允许穿过第一层蒙皮。如果板材在打埋头孔时正确夹紧，则不需要拆开它们来夹紧。下一步插入铆钉，铆钉长度通过将铆钉直径的 1.5 倍加板材厚度来确定，可以使用带有齐平铆钉底座和普通冲床的机动振动钉枪，普通的铆接技术就可以打这种类型的铆钉，成型铆钉的端头应为钉芯直径的 1.3 倍，高度约为直径的一半。根据空气动力学要求，铆钉表面必须在 ±0.05 mm 的公差内。

　　第二种方法，双凹槽法结构要求使得必须在铆钉旁边对板材进行凹陷处理，如果板材厚度小于 1 mm，这种双凹槽法用于薄板的平齐铆接，这里再次从 30 号孔开始，然后插入铆钉，铆钉的长度同样是材料的厚度，加上铆钉直径的 1.5 倍，铆接工具使用一个标准的齐平铆钉底座，冲头使用一个特殊的凹陷工装，冲头由工具部门调整，以便提供正确的角度和凹陷深度。用铆钉作为冲头，把两张板压成一个凹窝，移走凹陷工装钉枪，保留标准齐平底座，然后继续用普通的冲头进行工作，这种类型的铆钉需要比上一种方法需要更多的技巧，铆钉的任何偏移都会导致凹陷、边缘开裂，铆钉必须笔直打入。

　　第三种方法，预压槽法。用于铆接比上一种板材稍厚的板材，同时是一个独立的嵌套。然后在挤压机上拆开板材，分别加工，注意成型工具的角度，上层板的冲头，铆钉接触面为 100°，凹模的夹角为 110°，底层板材的冲头夹角也是 110°。为了与上层板对应，凹模夹角为 120°，为了获得良好的零件嵌套，这种差异是必要的。完成压槽操作后，重新组装零件，直到铆接完成，铆钉被插入，继续使用常规的齐平铆钉底座和普通的冲头，打这种类型的铆钉需要操作人员掌握与前一种方法相同的技能，把铆钉钉直是很重要的。

　　第四种方法，预压槽和埋头孔组合法。用于顶层板太薄无法埋头或下层板太厚而无无法成型时，必须用预成型加下沉孔的方法，上层板材小于 1 mm 时必须进行压槽，下层板材厚于 1 mm 时要进行沉孔。拆下板材，并对上层板材进行机加工。在挤压机上使用专用压槽工具，使用专用的沉孔工具对底板进行沉孔加工，凹槽和埋头孔的角度非常重要，铆钉侧的凹槽角度必须为 100°，因为铆钉头是 100°，薄板另一侧的角度是 110°，埋头孔的角度也是 110°，使用钣金夹具装配，插入铆钉。接着使用钉枪的标准底座和普通冲头。因为下层板上没有导致开裂或损坏的边沿。

　　此外，一架飞机上的铆钉有上百万个，这是非常庞大的劳动量，运载火箭装配劳动量约占整体劳动量的 40%～50%，其中铆接占 30%。

3　自动铆接

3.1　自动铆接发展历程

　　我国在 20 世纪 80 年代就已经意识到了航空制造的未来发展，并研制自动钻铆机器人，历经艰难终于在 20 世纪 90 年代取得了技术突破。比如大型翼板的自动钻铆设备。自动钻铆机器人的速度是手工钻铆的 5 倍，而误差值只有手工钻铆的十分之一。自动钻铆技术大大提升了飞机的生产效率、安全性和使用寿命。飞机机体连接部位的连接水平直接影响着飞机的寿命，尤其是对运—20、C919 这样的大型飞机。除了保证质量和速度，自动钻铆机器人还会打造出隐身效果最出色、气动设计最优异的机体外部表面，这对我国打造隐身空中战队极为重要。

随着飞机的发展,对疲劳寿命、密封、防腐的要求越来越高,航空制造领域发展了各种先进技术。其中机械连接技术十几年的应用证明,采用自动钻铆机后装配效率比手工铆接装配提高了 10 倍,并能节约安装成本,改善劳动条件,更主要的是能够确保安装质量,大大减少人为因素造成的缺陷。现在采用自动钻铆机已成为改善飞机性能的主要措施之一。MPAC 自动钻铆系统见图 1。

美国早在 20 世纪 50 年代初就在飞机铆接装配生产线上应用了自动钻铆机,经过了几十年的发展,现在世界各航空工业发达国家都已广泛采用这项技术。以不同的飞机结构为对象,发展多种型号的数控自动钻铆系统,不仅能够铆接壁板,而且还可以铆接各种组件,提高了飞机装配的效率。同时对各种干涉配合新型紧固件进行自动安装。通过增加附件,可以对两件型紧固件进行自动安装,如环槽钉、高锁螺栓、锥型螺栓等,也可以对无头铆钉进行干涉配合铆接,从而提高铆接结构疲劳寿命 5~6 倍,对提高飞机的整体油箱的密封铆接质量有重大意义。

图 1　MPAC 自动钻铆系统

3.2　自动铆接工艺

飞机自动钻铆能够实现飞机机身、机翼等处壁板的自动钻铆装配,极大地提高了飞机装配质量与装配效率。自动钻铆工艺结构的整个过程预先通过编程全部由 CNC 程序控制,自动钻铆工艺是在一台设备上一次性地连续完成夹紧、钻孔、锪窝、注胶、放铆、铣平等工序。由于机床能够带有高速高精度的转削主轴头,一次进给既能钻出 0.005 mm 内高精度的孔,同时埋头窝的深度也可精确控制在 ±0.01 mm 内,再加上机床由数控系统控制各轴运动,并采用精密自动化工装夹具,使得铆钉墩头高度保持一致,不受人为因素的影响。所有的这些因素均使钉杆在孔中的充填质量大为改善,从而有利于提高细节疲劳强度许用值。此外,由于钻孔时铆接件处在高的夹紧力下,层间不会产生毛刺和进入切割,可以减小疲劳载荷下发生磨蚀损伤的程度,这些有利于提高接头的疲劳强度。现代飞机设计已经实现数字化,开发应用脱机编程系统使得飞机组件的数模通过脱机编程系统生成数控铆接程序,实现各种组件的铆接数字化,对实现飞机制造数字化具有重大意义。

目前,波音、空客有关飞机机构设计手册中明确规定:为确保连接质量,设计时应使自动化铆接获得最大程度的使用。由此可以看出,自动铆接技术不只是工艺机械化、自动化的要求,更主要的还是飞机本身性能的要求。由于设计上的这一要求,就使得自动钻铆技术的发展具有生命力。所以近几十年来,自动钻铆技术得到迅速发展。自动钻铆技术从 20 世纪 50 年代开始起步,吸收了自动控制、传感器、计算机仿真、计算机远程控制、和远程通信以及机器人领域的新技术和新工艺。

4　电磁铆接

4.1　电磁铆接发展历程

为满足大飞机的高可靠性、长寿命的要求,复合材料、钛合金等新材料在飞机结构中所占比例越来越大。传统铆接工艺难以满足这些新材料的工艺要求。于是便寻求一种新的工艺方法——电磁铆接技术,来满足飞机制造中新型工艺的要求。

电磁铆接现在已经广泛应用于航空制造业,电磁铆接技术在铆接难成形材料及复合材料结构方面有传统铆接方法无法取代的优势,该技术已在A340、A380及波音系列飞机上得到了应用。

1958年出现了第一台电磁成形设备,后来电磁成形工艺在美国、苏联、日本、欧洲的航空、宇航和汽车等工业部门得到了广泛应用。到1980年美国已有多台电磁成形设备,苏联也有多台。美国、俄罗斯的电磁成形设备均已经系列化。经过多年的发展,电磁成形无论是在理论研究方面,还是在应用方面都取得了重大发展。

20世纪70年代格鲁门公司为配合F-14的研制而研制出一种新的电磁铆接装置,成功地解决了因干涉配合紧固件连接钛合金结构和厚夹层结构所遇到的困难。此外,波音公司在20世纪70年代也发明了电磁铆接设备,使用双枪进行液密干涉配合铆接,已纳入工艺说明书之中。到了20世纪80年代,波音公司曾将电磁铆枪装到自动钻铆机上使用。大约在1994年,波音公司开始在新型737飞机机身上使用电磁铆接技术。

电磁铆接成形时,材料的变形方式不同于准静态加载,因而对一些特殊的材料的成形有着其他方法无法代替的优越性。与普通铆接方法相比,电磁铆接由于加载速率高,铆钉成形快,钉杆膨胀均匀,因而采用这一方法进行干涉配合铆接产生的干涉量均匀,接头疲劳寿命长。另外,电磁铆接对一些冷塑性较差,普通铆接方法难以铆接的材料仍能成功地实施。

第一阶段:20世纪70年代研制成功了固定式的电磁铆接设备;20世纪80年代初期到中期,研制了小型手提式电磁铆接设备。即高电压电磁铆接设备的研制,工作电压一般为5 000～8 000 V。

第二阶段:20世纪80年代末期到90年代初期,采用了低电压的电磁铆接技术,工作电压一般低于600 V,个别也有1 200 V,即低电压电磁铆接阶段。

第三阶段:也就是现在,美国电磁铆接技术的研究已进入了第三阶段的研究,即自动化电磁铆接阶段,已开始进行了计算机控制和低电压的电磁铆接设备的工程化研究。

4.2　电磁铆接原理

电磁铆接是在电磁成型工艺的基础上发展起来的。在放电线圈和工件之间增加了一个线圈和应力波放大器(调制器)。放电开关闭合的瞬间,初级线圈中通过快速变化的冲击电流,在线圈周围产生强磁场。与初级线圈耦合的次级线圈在强磁场的作用下产生感应电流,进而产生涡流磁场,两磁场相互作用而产生涡流斥力,并通过放大器传至铆钉,使铆钉成形。涡流力的频率极高,在放大器和铆钉中以应力波的形式传播(电磁铆接也称为应力波铆接)。

电磁铆接的加载速率极高,在热力学耦合上,可以把铆钉变形过程看作是绝热过程,铆钉的塑性变形以绝热剪切的方式进行。铆钉在几百微妙到一毫秒的瞬间完成墩头的成形。采用电磁铆接时,材料的动力学响应不同于普通铆接。普通铆接时,材料的变形方式为均匀滑移变形,而电磁铆接时,特别是高压电磁铆接,材料以绝热剪切方式变形。

其主要应用在干涉配合铆接、复合材料结构铆接、干涉配合紧固件安装。

4　三种铆接技术的优缺点比较

4.1　电磁铆接优缺点

(1)铆接工作便捷。铆接工作一般由两个工人分别持铆枪和顶铁同时锤击铆钉来完成,往往由于结构开敞性差,两名操作者不得不通过敲击结构或大声喊叫来传递信息,工作效率低,而且容易出错。为了解决这个问题,电磁铆接设备带有指示灯,一次传统的对话方式。铆接过程如下:当铆枪操作者按下差点按钮进行充电时,铆枪和顶铁上的"充电"红灯亮;当充电到设定值时,铆枪和顶铁上的"充电到"黄灯亮;持顶铁者做好准备时按下准备按钮,此时铆枪上的"准备"绿灯亮,持铆枪者明白此时可以进行铆接,按下铆接按钮即可以完成铆接工作,如果持顶铁者没有做好准备,及时持铆枪者按下铆接按钮也不会进行铆接。

(2)电磁铆接具有很高的精度和质量,但是铆接成本也会变高。

4.2 自动铆接优缺点

(1)不需要预先或事后处理,允许有夹层和多层连接。
(2)操作简单、消耗低、维修费少。
(3)全自动化铆接机可以自动化供钉,省时省力,提高效率。
(4)不损伤工件表面的保护层。
(5)铆接成本变高。
(6)环境好,无噪声,无灰尘。

4.3 人工铆接优缺点

(1)人具有主观能动性,应对突发状况的能力比机器好。
(2)经济性要比自动铆接和电磁铆接要好。
(3)连续、单一的工作可能会使操作人员的出错率增加。
(4)人工效率低下。

5 结束语

随着航空事业的发展,对于飞机的安全性与功能性要求越来越高。铆接作为飞机装配中一项重要的任务,其安全性、工作效率都与飞机的整体性能息息相关。无论是人工钻铆、自动钻铆还是电磁铆接技术都经历了较长的发展时间,同时在自动钻铆和电磁铆接方面都较大的发展空间。时代在进步,科学技术更在进步,要想在铆接这一方面取得更大的进步,就要加深理念,虚心务实,不仅要向内深耕,更要向外发展。不仅要在人工钻铆、自动钻铆或是电磁铆接探究其继续完善发展的可能性,更要探索新的铆接技术与工艺。

参考文献

[1] 曲立娜. 大尺寸薄壁工件自动钻铆机结构的研究与设计[M]:大连:大连理工大学大学出版社,2006.
[2] 楼阿丽. 国内外自动钻铆技术的发展现状及应用[J]. 航空制造技术,2005(06):50-52.
[3] 喻龙,张易镰,王宇晗.飞机自动钻铆技术研究现状及其关键技术[J].航空制造技术,2017(09):16-25.
[4] 费军. 自动钻柳技术发展现状与应用分析[J]. 航空制造技术,2005(06):40-44.
[5] 曹增强.电磁铆接技术[J].塑性工程学报,2007(02):120-123.
[6] 邓将华,李春锋.电磁铆接技术研究概况及发展趋势[J].锻压技术,2006(5):10-14.

高性能复合材料增材制造技术的研究现状

张聘　李玥萱　白龙　王奉晨

（航空工业济南特种结构研究所，高性能电磁窗航空科技重点实验室，山东·济南，250023）

摘要： 随着航空航天领域对高性能复合材料的需求升级，传统制造成形已逐渐难以满足复杂、多功能构件的制造。三维打印作为一种先进快速成型制造技术，为高性能复合样件的高效、低成本制备提供了一种可能。本文主要围绕基于融熔沉积成形的纤维增强复合材料制造技术，分别介绍了高性能打印材料类型、融熔沉积打印原理、喷头设计原理与试验装备类型，并针对国内外高强韧、复杂镂空、耐高温等不同类型高性能复合结构的研究现状进行了总结与简要分析。

关键词： 3D打印；纤维增强；复合材料

1　引　言

过去30年间，3D打印正在迅速改变着人类生产生活方式，在汽车、航空航天、制造和医疗等领域发挥着重要作用。随着大型构件轻量化发展，高性能复合材料在工业领域的应用逐渐广泛。据统计，全球复合材料市场需求量逐年递增，美国高性复合材料市场预计自2017年至2025年会以11.3％年增速进行发展（见图1）。同时，3D打印高性能复合材料市场2017年至2022年已增长至11.1亿美元（见图2），其中在航空航天领域的应用较多。

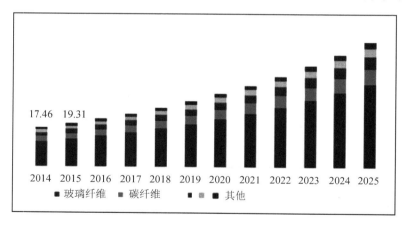

扫码查看彩图

图1　美国高性复合材料市场发展

因此，3D打印技术作为一种可快速实现三维模型转换的制造技术，极大地解决了高性能复合材料在传统制造成形过程中的瓶颈，为轻质高性能复合构件的快速低成本制造提供了一种有效的技术途径。本文主要围绕高性能复合材料，从打印材料类型、工艺原理与装备以及3D打印高性能复合材料研究现状等几个方面进行介绍以及简要分析。

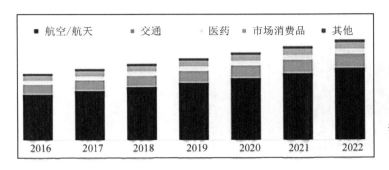

扫码查看彩图

图 2　3D 打印高性复合材料市场发展

2　高性能打印材料类型

高性能复合材料一般是由高性能树脂基体、纤维增强材料以及其他填料等材料以不同方式复合而得的新型材料(见图 3),各组分之间相互补充又关联协同,具有单一材料无可比拟的优势。在适用于 3D 打印的复合材料中,有两种纤维增强复合材料,分别为短切纤维复合材料和连续纤维复合材料。短切纤维复合材料是将各种短纤维加入基体材料中作为增强相;连续纤维复合材料是将连续纤维束,例如碳纤维、玻璃纤维、凯夫拉纤维等作为增强相,通过浸润至树脂基体进行固化。

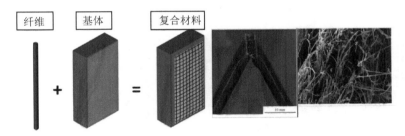

图 3　高性能复合材料组成示意图

相较于连续纤维复合材料,短切纤维复合材料的增强作用较弱,机械性能的改善有限,例如 2wt％短切碳纤维/PEEK 的拉伸强度约 81.60 MPa,比纯 PEEK 提升了 29％(见图 4),而连续纤维增强复合材料性能提升巨大,例如连续碳纤维增强尼龙复合材料的拉伸强度可高达 800 MPa。

3　高性能复合构件打印原理与试验装备

与传统金属材料相比,高性能复合材料具有轻质、高强韧性、耐腐蚀性以及耐磨损性等优点,被广泛应用于诸多工业领域。目前,主流高性能复合材料打印工艺主要以熔融沉积成型(FDM)为主。FDM 成型原理是利用电阻丝对热熔装置进行加热至合适温度,由送丝装置将材料送入到热熔装置进行熔化,并通过喷嘴在托盘表面逐层铺设熔融状的丝材,挤出的丝材会立即和上一层材料黏合固化(见图 5)。

其中,基于连续纤维增强的复合材料 FDM 成形可通过共挤出或者双挤出等方式进行制

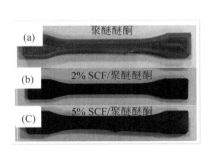

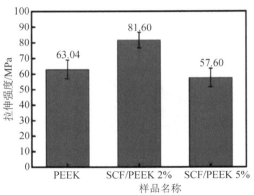

图 4　PEEK/短切碳纤维复合材料拉伸强度

备，如图 6 所示。共挤出打印可以是干纤维与聚合物丝束进行挤出，也可以是连续纤维预浸丝束与聚合物丝束共挤出（见图 6(a)），两者区别在于纤维丝束与基体的浸润程度不同。而双挤出则是利用不同加热头进行先后挤出铺层，适用于制备多材料多梯度型构件（见图 6(b)）。

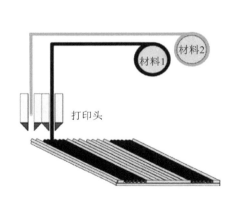

图 5　短切碳纤维/PEEK 复合材料拉伸强度

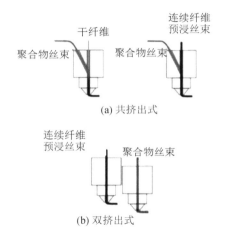

图 6　基于连续纤维增强打印头原理

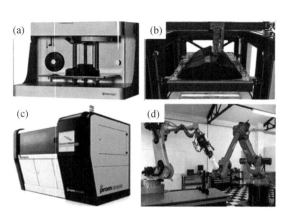

图 7　连续纤维复合材料增材制造装备

美国 MarkForged 公司在 2014 年研制出了全球首款基于连续碳纤维增强复合材料的桌面级 3D 打印机 Mark One，两年后该公司又推出了升级款设备 Mark Two（见图 7(a)）。该设备支持的打印材料兼容性更强，主要包括碳纤维、凯夫拉、玻璃纤维等，可实现用于大批量生产的复杂几何结构的复合材料零件一体化制造。此外，CEAD 公司也开发了一款工业级龙门式 CF - 3DP 打印机，适用于基于多种热塑性聚合物/连续纤维增强复合材料制造，例如聚醚醚酮（PEEK）、聚乳酸（PLA）和聚丙烯（PP）（见

图 7(b))。Anisoprint 公司推出的 ProM IS 500 设备主要用于耐高温性连续纤维增强热塑性复合材料,打印头可加热至 400 ℃,适用于 PEEK 和 PEI 等复合材料制备(见图 7(c))。Continuous Composites 公司开发了紫外线快速固化热固性树脂预浸渍的连续纤维预浸材料作为原料,同时使用机械臂沉积和固化预浸材料(见图 7(d))。

4　3D 打印高性能复合构件研究现状

近年来,高性能复合构件主要向高强韧、轻量化、智能化以及多功能化等方向发展,其中,复合构件的材料选择、结构设计以及成形设计一直是研究人员广泛关注的问题。本小节分别介绍了四种不同类型复合构件的增材制造研究现状。

4.1　3D 打印强韧型复合结构

为进一步获取具有优异综合性能的复合材料,研究人员常利用多材料混杂设计以及打印路径优化等方法来提高整体复材的力学性能。例如,Zou 等人将连续玻璃纤维与碳纤维独特的韧性与刚性相结合,通过对复合材料层数以及各层材料进行多元化调控设计,如图 8 所示。经测试结果表明,混杂后的纤维复合材料的抗冲击性具有明显提升(约为连续碳纤维/尼龙复材的 2.5 倍)且拉伸强度变化较不明显(损失约 7%),这说明混杂纤维未来可适用于防弹设备。

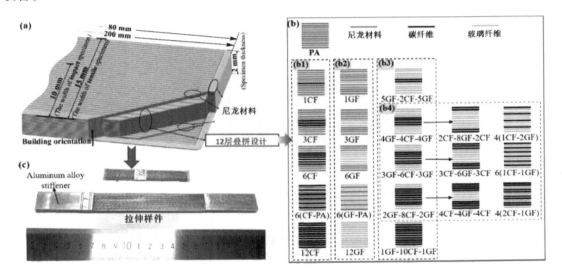

图 8　基于 3D 打印高强韧混杂纤维的层厚及材料设计

Dong 等利用连续纤维打印路径配置设计进一步优化了菱形结构形貌与打印质量(见图 9)。结果表明,打印路径为"类梯形"时,纤维增强整体构件能够实现纤维的均匀分布以及良好的打印质量、力学性能,但是现阶段构件整体幅面较小。

4.2　3D 打印蜂窝结构

3D 打印连续纤维复材构件由于具有较高的比强度和刚度在航空航天领域中得到了广泛的应用。其中蜂窝结构是一类最具有典型代表的镂空结构,该结构不仅须具有承载性,还须具

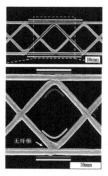

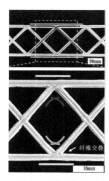

 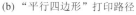

(a)"类三角形"打印路径　　　(b)"平行四边形"打印路径　　　(c)"类梯形"打印路径

图 9　不同打印路径配置制备 CFRCLS

有一定的功能性(例如耐高温、透波性)。国内 Fang 等和 Duan 等分别围绕热固性连续纤维增强 3D 打印进行了一系列结构样件的制造工艺参数探究,分别包括蜂窝结构、网格结构等其他镂空结构,验证了在该工艺下可实现大曲率结构样件制造的可行性(见图 10 和图 11)。同时,通过对比短切纤维增强复合材料与连续纤维增强复合材料的拉伸强度,结果可以明显看出,热固性连续纤维增强复合材料的拉伸强度可增加 5～6 倍。然而,现阶段 3D 打印连续纤维增强热固性蜂窝结构的表面成型质量仍相对较差,同时蜂窝结构难以满足较小边长的打印(≤5 mm)。

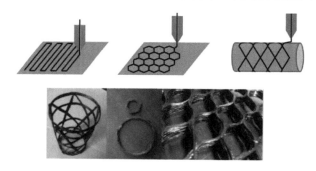

图 10　热固性连续纤维增强 FDM 3D 打印技术

与此同时,蜂窝结构单元晶胞与拓扑优化设计为基于连续纤维增强蜂窝结构增材制造提供了更大的可能性,优化得到的独特结构不仅解决了原有蜂窝结构增材制造技术难题,还能够更大程度上实现蜂窝结构轻质、强承载等优异性能。Chao 等设计并制备了一种连续芳纶纤维增强负泊松比蜂巢结构(见图 12)。研究发现,蜂巢结构中连续的纤维可以有效阻止压缩过程中裂纹在基体中的传播,在这项研究中制备的负泊松比蜂巢结构的纤维含量仅使复合结构的质量增加 6wt％,复合结构的压缩刚度和能量吸收能力分别增加了 86.3％和 100％。Sugiyama 等对类蜂窝镂空构件进行多尺度打印路径设计与结构拓扑优化的研究,利用 FDM 成型技术来获得结构功能化一体类蜂窝构件制备(见图 13)。在减重方面,近年来,国内外研究学者借鉴立体镂空结构想法,探索了基于金字塔、弹簧型以及网格型结构的连续纤维增强复材 3D 打印技术。例如,Eichenhofer 等提出了一种超轻质承载夹层结构的一体化 3D 打印成形方法,其中芯材结构为三维立体镂空晶格结构,密度约为 9 mg·cm⁻³,且整体结构具有一定力学性能(压缩模量为 13.2 MPa,抗压强度为 0.20 MPa,如图 14 所示)。

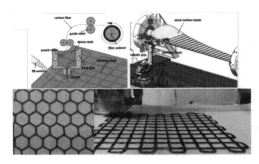

图 11 基于电子束固化的热固性连续
纤维增强蜂窝结构 3D 打印技术

图 12 3D 打印连续芳纶纤维增强
负泊松比蜂巢结构

(a) 蜂窝结构

(b) 菱形结构

(c) 矩形结构

(d) 环状结构

图 13 3D 打印类蜂窝镂空构件的不同路径规划

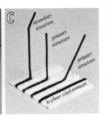

图 14 超轻质承载夹层结构的一体化 3D 打印成形方法

4.3 3D 打印耐高温陶瓷基复合结构

随着航空航天领域中需求的不断迭代,现有耐高温材料及其相关制造技术难以满足未来需求。因此,基于 3D 打印陶瓷纤维增强复合构件的研究受到了研究学者的关注,其中连续陶瓷纤维增强材料因其优异的耐高温高承载特性,在工程领域的应用具有潜力。例如,西安交通大学 Li、Lu 等提出了一种基于共挤出式打印 C_f/SiC 复材的方法,经后处理得到的耐高温构件可实现 146 MPa 的最大弯曲强度以及 3.77 MPa 的最大断裂韧性(见图 15)。

此外,中科院 Huang 等提出了基于高温熔融沉积与反应烧结相结合的 SiC 陶瓷制备方法(见图 16)。通过利用高温原位修饰粉末,低温释放应力来制备高塑性打印胚体(固含量超过

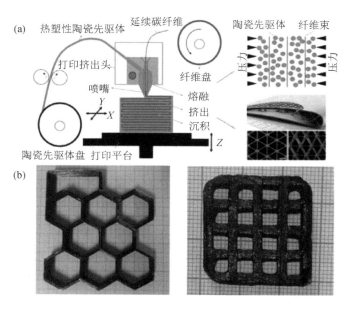

图 15　3D 打印基于耐高温陶瓷基复合构件

60vol%)。与此同时,基于对 SiC 构件的拓扑优化设计以及后处理工艺优化实现了低残硅/碳的高效渗透性和致密性,最终得到样件密度可达(3.05 ± 0.029)mg·cm^{-3},弯曲强度可达(3.10 ± 39.32)MPa,基本接近于传统工艺成形的陶瓷基复材性能,但对于非平面结构的耐高温陶瓷基 3D 打印并未进行深入的探索。

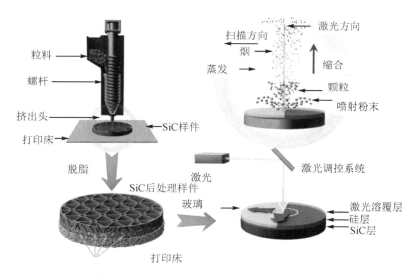

图 16　3D 打印基于耐高温陶瓷基复合构件

5　结　论

现阶段,3D 打印高性能复合材料在航空航天领域中的应用需求不断增加,其中高强韧、轻量化、多功能化复材的增材制造仍然存在一些瓶颈。

（1）基于混杂纤维增强高强韧结构增材制造的工艺还不成熟，目前只停留在基础工艺探索以及机械性能验证，包括层间结合强度、打印缺陷以及多材料多层设计等，距离实际工程应用仍较远。

（2）针对复杂镂空结构的连续纤维增强3D打印过程中，连续纤维大曲率打印工艺仍受到结构尺寸与打印曲率限制，从而导致整个构件形状精度不理想，尤其是多边形或更复杂三维形状。此外，针对3D打印三维立体镂空晶格结构，目前材料基体仍为常规树脂，因此，整体镂空结构的机械性能有待提高。

（3）基于3D打印耐高温陶瓷基复合结构，现阶段共挤出成形制备的连续陶瓷基复材浸润性差，从而影响了整体构件力学性能。此外，陶瓷基复合结构的后处理工艺与材料属性关系密切，提高整体陶瓷复材的表面成型质量一直是需要解决的问题之一。

高性能复合材料3D打印技术是一种材料、结构以及制造等领域的交叉型前沿技术。本文通过对高性能打印材料类型、打印原理及喷嘴设计、装备类型进行介绍，总结了现阶段国内外基于3D打印纤维增强热塑/热固性复合材料的不同类型复合结构的研究现状，提出了存在的技术瓶颈，以望进一步提高复合材料一体化成形质量，拓展该类材料未来在航空航天非金属复合材料飞行器、大型构件中的应用。

参考文献

［1］Sonnenschein R. , Gajdosova K. , Holly I. FRP Composites and their Using in the Construction of Bridges [J]. Procedia Eng. 2016, 161, 477-482.

［2］Soutis C. Carbon fiber reinforced plastics in aircraft construction[J]. Materials Science and Engineering: A, 2005, 412(1-2): 171-176.

［3］李涤尘，鲁中良，田小永，等. 增材制造——面向航空航天制造的变革性技术[J]. 航空学报，2022，43 (4)：22-38,3.

［4］Pervaiz S, Qureshi T A, Kashwani G, et al. 3D printing of fiber-reinforced plastic composites using fused deposition modeling: a status review[J]. Materials, 2021, 14(16): 4520.

［5］Chacón J M, Caminero M A, Núñez P J, et al. Additive manufacturing of continuous fibre reinforced thermoplastic composites using fused deposition modelling: Effect of process parameters on mechanical properties[J]. Composites science and technology, 2019, 181: 107688.

［6］Gupta A, Fidan I, Hasanov S, et al. Processing, mechanical characterization, and micrography of 3D-printed short carbon fiber reinforced polycarbonate polymer matrix composite material[J]. The International Journal of Advanced Manufacturing Technology, 2020, 107: 3185-3205.

［7］Yang D, Cao Y, Zhang Z, et al. Effects of crystallinity control on mechanical properties of 3D-printed short-carbon-fiber-reinforced polyether ether ketone composites[J]. Polymer Testing, 2021, 97: 107149.

［8］Peng W, Bin Z O U, Shouling D, et al. Effects of FDM-3D printing parameters on mechanical properties and microstructure of CF/PEEK and GF/PEEK[J]. Chinese Journal of Aeronautics, 2021, 34(9): 236-246.

［9］Zhang J, Zhou Z, Zhang F, et al. Performance of 3D-printed continuous-carbon-fiber-reinforced plastics with pressure[J]. Materials, 2020, 13(2): 471.

［10］Chen K, Yu L, Cui Y, et al. Optimization of printing parameters of 3D-printed continuous glass fiber reinforced polylactic acid composites[J]. Thin-Walled Structures, 2021, 164: 107717.

［11］Caminero M A, Chacón J M, García-Moreno I, et al. Interlaminar bonding performance of 3D printed continuous fibre reinforced thermoplastic composites using fused deposition modelling[J]. Polymer Testing，2018，68：415-423.

［12］Hu B，Duan X，Xing Z，et al. Improved design of fused deposition modeling equipment for 3D printing of high-performance PEEK parts［J］. Mechanics of Materials，2019，137：103139.

［13］Mori K，Maeno T，Nakagawa Y. Dieless forming of carbon fibre reinforced plastic parts using 3D printer ［J］. Procedia engineering，2014，81：1595-1600.

［14］邢悦，何鹏飞，李竞龙，等. 连续纤维增强聚合物复合材料增材制造工艺研究进展［J］. 复合材料学报，2023，41：1-19.

［15］Blok L G，Longana M L，Yu H，et al. An investigation into 3D printing of fibre reinforced thermoplastic composites［J］. Additive Manufacturing，2018，22：176-186.

［16］Zhuo P，Li S，Ashcroft I A，et al. Material extrusion additive manufacturing of continuous fibre reinforced polymer matrix composites：A review and outlook［J］. Composites Part B：Engineering，2021，224：109143.

［17］Bex G J P，Ingenhut B L J，Ten Cate T，et al. Sustainable approach to produce 3D-printed continuous carbon fiber composites："A comparison of virgin and recycled PETG"［J］. Polymer Composites，2021，42(9)：4253-4264.

［18］Zhuo P，Li S，Ashcroft I A，et al. Material extrusion additive manufacturing of continuous fibre reinforced polymer matrix composites：A review and outlook［J］. Composites Part B：Engineering，2021，224：109143.

［19］Ding S，Zou B，Zhuang Y，et al. Hybrid layout and additive manufacturing of continuous carbon/glass fibers reinforced composites，and its effect on mechanical properties［J］. Composite Structures，2023，319：117133.

［20］董科. 3D 打印连续纤维增强格栅结构及其力学和形状记忆性能研究［D］.无锡：江南大学，2021.

［21］Hao W F，Liu Y，Zhou H，et al. Preparation and characterization of 3D printed continuous carbon fiber reinforced thermosetting composites［J］. Polymer Testing，2018，65：29-34.

［22］Wang B，Ming Y K，Zhu Y S，et al. Fabrication of continuous carbon fiber mesh for lightning protection of large-scale wind-turbine blade by electron beam cured printing［J］. Additive Manufacturing，2020，31：100967.

［23］］Quan C，Han B，Hou Z，et al. 3d printed continuous fiber reinforced composite auxetic honeycomb structures［J］. Composites Part B Engineering，2020，187：107858.

［24］Sugiyama K，Matsuzaki R，Ueda M，et al. 3D printing of composite sandwich structures using continuous carbon fiber and fiber tension［J］. Composites Part A：Applied Science and Manufacturing，2018，113：114-121.

［25］Eichenhofer M，Wong J C H，Ermanni P. Continuous lattice fabrication of ultra-lightweight composite structures［J］. Additive Manufacturing，2017，18：48-57.

［26］李赛，随雨浓，苗恺，等. 基于直写成型的连续碳纤维增韧碳化硅复合材料制备与性能研究［J］. 航空制造技术，2021，64(15)：36-41，51.

［27］Li F F，Ma N N，Chen J，et al. SiC ceramic mirror fabricated by additive manufacturing with material extrusion and laser cladding［J］. Additive Manufacturing，2022，58：102994.

材料技术

2023

耐高温低介电 Al_2O_{3f}/SiO_2 陶瓷基
复合材料制备及性能研究

门薇薇　徐慧　张术伟　朱思雨　杨茂伟

(航空工业济南特种结构研究所,高性能电磁窗航空科技重点实验室,山东·济南,250023)

摘要：连续纤维增强石英陶瓷基复合材料优异的介电性能和良好的耐高温性使其成为导弹天线罩的最佳候选材料之一。随着新型高超声速导弹和飞行器的快速发展,对天线罩等透波功能结构件的承受气动载荷能力和透波性能提出更高的要求,急需研制可在 1 200 ℃有氧环境下长时使用,同时兼具优异力学性能和介电性能的陶瓷基复合材料。本文以 2.5D - Al_2O_3 纤维编织体和硅溶胶为原料,在 Al_2O_3 纤维耐温特性研究的基础上,采用溶胶—凝胶工艺制备了 Al_2O_{3f}/SiO_2 复合材料。重点研究了制备过程参数对复合材料致密度、宏观力学性能和介电性能的影响。结果表明,当烧结温度为 1 000 ℃时,复合材料综合力学性能最优,弯曲强度为 129.84 MPa,拉伸强度为 98.87 MPa,层间剪切强度为 13.38 MPa,压缩强度为 122.20 MPa。同时,复合材料具有良好的透波性能,介电常数和介电损耗角正切值分别为 3.70 和 0.006。1 200 ℃条件下 Al_2O_{3f}/SiO_2 复合材料的高温力学强度保留率在 80％以上,表现出优异的耐高温性能。

关键词：氧化铝纤维；石英陶瓷；耐高温性能；力学性能；介电性能

1 引　言

随着现代军事战争技术的不断发展和国防现代化的要求不断提高,以"精确制导,远程打击"为目的的导弹战的地位变得愈加显著。导弹技术发展水平已成为衡量一个国家综合军事实力的重要指标。提升导弹飞行速度是提高打击效能的最直接途径,导弹技术的发展以及战争形态的转变使得导弹的飞行马赫数不断提高。作为导弹的重要组成部分和透波部件,天线罩既是弹体的结构部件又是制导系统的重要组成部分,既要承受导弹在飞行过程中产生的气动载荷和气动热等,以保护弹体前端的雷达导引头的正常工作,也要保证信号的正常传输,以实现导弹的飞行制导和精确打击。高超声速导弹的飞行速度快,工作时间长,对天线罩(天线窗)的长时间高温承载、耐烧蚀、耐冲刷、抗热震以及宽频透波等性能提出了更为苛刻的要求。天线罩/窗材料的技术水平是制约天线罩/窗乃至飞行器发展的重要因素之一。

导弹天线罩/窗材料主要包括纤维增强树脂基复合材料、石英陶瓷、氧化铝陶瓷、微晶玻璃、氮化物陶瓷、纤维增强陶瓷基复合材料等。纤维增强树脂基复合材料已广泛应用于低马赫数($<4Ma$)导弹天线罩中,但其耐热性能差,高温下易裂解形成自由碳(>500 ℃),已不能满足高马赫数导弹飞行过程中防热和透波要求。石英陶瓷具有优异的介电性能(室温下介电常数≈3.4,介电损耗$\approx4\times10^{-4}$),良好的高温介电稳定性(室温至 1 473 K,介电常数变化率$\leqslant$2％),且抗热震性能优良(热膨胀系数$\approx5.4\times10^{-7}$/K),已广泛应用于马赫数$\leqslant$5 的飞行器。随着高超声速导弹飞行速度以及飞行时间的进一步提升,石英陶瓷等传统陶瓷材料由于本质上仍然是脆性材料,承载力不足,同时存在大尺寸构件难成型及可加工性较差等缺点,限制了其进一步应用。连续纤维增强陶瓷基复合材料是指以连续纤维为增强体,以陶瓷或复相陶瓷为基体,通过适当工艺制备的复合材料。近年来,连续纤维增强石英陶瓷基复合材料在保持石英陶瓷材料耐高温、低介电、抗腐蚀等优点的同时,克服了陶瓷材料韧性不足的缺点,具有高的应用可靠性,已成为高热力状态下天线罩材料的主要选择。

通常,纤维的耐高温性决定了复合材料的使用温度,是目前制约高温透波复合材料发展的关键因素之一,故必须选择具备低的介电常数及损耗、优异的高温力学性能和抗氧化等性能的透波陶瓷纤维。常用的透波陶瓷纤维有氧化物纤维和氮化物纤维两种,前者包括石英纤维和氧化铝纤维等,后者包含氮化硼纤维、氮化硅纤维和硅硼氮纤维等。

石英纤维是一种玻璃态纤维,力学性能良好,介电常数和损耗角正切低且随温度升高变化不明显,是近年来国内外高马赫数导弹天线罩材料的主要增强纤维。SiO_{2f}/SiO_2 复合材料以石英纤维为增强体,以无定型氧化硅为基体,与石英陶瓷相比,大幅提高了材料的结构可靠性和抗热震性能,同时保持了石英陶瓷优异的介电性能,是目前研究最为成熟的耐高温陶瓷基透波复合材料。但也存在一定的不足之处,石英纤维在 1 150 ℃以上热处理会发生明显的析晶现象,发生玻璃相向方石英相的转变,新相析出过程产生的体积效应导致纤维强度下降很快。此外,石英纤维活性较高且模量较低,高温条件下容易与陶瓷基体发生扩散反应形成强界面结合,导致基体裂纹贯穿纤维,纤维无法发挥增韧补强作用,复合材料的力学性能较差。哈尔滨工业大学徐道新以真空和加压相结合的辅助浸渍方式,浸渍—干燥循环 8 次,制备的 SiO_{2f}/SiO_2 复合材料的弯曲强度为 38 MPa,介电常数在 2~18 GHz 内保持在 1.5~2.5,损耗角正切值小于 0.01,介电性能优异。

氮化物纤维的热膨胀系数低、介电性能适中,具有更为优异的高温力学性能,可作为透波纤维使用。但国内氮化物纤维制备技术尚未成熟,在生产过程中多用到 NH_3、H_2 等危险气体,制备工艺复杂,成本较高。此外,在面临含水汽、氧气的极端高温环境时,氮化物纤维容易发生氧化失效,难以在高温有氧环境中长时服役,无法保证力学性能的稳定。国防科技大学杨雪金等人对 Si_3N_{4f}/SiO_2 复合陶瓷材料的抗氧化性能进行了研究,结果表明,纤维含量超过 37% 的复合材料在 1 100 ℃氧化 1 h 后,抗弯强度有较大的下降,此时,强度保留率仅有 65%。

氧化铝纤维具有耐高温和抗蠕变等优点,不存在氧化问题,且其高温强度显著高于石英纤维。3M 公司的 Nextel 720 纤维,具有针状莫来石环绕微晶氧化铝的结构,1 400 ℃强度保留率约为 86%。纯氧化铝纤维线膨胀系数大、介电常数高且耐烧蚀性能差,一般不用作透波复合材料的增强体,含有一定量的 SiO_2 的氧化铝纤维介电常数有明显下降,易编织,将其与低介电常数的石英陶瓷基体结合使用有望用于耐高温透波复合材料领域。

因此,氧化铝纤维增强石英陶瓷基复合材料有望成为新一代耐高温热透波构件的候选材料,具有良好的应用前景。2.5D 结构纤维编织体具有良好的抗分层性和层间断裂韧性,更适合天线罩等曲面构件,硅溶胶来源广泛且成本低廉,溶胶-凝胶成型工艺简单,生产成本较低。本研究针对 1 200 ℃高温长时氧化环境下天线罩用高温透波复合材料,以硅溶胶和 2.5D 结构 Al_2O_3 纤维编织体为原材料,采用真空浸渍、溶胶-凝胶和高温烧结工艺快速制备高性能氧化铝纤维增强石英(Al_2O_{3f}/SiO_2)陶瓷基复合材料。通过研究复合材料的致密化过程,确定快速致密化工艺参数,缩短制备周期。研究 Al_2O_3 纤维的介电性能和力学性能,探究热处理温度对纤维拉伸强度以及 Al_2O_{3f}/SiO_2 陶瓷基复合材料力学性能的影响规律,确定最优制备工艺,并对复合材料的介电性能和 1 200 ℃高温力学性能进行了分析。

2　试验材料及方法

2.1　试验原材料

硅溶胶采用山东百特新材料有限公司生产的高纯度硅溶胶，SiO_2 含量为 20wt％～40wt％。Al_2O_3 纤维采用山东东珩胶体材料有限公司生产的 AF17 型 Al_2O_3 纤维，纤维直径 9～12 μm，2.5D-Al_2O_3 纤维编织体由天津工业大学编织，编织体实物图和结构图见图 1。

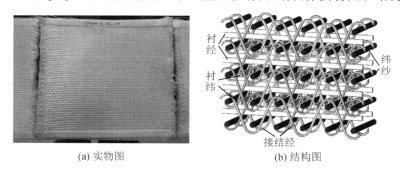

(a) 实物图　　　　　　　(b) 结构图

图 1　2.5D-Al_2O_3 纤维编织体

2.2　Al_2O_{3f}/SiO_2 陶瓷基复合材料制备

将 2.5D-Al_2O_3 纤维编织体在脱脂炉中 600 ℃热处理 1 h，去除纤维表面有机胶。将烘干后的织物放在真空浸渍桶内，抽真空 30 min 后将 SiO_2 溶胶通过压力差吸入浸渍桶内，继续抽真空 30 min，保压 30 min，保证 SiO_2 溶胶充分浸渍 Al_2O_3 纤维编织体。浸渍完成后，释放真空，然后将 Al_2O_3 纤维编织体转移至烘箱内固化。固化后的 Al_2O_3 纤维增强 SiO_2 陶瓷基复合材料中间体在真空气氛下以 800 ℃、900 ℃、1 000 ℃和 1 100 ℃分别烧结，经过多次致密化过程，分别制得 AS-800、AS-900、AS-1000、AS-1100 复合材料。Al_2O_{3f}/SiO_2 陶瓷基复合材料制备流程见图 2。

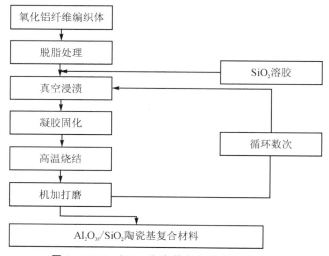

图 2　Al_2O_{3f}/SiO_2 陶瓷基复合材料制备流程

2.3　性能表征

采用质量-体积法测量复合材料的密度。依据 GJB 8736—2015 标准，通过万能试验机对复合材料进行拉伸强度和拉伸模量测试；依据 GB/T 1449—2005 标准，采用万能试验机对复合材料进行弯曲强度和弯曲模量测试；依据 GB/T 1448—2005 标准，采用万能试验机对复合材料进行压缩强度测试；依据 ASTM D2344 标准，采用万能试验机对复合材料进行层间剪切强度测试，1 200 ℃高温力学性能测试保温时长为 15 min。依据 GB 3362—81 标准，采用万能强力仪对 Al_2O_3 纤维的单丝拉伸强度测试，每组样品测试的纤维数量不低于 20 根。介电常数及损耗角正切值测试采用高 Q 腔法，测试频率为 10 GHz。

3　结果与讨论

对于连续纤维增强陶瓷基复合材料，纤维的耐温性限制了复合材料的烧结温度，为了掌握纤维在经过热处理后的性能，对 Al_2O_3 纤维在真空气氛下 800 ℃、900 ℃、1 000 ℃和 1 100 ℃分别进行 4 个周期的高温热处理，热处理后的 Al_2O_3 纤维的单丝拉伸性能见表 1。

表 1　氧化铝纤维单丝拉伸性能

序　号	热处理温度/℃	平均拉伸强度/GPa	平均拉伸模量/GPa	强度保留率/%
1	25	1.85	146.07	—
2	800	1.77	141.16	95.68
3	900	1.71	136.92	92.43
4	1 000	1.69	131.54	91.35
5	1 100	1.52	119.57	82.16

由表 1 中的结果可知，随着热处理温度的增加，Al_2O_3 纤维的拉伸强度和拉伸模量逐渐降低，经 1 000 ℃热处理 4 个周期后，Al_2O_3 纤维的拉伸强度保留率仍有 91.35%，而经 1 100 ℃热处理后，Al_2O_3 纤维的拉伸强度保留率降低至 82.16%，力学性能出现显著下降。结果表明，Al_2O_3 纤维的热处理温度应不超过 1 000 ℃。

根据 Lichtenecker 对数混合定律，复合材料的介电性能与各组成相之间存在如下关系：$\ln Y = \sum X_i \ln Y_i$，其中，Y 为复合材料的介电性能参数$(\varepsilon, \tan \delta)$，$X_i$ 和 Y_i 分别为材料中第 i 相的体积分数和介电性能参数。因此，Al_2O_3 纤维的介电性能对复合材料的透波性能有着重要的影响。将去除浸润剂的 Al_2O_3 纤维研磨成粉末与石蜡均匀混合压片后，通过高 Q 腔法和 Lichtenecker 对数混合定律计算对 Al_2O_3 纤维的介电性能进行了探究。介电试样实物图见图 3，测试结果见表 2。由测试结果可知，Al_2O_3 纤维介电常数平均值为 6.98。

由于硅溶胶在固化以及烧结阶段自身发生收缩，同时还有气体逸出，在产物内部留下孔隙，为了提高陶瓷基复合材料的致密化程度，需要进行多个周期浸渍-固化-烧结。图 4 为 Al_2O_{3f}/SiO_2 复合材料密度随制备周期数的增长曲线，发现到第 3 个制备周期时已基本达到致密化，继续增加循环次数，此时复合材料内部的孔隙变小，数量减少，硅溶胶的浸渍效率下降，复合材料的密度基本不变。但考虑到试样机加过程中不可避免机械损伤，出现新增裂纹，因此 Al_2O_{3f}/SiO_2 复合材料共需要 4 个制备周期，此时复合材料密度达到 2.03 g/cm^3。与其他研究结果相比,本研究的制备周期数远低于其他研究,致密化效率大大提升,这将有利于减小 Al_2O_3 纤维的热损伤,获得更高强度的 Al_2O_{3f}/SiO_2 复合材料。

图 3　Al_2O_3 纤维介电试样

表 2　Al_2O_3 纤维介电性能

试样名称	试样介电常数	Al_2O_3 纤维介电常数	Al_2O_3 纤维介电常数平均值
试样 1	3.58	6.54	
试样 2	3.04	7.18	6.98
试样 3	3.03	7.22	

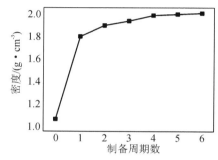

图 4　不同浸渍工艺下制备的 Al_2O_{3f}/SiO_2 复合材料的密度增长曲线

通常,纤维增强陶瓷基复合材料的性能由纤维、基体及其界面的性能决定,不同烧结温度下制备的 Al_2O_{3f}/SiO_2 复合材料,其基体和增强纤维的力学性能不同,复合材料的力学性能也必然存在较大的差异。在不同温度下制备的 Al_2O_{3f}/SiO_2 复合材料的室温力学性能见表 3,1 200 ℃下测得的高温力学性能见表 4,测试结果取平均值。

表 3　不同温度制备的 Al_2O_{3f}/SiO_2 复合材料的室温力学性能

试样名称	弯曲性能		拉伸性能		层间剪切强度/MPa	压缩强度/MPa
	弯曲强度/MPa	弯曲模量/GPa	拉伸强度/MPa	拉伸模量/GPa		
AS-800	97.71	14.75	109.27	23.63	11.28	53.53
AS-900	114.11	16.59	99.63	23.28	11.68	81.72
AS-1000	129.84	18.07	97.87	24.72	13.38	122.20
AS-1100	126.17	28.36	83.89	26.69	12.95	118.17

由表 3 和表 4 的测试结果可以看出,随着制备温度的提升,Al_2O_{3f}/SiO_2 复合材料室温下的弯曲强度呈增加趋势。AS-1000 复合材料室温弯曲强度最高,为 129.84 MPa,1 200 ℃强度保留率为 91.9%,表现出优异的耐高温性能。Al_2O_{3f}/SiO_2 复合材料的室温和高温下测得的拉伸强度均随温度的提升而逐渐减小,AS-800 复合材料室温拉伸强度最高,为 109.27 MPa,AS-1100 复合材料室温拉伸强度为 83.89 MPa,仍具有较好的拉伸性能,1 200 ℃强度保留率均在 84% 以上。在 800~1 100 ℃范围内,基体的致密度随着制备温度的增加而增加,纤维与基

表 4　不同温度制备的 Al_2O_{3f}/SiO_2 复合材料的 1 200 ℃ 力学性能

试样名称	弯曲性能		拉伸性能		层间剪切性能		压缩性能	
	弯曲强度/MPa	强度保留率/%	拉伸强度/MPa	强度保留率/%	层间剪切强度/MPa	强度保留率/%	压缩强度/MPa	强度保留率/%
AS-800	120.55	123.4	99.91	91.4	10.75	95.3	73.47	137.3
AS-900	117.15	102.7	87.39	87.7	12.64	108.3	90.62	110.9
AS-1000	119.38	91.9	83.63	85.5	14.03	104.9	105.53	94.5
AS-1100	114.24	90.5	70.96	84.6	12.35	95.4	96.37	81.6

体结合较强,因此,对应的复合材料的层间剪切强度不断升高。当烧结温度过高时,纤维力学性能下降,导致层间剪切强度略有减小。AS-1000 复合材料室温层间剪切强度最高,为 14.03 MPa,试样 1 200 ℃ 层间剪切强度保留率均在 95% 以上。陶瓷基复合材料的压缩强度主要取决于材料的基体强度,随着烧结温度的提升,材料基体强度增加,压缩强度明显增大。AS-1000 复合材料室温压缩强度最高,为 122.20 MPa,试样 1 200 ℃ 压缩强度保留率均在 81% 以上,表现出优异的耐高温性能。

不同烧结温度制备的 Al_2O_{3f}/SiO_2 复合材料的典型弯曲载荷-位移曲线如图 5 所示。由图可见,800~1 000 ℃ 烧结温度下制备的 Al_2O_{3f}/SiO_2 复合材料均具有良好的韧性。复合材料的韧性断裂行为大致可分为三个阶段:在线弹性阶段,复合材料发生弹性形变,应力呈线性增加;当外加应力超过基体初始裂纹产生的临界应力时,基体应力集中处产生初始裂纹,紧接着,裂纹在基体中传播,扩展至界面处发生偏转,并继续沿界面传播,此时载荷继续增加,但曲线斜率下降,这是非线性阶段;载荷继续增加,纤维陆续发生脱粘和拔出行为,直至发生断裂,应力达到峰值,最终复合材料失效,曲线中应力缓慢下降,这是失稳阶段。因此,由于制备温度的提升,基体的强度增加,基体可将载荷有效传递至纤维,此时,纤维可承担部分载荷;另外,随着应力不断提高,纤维出现脱粘和拔出效应等增韧机制,抵消部分应力,故复合材料弯曲性能提升。

不同烧结温度制备的 Al_2O_{3f}/SiO_2 复合材料的拉伸载荷-位移曲线如图 6 所示。通常,陶瓷基复合材料在进行拉伸试验的过程中,应力不断升高,当应力达到基体开裂应力时,陶瓷基体先发生开裂,产生基体裂纹,裂纹拓展至增强纤维,接着由纤维主要承担载荷,故增强纤维的强度在拉伸试验过程中起着关键作用。由表 1 可知,随着制备温度的提升,Al_2O_3 纤维的热损伤增加,纤维单丝拉伸强度降低,因此 Al_2O_{3f}/SiO_2 复合材料拉伸强度也降低。与此同时,当烧结温度过高时,Al_2O_3 纤维和 SiO_2 基体之间可能发生界面反应,生成莫来石相,导致纤维与基体形成强结合,易脆性断裂,从而导致整体拉伸强度的下降。

介电性能是评价材料透波性能最重要的指标,通常包括介电常数 ε 和损耗角正切值 $\tan\delta$ 两个参数。一般情况下在 0.3~300 GHz 频率范围内,透波材料的适宜 ε 值为 1~4,$\tan\delta$ 为 10^{-1}~10^{-3} 数量级,这样才能获得较理想的透波性能和较小的插入损失。Al_2O_{3f}/SiO_2 复合材料的介电性能测试试样如图 7 所示,测试结果见图 8,测试结果平均值。从图 8 可以看出,4 种温度下制备的复合材料均具有较低的介电常数(3.70~4.07)和较低的损耗角正切值(小于 6×10^{-3})。材料良好的介电性能源于介电性能优异的石英基体和具有较低介电常数的 Al_2O_3 纤维。

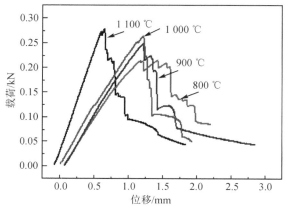

图 5　不同温度下制备的 Al_2O_{3f}/SiO_2
复合材料的典型弯曲载荷-位移曲线

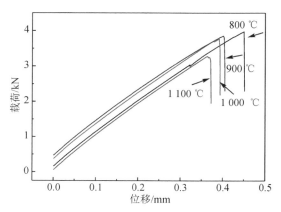

图 6　不同温度下制备的 Al_2O_{3f}/SiO_2
复合材料的拉伸载荷-位移曲线

图 7　Al_2O_{3f}/SiO_2 复合材料介电性能测试试样

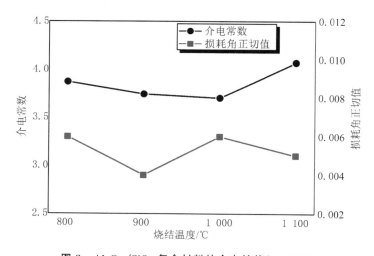

图 8　Al_2O_{3f}/SiO_2 复合材料的介电性能（10 GHz）

4　总　　结

本文以硅溶胶和 $2.5D-Al_2O_3$ 纤维编织体为原材料,采用 4 个周期的真空浸渍、溶胶-凝胶和高温烧结工艺快速制备了 Al_2O_{3f}/SiO_2 复合材料,并进行了相关性能测试及表征。研究表明,当制备温度为 1 000 ℃时, Al_2O_{3f}/SiO_2 复合材料具有最佳的力学性能,复合材料的密度约为 2.03 g/cm³,室温弯曲强度为 129.84 MPa,拉伸强度为 98.87 MPa,层间剪切强度为 13.38 MPa,压缩强度为 122.20 MPa,1 200 ℃条件下 Al_2O_{3f}/SiO_2 复合材料的高温力学强度保留率均在 80% 以上,表现出优异的耐高温性能。同时,在 10 GHz 下 Al_2O_{3f}/SiO_2 复合材料的介电常数为 3.70,损耗角正切值为 0.006,具有良好的高频介电性能。以上成果对于快速制备低介电高强度 Al_2O_{3f}/SiO_2 复合材料的研究具有重要意义,表明 Al_2O_{3f}/SiO_2 陶瓷基复合材料有望用作 1 200 ℃有氧环境下长时使用的透波构件,这一研究将为连续纤维增强陶瓷基复合材料在耐高温透波领域的应用提供了基础。

参考文献

[1] 李斌,张长瑞,曹峰,等.高超音速导弹天线罩设计与制备中的关键问题分析[J].科技导报,2006,24(8):28-31.

[2] 陈虹,胡利明,贾光耀,等.陶瓷天线罩材料的研究进展[J].硅酸盐通报,2002,21(4):40-44.

[3] 王零森.特种陶瓷[M].2 版.长沙:中南大学出版社,2005.

[4] 毛富洲,银锐明,李鹏飞,等.天线罩用高温透波陶瓷材料的研究进展[J].硬质合金,2022,39(2):149-155.

[5] 李仲平.热透波机理与热透波材料[M].北京:中国宇航出版社,2013.

[6] 李光亚.结构功能一体化纤维增强陶瓷复合材料的制备及性能研究[D].天津:天津大学,2016.

[7] 邢建申,王树彬,张跃.石英纤维析晶行为[J].复合材料学报,2006,23(6):75-79.

[8] 徐道新.3D SiO_{2f}/SiO_2 复合材料的制备与性能研究[D].哈尔滨:哈尔滨工业大学,2017.

[9] 王义.铝硅酸盐纤维增强氧化物陶瓷基复合材料的制备与性能[D].长沙:国防科学技术大学,2015.

[10] Yang X J, Li B, Li D, et al. Fabrication and oxidation resistance of silicon nitride fiber reinforced silica matrix wave-transparent composites[J]. Journal of Materials Science & Technology (English Edition), 2019, 35 (12):2761-2766.

[11] 姜如.连续氧化铝纤维增强氧化铝基复合材料的制备与性能研究[D].长沙:国防科技大学,2019.

[12] Li Y, Zhu J X, Chen Z F, et al. Mechanical properties and microstructure of 2.5D (shallow straight-joint) quartz fibers-reinforced silica composites by silica-sol-infiltration-sintering[J]. Ceramics International, 2012,38, 795-800.

[13] Li B, Liu K, Zhang C R, et al. Fabrication and properties of borazine derived boron nitride bonded porous silicon aluminum oxynitride wave-transparent composite[J]. Journal of the European Ceramic Society, 2014, 34: 3591-3595.

[14] Han S A, Jiang K H, Tang J W. Studies on preparation and property of 2.5D SiO_{2f}/SiO_2 composites [J]. Advances in Materials Research. 2009,79, 1767-1770.

[15] 杨瑞,齐哲,杨金华,等.氧化物/氧化物陶瓷基复合材料及其制备工艺研究进展[J].材料工程,2018,46(12),1-9.

[16] Wang S, Luo F, Guo J, et al. Effect of preparation conditions on mechanical, dielectric and wave-transparent properties of $Al_2O_{3f}/mullite$ composites[J]. Journal of Materials Science:Materials in Electronics, 2022,33, 20317-20327.

[17] 仝毅,周馨我.微波透波材料的研究进展[J].材料导报,1997,11(3):1-5.

基于凝胶注模成型制备反应烧结碳化硅陶瓷

马丽[1,2,3]　龚红宇[2,3]　龚志刚[3]　马坤[3]　任文星[3]

(1. 山东交通学院,山东·济南,250357;2. 山东大学,山东·济南,250061;

3. 山田新材料集团有限公司,山东·临沭,276700)

摘要:碳化硅是一种重要的无机非金属材料,具有许多独特的性质,应用领域广,碳化硅可通过反应烧结与凝胶注模成型相结合制备形状复杂的陶瓷制品。凝胶注模成型是优于传统的注浆工艺,且可制备形状复杂、高强度、净尺寸的陶瓷坯体。而反应烧结相对无压烧结、热压烧结等烧结工艺,其烧结温度低,可制备大尺寸、高强度、高致密度的陶瓷材料。本论文利用凝胶注模和反应烧结相结合的方式制备碳化硅陶瓷,主要论述了单体和交联剂比例、碳化硅的颗粒级配及炭黑含量等对浆料黏度的影响,并对反应烧结的碳化硅陶瓷的力学性能进行了研究。

关键词:碳化硅;凝胶注模成型;反应烧结

1　简　介

碳化硅是以碳和硅为主要成分的化合物,其晶体结构与金刚石相似,化学性能稳定,导热系数高,热膨胀系数小,耐磨性能好,被广泛应用于能源、机械、化工、电子、航空航天等领域。其中,碳化硅材料制得的反射镜、碳化硅纤维、碳化硅涂层等均被用于航空航天领域。

目前对于碳化硅陶瓷材料的应用受到陶瓷坯体成型的限制,例如干压成型可制得方形和圆形的片状制品,挤出成型可以制得管状制品,这些成型方式均很难制得形状复杂的碳化硅陶瓷制品。而20世纪90年代,凝胶注模的问世对这个成型问题有了解答,因此该成型方式也一直备受材料工作者的关注,凝胶注模利用添加少量的有机单体和交联剂制备高固相含量、低黏度的陶瓷浆料,并在加入引发剂后浇注成型,使浆料中的有机单体和交联剂在一定的条件下产生原位聚合反应形成交联的网状结构,即浆料原位凝固,该成型工艺操作简单、有机物含量少,所制备的坯体强度高,可用于 Al_2O_3、ZrO_2、SiC、Si_3N_4 等陶瓷的成型。其中,碳化硅是共价键很强的化合物,具有优良的力学性能、优良的抗氧化性、高的耐磨性和低的摩擦系数,可广泛用于高温轴承、防弹板、喷嘴、高温耐蚀部件、高温高频范围的电子设备零件等,但干压成型、等静压成型等成型方式限制了碳化硅材料的广泛应用,而凝胶注模成型技术可制备形状复杂、强度高、显微组织均匀的坯体,拓展了碳化硅陶瓷的应用。Jingxian Zhang 等采用水基凝胶注模成型和无压烧结添加 Al_2O_3 和 Y_2O_3 为烧结助剂,制备碳化硅陶瓷,结果表明当固含量为54vol%时,可制得具有足够流动性的碳化硅浆料;将所制得的陶瓷坯体经无压烧结可得接近完全致密、晶粒细小均匀的碳化硅陶瓷。Y. Y. Xing 等研究了水基凝胶注模结合固相烧结制备碳化硅陶瓷,该文通过粒度级配可获得固相含量为55vol%的陶瓷浆料,将凝胶注模成型所得坯体在2 160 ℃下烧结所获陶瓷的致密度可达95.9%以上,弯曲强度为(291±8)MPa,断裂韧性为(4.55±0.46)MPa·$m^{1/2}$。然而利用凝胶注模和反应烧结相结合制备碳化硅陶瓷的文献较少,因此本文将凝胶注模成型和反应烧结相结合制备碳化硅陶瓷,主要论述了单体和交联剂比例、碳化硅的颗粒级配、炭黑含量等对浆料黏度的影响。

2　实　验

2.1　实验原材料

原料包括碳化硅(63 μm 和 10 μm,纯度为 99.5%,山田新材料集团有限公司)、炭黑(章丘天成炭黑有限公司)、丙烯酰胺(阿拉丁试剂)、N－N′－亚甲基双丙烯酰胺(阿拉丁试剂)、四甲基氢氧化铵(阿拉丁试剂,25%水溶液)、过硫酸铵(阿拉丁试剂,纯度≥98%)、聚乙烯吡咯烷酮(阿拉丁试剂,平均分子量为 24 000、K23－27)、硅粉(山田新材料集团有限公司)和去离子水。

2.2　性能测试

浆料黏度测量采用 NDJ－8S 型数字显示黏度计(上海精密科学仪器有限公司,范围:0.01～2 000 Pa·s;测量误差:±0.5)。陶瓷的微观结构采用扫描电镜(SEM,JSM－6380LA)观察。电子万能试验机(MTS)测量其弯曲强度。用马尔文 Zeta 电位分析仪观察了浆料的 Zeta 电位。

2.3　实验过程

将丙烯酰胺(AM)、N－N'－亚甲基双丙烯酰胺(MBAM)、四甲基氢氧化铵(TMAH)和聚乙烯吡咯烷酮(PVP)完全溶解在去离子水中,得到了预混溶液。然后将碳化硅粉和炭黑倒入预混溶液中进行机械搅拌,同时用真空泵去除浆液中的气泡 20 min。混合均匀后,将加入引发剂的浆液倒入预制模具中固化成型,使坯料干燥,得到所需的陶瓷坯料。采用 1 750 ℃、120 min 的高温反应烧结炉制备碳化硅陶瓷。

3　结果与讨论

3.1　单体和交联剂比例对浆料黏度的影响

凝胶注模成型中单体 AM 是含有单功能团,交联剂 MBAM 是含有双功能团,其单体和交联剂在引发剂过硫酸铵的作用下交联,使得陶瓷浆料在交联网络中聚合固化,从而得到具有一定强度的陶瓷坯体。因此,这使得单体和交联剂的比例不同,所得浆料的黏度不同,聚合时间不同,固化强度也不同。

由图 1 可知,随着单体含量的增加,浆料的黏度是逐渐减小的,这是由于 AM 作为非离子型单体可吸附在陶瓷粉体的表面,使得单体在陶瓷粉体之间可形成稳定的包覆层,根据位阻稳定理论可知,当有机单体被粉体吸附并将粉体包覆后,在其表面形成一层包覆层,其可增加聚合物层之间的斥力,从而使得陶瓷浆料的黏度越来越低。由图 1 还可知,当加入相同的单体时,加入的交联剂的量越多其黏度越大。凝胶注模成型的单体聚合过程中,交联剂可将单体的大分子联结成网络,即起到"桥梁"的作用,交联剂多,相当于桥梁多,因此在交联聚合时间较短,生坯收缩较大;当交联剂含量较少,相当于桥梁少,交联聚合时间较长,生坯收缩较小。故选择合适的单体含量及单体和交联剂比例对于制备其可进行机械加工的陶瓷生坯,得到反应

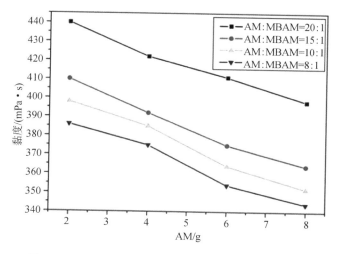

图 1 不同 AM 和 MBAM 比例对陶瓷浆料黏度的影响

烧结后性能良好的陶瓷是必要的,结合其反应烧结工艺,根据图 2 选择单体含量为 4 wt%,单体和交联剂比例为 10∶1。

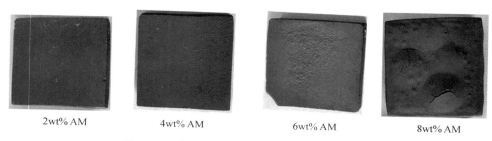

| 2wt% AM | 4wt% AM | 6wt% AM | 8wt% AM |

图 2 不同量 AM 的反应烧结碳化硅陶瓷的影响

3.2 碳化硅颗粒级配对陶瓷浆料的影响

合理的颗粒级配对提高浆料的固相体积含量,制得高致密度、高强度的陶瓷生坯具有重要的作用,本文主要利用两种不同粒径碳化硅陶瓷粉体(分别为 F240 和 F1200)。

由图 3 可知,随着固含量的增加,陶瓷浆料的黏度是逐渐增加的,当浆料中 F240 含量较多时,其陶瓷的浆料黏度较低,这是由于碳化硅陶瓷粉体颗粒堆积在一起,在粉体中的小颗粒的碳化硅 F1200,在堆积过程中可以填充到碳化硅 F240 之间,这使得颗粒间的空隙减小,但如果大颗粒的碳化硅含量较多时,小颗粒的碳化硅填充了大颗粒的空隙后还有剩余,这使得颗粒的堆积体积变大,而堆积密度减小;当大颗粒的碳化硅较少时,小颗粒的碳化硅填充了大颗粒形成的空隙后还有剩余,也使得颗粒的堆积体积变大,而使得堆积密度减小,见图 4。

因此,本实验选择不同碳化硅陶瓷粉体 F240 和 F1200 的比例为 60∶40。

3.3 炭黑含量对陶瓷浆料的影响

图 5 为不同炭黑含量对反应烧结碳化硅陶瓷浆料的黏度影响。由图 5 可知,随着炭黑含量的增加,陶瓷浆料的黏度是逐渐增加的。可能由于炭黑的颗粒较细,其比表面积就高,使得其团聚趋势增加,而且随着炭黑含量的增加,炭黑颗粒之间、炭黑和碳化硅颗粒之间的间距减

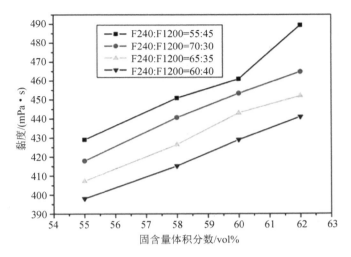

图 3　颗粒级配对碳化硅陶瓷浆料黏度的影响

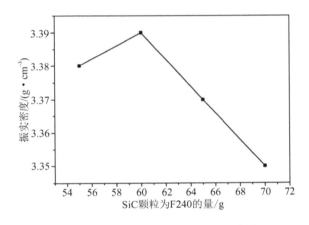

图 4　不同碳化硅颗粒级配的振实密度

小,这均使得陶瓷颗粒间的碰撞增加,致使陶瓷颗粒团聚加剧,从而使得浆料的黏度增加。而且细的炭黑颗粒还具有很强的吸附作用,这使得相同的固含量的陶瓷浆料中,自由的去离子水量减少,浆料的黏度也会增加。

　　由图 6 可知,在陶瓷生坯中仅有碳和碳化硅相,在烧结后的碳化硅陶瓷均有残余的游离硅的存在,因为衍射强度和物相的质量分数是成正比的,由图 6 可知,当炭黑含量为 6wt％时,陶瓷中有较多的硅残余,表明当添加 6wt％的炭黑时,不能满足反应烧结碳化硅中液硅与炭黑反应生成新的足够的碳化硅。当炭黑含量为 8wt％、10wt％和 12wt％时均可使渗入的液硅与炭黑反应,但是当炭黑含量为 12wt％时,由于其陶瓷浆料的黏度较大,其交联固化时间大约在 2～3 min 之内,对于较大型、较复杂陶瓷件的浇注,不能满足时间浇注时间的需求,因此本实验选择的是添加 10wt％的炭黑。

3.4　反应烧结碳化硅陶瓷力学性能的研究

　　由图 7 可知,随着固含量的增加,反应烧结碳化硅陶瓷的强度先增加后减小,当固含量为 60vol％时,其抗弯强度较大,且当炭黑含量为 10wt％时,抗弯强度最大为 287 MPa。这是因

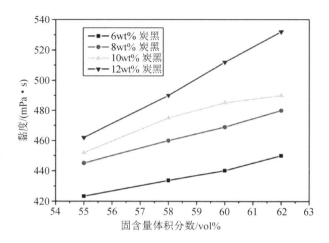

图 5　不同的炭黑含量对陶瓷浆料的影响

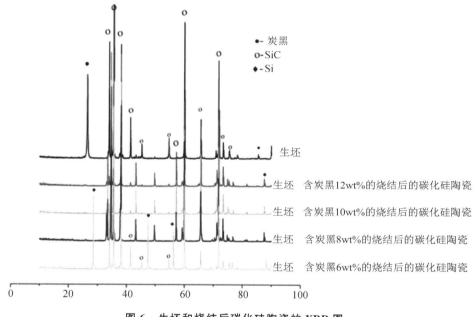

图 6　生坯和烧结后碳化硅陶瓷的 XRD 图

为固含量较大时,其生坯的强度、致密度均较大,且较多的炭黑含量可以使反应烧结后的碳化硅中含有较少的游离硅,因为硅的密度和强度均小于碳化硅,当游离硅含量少时,其烧结体的致密度会提高,抗弯强度也会增加。如图 8 和图 9 可知,当炭黑含量为 10wt％时,反应烧结碳化硅陶瓷中硅的质量百分比小于含 8wt％炭黑的反应烧结碳化硅陶瓷,这也与图 7 所示的趋势恰好一致。

4　结　论

采用凝胶注模成型工艺,以不同粒径的碳化硅分别为 F240 和 F1200 为主要原料,并通过添加炭黑制备出固含量高达 60vol％的陶瓷浆料,固化成型后经 1 750 ℃保温 2 h 的烧结制得

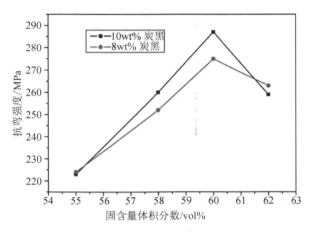

图 7   不同炭黑含量对抗弯强度的影响

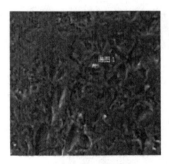

谱图1				
元素	线类型	重量百分比	wt% Sigma	原子百分比
C	K线系	44.19	1.37	65.78
Si	K线系	38.85	0.99	24.73

图 8   10wt%炭黑的反应烧结碳化硅的 EDS 能谱图

反应烧结碳化硅陶瓷。本文主要研究了碳化硅的粒度级配、炭黑含量、单体和交联剂比例对其黏度的影响,研究表明,当碳化硅 F240 和 F1200 的粒度级配为 60∶40,炭黑含量为 10 wt%,单体和交联剂的比例为 10∶1时,可制得抗弯强度为 287 MPa 的反应烧结碳化硅陶瓷。

5   致   谢

山东交通学院博士启动资金,NO.50004915;中国博士后科学基金,NO.2019M660165。

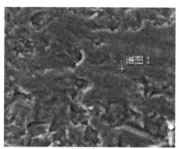

谱图1				
元素	线类型	重量百分比	wt% Sigma	原子百分比
Si	K线系	56.92	1.07	38.64
C	K线系	35.88	1.16	56.96

图 9　8wt%炭黑的反应烧结碳化硅的 EDS 能谱图

参考文献

［1］ Chao Tian, Xin Huang, Wenming Guo, et al. Preparation of SiC porous ceramics by a novel gelcasting method assisted with surface modification[J]. Ceramics International. 2020,46:16047-16055.

［2］ Omatete O O, Janney M A, Nunn S D, Gelcasting:from laboratory development to industrial production [J]. Journal of the European Ceramic Society,1997(17):407-413.

［3］ Rujie He,Xinghong Zhang, Ping Hu, et al. Aqueous gelcasting of ZrB₂ – SiC ultra high temperature ceramics[J]. Ceramics International,2012(38):5411-5418.

［4］ Fernández J M, Munoz A, De Arellano López A R, et al. Microstructure-mechanical properties correlation in silico-nized silicon carbide ceramics[J]. Acta Materialia, 2003, 51 (11):3259-3275.

［5］ Zuo K H, Zeng Y P, Jiang L. Mechanical properties of solid-sintered porous silicon carbide ceramics[J]. Advanced Engineering Materials,2013(15):491-495.

［6］ Roewer G, Herzog U, Trommer K, et al. Silicon carbide-a survey of synthetic approaches, properties and applications[J]. Sructure and Bonding, 2002(101): 59-135.

［7］ G Celebi Efe, T Yener I. Altinsoy M, et al. The effect of sintering temperature on some properties of Cu – SiC composite[J]. Journal of Alloys and Compounds,2011(59): 6036-6042.

［8］ Jingxian Zhang,Dongliang Jiang, Qingling Lin,et al. Properties of silicon carbide ceramics from gelcasting and pressureless Sintering[J]. Materials and Design, 2015(65): 12-16.

［9］ Yuanyuan Xing, Haibo Wu, Xuejian Liu,et al. Aqueous gelcasting of solid-state-sintered SiC ceramics with the addition of the copolymer of isobutylene and maleic anhydride[J]. Journal of Materials Processing Technology,2019(271): 172-177.

［10］严友兰,余娟丽,张健,等.单体与交联剂比例对凝胶注模成型多孔氮化硅性能的影响[J].宇航材料工艺,2010(2):59-62.

耐烧蚀酚醛树脂及其复合材料研究进展

盛杰　阚艳芳　郭彪　马玉静　郑广通

（山东圣泉新材料股份有限公司,山东·济南,250204）

摘要：导弹、火箭、飞船等高超声速飞行器的发展对热防护材料的性能提出了新的要求,纤维增强树脂基复合材料具有耐热冲击性能优良、力学性能好、相对密度低和隔热性能好等优点而被广泛应用于多种热防护场景。在纤维增强树脂基复合材料中又以酚醛树脂基复合材料的应用最为广泛,本文对耐烧蚀酚醛树脂及其复合材料的研究进展进行了综述,简要概括了酚醛树脂的合成工艺、改性方法以及酚醛基复合材料的应用。

关键词：酚醛树脂；复合材料；耐烧蚀材料；热防护

1　前　言

耐烧蚀材料主要以纤维增强树脂基复合材料和耐烧蚀涂料的形式使用,其中使用的高分子聚合物包括酚醛树脂、环氧树脂、有机硅树脂和聚氨酯等。高分子聚合物在耐烧蚀材料的制备过程中主要起基体的作用,对材料的耐烧蚀性能尤为重要。聚氨酯可用于制造低密度烧蚀用发泡复合材料,有机硅树脂在高温下呈现较大的热塑性,耐冲刷性能不及酚醛树脂和环氧树脂。环氧树脂具有良好的适用性且复合材料力学性能优异,但该树脂残碳率较低,一般低于20%。酚醛树脂热解残碳率高,一般可达50%左右,树脂热解后形成具有聚丙苯结构的碳层,具有良好的耐冲刷性能。研究表明,材料的烧蚀率与残碳率成反比关系,残碳率是评价烧蚀材料的重要指标,一般来讲,树脂的残碳率越高,其耐烧蚀性能越好。因此,具有高残碳率的酚醛树脂是一种良好的耐烧蚀复合材料基体,本文将从酚醛树脂改性研究以及复合材料应用等方面进行总结评述。

2　耐烧蚀酚醛树脂

2.1　酚醛树脂的合成

以苯酚和甲醛为原材料合成的苯酚–甲醛树脂是酚醛树脂中最典型和最重要的一种,其合成反应一般分为两步,首先是苯酚和甲醛的加成反应,随后为缩合和缩聚反应。

2.1.1　加成反应

首先,苯酚和甲醛在一定条件下反应生成一元羟甲基苯酚,随着反应的进行,一元羟甲基苯酚继续进行加成反应,生成二元以及多元羟甲基苯酚,然后再进行缩合及缩聚反应。

2.1.2　缩合及缩聚反应

缩合和缩聚反应随着反应条件的不同可以发生在羟甲基苯酚和苯酚分子之间,也可以发生在各个羟甲基苯酚分子之间,随着缩合反应的不断进行,将缩聚形成一定分子量的酚醛树脂。

通过多年的研究,通常认为影响酚醛树脂的合成、结构及特性的主要因素为以下几点:
① 原材料的化学结构;② 酚类与醛类的物质的量之比;③ 反应介质的酸碱环境。

2.2 酚醛树脂的改性

虽然酚醛树脂具有较多的优点,但是仍然存在如下问题:① 酚醛树脂合成过程中有醚键与亚甲基桥等热氧薄弱环节形成,限制其耐烧蚀性能进一步提高;② 酚醛树脂在碳化过程中释放气体使得炭层强度与致密度降低,使得飞行器在高速飞行与气动加热过程中热防护层极易剥离;③ 酚羟基易导致酚醛吸水并降低树脂耐湿热老化性能与电气绝缘性能等问题,最终对装备的精度、射程、有效载荷等产生不良影响。

针对酚醛树脂的以上问题,一般采用改性的方式进行优化,常用的改性手段包括增韧改性和耐热改性。提高酚醛树脂的韧性一般有内增韧法和外增韧法。内增韧是通过引入柔软的长链结构或基团与酚醛树脂反应,如腰果壳油、桐油类;外增韧引入与酚醛树脂相容性较好的组分进行混合,如橡胶类、环氧树脂类、热塑性树脂等。

酚醛树脂中的酚羟基极易氧化和吸水,生成醌或氧化结构,所以进一步提高温度,酚羟基和醚键会先被氧化。通常引入杂元素来取代酚羟基上的氧原子,使酚羟基醚化、酯化和重金属螯化来减少酚羟基的相对含量,或者通过带有其他耐热固化官能团的基团来封锁端羟基,并形成更加复杂的交联网络来提高热稳定性。另外还可将纳米粒子和酚醛醛树脂复合,利用纳米无机粒子耐高温和纳米效应来提高热稳定性。

3 改性酚醛树脂

3.1 硼酚醛树脂

硼酚醛树脂是由甲醛、苯酚和硼酸合成的一类酚醛树脂,其合成方法一般有两种:一种是先合成硼酸酚酯,再与甲醛反应,即硼酸酚酯法;另一种是先使酚与甲醛水溶液反应生成水杨醇,再与硼酸反应,即水杨醇法。硼酚醛树脂一方面减少了酚羟基的相对含量,另一方面引入了 B—O 键,其键能约为 774.04 kJ/mol,远高于 C—C 键的键能,因此硼酚醛树脂具有比普通酚醛树脂更优越的耐热性、瞬时耐高温性和耐热氧化性能。

王道翠等采用水杨醇法制备硼酚醛树脂,探究了硼含量对硼酚醛树脂性能的影响。结果表明,随着硼含量的提高,硼酚醛树脂的初始分解温度与未改性酚醛树脂相比提高约 220 ℃。此外,残碳率也随硼含量提高而上升,当硼含量为 9% 时,800 ℃ 时硼酚醛树脂的残碳率最高达到 83%。

Qi 等在碱性条件下,通过含碳硼烷结构的酚类与甲醛反应,合成含碳硼烷的高硼酚醛树脂,含碳硼烷的硼酚醛树脂主要由羟甲基化邻碳硼烷双酚组成,TGA 结果表明含碳硼烷酚醛在 900 ℃ 氮气下的残碳率可达到 88.90%,碳硼烷笼可在高温下与氧反应生成 B_2O_3,使得酚醛的热分解被抑制。

硼酚醛树脂虽然具有以上优异的性能,但在潮湿状态下电绝缘性能和力学性能会大幅下降,一般采用双酚 A 对其进行改性,改性后会明显改善硼酚醛树脂及其复合材料易水解而导致的电绝缘性能和力学性能下降的情况。

3.2　钼酚醛树脂

钼酚醛树脂用金属钼的氧化物、氯化物及其酸类同苯酚、甲醛水溶液混合，并在合适催化剂下进行反应，然后再真空中脱水缩聚生成含有金属钼的热塑性酚醛树脂。钼元素在树脂中以 O–Mo–O 键方式使苯环连接，这种含钼的键能比通常的 C–C 键高很多，因此添加钼化合物可明显提高酚醛树脂的耐热性能。

钼酚醛树脂是一种新型的耐烧蚀树脂，以其为基体制备的玻纤增强复合材料具有良好的力学性能和优异的耐烧蚀、耐冲刷性能。Mingming Yang 等以钼酸为原料制备了钼改性酚醛树脂，结果表明钼元素的引入大幅度提高了酚醛树脂的热性能。谢德龙研究了钼改性酚醛树脂的合成方法和合成工艺，并得出钼元素含量为 5% 时合成的酚醛树脂耐热性能最好，这种改性酚醛树脂的初始热分解温度约为 362 ℃，外延分解温度约为 403 ℃，400 ℃时残碳率为 84% 左右。另有研究表明，用钼酸铵改性剂对酚醛树脂进行改性，当钼酸铵用量为 10% 时，大幅度提高了酚醛树脂的耐热性。华幼卿等研究了由钼酸、苯酚和甲醛反应生成的钼酸改性酚醛树脂，钼酸改性酚醛树脂具有优异的耐热、耐烧蚀性能。钼酚醛/碳布与氨酚醛/碳布的线烧蚀率分别为 0.348 mm/s 和 0.491 mm/s，钼酚醛树脂耐烧蚀性能提高 20%～30%，炭化层厚而完整、致密、多孔，与基材结合牢固。

3.3　苯基苯酚改性酚醛树脂

在树脂合成时引入苯基苯酚可大幅度提高碳含量，而且由于芳环的键能较高使得树脂结构稳定，烧蚀时不易断裂，从而提高了整个树脂体系的残碳率，具有优异的耐烧蚀性能。有研究表明，随着苯基苯酚用量的增加，树脂的残碳率和热分解峰值温度同时出现先增大后减小的趋势，苯基苯酚的引入能明显提高酚醛树脂的耐热性和残碳率。但引入量过多会因反应活性不足等原因造成热性能降低。张衍等在合成通用酚醛树脂时，采用苯基苯酚代替部分苯酚，在氨水催化下与甲醛进行缩聚反应制成树脂，此种树脂含有较多的苯环，具有高热分解温度，700 ℃下的残碳率高达 76.8%，而通用树脂仅为 50%～60%，此种树脂已成功用于军工材料。

4　酚醛基复合材料

耐烧蚀酚醛基复合材料主要由增强纤维和酚醛树脂基体两相所构成，一般而言树脂基体占复合材料的 30%～40%，增强纤维主要以高硅氧纤维、碳纤维和石英纤维为主，以下针对这几类复合材料的研究进展进行简要总结。

4.1　高硅氧纤维增强酚醛复合材料

高硅氧纤维是一种二氧化硅含量在 96%～99% 之间的玻璃纤维，具有与石英纤维相似的化学组成和化学性能。高硅氧/酚醛复合材料具有低的密度和热导率、优良的吸热能力、耐烧蚀性能和热稳定性，既能适用于长时间飞行、中等焓值、中低热流的防热要求，又能耐长时间烧蚀和高气流剪切，且具有较好的隔热性能。在高温环境下，高硅氧/酚醛复合材料发生热解反应，形成理想的碳层，热解气体产物通过多孔的碳化层结构引射进入边界层，一方面可以增大外界气动加热向原始材料传导的热阻，形成热阻塞效应；另一方面可以起到对碳化层结构冷却降温的作用，增强碳化层结构的稳定性。

4.2　碳纤维增强酚醛复合材料

碳纤维增强酚醛复合材料是一种具有优异性能的新型烧蚀防热材料,由于碳纤维在高温下具有不熔化、强度高、有效烧蚀焓大等特点,可用作飞行器头部防热材料,此外碳纤维/酚醛复合材料可使弹头在再入过程中保持较完整的气动外形,具有防热和结构的双重作用。

袁超等通过模压固化法制备了不同密度及不同纤维种类的低密度酚醛树脂基烧蚀热防护复合材料,研究发现,酚醛树脂的含量越高,其综合力学性能越好,隔热性能及抗烧蚀性能也越好。另外,向复合材料中添加碳纤维可以有效提高复合材料的综合力学性能、隔热性能及抗烧蚀性能。

潘栩等针对酚醛树脂耐热性不足、抗烧蚀性能差,且二氧化硅粒子与酚醛树脂相容性的问题,采用共凝胶法制备纳米级的二氧化硅/酚醛树脂杂化气凝胶,通过构建凝胶网络互穿结构,增加两相相容性,探究二氧化硅/酚醛树脂杂化气凝胶的微观结构、化学结构和热物理性能。制备得到硅改性酚醛/碳纤维复合材料,并对改性前后复合材料的烧蚀性能进行比较。复合材料的质量烧蚀率为 0.046 g/s,线烧蚀率为 0.074 mm/s。

碳纤维/酚醛复合材料具有低密度、耐烧蚀、低导热系数以及低热膨胀系数等优异性能,使其在高超声速飞行器、高马赫数返回舱、深空探测等领域具有广阔的应用前景。

4.3　石英纤维增强酚醛复合材料

石英纤维复合材料因具有防热、承载、透波等功能而被广泛应用。屈国欣等以耐高温酚醛树脂为基体,石英纤维为增强体,热膨胀型微胶囊及空心玻璃微珠为填料,通过模压法和热膨胀法相结合的方法制备了新型石英纤维增强酚醛多孔复合材料。该复合材料闭气孔率高,气孔孔径较小,力学性能和隔热性能优异,在拉伸和压缩应力下,表现出非脆性断裂特性,纤维与基体界面具有足够的强度,较多纤维承担了外加载荷的作用,纤维的支承效果好,复合材料的强度较高。

沈昊辰等以 2.5D 石英纤维预制体为增强体,以纳米孔酚醛树脂为基体,通过溶胶-凝胶、常压干燥工艺制备了具有优异力学性能和低热导率的 2.5D 石英纤维/纳米孔酚醛树脂基复合材料,并基于力学和热导率的测试表征和有限元分析,系统研究了复合材料的微观结构、传热性能和力学性能。结果表明:酚醛树脂在微观上呈现纳米孔三维网状结构,有效地实现了较低密度(1.35 g/cm^3)和低热导率(0.18 W·m^{-1}·K^{-1}),提升了材料的隔热性能;同时由于 2.5D 编织结构中经纱弯曲程度较高,而纬纱分布较直,复合材料的力学性能和断裂行为展现出各向异性的特征。

为了满足飞行器在特定热动环境下对烧蚀防热材料的轻质、微烧蚀、隔热、长时间服役要求,金翔宇等在已有的基础上进一步研究和改进传统轻质石英纤维/改性酚醛复合材料的不足,制备出一种新型防/隔热一体化超轻质石英纤维增强低密度酚醛复合材料,该材料具有优异的力学性能和热稳定性。

5　结　语

综上所述,酚醛树脂由于具有耐热性能好、力学性能优异和残碳率高等特点,被广泛用于制备耐烧蚀复合材料。和其他高分子材料相比,其烧蚀速度和绝热指数具有明显的优势,在飞行器、火箭发动机的喷管、内衬和鼻锥体以及导弹弹头等方面具有广泛的应用。目前,针对酚醛树脂基复合材料的研究仍在持续进行,无论是原材料配方还是成型工艺仍有较大的提升空间,在此基础上开发新的材料体系和新的工艺技术对于提高我国热防护领域水平具有重要的意义。

参考文献

[1] 唐磊,王夕聚.耐高温隔热材料技术[M].北京:国防工业出版社,2013.

[2] 钟瑶冰,魏伯荣,刘郁杨.烧蚀材料高成碳树脂的研究进展[J].化学与黏合,2011,33(1):47-50.

[3] 唐路林,李乃宁,吴培熙.高性能酚醛树脂及其应用技术[M].北京:化学工业出版社,2007.

[4] 刘涛.有机硅改性硼酚醛树脂的制备及相容性研究[D].哈尔滨:哈尔滨工业大学,2022.

[5] 陈孟恒.酚醛树脂的增韧化[J].国外塑料,1997,15(4):39-43.

[6] 张光武.SIC/有机硅改性酚醛树脂复合材料的耐温性研究[D].武汉:武汉理工大学,2012.

[7] 王道翠,王汝敏,杨莹,等.硼含量对改性酚醛树脂性能的影响[J].中国胶粘剂,2013(8):19-22.

[8] Qi S, Han G, Wang H, et al. Synthesis and characterization of carborane bisphenol resol phenolic resins with ultrahigh char yield[J]. Chinese Journal of Polymer Science, 2015,33(11): 1606-1617.

[9] 刘世强,宁培森,丁著明.改性酚醛树脂的研究进展[J].热固性树脂,2016,31(5):64-70.

[10] MINGMING YANG, XIAOTAO ZHU, GUINA REN, et al. Hybrid Fabric/Molybdic Acid-Modified Phenolic Resin Composites with Improved Antiwear Properties[J]. TRIBOLOGY TRANSACTIONS, 2016, 59(2):244-251.

[11] 谢德龙.钼改性酚醛树脂的合成与研究[D].郑州:河南工业大学,2011.

[12] 胡若飞,胡齐超,侯秋飞.一种钼改性酚醛树脂的合成及性能研究[J].科技创业月刊, 2017, 30(1): 137-138.

[13] 华幼卿,吴一弦.钼酚醛树脂的热性能和烧蚀性能的研究[J].高分子材料科学与工程,1990,6(5):37.

[14] 吴悠,张衍,刘育建,等.苯基苯酚对多酚改性酚醛树脂结构与性能的影响[J].热固性树脂,2014,29(6): 12-16.

[15] 张衍,王井岗,刘育建.新型高残碳酚醛树脂的性能研究[J].宇航材料工艺,2003,23(5):35-39.

[16] 时圣波.高硅氧/酚醛复合材料的烧蚀机理及热-力学性能研究[D].哈尔滨:哈尔滨工业大学,2013.

[17] 袁超,李婧婧,李元昊,等.低密度酚醛树脂基热防护复合材料的制备及性能[J].材料导报,2022(11): 528-532.

[18] 潘栩,祝诗洋,钟业盛,等.硅改性酚醛/碳纤维复合材料的制备及烧蚀性能[J].材料工程,2023,51(6): 150-158.

[19] 屈国欣,宋若康,戴珍,等.石英纤维增强酚醛多孔复合材料的制备及性能[J].新技术新工艺,2022,7: 27-32.

[20] 沈昊辰,牛波,张琪凯,等.2.5D石英纤维增强纳米孔酚醛树脂基复合材料的力学和传热性能[J].复合材料科学与工程,2023,4:5-13.

[21] 金翔宇.石英纤维增强低密度酚醛复合材料的制备及性能研究[D].哈尔滨:哈尔滨工业大学,2018.

有机烧蚀涂料研究进展

刘双　崔泉德　孟涛　阚艳芳　焦文韬

（山东圣泉新材料股份有限公司,山东·济南,250204）

摘要：简述了烧蚀涂料的作用和热防护机理。从烧蚀涂料的基体材料、填料和涂层结构入手,对国内外研究人员在相关领域的研究成果进行了梳理,并对下一步工作方向进行了展望。

关键词：烧蚀涂料;热防护;基体材料;填料;涂层结构

1　前　言

烧蚀涂料是为了保证受保护产品在高温环境下不受或降低影响而使用的功能性涂料,在高温环境下烧蚀型涂料以损耗材料自身来吸收大量的热量,从而阻止热量传导到材料的内部结构中。

2　烧蚀涂料的热防护机理

烧蚀防护是指在热流环境中,涂层能够发生分解、熔化、升华等多种吸收热能的物理化学变化,通过材料自身的质量损失消耗带走大量热量,以达到阻止热流传入结构内部的目的。

涂料涂层的烧蚀可分为表面烧蚀和体积烧蚀:表面烧蚀指发生在涂层表面的烧蚀,主要包括表面材料与环境气流的热化学反应、材料的熔化、升华、高速粒子撞击（侵蚀）及机械剥蚀引起的质量损失;体积烧蚀指结构内部材料在较低温度（相对于表面烧蚀而言）下因热化学反应导致的质量损失。

在热流环境中,热量被材料吸收并向内部传递;随着热量不断传入,温度逐渐升高,当达到分解、熔化、汽化或升华温度时,材料因相变吸收大量热量。同时,材料表面及相变产物与附面层内的空气发生化学反应,形成一个温度较低的气态层。这层气体向附面层扩散时还要吸收一部分热量,而且扩散增大了附面层厚度,使其平均温度降低,从而显著降低向表面的热扩散,有效减少流向被防护基体的热量。

3　有机烧蚀涂料的研究进展

有机烧蚀涂料在热流作用下发生分解、熔化、升华等物理化学变化,通过涂层表面质量的消耗带走大量的热,达到阻止热流传入涂层内部的目的。因此,烧蚀涂层应具有下述性能：

（1）成炭率高,烧蚀后能形成致密的炭层。

（2）相变过程中能量消耗大,烧蚀破坏过程中热量消耗高。

（3）有一定的机械强度,耐烧蚀、抗燃气流冲刷力强。

（4）具有一定的韧性，足以承受烧蚀过程中被防护部位的膨胀和热循环应变。

（5）涂层的附着力好，避免使用过程中发生脱落。

有机烧蚀涂料一般由基体材料和填料组成，采用基体材料和功能填料相结合的方法来提高涂层的整体性能。

3.1　有机烧蚀涂料的基体材料

目前有机烧蚀材料主要分为碳基烧蚀材料和硅基烧蚀材料，碳基烧蚀材料主要以环氧树脂、酚醛树脂为基体，这类材料存在烧蚀速率快、质脆易剥蚀等问题；硅基烧蚀材料主要以硅橡胶、硅树脂为基体，普遍存在与底材黏接性能差、易剥离的问题。因此，须对基体材料进行改性，使其兼具烧蚀速率低、黏接性能好的特点。

针对环氧类防热涂层韧性差、不耐烧蚀的缺点，左瑞霖等设计了一种环氧类防热涂层 TR-48，测试结果证明：TR-48 具有韧性好、强度高、耐烧蚀等特点；其中拉伸强度为 8.7～11.2 MPa，伸长率为 6.8%～12.2%，TG 分析 800 ℃残碳率为 51%，800 ℃马弗炉烧蚀 5 min 残碳率为 38%～47%；利用液氧/煤油发动机和电弧风洞试验考核了涂层在高温、高速气流环境下的表现，结果表明该涂层具有较好的抗冲刷及防热性能。

张海鹏等根据某大型固体火箭发动机的飞行工作特性，在研究涂层防热机理的基础上，采用环氧改性有机硅树脂为基体树脂，加入耐温梯度分解混合填料及添加剂等制备了一种外防热涂层，试验结果：线烧蚀率为 0.116 mm/s，热导率为 0.28 W/(m·K)，密度为 1.28 g/cm³，附着力为 11.84 MPa，表明该涂层具有良好的防热隔热性能且综合性能优良，满足了该固体火箭发动机的外部防热需求。

为了制备隔热效果良好，且针对小口径壳体工艺可行性高的内防热材料，张权研制了以环氧树脂、橡胶为基体，云母粉等耐高温无机填料组成的防热材料，通过试件测试及产品验证，证明该防热涂层是固发燃烧室一种较为适宜的烧蚀防热材料，它不受被保护产品的几何形状限制，烧蚀率较小。

针对有机硅涂料附着力差的问题，曹碧雯等采用共缩聚冷混法在有机硅树脂中共混环氧改性有机硅树脂。研究了不同共混配比对基体树脂热稳定性及黏接性能的影响，并探究了不同配比基体树脂对涂层耐热性、烧蚀性能、黏接性能及力学性能的影响。结果表明，随环氧有机硅树脂含量增加，基体树脂失重越大，涂层黏接性能越好；确定添加环氧有机硅比例为 30% 时，烧蚀涂层 800℃残重比为 70.85%，黏接力可达 1.47 MPa，并具有优异的综合性能。

Hao Zhang 等研究了添加六苯氧基三磷腈的环氧改性乙烯基硅橡胶的烧蚀性能。研究表明：烧蚀过程中六苯氧基三磷腈的热解产物可与环氧改性乙烯基硅橡胶反应生成含 P 和 N 的硅化物，增强了烧蚀过程中炭化层的致密性和强度，从而提高了环氧改性乙烯基硅橡胶的烧蚀性能；此外，烧蚀过程中产生的少量石墨化碳和炭化层中存在的类磷酸盐晶体结构被认为是提高环氧改性乙烯基硅橡胶的烧蚀性能的关键因素；同时，添加六苯氧基三磷腈的环氧改性乙烯基硅橡胶在高温条件下炭化层中将生成更多的 SiC，进一步提高环氧改性乙烯基硅橡胶的烧蚀性能。

3.2　有机烧蚀涂料的填料

作为增强材料的填料，在烧蚀涂料中除增加涂层的耐温和提高机械强度外，还可改进涂层在经受燃气流冲刷时的表面状态，增加高温吸热反应。在进行烧蚀涂料配方设计时，要求填料与基体材料具有较好的匹配性、较低的密度、一定的反应性及均质稳定性。

邹德荣等研究了在以环氧为基体材料的烧蚀涂料中，石棉纤维的各种状态（种类、粒径、含量、纯度以及处理工艺）对烧蚀材料的耐烧蚀性能和机械性能的影响。结果表明：在以环氧为基体材料的烧蚀涂料中，石棉纤维的各种状态对烧蚀涂料的各项性能均有影响。

李静等以有机硅树脂、聚碳硅烷和玻璃粉为黏结剂，添加 Al_2O_3，BN，SiC，ZrO_2，SiO_2 和碳纤维等耐热填料制备了抗烧蚀涂层，研究结果表明：玻璃粉、BN 对改善涂层裂纹起关键作用，ZrO_2 对提高涂层隔热和耐烧蚀性能至关重要；在厚度为 1 mm 的 30CrMnSiA 钢基材表面涂覆 600 μm 厚度涂层，经受 3 000 ℃氧乙炔焰 4 s 烧蚀，钢基材不发生穿孔；涂覆 900 μm 厚涂层的钢板在 531 W/cm^2 激光功率密度下照射 4 s，与同等辐照温度下的空白钢板相比，带涂层钢板背面温度下降 1 000 ℃左右。

G. Pulci 等为提高低密度碳酚醛烧蚀材料的力学性能和烧蚀性能，添加纳米 ZrO_2 颗粒对酚醛树脂进行改性，且为防止团聚对纳米 ZrO_2 颗粒进行了表面改性，对不同 ZrO_2 纳米颗粒含量的烧蚀材料的微观结构和力学性能（烧蚀前和烧蚀后）进行了表征，并使用氧乙炔烧蚀设备对材料的烧蚀性能进行了测试，结果表明：纳米 ZrO_2 颗粒的加入提高了材料的烧蚀性能和力学性能。

王硕等以有机硅树脂为成膜物，研究了不同 ZrO_2 和玻璃粉用量的涂层对陶瓷与环氧树脂基复合材料耐热防护的效果。结果表明：当 ZrO_2 用量为 6%，玻璃粉用量为 8% 时，制备的耐高温涂层经 1 100 ℃烘烤 2 h 后表面仍平整、光滑，而喷涂在环氧树脂基复合材料表面的涂层经 1 300 ℃喷灯烧蚀 60 s 后表面仍完好，起到了良好的隔热效果。

王彬等以环氧改性有机硅树脂作为基体，添加二氧化硅、玻璃纤维粉、钛白粉、硅酸盐类填料和复合阻燃剂等无机填料，设计制备了环氧改性有机硅热防护涂层，试验结果表明：添加无机填料能大幅提高涂层的强度和热解保留质量，有效提升涂层抗烧蚀性能；在改善涂层的抗烧蚀性能方面，玻璃纤维粉优于二氧化硅粉，钛白粉显著优于硅酸盐类填料。

周坤宇等以硼酚醛树脂为基体，以碳化硅/二氧化锆/纳米碳黑为无机改性填料，制备新型硼酚醛树脂基激光防护复合涂层，并对其抗激光烧蚀性能进行了研究。结果表明：复合涂层具有良好的抗激光烧蚀性能，经平均功率为 500 W/cm^2 的高斯光斑激光烧蚀 15 s 后，涂层整体完好，质量烧蚀率仅为 0.011 g/s，同时基体材料背表面无损伤，最高背温仅为 230.4 ℃；无机填料在激光烧蚀过程中发生氧化、相变等反应，起到消耗能量、遮蔽激光、阻氧及隔热等作用，能提高硼酚醛树脂涂层的抗激光烧蚀性能。

3.3　复合涂层结构

根据使用工况要求，对涂层结构进行设计，将有机涂层和无机涂层或不同性能的有机涂层进行复合使用，提高涂层的整体防护能力。

为了研制用于火箭发射台的耐高温涂层，张巍等提出了双层涂层结构，底层以环氧树脂为基体材料；表层以焦宝石、堇青石和高铝水泥等为原料，试验结果：底层附着力达 18.87 MPa；表层耐火度为 1 660 ℃，常温耐压强度达 48.7 MPa，导热系数为 0.692 W/(m·K)，200 ℃时的热膨胀系数为 8.73×10^{-6}℃$^{-1}$；耐高温涂层线烧蚀率为 0.277 mm/s，背温不超过 80 ℃。将所研制的耐高温涂层在长征 7 号火箭发射台上使用，结果表明：耐高温涂层能够承受长征 7 号火箭发射时的燃气流冲刷，满足使用要求。

为获得性能优良的适用于舰船甲板的耐烧蚀涂层，张巍等以环氧树脂为底层基体材料，以莫来石为表层基体材料,制备出一种适用于舰船甲板的耐烧蚀涂层。试验结果:耐烧蚀涂层材料底层附着力为 24.03 MPa,剪切力为 7.8 MPa,表层耐火度为 1 580 ℃,常温抗折强度为 9.1 MPa,耐压强度为 65.7 MPa,导热系数为 0.762 W/(m·K);涂层具有良好的耐盐雾性能、老化性能、耐冲击性能、隔热性能和耐烧蚀性能。

张瑞吉等以硅橡胶作为涂层成膜剂,通过添加短切碳纤维、层级多孔陶瓷微球、空心玻璃微球和红外辐射剂 $MoSi_2$ 等无机功能填料,构建了一种包含隔热层、烧蚀层、辐射层的复合涂层结构。结果表明:与传统烧蚀型涂层相比,辐射型涂层在 0.3~2.5 μm 波段发射率达到 0.93 以上,且静态热流测试背板温升降低 60%,热振测试背板温升降低 30%;辐射层在热流输入高温区段通过向外辐射热量机制实现复合涂层整体的快速散热冷却,从而延缓涂层材料的氧化和烧蚀,提高涂层的烧蚀性能。

4　结　语

基于对烧蚀涂料相关研究领域研究成果的总结,针对烧蚀涂料的配方设计,需要综合考虑使用环境选择合适的基体材料、填料及涂层结构,实现对基材的防护。

(1)在涂层用基体材料方面,根据使用工况和防护基体,对基体材料进行改性,并采用适宜方法,将具备不同功能的树脂进行复合,制备出兼具多种功能特点的复合型涂层基料,同时提高涂层与防护基体的结合能力。

(2)根据使用工况,选择低密度、多功能的多种填料,实现不同功能填料的复配使用;对填料本身的粒径、几何结构等条件进一步优化,以提升填料在基体材料中的分散性及与其他填料的协同效应,进而提升涂层的整体性能。

(3)提高涂层发射率,通过涂层的辐射传热将系统能量辐射出去,降低涂层的表面温度,增强涂层的热防护能力。

(4)进行材料与结构相结合的涂层体系的研究,从单一涂层结构向复合涂层、梯度涂层结构发展,提高涂层的整体性能。

参考文献

[1] 齐风杰,李锦文,张俊华,等. 新型烧蚀隔热涂料的研制[J]. 化工新型材料,2019,47(2):237-239.

[2] 陈玉峰等,洪长青,胡成龙,等. 空天飞行器用热防护陶瓷材料[J]. 现代技术陶瓷,2017,38(5):311-390.

[3] 袁海根,曾金芳,杨杰,等. 防热抗烧蚀复合材料研究进展[J]. 化学推进剂与高分子材料,2006,4(1):21-30.

[4] 孙谷清. 耐高温涂料研究[D]. 天津:天津大学,2008.

[5] 王林德,李金龙,付佺. 酚醛涂料在细长径发动机上的应用探讨[J]. 弹箭与制导学报,2004,24(4):56-32.

[6] 李金龙,黄广奇. 火箭发动机续航喷管隔热涂层研究[J]. 弹箭与制导学报,2008,28(6):152-154.

[7] 曹碧雯,刘宁,杨杰. 环氧有机硅类烧蚀涂料研究进展[J]. 合成材料老化与应用,2020,49(3):106-109.

[8] 左瑞霖,李晨光,王慧,等. 环氧类韧性耐烧蚀防热涂层的研制与表征[J]. 宇航材料工艺,2011(2):72-75.

[9] 张海鹏,马天信,张新航,等. 耐烧蚀防热隔热涂层的研制[J]. 宇航材料工艺,2012(5):69-71.

[10] 张权. 固体火箭发动机抗烧蚀防热涂层的研究[J]. 装备制造技术,2013(11):274-275.

[11] 曹碧雯,杨杰,刘宁. 环氧有机硅烧蚀涂料性能研究[J]. 航天制造技术,2019(6):28-31.

[12] Hao Zhang, Jinfeng Tian, Liwei Yan, et al. Improving the Ablation Properties of Liquid Silicone Rubber Composites by Incorporating Hexaphenoxycyclotriphosphonitrile[J]. Nanomaterials,2023,13(3):563.

[13] 刘正堂,王红,姚成斌,等. 抗燃气流冲刷、烧蚀的耐高温涂料的研制[J]. 现代涂料与涂装,2003(3):6-9.

[14] 邹德荣,徐泽民. 石棉纤维对环氧基耐烧蚀涂料性能影响研究[J]. 上海涂料,2001(3):6-8.

[15] 李静,张金栋,张玉忠,等. 耐高温抗激光烧蚀涂层研制与性能表征[J]. 航空材料学报,2014,34(1): 34-38.

[16] Pulci G, Paglia L, Genova V, et al. Low density ablative materials modified by nanoparticles addition: manufacturing and characterization[J]. Composites Part A: Applied Science and Manufacturing, 2018, 109: 330-337.

[17] 王硕,吴晓青. 复合材料表面耐高温涂料的制备及性能研究[J]. 电镀与涂饰,2020,39(20):1938-1443.

[18] 王彬,孙胃涛,王俊锋,等. 环氧改性有机硅树脂基热防护涂层的制备及抗烧蚀性能研究[J]. 涂料工业, 2022,52(12):32-36.

[19] 周坤宇,高丽红,马壮,等. 无机填料改性硼酚醛树脂复合涂层的抗激光烧蚀性能研究[J]. 兵器材料科学与工程,2023,46(3):1-6.

[20] 张巍,马磊,王晓东,等. 长征 7 号火箭发射台用耐高温涂层的研制[J]. 弹箭与制导学报,2017,37(5): 77-80.

[21] 张巍,马磊,赵许群,等. 舰船甲板用耐烧蚀涂层结构与性能的研究[J]. 表面技术,2018,47(6):169-173.

[22] 张瑞吉,于亚丽,张醒,等. $MoSi_2$ - YSZ 高发射涂层对硅橡胶基防热材料的隔热及抗热振性能影响[J]. 宇航材料工艺,2023(1):50-55.

仿真技术

2023

纽扣式防雷击分流条等离子体
通道仿真与损伤分析

魏政　王鹏　周春革

（航空工业济南特种结构研究所,高性能电磁窗航空科技重点实验室,山东·济南,250023）

摘要：传统的纽扣式分流条雷达防护方式主要通过形成等离子体通道完成雷电流的泻放。等离子体通道的形成和发展过程涉及电、磁、力、热等多物理场的耦合作用,本文针对雷电试验中分流条的击穿特性和纽扣掉钉损伤开展研究,基于磁流体放电理论和间隙放电机理,得出一种基于间隙放电特征的分流条等离子体通道的仿真建模方法,可对不同间隙特征下的分流条击穿和接闪过程进行瞬态模拟,并获得高压雷电环境下的分流条击穿多物理场分布特征和多物理场数据,最后通过仿真结果分析了不同掉钉工况下的纽扣式分流条的损伤情况。

关键词：纽扣式分流条;间隙放电机理;等离子体;分流条损伤

1　引　言

针对非导电复合材料的雷电防护,通常有在表面进行金属化处理、布置防雷击分流条等措施。但是对于雷达罩而言,因其透波功能需求,应尽量避免雷电防护措施对其透波功能的影响,而表面金属化处理严重影响雷达罩透波性能,故优先考虑罩体表面布置防雷击分流条的雷电防护方式[1]。目前的雷达罩雷电防护用的防雷击分流条主要有箔式分流条、金属粉末式分流条金属分流条和纽扣式（分段式）分流条。

箔式分流条和金属分流条原理类似,利用金属导电性传导雷电流[2],但由于对电性能影响较大,不适用于性能要求高的军用飞机雷达天线罩;金属粉末式导流条环境适应性非常差,应用也非常少[3];现在应用最多的是纽扣式分流条,几种常见的纽扣式分流条如图 1 所示。

图 1　几种常见的纽扣式分流条结构

纽扣式分流条在使用过程中由于雨蚀等存在纽扣脱落的现象,且在遭受雷击后纽扣也存在熔蚀、脱落的问题,而一旦纽扣脱落将使间隙变大,纽扣式分流条击穿性能和导流性能将受到影响[4],存在失效风险。对于上述问题,通常认为分流条上的金属纽扣允许有少于 7 处单独 1 个脱落或间断 3 处以下连续 2 个脱落或间断 2 处以下连续 3 个脱落,在相关试验中亦将此作为分流条能够经受雷电冲击的合格判据,但上述判据缺乏相关仿真计算及试验数据的支撑,特别是在外场维护过程中,一旦出现纽扣脱落现象,能否按上述判据判断、是否需要维修存在一定疑问。因此,本文针对上述判据给定的几种分流条掉钉情况,基于磁流体放电理论和间隙放电机理,对不同间隙变化的分流条等离子通道的形成和发展进行了仿真和纽扣式分流条损伤分析。

2 概　述

纽扣式分流条工作的本质为利用间隙放电形成的等离子体弧道传导电流,金属纽扣之间的空气间隙在强电场作用下发生空气电离,从而形成等离子体通道,实现雷电流的泄放。因此,研究纽扣分流条间隙击穿特性之前需要先研究纽扣间隙放电的电离特性。

纽扣式分流条的基本结构主要是金属纽扣和复合材料基体组成,在强电场环境下,高温等离子体的激发和形成本质上是空气中的电子在电场力的作用下的迁移并逐渐聚集的过程,相邻金属片段两端开始聚集异种电荷,此时电子开始由负极向正极迁移,形成电子崩,当电压达到一定值后,这种过程十分强烈,释放的能量足以将整个间隙空间电离,能量释放又产生高温,高温等离子体经过复合材料基体时会产生不同程度的烧蚀,纽扣之间通过等离子体连接时在纽扣上也会产生融化烧蚀,因此间隙放电过程涉及电、磁、力、热多物理场的耦合作用。纽扣式分流条的组成和等离子体通道如图 2 所示。

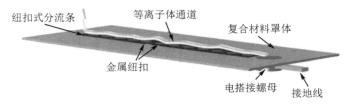

图 2　纽扣式分流条等离子体通道示意图

3 等离子体基本理论

目前产生热等离子体通常采用高强度电弧、电感耦合的高频放电或微波放电,平衡放电理论可以帮助模拟前两种方法即电弧或电感耦合放电产生的热等离子体。因此,平衡放电理论主要应用于直流/电感耦合等离子炬、弧焊设备和断路器等。平衡放电理论假设热等离子体处于完全局部热力学平衡(LTE)条件,等离子体电弧在宏观层面可以被认为是导电流体混合物,工程应用中通常使用磁流体动力学(MHD)对等离子体进行建模,MHD 理论可以预测大量等离子体行为。MHD 理论研究了在施加电磁场情况下导电流体的运动,电磁场对导电流体施加洛伦兹力并改变导电流体流速和压力分布,导电流体的流动也会产生自感磁场影响磁场分布。由此可知,磁流体动力学方程耦合了麦克斯韦电磁方程、Navier－Stokes 方程和传热方程,对于 MHD 方程可以通过边界元法[6]、有限元法[7]、有限体积法[8-10] 以及无网格法[11] 在数值方法进行求解。平衡放电理论基于以下假设简化 MHD 方程:

1)等离子体完全电离;

2)等离子体处于局部热力学平衡条件下,即在大气压低电场下的电子温度约等于重质粒子温度;

3)等离子体被认为是局部中性的牛顿流体混合物;

4）等离子体流是层流和低马赫数不可压缩流；

5）忽略能量方程中的黏性耗散和压力影响；

6）位移电流可忽略不计,电场近似低频准静态；

7）磁扩散效应主导流体运动,磁雷诺数远小于 1；

8）等离子体为光学薄介质。

考虑上述假设,平衡放电理论可以通过构成不同物理场方程和边界条件来描述。平衡放电数学模型由以下几部分组成:流体力学基本方程、麦克斯韦电磁场方程、材料特性和本构关系。

3.1　流体力学基本方程

等离子体具有相对较高的碰撞频率,在平衡放电过程中等离子体的组成粒子具有较短的平均自由程,所以可以把等离子体看作连续介质,流体力学的基本方程[12]适用于等离子体流动。流体动力学基本方程主要包含质量守恒方程、能量守恒方程和动量守恒方程。

（1）质量守恒方程

$$\frac{\partial \rho}{\partial t} + \nabla(\rho \boldsymbol{u}) = 0 \tag{1}$$

式中:ρ 为等离子体密度,$\boldsymbol{u}$ 为速度向量。

（2）能量守恒方程

等离子体热源具有多物理场耦合特性,能量守恒方程在此用温度 T 可表示为

$$\rho c_p \left(\frac{\partial T}{\partial t} + u \cdot \nabla T \right) - \nabla \cdot (k \nabla T) = Q_J + Q_e - Q_{\mathrm{rad}} \tag{2}$$

式中:c_p 和 k 分别为比热容和导热系数,等离子体热源 $Q(\mathrm{W/m^3})$ 包含电阻热项 Q_J、总体积辐射系数项 Q_{rad} 和电子焓输运项 Q_e。

电阻热项[13]:
$$Q_J = J \cdot E \tag{3}$$

式中:$\boldsymbol{J}$、$\boldsymbol{E}$ 分别为电流和电场,可以通过 Maxwell – Ampere 定律计算。

总体积辐射系数[13]:
$$Q_{\mathrm{rad}} = 4\pi \cdot \varepsilon_N \tag{4}$$

式中:ε_N 为等离子体的净辐射系数,ε_N 与等离子体温度正相关,在等离子体高温区域净辐射损失占主导。

电子焓输运项[13]:
$$Q_e = \frac{\partial}{\partial T} \left(\frac{k_B T}{2q} \left(\frac{k}{c_p} + 5 \right) \right) (\nabla T \cdot J) \tag{5}$$

式中:k_B 为波尔兹曼常数,q 为电子电荷量,在完全电离放电过程中靠近电极的边界层梯度过大,导致此处电子焓输运占主导。

（3）动量守恒方程

$$\rho \left(\frac{\partial \boldsymbol{u}}{\partial t} + \boldsymbol{u} \cdot \nabla \boldsymbol{u} \right) = \nabla \cdot \left[-p\boldsymbol{I} + \mu(\nabla \boldsymbol{u} + (\nabla \boldsymbol{u})^{\mathrm{T}}) - \frac{2}{3}\mu(\nabla \cdot \boldsymbol{u})\boldsymbol{I} \right] + \boldsymbol{F} \tag{6}$$

式中:μ 为等离子体黏度;$\boldsymbol{I}$ 为单位矩阵;$\boldsymbol{F}$ 为洛伦兹力,即

$$\boldsymbol{F} = \boldsymbol{J} \times \boldsymbol{B} \tag{7}$$

3.2　麦克斯韦方程

流体力学基本方程中的能量守恒方程和动量守恒方程都需要输入等离子体的电流、电场

和磁场。麦克斯韦偏微分方程组[14]描述了电场、磁场、电流密度与电荷之间的关系,麦克斯韦偏微分方程组包括法拉第电磁感应定律、高斯磁定律、麦克斯韦-安培定律和高斯定律。假设等离子体是非磁性和准中性的导电流体混合物,等离子体相关的电磁场的演变可以通过宏观麦克斯韦偏微分方程组来描述。英国物理学家麦克斯韦首先总结出电磁场运动普遍规律的数学表达式,微分形式的麦克斯韦方程组为:

法拉第电磁感应定律:

$$\nabla \times \boldsymbol{E} + \frac{\partial \boldsymbol{B}}{\partial t} = 0 \tag{8}$$

高斯磁定律:

$$\nabla \cdot \boldsymbol{B} = 0 \tag{9}$$

麦克斯韦-安培定律:

$$\nabla \times \boldsymbol{H} + \frac{\partial \boldsymbol{D}}{\partial t} = \boldsymbol{J} \tag{10}$$

高斯定律:

$$\nabla \cdot \boldsymbol{D} = \rho_e \tag{11}$$

式中: $\boldsymbol{D} = \varepsilon \boldsymbol{E}$,$\boldsymbol{B} = \mu_0 \mu_r \boldsymbol{H}$; $\boldsymbol{E}$、$\boldsymbol{D}$、$\boldsymbol{B}$、$\boldsymbol{H}$、$\boldsymbol{J}$、ρ_e、ε、μ_r、μ_0 分别为电场强度、电感应强度、磁感应强度、磁场强度、传导电流密度、自由电荷密度、电容率、相对磁导率和真空磁导率。

由于低频电场可以近似为准静态,电场和电荷的空间分布不随时间改变,即有位移电流

$$\frac{\partial \boldsymbol{D}}{\partial t} = 0, \qquad \frac{\partial \rho_e}{\partial t} = 0$$

3.3　平衡放电模型

流体动力学方程和电磁场演化方程联立形成了平衡放电模型的磁流体动力学方程组[13]:

$$\begin{cases} \dfrac{\partial \rho}{\partial t} + \nabla (\rho \boldsymbol{u}) = 0 \\[2mm] \rho \left(\dfrac{\partial \boldsymbol{u}}{\partial t} + \boldsymbol{u} \cdot \nabla \boldsymbol{u} \right) = \nabla \cdot \left[-p\boldsymbol{I} + \mu (\nabla \boldsymbol{u} + (\nabla \boldsymbol{u})^{\mathrm{T}}) - \dfrac{2}{3} \mu (\nabla \cdot \boldsymbol{u}) \boldsymbol{I} \right] + \boldsymbol{J} \times \boldsymbol{B} \\[2mm] \rho C_p \left(\dfrac{\partial T}{\partial t} + \boldsymbol{u} \cdot \nabla T \right) - \nabla \cdot (k \nabla T) = \boldsymbol{J} \cdot \boldsymbol{E} + \dfrac{\partial}{\partial T} \left(\dfrac{k_B T}{2q} \left(\dfrac{k}{C_p} + 5 \right) \right) (\nabla T \cdot \boldsymbol{J}) - 4\pi \cdot \varepsilon_N \\[2mm] \sigma \mu_0 \mu_r \left(\dfrac{\partial \boldsymbol{A}}{\partial t} + \nabla \varphi \right) = \nabla^2 \boldsymbol{A} \\[2mm] \sigma \nabla^2 \varphi = 0 \end{cases}$$

$$\tag{12}$$

为了方便对上述磁流体动力学方程进行数值求解,把它们变为经典偏微分方程的形式。流动系统的物理量往往采用对流扩散方程的形式传递规律,即

$$\frac{\partial d_a \phi}{\partial t} + \beta \cdot \nabla \phi - \nabla \cdot (c \nabla \phi) - f = 0 \tag{13}$$

式中: t 为时间,ϕ 为待求物理量,d_a 为阻尼或质量系数,β 为对流系数,c 为扩散系数,$\dfrac{\partial d_a \phi}{\partial t}$ 为瞬态项,$\beta \cdot \nabla \phi$ 为对流项,$\nabla \cdot (c \nabla \phi)$ 为扩散项,f 为源项。对流扩散方程作为偏微分方程一个重要的分支,在许多领域得到了广泛应用。空气动力学和流体力学对流扩散方程的解析

解求解难度大,所以往往采用数值方法来求解对流扩散方程。

热力学关系可以通过气体状态方程来定义,等离子体的输运材料特性随温度的变化而变化,不同的等离子体传递介质输运材料特性也不同。

4　纽扣式分流条仿真分析

4.1　分流条二分段仿真分析

根据上一节的 MHD 理论,对纽扣式分流条的基本单元,即二分段纽扣式分流条单元进行间隙放电模拟。二分段模型如图 3 所示。

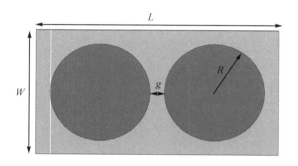

图 3　二分段模型示意图

该模型由金属纽扣和中间的空气域组成,通过求解 MHD 方程模拟纽扣单元之间的间隙击穿,借助 COMSOL 软件的平衡直流放电模块,设置电流和磁场,考虑流体传热和层流作用。涉及多物理场环境边界条件,相同的位置在不同物理场的边界条件不同。空气域四周的边界条件在流体传热场中设置为热对流边界,在层流场中设置开放边界,设置阴极和阳极的热通量边界来模拟等离子体边界处的离子和电子加热,并通过焓传输、焦耳加热和辐射损失模拟等离子体能量传递,多物理场耦合还结合了感应、静电电流和洛伦兹力。

为了使分段式导流条电离充分,需要设置与该导流条长度方向平行的激励电场。图 3 中矩形空气域的两端可以看作板电极,其一端是电压源,而另一端接地。在电压源一端施加雷电流波形,雷电流波形按照 SAE ARP5416—2005《飞机雷电试验方法》[15][16]中规定的试验波形,A 波形和 D 波形如图 4 所示。

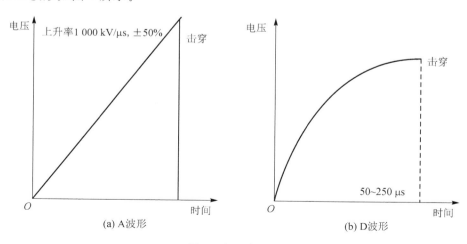

(a) A 波形　　　　　　　　　　　(b) D 波形

图 4　电压波形图

雷电压波形 A 为一个上升率为(1 000±500) kV/μs 的波形,其幅值增加到金属间隙击穿而终止,并迅速跌落到零;雷电压波形 D 的上升时间为 $50 \sim 250\ \mu s$,然后击穿气隙放电,其幅值增加到二分段间隙被击穿而终止。通常当电压波形 D 作用于分段式导流条时,分段式导流条处于电压波形 D 的上升阶段已经被电离,因此当研究分段式导流条时,电压波形 D 通常近似为电压上升率为 $10\ kV/\mu s$ 的线性波形。

定义随温度变化的空气材料参数[17],空气的主要电热参数如图 5 所示,模拟当空气中的局部电场超过临界值时,空气被电离并形成导电等离子体,可以看出当气体温度低于 $5\ 000\ K$ 时,空气的电热参数随着温度升高变化不大,当温度到达 $6\ 000\ K$ 时,空气介质的电热参数开始大幅变化,说明此时空气开始剧烈电离,当温度到达 $24\ 000\ K$ 时,电导率达到 1.3×10^4 稳定,其他电热参数也逐渐趋于稳定值,说明此时空气成为良导体,空气介质成为稳定的等离子体形态。

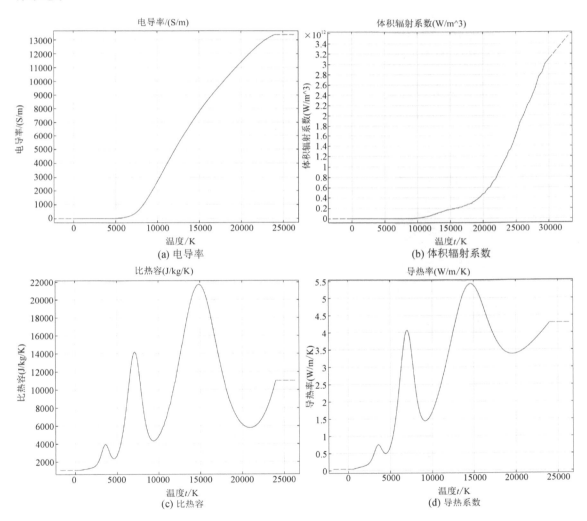

图 5　定义空气随温度变化的电导率

模型两端施加电压波形为 D,模型的环境压力为 1 个大气压,图 6 为 $436ns$ 时刻的二分段分流条多物理场分布云图,图 6(a)为电流密度分布,最大电流密度达到 $67 \times 10^{10}\ A/m^2$,位于金属纽扣与空气间隙的交界面处,电流密度主要分布着空气间隙,且形成一条电流通路连接模型的电压端和接地端,图 6(b)的空间电荷密度分布显示最大电荷密度分布在金属纽扣与空气间隙的交界处,正负电荷密度互相作用形成等离子体的电流通路。温度分布和电流密度分布大致相同,最高温度达到 1.6×10^{10} K,随着电压的增大在空气间隙形成一条高温通道,高温区域与电流密度的分布区域大致重合。图 6(d)为压力分布,最大压力在二分段击穿瞬间达到 -4.03×10^5 Pa,约合 4 个大气压,因此在纽扣间隙的压力较大,若金属纽扣铆接不良时容易发生掉钉等分流条破坏,会影响分流条的防雷击效果。

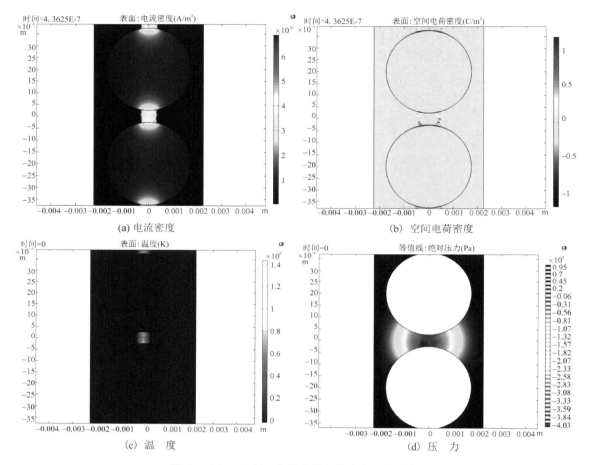

(a) 电流密度 (b) 空间电荷密度 (c) 温度 (d) 压力

图 6   436 ns 时刻二分段分流条的多物理场分布

4.2   纽扣式分流条仿真分析

纽扣式分流条的具体结构如图 7 所示,它主要由导电金属纽扣和绝缘基条组成。金属纽扣彼此不连接,并且在中间留有 0.1~1 mm 的间隙。绝缘基条通常是由 PET 聚酯薄膜制成

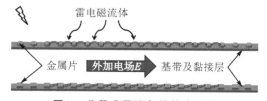

图 7   分段式导流条的基本结构

的绝缘基带,金属纽扣通过环氧黏合剂黏贴或者打孔铆接到绝缘材料基底上。在外加强电场作用下,分段式导流条的片段间隙被电离并产生等离子弧,其可以被认为是导电流体混合物,因此可以基于磁流体动力学方程建模。

根据二分段分流条的仿真结果建立多纽扣的仿真模型,分别建立纽扣数量 $n=10,20,50,70,90,100$ 时的有限元模型,这里以 $n=10$ 的纽扣分流条为例,其几何模型如图 8 所示。

图 8　纽扣数量 $n=10$ 时分流条击穿电压仿真模型

在图 8 的仿真模型中设置高电压端,设置 D 电压波形,电压上升率为 10 kV/μs,最后一个纽扣处设置接地端口,为等离子体提供一个完整的泄放通路。其中纽扣式分流条模型设置流固传热模块,实现金属纽扣和空气间隙的热量流动,设置平衡放电热源多物理场模块,实现电-磁-热和流固耦合,设置非等温流动实现纽扣空气间隙和整个空气域的热量传递,空气域四周边界设置开放边界,并设置边界环境温度为 293.15 K(20 ℃)。求解器设置为瞬态求解,时间步长为 1 ns。当高电压施加时间 $t=959$ ns 时,纽扣式分流条击穿,击穿时刻的温度场分布如图 9 所示,在纽扣式分流条击穿瞬间,每个纽扣间隙的均形成了稳定的高温等离子体通道,最高温度到达 3.3×10^4 K,此时纽扣空气间隙的电导率达到 10^4 量级,此时的空气已经是一个良导体,可以为雷电流提供一个稳定的泄放通路,实现其雷电防护功能。

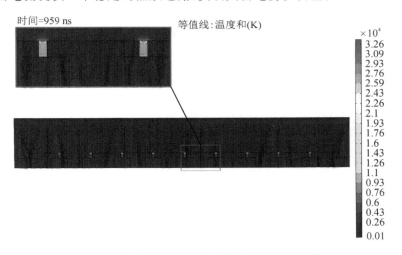

图 9　纽扣数量 $n=10$ 时,分流条温度分布云图

$n=10$ 时,分流条表面最高温度达到 3.26×10^4 K,且最高温度位于纽扣之间的空气间隙,说明此时在高电压作用下空气间隙被击穿,并产生大量的热量并发出刺眼的亮光。图 10 为提取分流条表面的温度数据,绘制而成的分布曲线图,可以看出分流条纽扣温度远低于空气间隙的温度,这是因为纽扣材料为金属铜,为电的良导体,在 959 ns 时刻下,雷电等离子体的电流能顺利通过金属纽扣,且短时间并未产生足够的热量使金属升温,而空气间隙的材料电导率随温度逐件变化,直至变为良导体,产生了等离子体击穿,从而保证了雷电的正常泄放。图 10 表明每个纽扣间隙的最高温度均达到了 2×10^4 K,说明在 959 ns 时刻均发生了空气的击穿,并形成稳定的等离子体通道。

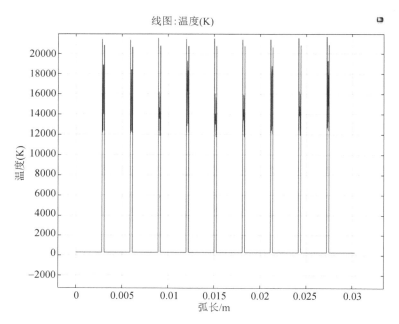

图 10 纽扣数量 $n = 10$ 时,分流条表面的温度分布曲线

图 11 为提取分流条表面的电场数据绘制而成的电场分布曲线图,如图 11 所示高场强区域主要位于纽扣空气间隙部位,且分布并不均匀,这与分流条雷电通道的发展有关,此时位于纽扣间隙下方的绝缘基板暴露在高场强环境中,因此在制备纽扣式分流条时要对绝缘基条材料进行选择,尽量选择击穿强度较高的绝缘材料,且厚度要有保证,否则会有基条击穿的风险,使受保护的复合材料暴露在雷电环境下。

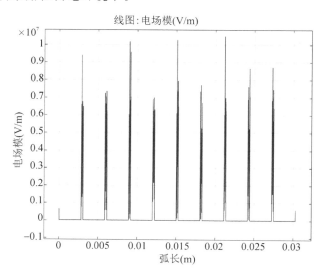

图 11 纽扣数量 $n = 10$ 时,分流条表面的电场分布

根据材料参数的定义,温度在 5 000 K 左右时开始剧烈变化,其中影响雷电流传导最为显著因素的便是电导率,这也是识别空气由绝缘向等离子良导体转化的重要标志,可以看出当达到 24 000 K 左右时电导率达到 1.3×10^4 量级,此时可以保证雷电流稳定传导泄放,以此为依据可以提取激发态等离子体和稳定等离子体时的整体纽扣式分流条的击穿电压,见图12。

由图12可以看出,随着纽扣数量的增加分流条的击穿电压逐渐上升,但并非成正比,上升趋势逐渐趋缓,纽扣间隙的空气从激发态等离子体时开始具有一定的电导率,此时空气开始电离,并迅速升温形成稳定的等离子体,此过程一般在20 ns之内完成。

4.3 分流条损伤分析

通过仿真手段分析了纽扣式分流条击穿时的等离子体传导形态和多物理场分布,在实际工程应用中纽扣式分流条的安装位置常位于飞机表面易遭受雷击的尖端如雷达罩等部位,在飞行过程中的环境条件比较恶劣。纽扣式分流条在雨蚀和雷电环境下,纽扣极易产生烧蚀和掉钉等损伤形式,直接增加了纽扣击穿的间隙,严重时将导致分流条击穿电压升高、导流能力下降而失去雷电防护能力。纽扣分流条烧蚀破坏与掉钉见图13。

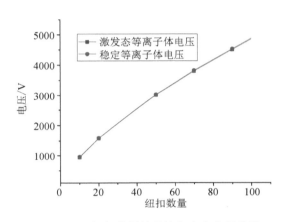

图 12 不同纽扣数量的分流条击穿电压曲线

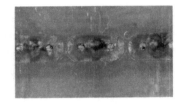

图 13 纽扣分流条烧蚀破坏与掉钉

通过仿真手段对纽扣式分流条掉钉数量进行了仿真分析,对连续掉钉1个、连续掉钉2个和连续掉钉3个,研究不同连续掉钉个数对分流条雷电防护性能的影响,控制总掉钉数量为6个,因此产生了三种掉钉组合,即连续掉钉1个共6处掉钉、连续掉钉2个共三处掉钉和连续掉钉3个共2处掉钉。三种工况的纽扣式分流条建模如图14所示。

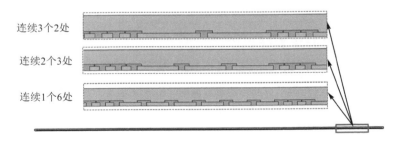

图 14 分流条掉钉模型

提取仿真结果,各种掉钉工况下的击穿电压见表1,沿纽扣式分流条表面的电压分布曲线见图15。

表 1　不同掉钉工况的纽扣式分流条击穿电压

分流条类型	完整分流条	连续掉钉1个×6处	连续掉钉2个×3处	连续掉钉3个×2处
击穿电压/kV	71.52	86.96	85.44	84.92

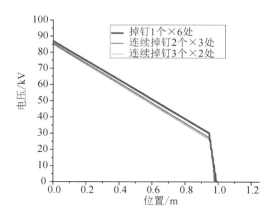

三种掉钉工况下的分流条整体击穿电压差距不大,其中连续掉钉 1 个×6 处的击穿电压最大,相比于完整分流条增大 15.44 kV,增幅 21.6％,根据经验公式可知,分流条的雷电防护间距将大幅下降。根据电压分布曲线可知,没有分流条掉钉的部分电压下降速率平稳缓慢,在纽扣掉钉位置电压急剧下降,从 35 kV 迅速降低为 0,说明在掉钉位置雷电防护能力最为薄弱,极易产生击穿损伤,威胁天线罩内部天线设备的安全。

图 15　不同掉钉工况下分流条表面的电压分布

提取金属纽扣和绝缘基条的温度分布云图,分析纽扣式分流条产生烧蚀损伤的部位及损伤程度,以连续掉钉 1 个×6 处的纽扣式分流条为例,提取分流条击穿后稳定导通 100 ns 后的温度分布,金属纽扣和绝缘基条的温度分布云图如图 16 所示,纽扣式分流条导通定载流一段时间后,金属纽扣尖端温度急剧上升至 4 420 K,此时金属纽扣熔化,严重时将增加纽扣间隙,由于掉钉导致绝缘基条较大面积暴露于高温雷电流通道下,绝缘基条温度上升至 1 247 K 左右,此时绝缘基条将熔化破坏。

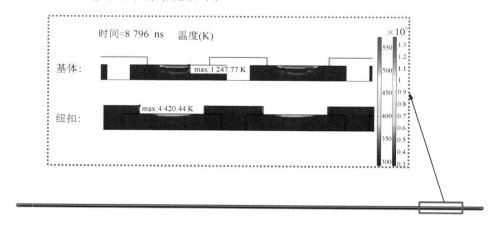

图 16　纽扣式分流条稳定导通 100 ns 后的温度分布云图

不同掉钉工况下的金属纽扣温度上升曲线如图 17 所示,由曲线可知,在纽扣式分流条形成稳定的导电通道之前金属纽扣的温度变化很小,形成稳定的导电通道并持续 100 ns 后,金属纽扣式分流的温度急剧上升并迅速达到金属纽扣的熔沸点,结合图 16 可知,金属纽扣的高温区域集中在金属纽扣上表面边缘位置,因此在金属纽扣的上表面边缘位置处会出现烧蚀损伤,金属纽扣边缘会因为烧蚀而形变从而使金属间隙增大,反复击穿后将会导致纽扣式分流条击穿电压升高。同时在雷电流传导过程中基条的温度也不断升高,造成基条烧蚀损伤,如

图 18 所示,基条烧蚀后会降低基条整体击穿电压,损害分流条整体的雷电防护性能。

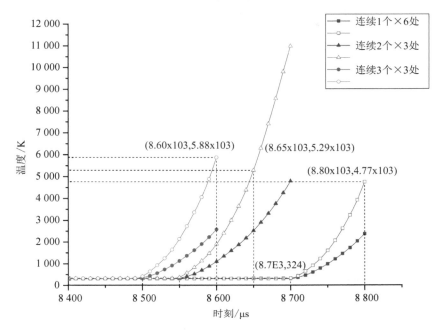

图 17 不同掉钉工况下的金属纽扣温度曲线

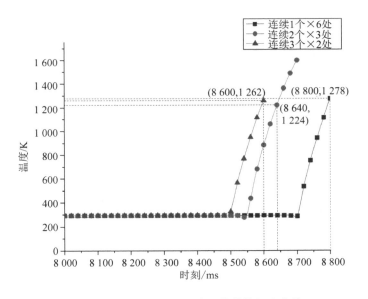

图 18 不同掉钉工况下的绝缘基体温度曲线

5 结 论

(1) 随着纽扣数量的增加,分流条的击穿电压逐渐上升,但并非成正比,上升趋势逐渐趋缓,纽扣间隙的空气从激发态等离子体时开始具有一定的电导率,并在 20 ns 之内迅速升温形成稳定的等离子体。

（2）长度 1 m 的纽扣式分流条掉钉数量为 6 个时,总体击穿电压增加 20％以上且掉钉位置电场强度更大,极大削弱了其雷电防护能力,掉钉位置金属纽扣和绝缘基条烧蚀严重,降低了纽扣式分流条使用寿命。

参考文献

［1］Vukovic A，Sewell P，Benson T. Impact of In-Situ Radome Lightning Diverter Strips on Antenna Performance［J］. IEEE Transactions on Antennas and Propagation，2020(5):1-10.

［2］Chen H，Wang F S，Xiong X，et al. Plasma discharge characteristics of segmented diverter strips subject to lightning strike［J］. Plasma Science and Technology，2019，21(02):26-38.

［3］Bäuml G. Investigation into the protection effectiveness of segmented diverter strips（button strips）and solid diverter strips［R］. SAE Technical Paper，1999.

［4］李亚美. 飞机天线罩雷电防护设计仿真研究［D］. 天津:河北工业大学,2017.

［5］Chemartin L，Lalande P，Montreuil E. Three dimensional simulation of a DC free burning arc. Application to lightning physics［J］. Atmospheric Research. 2009，91(2-4): 371-380.

［6］Tezersezgin M. Boundary element method solution of MHD flow in a rectangular duct［J］. International Journal for Numerical Methods in Fluids. 1994，18(10): 937-952.

［7］梅立泉,张红星. MHD 流动的有限元数值模拟［J］. 工程数学学报. 2013，30(03): 384-390.

［8］Shakeri F，Dehghan M. A finite volume spectral element method for solving magnetohydrodynamic（MHD）equations［J］. Applied Numerical Mathematics. 2011，61(1): 1-23.

［9］Vantieghem S，Sheyko A，Jackson A. Applications of a finite-volume algorithm for incompressible MHD problems［J］. Geophysical Journal International. 2016，204(2): 1376-1395.

［10］Nasrin R，Alim M A. Control volume finite element simulation of MHD forced and natural convection in a vertical channel with a heat-generating pipe［J］. International Journal of Heat and Mass Transfer. 2012，55(11-12): 2813-2821.

［11］Verardi S，Machado J M，Cardoso J R. The element-free Galerkin method applied to the study of fully developed magnetohydrodynamic duct flows［J］. Ieee Transactions On Magnetics. 2002，38（2）: 941-944.

［12］Aris R. Vectors，tensors and the basic equations of fluid mechanics［M］. Courier Corporation，2012.

［13］Pai S I. Magnetogasdynamics and plasma dynamics［M］. Prentice-Hall，1962.

［14］Keller J B，Lewis R M. Asymptotic methods for partial differential equations: the reduced wave equation and Maxwell's equations［M］. Surveys in applied mathematics，Springer，1995，1-82.

［15］Aircraft Lightning Test Methods［S］. SAE International，2005.

［16］Aircraft Lightning Direct Effects Certification［S］. SAE International，2008.

［17］Ebeling，W. Thermal Plasmas. Fundamentals and Applications［J］. Zeitschrift fur Physikalische Chemie，1995,190(Part_1):152-153.

基于强化学习的无人机群协同搜捕算法研究

牛双诚　周子强　张磊　苏艳琴

（海军航空大学，山东·烟台，264001）

摘要：针对无人机协同搜索问题，选取典型海战场强对抗环境下的作战任务场景，采用深度 Q 学习、优势动作评论和近端策略优化等典型强化学习算法，研究了基于强化学习的无人机群协同搜捕问题。通过仿真实验验证了强化学习算法的有效性和优越性，对比分析了不同强化学习算法在搜捕任务中的表现。实验结果表明，结合搜索收益模型的近端策略优化是实现无人机群对移动威胁目标协同搜捕的有效算法。

关键词：无人机群；协同搜捕；强化学习；PPO算法

0 引 言

随着现代技术的不断发展，无人机在军事领域的应用日益广泛，其价值也在不断提高[1,2]。无人机以其独特的优势，如低成本、快速响应、高机动性和远程打击能力，逐渐成为决定战争胜负的关键因素之一。在海上作战体系中，无人机的任务主要包括对海战场区域目标搜索、目标指示和打击、电子干扰、通信中继和毁伤评估等。其中，无人机在海战场的目标搜索是非常重要的作战任务，也是其他任务的前提和基础[3]。

目前，无人机在海战场上的应用仍主要以单机运用为主，缺乏多机协同运用的技术和手段，难以支撑无人机群的大规模运用。随着军事需求的牵引，无人机多机协同区域搜索已成为研究热点。目前学术界的研究工作可大致分为两大方向：一是无先验信息、完全未知环境下的搜索任务，一般采用以覆盖率增量为指标的覆盖式搜索[4-6]；二是掌握部分先验信息的搜索任务，一般以目标存在概率分布或确定度等参数为指引，采用基于概率图模型的启发式协同目标搜索[7-9]。

强化学习是一种通过智能体与环境交互并根据获得的奖励来学习最优行为的机器学习方法[10-13]。不同于传统方法，它将区域搜索任务建模为一个马尔可夫决策过程，无人机群作为智能体，根据当前环境状态选择最优动作，并根据环境反馈的奖励更新策略。通过不断的学习和优化，无人机群的搜捕能力得到提升。强化学习不需要对问题建模，而是在与环境的交互中学习，不断优化，因而具有强大的适应性和应用前景。

本文选取深度 Q 学习（DQN）、演员-评论员（A2C）和近端策略优化（PPO）等典型强化学习算法研究无人机群的协同搜捕问题。首先，选取典型海战场作战任务，设计了符合该任务的动作空间、状态空间和奖励函数，引导无人机群学习出最优的搜索策略。接下来，通过开发的仿真推演平台模拟红蓝双方的自主对抗，进行多轮训练仿真推演。实验结果表明，结合搜索收益函数模型的 PPO 算法是实现无人机群对移动威胁目标协同搜捕的有效算法。

首先介绍了无人机群在海战场中的作战任务场景，然后阐述了常用的强化学习算法，介绍了基于强化学习的无人机群协同搜捕算法的设计与实现过程。接下来，通过仿真实验验证了算法的有效性,对比分析了不同强化学习算法在搜捕任务中的表现。最后对本文的研究成果进行了总结。

本文的创新之处在于将强化学习应用于无人机群协同搜捕任务,并通过实验验证了其有效性和优越性。此外,本文还深入探讨了不同强化学习算法在搜捕任务中的表现,为后续研究提供了参考。

1　问题描述

本文研究的搜捕问题针对对抗环境下,如何快速发现并摧毁敌作战单元,掌握整体作战态势,保护己方高价值目标。主要关注如何优化无人机群的协同搜索航迹并最大化获取海上战场区域目标信息,对敌进攻力量实施摧毁,有效保护我方高价值目标。

在海战场交战区域分布有多个敌作战单元和威胁。我方察打一体无人机群从高价值目标出发,进入任务区域,利用自身传感器对敌方目标进行自主搜索,获取实时动态目标信息和战场情报。无人机群在执行搜索任务时,任务环境中可能存在电磁压制、通信中断等诸多不确定因素,在真实情况下,很难以指挥控制站(单元)对所有的无人机实施集中控制。结合上述情况,需要对整个无人机群进行解耦处理,即各无人机需具备一定的自主决策能力,成为智能体,自主构建飞行航路对任务区域进行搜索,并且各无人机能依靠机间数据链组成通信网络系统,交换包括无人机状态信息、目标信息、环境状态等各种信息,从而实现战场信息的共享和任务协同。针对以上问题,本文以海上岛礁无人机群攻防作战场景作为研究背景,选取无人机群执行移动威胁目标搜捕任务作为应用场景。

1.1　作战背景与态势

为破坏红方在其海域的发展,蓝方企图以自杀式无人机对红方的重要岛屿进行袭扰式打击。红方位于海岛中心的机动式预警雷达,为蓝方主要打击目标(即高价值目标)。蓝方在发起进攻时对红方实施压制式电子干扰,红方仅可利用近距离光电设备探测发现目标(感知半径为 R),但因受敌方电子干扰无法感知敌方方位与坐标信息,只能获取其与敌方无人机的距离变化情况,而蓝方可掌握整体战场态势。

1.2　作战任务

(1)红方作战任务

搜索并摧毁蓝方无人机的同时保护己方雷达站(高价值目标),结合察打一体无人机的感知能力设计协同搜捕策略,使红方能够快速发现敌方自杀式无人机。为简化问题,基于自杀式无人机相对察打一体无人机运动速度低的特点,将作战场景中发现自杀式无人机即视为该目标被摧毁。

(2)蓝方作战任务

在实施压制式电子干扰期间,蓝方自杀式无人机须完成对红方岛屿高价值雷达站的有效打击。为简化问题,即自杀式无人机到达攻击雷达半径范围内即视为任务成功。

1.3　作战想定

红方利用 N 架察打一体无人机(初始位置在雷达处),协同承担搜捕敌方来袭自杀式"低慢小"无人机的作战任务,形成巡逻防守策略,保卫己方雷达站的安全。当搜索过程中发现来袭无人机目标时,红方察打一体无人机可利用机载武器对敌方无人机进入的无人机移动目标进行摧毁,从而确保己方雷达站的安全。

蓝方在海岛正北方向某距离处投放架 M 架自杀式无人机,使用两阶段攻击策略对红方雷达进行打击。第一阶段,M 架无人机朝向不同方向被释放,向高价值目标方向运动。第二阶段,所有无人机航向角转向高价值目标方向,直接向高价值目标发起自杀式攻击。

2　基于强化学习的协同搜捕算法框架

2.1　强化学习算法

（1）DQN 算法

Q-learning 是强化学习的经典算法,其核心思想是通过不断地与环境进行交互,学习更优的行为策略,逐渐更新完善状态－动作表（Q-table）。当智能体所处的环境维度较高,出现的状态较多时,继续使用 Q-table 将会引起"维数灾难"[14,15]。为了解决该问题,DeepMind 团队融合深度神经网络与 Q-learning 算法,提出了 DQN 算法,利用深度神经网络动态生成 Q 值表,并通过不断迭代更新神经网络的参数来逼近状态-动作值函数。

DQN 算法的神经网络结构由估计网络和目标网络两部分组成,两者仅网络参数不同。算法通过估计网络并根据当前的状态估计动作空间中所有动作的 Q 值,同时协同目标网络的输出值计算损失。估计网络实时学习和更新网络参数,且每隔一定回合将参数复制给目标网络,以实现目标网络的更新。训练时,需要随机均匀地从经验回放池中选取一批样本,并与训练样本混合在一起作为训练数据,从而破坏样本的相关性。

（2）A2C 算法

A2C（Advantage Actor-Critic）算法是一种基于演员-评论员（Actor-Critic）结构的强化学习算法,相比于基础算法,它可以更好地处理不稳定的环境和动作价值函数估计问题,同时偏差较小地返回实际的价值函数[13]。在 A2C 算法中,Actor 和 Critic 分别由两个神经网络组成,分别用于学习策略和评估动作的价值。Actor 网络输出策略概率值,Critic 网络输出状态值函数,两个网络被同时训练。对于每个时间步,演员采取一个动作,然后获得一个回报和一个状态,用于更新评论员估计值函数,然后更新策略和价值函数,迭代这个过程直到保持稳定。

（3）PPO 算法

作为 Actor-Critic 框架下的代表性算法,PPO 算法借鉴了基于策略的估计思想,优化了步长选择机制,可以很好地应用于高维状态空间和连续动作空间等路径规划问题[16]。

PPO 算法通过引入一种特殊的近端策略优化方法来限制策略的更新幅度,以保证策略的稳定性。具体来说,PPO 算法通过引入两个近端策略优化技巧——Clipping 和 Surrogate 目标函数,限制新策略与旧策略之间的差异。Clipping 技巧通过将策略更新幅度限制在一个较小的范围内,保证策略的稳定性;而 Surrogate 目标函数则通过引入一个近似于策略梯度的函数,减小策略梯度估计的方差,从而提高策略优化的效率。

2.2　动作空间与状态空间

在强化学习中,状态空间是指所有可能的状态的集合。"状态"是指环境的特定配置,包括环境中所有事物的位置、速度和其他属性,状态可以被视为代表环境的所有方面的信息。动作空间是智能体可以选择的操作的集合。当智能体在状态空间中选择一个状态时,它必须选择一个动作来处理该状态。"动作"可以被视为将智能体从一个状态转移到另一个状态的方式。动作空间是由所有可能的动作组成的,整个强化学习过程都在状态-动作空间中进行。状态空间和动作空间的大小通常会影响强化学习的效率和效果。

状态空间与动作空间的具体定义如表 1 所列,其中无人机状态空间包含 UAV 自身的移动速度、航向、坐标、探测矩阵、环境矩阵、目标概率分布、确定度分布、威胁系数分布等;智能体动作空间包括下一步的偏航角控制。

表 1　状态空间与动作空间设置

空　间	序　号	参　数	类　别
状态空间	1	移动速度	速度
	2	移动方向	航向
	3	坐标	位置
	4	探测矩阵	环　境
	5	环境矩阵	
	6	概率分布	
	7	确定度分布	
	8	威胁系数	
动作空间	9	偏转航向角	方向角

2.3　奖励函数

奖励函数包括回合奖励和过程奖励。每个训练轮次结束时,根据高价值目标的存在情况与摧毁敌方作战单元存在数量,可以获得对应的回合奖励。回合奖励可设置为

$$R_{episode} = \begin{cases} +\psi & 摧毁敌方全部作战单元 \\ -\psi & 己方高价值目标被破坏 \\ 0 & 其他 \end{cases}$$

式中,ψ 表示获得的固定奖励值。

在每个训练轮次中,设置过程奖励作为每个决策步的奖励值,包括总决策步长奖励、探测奖励、距离奖励和搜索收益函数模型奖励四个部分的累加。

（1）总决策步长奖励

设定 UAV_i 每个决策步长都具有意义,即无人机群中的子系统每执行一个决策步长,将会得到固定的奖励值,即可表示为

$$R_{step} = \sum_{i=1}^{N} n_1^i r_1$$

式中,n_1^i 表示 UAV_i 执行的决策步长数量,r_1 表示无人机群中的子系统每执行一个决策步长,将会得到固定的奖励值大小。

（2）探测奖励

为引导无人机群发现并摧毁敌方作战单元,设定当敌方作战单元进入我方无人机群探测

范围时,将给予一定数量的奖励,可表示为

$$R_{\text{detect}} = \sum_{i=1}^{N} n_2^i r_2$$

式中,n_2^i 表示 UAV$_i$ 探测到的敌方作战单元的数量,r_2 表示无人机群中的子系统每探测到一个敌方作战单元将会得到的奖励值大小。

（3）距离奖励

为引导无人机群向靠近敌方威胁目标的方位搜索,建立敌我双方距离变化的奖励函数,即我方 UAV$_i$ 执行一决策步长,此时计算其与敌方最近威胁目标间距离与上一时刻的变化量,若距离缩短,得到一定量的奖励;反之,得不到奖励,可表示为

$$R_{\text{distanc}} = \begin{cases} \Delta L \cdot k & \Delta L > 0 \\ 0 & \Delta L < 0 \end{cases}$$

式中,ΔL 表示我方无人机与敌方最近威胁目标间距离与上一时刻的变化量,k 表示得到奖励的比例系数。

（4）搜索收益模型奖励

敌方作战任务、目标移动特点和地图模型构建搜索收益函数作为累加奖励的一部分。搜索收益模型根据敌方作战单元可能的目标概率分布、威胁系数分布、地图环境的确定度分布情况进行加权求和,即赋予栅格化地图中各栅格一权衡数值,若我方无人机经过赋有搜索收益加权值的栅格,将会根据其权衡数值给予一定数量的奖励。

① 目标发现收益 J_T:考虑在未知环境下动态目标的移动一般具有随机性,故设置在 UAV 执行任务过程中某时刻 k,即地图环境栅格 (m,n) 中发现目标的收益 $J_T(k)$ 为

$$J_T(k) = P(m,n,k)$$

式中,$P(m,n,k)$ 表示 k 时刻地图栅格 (m,n) 的目标存在概率。

② 确定度收益 J_T:建模 UAV 搜索地图栅格前后区域确定度的变化,引导 UAV 向确定度增加大的区域进行搜索。赋予栅格一个不确定度,将确定度变化收益用 k 时刻环境中的目标信息不确定度表示,即:

$$J_E(k) = \xi \cdot \chi(m,n,k)$$

式中,$\chi(m,n,k)$ 表示 k 时刻栅格 (m,n) 内目标信息不确定度情况。

③ 威胁代价 J_m:无人机群在海上执行搜索任务时,面临先验信息不足、对敌方作战单元信息感知不够的风险,无人机群执行任务一段时间后,高价值目标附近栅格的威胁系数将会增加。结合作战场景模拟敌方各作战单元对我方高价值目标的威胁程度,以构成威胁代价 J_m,即表示为

$$J_m(k) = T(m,n,k)$$

式中,$T(m,n,k)$ 表示 k 时刻时敌方作战单元在栅格 (m,n) 处对我方高价值目标的威胁系数。

④ 避碰收益 J_e:在实际执行作战任务时,还应该充分考虑无人机群的飞行安全,避免在根据实际收益搜索目标时各子成员间发生碰撞或者航迹重叠。设置各 UAV 间的安全约束距离 d_s,通过比较各 UAV 间的间隔距离与安全约束距离的大小来判断无人机群飞行是否安全。因此引入避碰收益 J_e,表示为

$$Je(k) = \begin{cases} 1 & d_{ij}(k) \geqslant d_s \\ -1 & d\ ij(k) < d_s \end{cases}$$

式中,$d_{ij}(k)$ 表示 k 时刻 UAV$_i$ 与 UAV$_j$ 间的间隔距离,其中 $i \neq j$,d_s 表示各 UAV 间的安全

约束距离。

2.4　算法实现

gym 是一个用于创建和比较强化学习环境的 Python 框架[17,18]。其中核心组件是环境接口 Env,提供了一组标准函数用于对强化学习环境进行抽象和统一。它定义了强化学习算法必须实现的相关方法,如 reset、step 和 reward 等。

（1）reset 函数

reset 函数主要需要初始化智能体的初始位置、速度等状态信息,更新地图模型和目标的初始概率、确定度和威胁系数的分布等相关参数,重置目标的运动模型和进攻策略。最后返回重置智能体的状态观测,以便智能体能够获取新的状态信息并重新开始决策过程。

在仿真环境中,为了使推演更具随机性和多样性,敌方移动目标的初始运动被设置为随机移动,然后判断运动目标的位置关系和运动规律。当发现航机重叠或冲突时,重新随机生成目标的初始运动路径,直到生成符合要求的运动目标。

（2）step 函数

用于编写智能体与环境交互的逻辑,接受观测的环境信息,提炼状态空间数据,运行强化学习算法,得到下一步决策动作,更新决策步骤,给出下一时刻的状态观察、当前动作的奖励、是否结束当前轮次及调试信息。

（3）reward 函数

为了训练智能体完成搜捕任务,需要设置奖励函数来引导智能体决策,而通常奖励值是在训练回合结束后进行结算的。但是这种设置会出现很大的断点,导致收敛速度变慢,训练时间增加。为了解决这个问题,将奖励函数分成回合奖励和过程奖励两部分,并设置了奖励值下限,从而避免奖励函数的稀疏性,加快算法的训练速度。

每执行一次决策后,对环境产生影响,状态空间被更新,继而进行下一决策。如果在执行过程中满足下列条件之一,则完成标志被设置为完成状态,终止该回合的运行:

① 回合内累计运行的决策步数达到限制;

② 高价值目标被破坏;

③ 敌方移动威胁目标均被摧毁。

基于 gym 环境的整体算法框架流程如图 1 所示。

3　仿真推演与结果分析

3.1　仿真配置

仿真平台配置为 Windows 10 系统,i7-9750H 六核处理器,8 GB 内存,Python3.11 版本软件平台,以搭建的 gym 模拟环境为推演仿真平台,stable_baselines3 库函数中对应的强化学习算法为基础,分别使用 DQN 算法、A2C 算法、PPO 算法的训练框架对无人机群组成的智能体系统进行训练。

3.2　算法收敛性分析

将目标地图划分成 30×30 的栅格,生成红蓝的前出阵点,蓝方坐标为(15,30),红方坐标

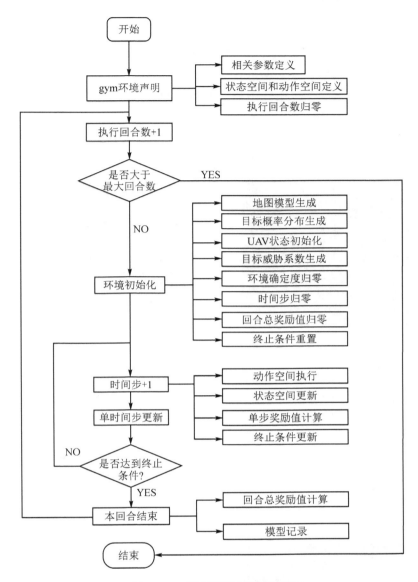

图 1　gym 环境算法框架流程图

为(15,0)。蓝方自杀式无人机数量为 5 架,红方察打一体无人机数量为 3 架,其传感器探测范围为以无人机为中心的 4×4 的网格范围,结合红方无人机探测范围与蓝方无人机移动速度,将栅格确定度衰减系数设为 0.25,不同算法下的训练轮次与智能体的行为和环境之间的误差损失函数 Loss 的关系如图 2 所示。

由图 2 可知,DQN 算法在优化过程中刚开始有下降趋势,但而后出现 loss 函数一直不下降的情况,这主要是由于 DQN 算法中的反向传播是一个迭代过程,无人机博弈对抗存在网络结构较深、训练过程中迭代的轮次过多,误差可能会出现不稳定的传播,这种误差传播的失效可能导致优化过程发生了迭代错误,从而导致 Loss 函数不下降。同时考虑 DQN 算法属于离线策略,通常只能学习过去的数据,并且不能在实时环境中进行反馈,从而对环境的变化更加敏感。因此,在无人机搜捕博弈场景中环境具有很强的动态性、随机性,离线策略就可能无法很好地应对。

A2C 算法相较于 DQN 算法属于在线策略,能够不断地与环境交互,从中获取实时的反馈信息,能够更好地适应蓝方无人机的动态变化以及环境栅格中搜索概率模型的赋值变化,在20 000 轮次的训练后,数据利用率显著提高,红方无人机与环境间的误差明显降低,搜索策略得到较好优化,但因为蓝方无人机刚开始的运动为向四周随机扩散,A2C 算法通常使用简单的轮流采样策略,即每个智能体对应一个采样环境,通过从环境中随机采样若干数据进行训练,导致训练数据采样不够均匀,奖励收敛较慢,Loss 函数在 20 000 轮前变化并不明显。A2C 算法误差损失函数 Loss 变化趋势见图 3。

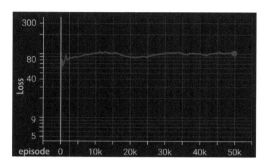

图 2　DQN 算法误差损失函数 Loss 变化趋势

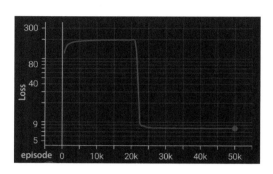

图 3　A2C 算法误差损失函数 Loss 变化趋势

PPO 算法采用的是比 A2C 更加先进的近端策略优化算法,通过限制策略更新的大小,避免更新步长过大而导致的性能波动,并且使用指数加权平均法来求解近端策略目标函数,减少了深度神经网络的优化难度,这使得其更具有鲁棒性,能够更好地适应的无人机群搜捕任务环境的变化和复杂度,图 4 中可看出 Loss 函数在逐渐降低,且最终在 50 000 轮次前后达到收敛状态。

根据红方无人机群执行搜捕的任务要求,对比三种算法在 50 000 轮次训练后的胜负结果,可得到如图 5 所示的胜率对比图。

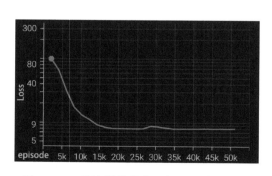

图 4　PPO 算法误差损失函数 Loss 变化趋势

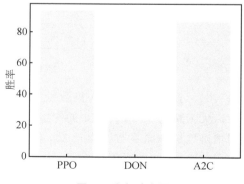

图 5　胜率对比图

根据最终收敛的结果,经过 50 000 轮训练后,PPO 算法结合搜索收益函数模型的胜率最高,A2C 算法次之,DQN 算法训练效果相对较差。

3.3 搜索收益模型的训练效果

仿真实验设置红方无人机数量为3架,蓝方无人机数量为5架;位于坐标(15,1)的红色标记点为红方高价值目标所在地,位于坐标(15,30)的蓝色标记点为蓝方无人机前出点。

当红方的奖励函数中未加入搜索收益模型时,此时红方无人机群仅依靠与敌方威胁单元的距离变化及高价值目标的完好情况等来优化搜索策略。在前5 000轮次的训练中红方无人机群仅表现为散开的随机搜索,没有良好的引导与优化机制。

当红方的奖励函数中加入搜索收益模型时,以胜率最高的PPO算法训练框架运行可视化仿真为例,前后记录了5 000轮次、15 000轮次、25 000轮次的训练后,结合搜索收益函数模型的红方无人机群对蓝方移动威胁目标的搜捕策略变化。

经过第一阶段的训练,红方无人机群并没有得到很好的搜索策略,设定的3架无人机则根据搜索收益函数模型的奖励设定,均前出探测搜索收益赋值较高的区域,但对于高价值目标没有形成有效的保护,胜率较低。在5 000轮次附近随机抽样10轮红蓝对抗,胜率仅有30%,可得到如表2所列的胜负结果。

表2 第一阶段抽样对抗胜负结果

抽样轮次	红方高价值目标	蓝方无人机剩余数量	胜负情况
1	被摧毁	4	蓝胜红负
2	被摧毁	4	蓝胜红负
3	被摧毁	3	蓝胜红负
4	被摧毁	1	蓝胜红负
5	完好	0	红胜蓝负
6	被摧毁	3	蓝胜红负
7	完好	0	红胜蓝负
8	被摧毁	2	蓝胜红负
9	被摧毁	1	蓝胜红负
10	完好	0	红胜蓝负

再经过10 000轮次的训练,红方无人机群已经针对蓝方的袭扰策略形成了初步的防御与搜索策略,设定的3架无人机中分配1架在高价值目标附近盘旋,另外2架前出探测搜捕蓝方无人机可能存在的区域,此时已有对于高价值目标的保护意识,胜率较第一阶段有所上升。在15 000轮次附近随机抽样10轮红蓝对抗,胜率已经提升至70%,可得到如表3所列的胜负结果。

当经过25 000轮次的训练,红方无人机群已经确定了对蓝方的防御与搜索策略,设定的3架无人机中分配2架在高价值目标附近盘旋,且相互交错覆盖未知区域,另外1架前出探测搜捕蓝方无人机可能存在的区域,同时不定时对高价值附近区域回访,此时高价值目标的高额奖励对红方无人机的决策产生了巨大影响,避碰奖励及距离奖励可对于执行搜捕任务的1架无人机进行搜索策略的修正,胜率较第二阶段有所上升,此时基本接近饱和。在25 000轮次附近随机抽样10轮红蓝对抗,胜率提升至80%,可得到如表4所列的胜负结果。

表3　第二阶段抽样对抗胜负结果

抽样轮次	红方高价值目标	蓝方无人机剩余数量	胜负情况
1	完好	0	红胜蓝负
2	完好	0	红胜蓝负
3	完好	0	红胜蓝负
4	被摧毁	1	蓝胜红负
5	完好	0	红胜蓝负
6	完好	0	红胜蓝负
7	完好	0	红胜蓝负
8	被摧毁	2	蓝胜红负
9	被摧毁	2	蓝胜红负
10	完好	0	红胜蓝负

表4　第三阶段抽样对抗胜负结果

抽样轮次	红方高价值目标	蓝方无人机剩余数量	胜负情况
1	完好	0	红胜蓝负
2	完好	0	红胜蓝负
3	被摧毁	1	红胜蓝负
4	完好	0	蓝胜红负
5	完好	0	红胜蓝负
6	被摧毁	1	红胜蓝负
7	完好	0	红胜蓝负
8	完好	0	蓝胜红负
9	完好	0	蓝胜红负
10	完好	0	红胜蓝负

4　结　　语

以智能博弈算法为核心的算法战将成为未来智能化作战的主要发展趋势,研究如何运用强化学习算法提高无人装备的智能化、自主化水平显得迫在眉睫。本文以海上战场无人作战对抗场景为背景,设计并实现了 DQN、A2C、PPO 三种训练算法框架,通过搭建的 gym 仿真环境进行了仿真推演以及三种训练算法的收效效果以及搜索收益模型的训练效果,验证了结合搜索收益模型的 PPO 算法是实现无人机群对移动威胁目标搜索的有效算法。在未来的研究中,还需要进一步丰富作战场景,优化算法设计,以便更好地适应未来无人作战场景。

参考文献

[1] 相亮亮.无人机在军事中的应用与发展[J].科技展望,2016,26(14):292.

［2］刘丹丹，姜志敏.军事无人机作战应用及发展趋势［J］.舰船电子对抗，2020，43(6)：30-33,38.

［3］代威，张洪涛，惠俊鹏.无人机在未来海战场中的应用分析［J］.兵器装备工程学报，2018，39(1)：21-24.

［4］夏欢，周德云，汪凌霄.未知环境中无人机协同搜索信息融合方法研究［J］.计算机工程与应用，2011，47(26)：228-231.

［5］彭辉，沈林成，霍霄华.多 UAV 协同区域覆盖搜索研究［J］.系统仿真学报，2007，19(11)：5.

［6］轩永波，黄长强，吴文超，等.运动目标的多无人机编队覆盖搜索决策［J］.系统工程与电子技术，2013，35(3)：539-544.

［7］田菁，陈岩，沈林成.不确定环境中多无人机协同搜索算法［J］.电子与信息学报，2007，29(10)：539-544.

［8］张莹莹，周德云，夏欢.不确定环境下多无人机协同搜索算法研究［J］.电光与控制，2012，19(2)：2325-2328.

［9］刘琨.多无人机协同侦察航迹规划算法研究［D］.南京：南京航空航天大学，2021.

［10］刘全，翟建伟，章宗长，等.深度强化学习综述［J］.计算机学报，2018，41(1)：1-27.

［11］王琦等.Easy RL：强化学习教程［M］.北京：人民邮电出版社，2022.

［12］Richard S. S，Andrew G B. 强化学习［M］.2 版.北京：电子工业出版社，2019.

［13］赵冬斌，唐振韬，邵坤，等.深度强化学习进展：从 AlphaGo 到 AlphaGo Zero［J］.控制理论与应用，2017，34(12)：1529-1546.

［14］Wang Z T，Masahito U. A Convergent and Efficient Deep Q Network Algorithm［J］. 2021.

［15］郁洲，毕敬，苑海涛.基于改进 DQN 算法的复杂海战场路径规划方法［J］.智能科学与技术学报，2022，4(3)：418-425.

［16］申怡.面向强化学习问题的近端策略优化算法研究［D］.苏州：苏州大学，2021.

［17］Maell C，Ben D，Friston K J，et al. Active Inference in OpenAI Gym：A Paradigm for Computational Investigations Into Psychiatric Illness［J］. Biological Psychiatry：Cognitive Neuroscience and Neuroimaging，2018，3：809-818.

［18］Hasselt H V，Guez A，David S. Deep Reinforcement Learning with Double Q-Learning［C］. AAAI Conference on Artificial Intelligence，2015.

基于预积分约束 SLAM 的无人机定位导航算法

李港　徐坤　张博恒　孙明健

（哈尔滨工业大学（威海），山东·威海，264200）

摘要：随着微处理器技术的发展和控制系统成本的降低，高度自主的多旋翼无人机得到了较快发展，在军事、应急救援、航空测绘等领域有着巨大的发展前景。无人机平台的智能化发展受限于传感器数据不精准问题和计算资源不充足问题。首先，为了获取更精确的传感器数据，提出了点云优化算法，并为完成无人机运动中的高质量建图，开发了基于 IMU 预积分约束的 SLAM 算法，以完成精准地图构建；然后为实现无人机动态避障，开发了基于 DWA 融合 A＊的路径规划算法，实现了无人机避障飞行；最终完成基于预积分约束 SLAM 的无人机定位导航系统构建与实验验证。实验结果表明本文的定位导航方案能够有效解决无人机运动中传感器数据不精准、建图偏移、导航陷入困境等相关问题，达到低计算资源消耗要求。

关键词：无人机；SLAM；预积分；路径规划

1　引　言

随着控制技术的发展，多旋翼无人机由于其简单的机械结构得到研究人员和业界各方面的广泛关注，用于航拍、电力巡检、农业植保的各种无人机已投入市场。在多机编队、无人机集群领域，拥有广阔的发展前景[1]。无人机通常使用 GPS 进行定位，而在特殊场景中，如 GPS 信号弱，或周边环境障碍复杂等情况下，无人机需要对环境进行进一步感知。

通常情况下，无人机在未知环境中依赖实时定位与地图构建（Simultaneous Localization and Mapping，SLAM）技术，以确定自身的精确位置和姿态[2]，而实现无人机的自主导航，也离不开路径规划。目前，大多数 SLAM 算法的研究方向集中于提高系统的定位精度、系统鲁棒性、运算效率。路径规划算法主要分为全局路径规划算法和局部路径规划算法，考虑到无人机平台的限制，在实际应用中，大多数选择对经典路径规划算法改进再部署到无人机平台上。而目前针对传感器数据不精准导致建图误差、无人机计算资源受限等问题，以及在导航过程中的路线丢失问题，还需要进一步的研究。

本文主要对激光 SLAM 算法和导航算法进行研究，旨在解决无人机传感器数据不精准问题和计算资源不充足问题，在未知环境中工作中实时建图定位，完成导航任务。首先，针对多旋翼无人机平台 SLAM 算法开发，提出点云矫正算法以提高传感器数据精度，并提出一种基于惯性测量单元（Inertial Measurement Unit，IMU）预积分的 SLAM 优化算法，提高定位准确性和系统鲁棒性，降低计算资源占用；然后，本文研究了自主导航算法相关内容，包括路径规划、定位等，将局部导航与全局导航相结合，实现避障导航；最后，在仿真环境中进行分析对比并在实际环境中完成本文提出的 SLAM 算法和导航算法的总体性的验证。

2 基于 IMU 预积分约束的 SLAM 算法

激光雷达 SLAM 算法在无人机高速移动时会产生退化问题,无法准确估计位姿。无人机飞控方案中基本都包含了 IMU,在一定时间内估计的旋转和位移信息有着较高的准确性,为了进行更精准的地图构建,首先设计了运动畸变矫正算法,提高初始数据的准确性。然后,通过把 IMU 预积分项作为空间约束加入后端图优化中,提高系统在面对非结构化场景中的鲁棒性,同时不会占用大量资源。

2.1 运动畸变矫正

运动畸变[3]是由于激光雷达在采集数据过程中,伴随载体的运动,导致一帧激光数据中的激光点不是在同一时刻采集的。激光点云失真示意图如图 1 所示。

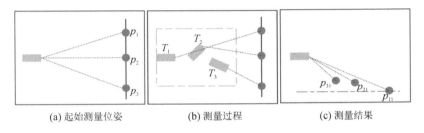

(a) 起始测量位姿   (b) 测量过程   (c) 测量结果

图 1 激光点云失真示意图

图 1(a)中,激光雷达在运动过程中去测量真实环境中的 p_1,p_2,p_3 三个点的位置信息,假设雷达的发布频率为 10 Hz,则一帧雷达激光数据的周期为 100 ms。如图 1(b)所示,假设这一帧激光点数据初始时刻对应的位姿点 T_1,T_2,T_3 分别为测得 p_1,p_2,p_3 三个点时对应的雷达载体的真实位姿,但在最终发布激光点数据时,会默认这一帧数据中的所有激光点都在位姿 T_1 处测得,激光点的距离和角度数据会以 T_1 为基准坐标系发布,结果示意如图 1(c)所示。雷达数据周期中无人机的运动是导致运动畸变产生的原因,采用更高规格的激光雷达可以改善,但这一方面提升了价格,另一方面占用无人机计算资源。对此,考虑结合 IMU 进行优化。

IMU 一般由两部分组成:陀螺仪和加速度计,可以直接测量角速度和加速度,测量频率很高,为 $1\sim8$ kHz,一般使用 IMU 的角速度信息进行积分得到角度信息。将 IMU 数据融合进 SLAM 算法,进行点云矫正,效果如图 2 所示,其中绿色点云为原始点云,紫色点云为矫正后的点云。结果显示,矫正后的点云更符合机器人在该旋转状态下的点云分布。

2.2 基于预积分的后端优化算法

基于多传感器融合的 SLAM 算法中,在后端优化中如果把 IMU 等传感器数据作为约束,当位姿在优化过程中发生变化时,传感器的所有数据需要重新积分,这对系统的计算资源产生较大负担[4],通过构建预积分项可避免重复积分的问题。预积分项的构建过程如图 3 所示。

在图 3 中,首先通过运动滤波筛选出关键帧,假设相邻关键帧中共有 $(j-i)$ 个 IMU 的测量值,将这些测量值通过积分构成积分项,该积分项构成对相邻两个关键帧之间的位姿变换约束,记为预积分约束,预积分约束与激光雷达求解的相邻关键帧之间的相对位姿约束的差值构成图优化目标函数中的残差项。而残差项主要包括残差函数和对应的协方差矩阵,所以预

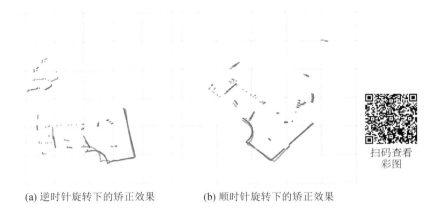

(a) 逆时针旋转下的矫正效果　　　　　(b) 顺时针旋转下的矫正效果

图 2　融合机器人运动状态的矫正效果

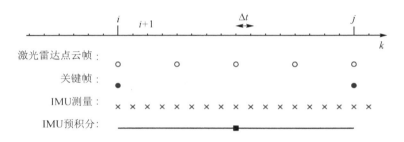

图 3　预积分构建过程示意图

积分项用于后端优化的大致流程如下：① 构建预积分项，即通过离散积分求出预积分项；② 协方差更新，即把预积分项的测量噪声分离出来，求解噪声误差的传播方程，完成对预积分项协方差的更新；③ 残差函数构建，将预积分项的估计值与测量值作差，构成残差函数。IMU 的测量值存在偏置，并且偏置在优化过程中是不断变化的，所以需要更新偏置。

当 IMU 偏置发生变化时，IMU 预积分项需要重新计算，该过程需要占用大量的计算资源，会影响系统的实时性。为避免重复积分，可通过线性化的方式完成偏置变化时 IMU 预积分项的一阶近似更新。IMU 预积分项在偏置变化后的更新公式如下：

$$
\Delta \widetilde{\boldsymbol{R}}_{i,j}(\hat{\boldsymbol{b}}_i^g) \approx \Delta \widetilde{\boldsymbol{R}}_{i,j}(\bar{\boldsymbol{b}}_i^g) \cdot \mathrm{Exp}\left(\frac{\partial \Delta \bar{R}_{i,j}}{\partial \bar{b}^g}\delta \boldsymbol{b}_i^g\right)
$$

$$
\Delta \widetilde{v}_{i,j}(\hat{\boldsymbol{b}}_i^g,\hat{\boldsymbol{b}}_i^a) \approx \Delta \widetilde{\boldsymbol{v}}_{i,j}(\bar{b}_i^g,\bar{b}_i^a) + \frac{\partial \Delta \bar{v}_{i,j}}{\partial \bar{b}^g}\delta \boldsymbol{b}_i^g + \frac{\partial \Delta \bar{v}_{i,j}}{\partial \bar{b}^a}\delta \boldsymbol{b}_i^a \tag{1}
$$

$$
\Delta \widetilde{\boldsymbol{p}}_{i,j}(\hat{\boldsymbol{b}}_i^g,\hat{\boldsymbol{b}}_i^a) \approx \Delta \widetilde{\boldsymbol{p}}_{i,j}(\bar{b}_i^g,\bar{b}_i^a) + \frac{\partial \Delta \bar{p}_{i,j}}{\partial \bar{b}^g}\delta \boldsymbol{b}_i^g + \frac{\partial \Delta \bar{p}_{i,j}}{\partial \bar{b}^a}\partial \boldsymbol{b}_i^a
$$

其中，$\bar{b}_i^g$ 和 $\bar{b}_i^a$ 为前一次优化后的偏置，$\hat{b}_i^g$ 和 $\hat{b}_i^a$ 为当前优化后的偏置，$\hat{b}_i^g$ 和 $\hat{b}_i^a$ 由 $\bar{b}_i^g$ 和 $\bar{b}_i^a$ 与偏置更新量 δb_i^g 和 δb_i^a 相加得到，即 $\bar{b}_i^g + \delta b_i^g \to \hat{b}_i^g$，$\bar{b}_i^a + \delta b_i^a \to \hat{b}_i^a$。

IMU 预积分对应的残差函数构建如下：

$$
\boldsymbol{r}_{\Delta R_{ij}} \triangleq \log\left\{\left[\widetilde{\boldsymbol{R}}_{ij}(\bar{b}_i^g) \cdot \mathrm{Exp}\left(\frac{\partial \Delta \bar{R}_{ij}}{\partial \bar{b}^g}\delta \boldsymbol{b}_i^g\right)\right]^{\mathrm{T}} \cdot \boldsymbol{R}_i^{\mathrm{T}}\boldsymbol{R}_j\right\} \tag{2}
$$

$$r_{\Delta v_{ij}} \triangleq R_i^{\mathsf{T}}(v_j - v_i - g \cdot \Delta t_{ij}) - \Delta \tilde{v}_{i,j}(\bar{b}_i^g, \bar{b}_i^a) + \frac{\partial \Delta \bar{v}_{i,j}}{\partial \bar{b}^g}\delta b_i^g + \frac{\partial \Delta \bar{v}_{i,j}}{\partial \bar{b}^a}\delta b_i^a \tag{3}$$

$$r_{\Delta p_{ij}} \triangleq R_i^{\mathsf{T}}\left(p_j - p_i - v_i \cdot \Delta t_{ij} - \frac{1}{2}g \cdot \Delta t_{ij}^2\right) - \Delta \tilde{p}_{i,j}(\bar{b}_i^g, \bar{b}_i^a) - \frac{\partial \Delta \bar{p}_{i,j}}{\partial \bar{b}^g}\delta b_i^g - \frac{\partial \Delta \bar{p}_{i,j}}{\partial \bar{b}^a}\partial b_i^a$$

$$\tag{4}$$

其中,第一部分是 pvR 增量的估计值,需要通过非 IMU 的方式获得,通常为扫描匹配求解的相邻关键帧之前的位姿变换;第二部分是 pvR 增量的测量值,即通过预积分项在偏置变化后的更新公式求取。

在 SLAM 算法的后端优化中,针对激光雷达在一些非结构化场景中产生退化问题,提出了将 IMU 预积分作为约束加入到位姿图的方法,该方法采用预积分技术避免了位姿优化过程中重复积分,在提高 SLAM 系统鲁棒性的同时不明显增加系统资源的消耗,适用于低成本无人机平台。

3 基于 DWA 融合 A * 的路径规划算法

在完成地图的建立后,无人机便可以根据已有地图完成路径规划,路径规划通常包含局部路径规划与全局路径规划,采用动态窗口法(Dynamic Window Approach,DWA)作为局部路径规划器完成动态避障,A * 算法作为全局路径规划器保证路径最优,避免 DWA 算法陷入局部最优困境,共同完成导航任务。最后在 MATLAB 仿真环境中进行实验验证。

3.1 基于 A * 算法的全局路径规划算法

A * 算法在搜索过程中更具备方向性,这是由于 A * 算法加入了启发函数,选择合适的启发函数可以使规划的路径快速收敛到目标点附近,不需要遍历图中的所有节点就可以得到最佳路径,算法的规划效率较高。A * 算法的代价函数如下:

$$f(n) = g(n) + h(n) \tag{5}$$

其中,$f(n)$ 是从初始节点经由节点 n 到目标节点的代价估计,$g(n)$ 是在地图中从初始节点到 n 节点的实际代价,$h(n)$ 是从节点 n 到目标节点的估计代价。在二维平面中,代价的值通常是指两个节点之间的距离。采用欧式距离计算 $h(x)$ 函数的值。$h(x)$ 函数为

$$h(x) = \sqrt{(x_1 - x_2)^2 + (y_1 - y_2)^2} \tag{6}$$

式中,(x_1, y_1) 代表当前位置,(x_2, y_2) 代表目标点位置。

如果选择的 $h(n)$ 函数合适,可以使 A * 算法更加快速地找到最短路径。

3.2 基于 DWA 算法的局部避障算法

DWA 算法作为一种有效避障算法被广泛应用于无人机的局部避障和路径规划中[2],它可以在复杂环境中快速生成安全、平滑的路径。有着轨迹空间小、可实时避障、算力要求低的优点,可以满足低成本平台使用。其评估函数的构造如下:

$$G(v, \omega) = \max(\alpha * \text{heading}(v, \omega) + \beta * \text{dist}(v, \omega) + \gamma * \text{velocity}(v, \omega)) \tag{7}$$

式中,$\text{heading}(v, \omega)$ 用来评价在当前 (v_i, v_j) 对应的轨迹末端朝向与目标点之间的角度差,如果此项评分较高,该轨迹时是尽量向着目标点前进的轨迹,α 是 $\text{heading}(v, \omega)$ 对应的权重系

数,增大 α 的值可以使无人机按照路径最短策略接近目标点。dist(v,ω) 表示环境中最近障碍物到当前估计轨迹上的距离,β 是 dist(v,ω) 对应的权重系数,增大 β 可使无人机在运动过程中远离障碍物,但会影响无人机完成导航任务所需的时间。velocity(v,ω) 使无人机尽量保持较高速度前进,γ 是 velocity(v,ω) 对应的权重系数,增大 γ 可使无人机按时间最短策略接近目标点,但速度过快会降低无人机的动态避障能力。三个评价函数经过归一化处理后相加得出评价函数的值 $G(v,\omega)$。

DWA 算法通过评价函数计算出来的最优轨迹是当前最优,不是全局最优。在远距离导航时,没有全局路径的限制下,其最优轨迹存在局部最优的致命问题,面对 U 形或 C 形障碍物环境时,陷入局部困惑,无法自主逃脱,如图 4 所示。

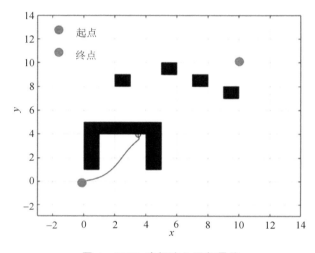

图 4　DWA 路径陷入局部最优

针对此问题,本文通过将 A* 算法与 DWA 算法结合进行优化。通过把 A* 算法作为全局路径规划器,使 DWA 算法在 A* 算法规划的路径上不断选取局部目标点,既可以使无人机逃脱 U 形障碍物环境,还可以保证无人机能够到达最终的目标点。此时考虑把 DWA 算法的评价函数更改为

$$G(v,\omega) = \max(\alpha * \text{heading}(v,\omega) + \beta * \text{dist}(v,\omega) + \gamma * \text{velocity}(v,\omega) + \lambda \text{Aheading}(v,\omega))$$

$$(8)$$

其中,Aheading(v,ω) 的含义与 heading(v,ω) 类似,代表当前 (v_i,ω_j) 对应的轨迹末端朝向与 DWA 算法在 A* 规划的全局路径上选取的局部目标点之间的角度差,如果此项评分较高,该轨迹时应尽量向着局部目标点前进,以保证无人机尽量沿着 A* 算法规划的最优轨迹前进,λ 是 Aheading(v,ω) 函数对应的权重系数。

3.3　仿真实验验证与分析

在仿真环境中进行实验验证,在起点附近设置了一处 U 形障碍物,DWA 在 A* 算法估计的全局路径的指导下,如图 5 所示,DWA 算法成功避开了使其陷入局部最优的环境。最终的导航结果如图 6 所示,可以看出代表无人机的质点能够在不触碰静态障碍物的情况下安全到达目标点。

独立的 DWA 算法与 DWA 结合 A* 后算法的性能对比如表 1 所列,此时完成同样的导

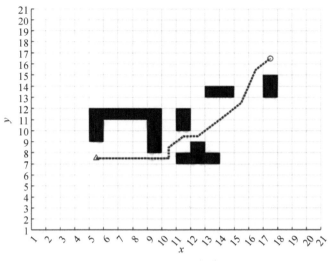

图 5　A∗算法规划的路径

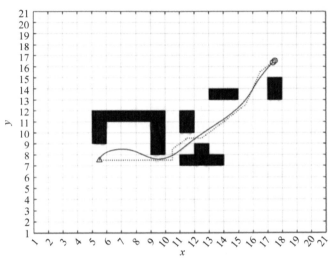

图 6　最终导航结果

航任务,相较于 DWA 算法,DWA 结合 A∗算法花费的时间更少,说明当 A∗与 DWA 结合时,DWA 规划的轨迹可以帮助无人机快速完成任务,此外 DWA 结合 A∗算法完成导航时的运动距离也比单独的 DWA 算法短,说明此时无人机完成同样的导航任务消耗了更少的能量,有利于算法在低成本平台部署。

表 1　DWA 算法与 DWA 结合 A∗算法的性能对比

算　法	耗时/s	运动距离/栅格
DWA	24.81	31.3
DWA+A∗	18.45	12.8

4 基于 SLAM 的无人机定位导航系统构建与实验验证

4.1 SLAM 算法评估

在实际环境中,采用四旋翼无人机平台测试本文 SLAM 算法的建图精度。目前市场上常用的 SLAM 算法大多数基于 Gmapping[5],Karto[6],Carto[7]三种 SLAM 算法,所以选择上述三种算法参与实际建图对比实验。

实际建图环境中的开阔区域具有复杂的纹理,通过对该部分的建图可以反映 SLAM 算法能否较好地还原真实环境,而过道环境的结构单一,有类似于长走廊的作用,可以反映无人机处于旋转运动时的建图准确性,如图 7 所示。

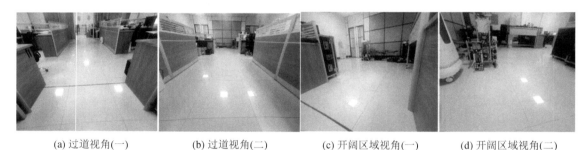

(a) 过道视角(一)　　(b) 过道视角(二)　　(c) 开阔区域视角(一)　　(d) 开阔区域视角(二)

图 7　测试环境

四种算法的建图结果如图 8 所示。

从图中红框所标记的地方可以看出,四种算法中 Karto 算法对实际环境的还原程度最差,本文 SLAM 算法可以较为准确地还原实际环境中的障碍物信息。从图中的两处灰框标记可以看出,在建图过程中,无人机旋转时,此时由于其他算法没有进行点云矫正并且没有 IMU 预积分项构建约束,故不能较为准确地估计无人机位姿,所以其他算法建立的地图显示过道和墙壁的后方分布有障碍物,与实际环境不符,发生了建图错误。

为了分析 SLAM 算法的建图精度,在上述实际环境中,选取了 12 组测量点,记录每组测量点的实测值和图测值,并计算每组测量点的对应绝对误差和相对误差。四种算法的相对误差折线如图 9 所示,x 轴为测量点编号,y 轴为相对误差指标。可以看出,Gmapping 算法、Karto 算法、Carto 算法的相对误差折线波动较大,说明这三种算法的建图精度不稳定。本文 SLAM 算法的相对误差折线整体平稳,证明本文 SLAM 算法在建图时有着良好的稳定性,没有出现在建图过程中某处建图误差过大的情况。本文 SLAM 算法的建图精度与市场上大多数产品相当,可以满足建图需求。

4.2　定位导航实验及结果分析

为了验证本文路径规划算法的有效性,在实际环境中进行静态障碍物避障测试和动态障碍物避障测试,其中静态障碍物避障测试的环境如图 10 所示,主要测试了三种障碍物分布,代表了实际环境中机器人导航时面临的大多数障碍物情况:单一障碍物,两个交叉放置的障碍物,U 形障碍物。上述三种障碍物均处于导航起点和终点的直线上,无人机须绕过上述障碍物才能完成任务。

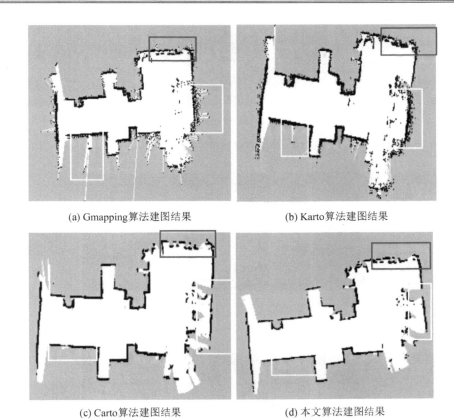

(a) Gmapping算法建图结果   (b) Karto算法建图结果

(c) Carto算法建图结果   (d) 本文算法建图结果

图 8 不同算法的建图结果

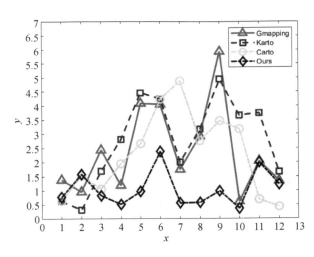

图 9 相对误差曲线

图 10(a)(b)(c)中障碍物对应的导航过程如图 11~图 13 所示,图中的红色曲线为 A * 规划的全局路径,DWA 算法在该全局路径上选取局部目标点。蓝色曲线为 DWA 算法规划的局部路径。绿色方块为放置的障碍物。从图中可以看出,由于 A * 算法的存在,起始状态时规划的全局路径绕过了 U 形障碍物,DWA 算法在该路径上不断选取局部目标点,避免陷入 U 形障碍物无法逃脱的情况,无人机成功地绕过了所有障碍物。

  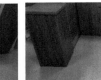

(a) 单一障碍物　　　　　　　　(b) 交叉放置的障碍物　　　　　　　(c) U形障碍物

图 10　静态障碍物避障测试环境

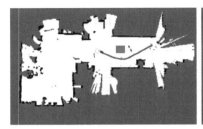 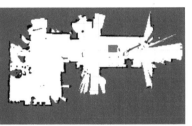

扫码查看彩图

(a) 起始状态全局路径规划　　　　　　　(b) 成功避开避障物

图 11　单一障碍物对应的导航任务的路径规划

扫码查看彩图

(a) 起始状态全局路径规划　　　　　　　(b) 穿过交叉障碍物间隙

图 12　两个交叉摆放的障碍物对应的导航过程

 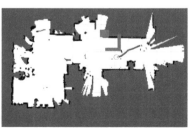

扫码查看彩图

(a) 起始状态全局路径规划　　　　　　　(b) 绕过U形障碍物

图 13　U形障碍物对应的导航任务的路径规划

　　实验结果表明,提出的算法有效地提高了建图过程中的定位精度,特别是在长走廊环境中,本文算法相较于其他算法具有更好的鲁棒性,在大多数序列上,本文 SLAM 算法在平移误差和旋转误差的指标上都有着最优的表现。同样,实际的建图测试表明,本文提出的 SLAM 算法的相对误差较为平稳,建图精度更高。通过分析 SLAM 算法 CPU 和内存占用可以发现,本文 SLAM 算法对系统资源消耗并不高。通过导航任务实验可以发现,本文算法能够很好地完成无人机初始位姿重定位和导航任务。

5 结 论

为解决无人机在 SLAM 建图中建图效果不精准、建图定位资源占用高的问题,本文提出了图像矫正算法和基于 IMU 预积分约束的后端优化算法,通过设计对比实验,与流行的 Gmapping、Karto、Carto 三种算法对比,展现出较高的建图精准度、系统鲁棒性,实现精准建图的同时有效降低了资源占用率,为其部署在低成本平台实现大规模部署提供保障。

而针对局部最优困境问题,本文提出基于 DWA 融合 A * 的路径规划算法,在实际环境中进行障碍物避障测试,实验结果表明,该算法具有良好的鲁棒性、较高的路径规划精度、良好的避障能力,可以有效应用在多旋翼平台上。

参考文献

[1] 康轶非. 不依赖 GPS 定位理论及方法研究[D]. 北京:北京交通大学,2015.

[2] 熊安. 基于 SLAM 的轮式机器人定位与导航技术研究[D]. 北京:中国科学院大学（中国科学院国家空间科学中心）,2018.

[3] 范海廷,杜云刚. 基于激光 SLAM 的移动机器人导航算法研究[J]. 机床与液压,2021,49(14):41-46.

[4] 崔海路. 基于 LiDAR 和 IMU 融合的智能车组合定位导航技术研究[D]. 济南:齐鲁工业大学,2021.

[5] Grisetti G, Stachniss C, Burgard W. Improved techniques for grid mapping with rao-blackwellized particle filters[J]. IEEE transactions on Robotics, 2007, 23(1): 34-46.

[6] Olson E B. Real-time correlative scan matching[C]//2009 IEEE International Conference on Robotics and Automation. IEEE, 2009: 4387-4393.

[7] Hess W, Kohler D, Rapp H, et al. Real-time loop closure in 2D LIDAR SLAM[C]//2016 IEEE international conference on robotics and automation (ICRA). IEEE, 2016: 1271-1278.

一种新的空中战术机动智能决策算法

潘耀宗　张磊　刘传辉

（海军航空大学,山东·烟台,264001）

摘要：本文针对基于深度强化学习的空中战术机动智能决策中,随着智能体数量的增加,策略搜索的计算量会增加,进而延长多智能体强化学习的模型训练时间,训练效率降低的问题,提出了基于参数共享的多智能体深度确定性策略梯度(PS–MADDPG)算法。该算法通过集中训练、分布执行的运行方式保证了训练环境的平稳性,每个智能体采取独立的 Actor–Critic 结构使每个智能体可以有独立的训练目标,通过参数共享机制减少待训练智能体的数量,进而减少训练时间,提升训练效率,最后,在三种抽象空中战术机动的场景中对 PS–MADDPG 算法进行了仿真验证,表明该算法相对于基准的 MADDPG 算法,在保持性能基本持平的情况下,明显提升了训练效率,并且在实际作战仿真系统中设计了空战场景对该算法进行了验证,表明该决策算法能有效提升战机战术机动决策的智能性。

关键词：多智能体深度强化学习;神经网络;智能决策;智能空战

1　前　言

2020 年 8 月 DARPA 举办的"Alpha Dogfight Trials"人机对抗赛中,美国苍鹭公司设计的智能飞行自主决策系统驾驶 F–16 战机以 5∶0 战胜飞行教官[1];2021 年 11 月德国 HENSOLDT 公司网站报道,其正为德国军队开发名为"Ghost Play"的无人机集群战术级人工智能快速决策系统[2],可见空战智能决策一直是研究热点。

2015 年谷歌的 DeepMind 公司将深度学习的"特征提取"能力与强化学习的"决策能力"相结合,提出了深度强化学习(Deep Reinforcement Learning,DRL)[3],该方法可以避免复杂的特征工程,实现"端到端"控制,形成了人工智能领域新的研究热点。2019 年利用 DRL 在多个与作战具有较强相似性的即时策略游戏中率先达到人类专业水平,展示了 DRL 在智能决策中的应用潜力,使其成为智能空战决策中的重要技术选项,受到研究人员的关注。Rijken[4]研究了 DRL 在空战机动中的应用,肯定了 DRL 在空战中的应用研究价值。

左家亮等采用启发式强化学习方法解决动态变化的空战机动决策问题[5];张耀中等基于深度确定性策略梯度算法控制无人机群执行对敌方来袭目标的追击任务[6];施伟等提出了一种基于 DRL 的多机协同空战决策流程框架(DRL–MACACDF)[7];张强等提出了一种基于 Q–network 强化学习的超视距空战机动决策方法[8];李银通等提出了一种基于逆强化学习的空战态势评估方法[9]。2021 年 3 月,美空军研究室的自主能力小组在 F–16 上测试了第一个深度强化学习飞行控制器,并进行了系列飞行演习[10]。然而,利用多智能体深度强化学习(Multi–agent DRL,MADRL)技术解决空中多机协同战术机动智能决策的研究中,智能体数量的增加会降低 MADRL 的训练效率,从而限制智能体数量扩展。

2 深度强化学习

深度强化学习通过智能体与环境不断"交互-试错"的学习方式,对策略空间进行探索,以获得行为策略。这在减少对相关领域专家经验知识依赖的同时,甚至能够产生超出人类经验范围的"新知识",并且 DRL 可以将状态-动作空间处理为连续高维空间,环境模型未知的序列决策问题,对状态空间极大、环境模型难以建立的空战对抗场景具有良好的适用性。Alpha-Go 的创始人 David Silver 认为 DRL 是实现通用人工智能(Artificial General Intelligence,AGI)的重要途径。DRL 与机器学习和人工智能(Artificial Intelligence,AI)的关系如图 1 所示。

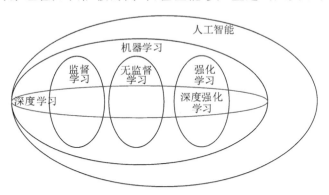

图 1　深度强化学习与人工智能、机器学习之间的关系

2.1　MAAC 算法

多智能体深度强化学习(Multi - agent DRL,MADRL)是多智能体强化学习与深度学习的融合。将单智能体 DRL 算法向多智能体拓展,是解决 MADRL 问题的重要途径,也是当前的研究热点。

保持状态转移的马尔科夫性及智能体交互环境的平稳性是强化学习的应用前提。为了保证马尔科夫决策过程的稳定性,可使智能体能够利用局部观察进行决策,并且可以拥有独立奖励函数。基于单智能体强化学习的行动者-评论员架构,提出了一类中心化训练分布式执行结构的算法,多智能体行动者-评论员(Multi - Agent Actor - Critic,MAAC)算法。

MAAC 采用的是集中式训练、分布式执行的方式,对每一个智能体都分配了完整的 AC 结构。MAAC 在训练时,每个智能体策略的演化都是基于所有智能体的联合观察$\{o_1,\cdots,o_n\}$和联合动作$\{a_1,\cdots,a_n\}$。在执行时,每个智能体都是基于自身观察 o_i 进行决策。

2.3　深度确定性策略梯度算法

深度确定性策略梯度[11](Deep Deterministic Policy Gradient,DDPG)是基于 AC 架构的典型算法。2015 年提出的 DDPG 算法将状态空间和动作空间均扩展到了高维连续空间,适用范围广。DDPG 的原理如图 2 所示。

DDPG 共设置了四个神经网络,其中两个组成目标网络(Target Net),用来对未来值函数进行评估,引导策略演化的方向,另外两个组成(Action Net),从而产生具体的影响环境的行为。其中,Target Net 的参数 θ' 是由 Action Net 参数 θ 采取软更新的方式获取,$\theta' \leftarrow \tau\theta + (1-\tau)\theta' | \tau \ll 1$。Action Net 中参数的更新涉及其 Actor Net 和 Critic Net 参数的更新。Critic Net 更新利用的公式为

$$\text{Loss} = E\big[(r + \gamma Q(a') - Q(a))^2\big] \tag{1}$$

其中,r 是抽取样本中的回报,$Q(a')$ 由状态 s' 输入到 Target Net 中的 Critic Net 和 Actor

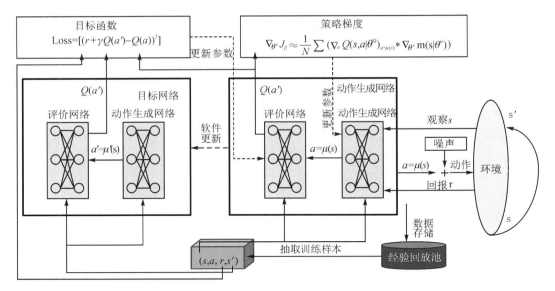

图 2　DDPG 算法原理

Net 得到，即 $Q(a')_a{}' = \mu'(s')$，μ' 为 Target Net 中 Actor Net 所表示的策略。而 $Q(a)$ 是由训练样本中状态 s 输入 Action Net 中的 Critic Net 和 Actor Net 所得，即 $Q(a)_{a=\mu(s)}$。Action Net 中的 Actor Net 采用策略梯度的方式进行更新，其更新公式为

$$\nabla_{\theta^\mu} J_\beta(\mu) \approx (\nabla_a Q(s,a \mid \theta^Q) \mid_{a=\mu(s)} * \ \nabla_{\theta^\mu} \mu(s \mid \theta^\mu)) \tag{2}$$

其中，θ^μ 为 Action Net 中 Actor Net 的参数，θ^Q 为 Action Net 中 Critic Net 的参数。

3　PS – MADDPD 算法

3.1　PS – MADDPG 算法原理图

对于 MADRL，智能体数量的增加会导致训练过程中网络参数更新计算量的增加，从而降低算法的训练效率。确定性策略梯度算法（DDPG）是一种无模型的 AC 结构算法，可以应用于动作空间和状态空间均为高维连续状态的情况，适合空战机动的场景。将 DDPG 算法与 MAAC 相结合，形成了适用于多智能体场景的 MADDPG 算法。本文引入了参数共享机制，提出了基于参数共享（Parameters sharing）的多智能体深度确定性策略梯度（PS – MADDPG）算法。该算法采用集中式训练、分布式执行的 MAAC 框架，可以保证训练中的环境平稳性，并为每个智能体单独设置奖励函数，从而允许在同一场景中智能体间存在如合作、竞争等不同关系；引入参数共享机制则有效减少了智能体数量增加对算法训练效率的影响。

在强化学习中，智能体根据其任务获得行为策略，相同任务的智能体，具有相同的回报函数，称为同质智能体。在同质智能体间引入参数共享（Parameters Transferring）机制是 PS – MADDPG 的关键。

图 3 为 PS – MADDPG 算法原理图。

经验回放池中的训练数据 (s, a, r, s')，其中 $s = \{s_{11}, \cdots, s_{nk}\}$ 代表由每一个智能体的局部观察状态所组成的集合；$a = \{a_{11}, \cdots, a_{nk}\}$ 代表每一个智能体基于局部观察所采取的动作组成

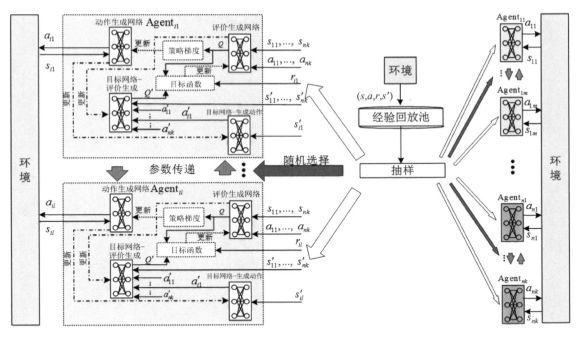

图 3　PS－MADDPG 算法原理图

的集合；$r=\{r_{11},\cdots,r_{nk}\}$代表每一个智能体基于其局部观察采取动作后所获得的奖励组成的集合。$a'=\{a'_{11},\cdots,a'_{nk}\}$由每一个智能体的目标网络基于其所面临的$s'$产生，用来对$Q_{target}$进行估计。

在训练时，在一类同质智能体中随机选取一个智能体$agent_{ij}$。智能体$agent_{ij}$的 Critic 网络通过所有智能体产生的联合观察集合 s 和联合行为集合 a 产生对$Q_i^\mu(s,a)$值的估计，并通过式（3）对 Actor 网络参数进行更新。

$$\nabla_{\theta_{ij}}J(\mu_{ij})=E_{s,a\sim D}\big[\nabla_{\theta_{ij}}\mu_{ij}(a_{ij}\mid o_{ij})\nabla_{a_{ij}}Q_i^\mu(s,a)\mid_{a_{ij}=\mu_{ij}(o_{ij})}\big] \tag{3}$$

其中，$\mu_{ij}(a_{ij}\mid o_{ij})$代表着使用时 Actor 网络所逼近的确定性策略。通过式（4）对 Critic 网络进行参数更新。

$$\nabla_{\theta'_{ij}}L(\theta'_{ij})=E_{s,a,r,s'\sim D}\left[(Q_i^\mu(s',a\mid\theta'_{ij})-Q_{target})^2\frac{\partial Q_i^\mu}{\partial\theta'_{ij}}\right] \tag{4}$$

其中，$Q_{target}=r_{ij}+\gamma_{ij}Q^{\mu'}(s'_{11},\cdots,s'_{nk},a'_{11},\cdots,a'_{nk})\mid_{a'_{ij}=\mu'_j(o_{ij})}$，$\mu'=\{\mu_{\theta''_{11}},\cdots,\mu_{\theta''_{nk}}\}$，$\theta''_{ij}$代表目标网络中 Critic 网络的参数。

算法 3.1 描述了 PS－MADDPG 的伪代码。

```
Initialize environment, agents network parmeters
for episode = 1 to max_episode do
    for step = 1 to max_step do
        each agent k, a_k = (x_k)
        x', r ←(a_1,···,a_n) at state x
        replay buffe D ←(x,a,r,x')
        for class = 1 to sum_class do
            for each class, agent i = random(agent_class)
                sample minibatch (x,a,r,x') from D
```

update the critic network $\nabla_{\theta'_{ij}} L(\theta'_{ij}) = E_{s,a,r,s' \sim D} \left[(Q_i^\mu(s'_{11}, \cdots, s'_{nk}, a_{11}, \cdots, a_{nk}/\theta'_{ij}) - Q_{target})^2 \right.$

$\left. \dfrac{\partial Q_i^\mu}{\partial \theta'_{ij}} \right]$

update the actor network $\nabla_{\theta_{ij}} J(\mu_{ij}) = E_{s,a \sim D} \left[\nabla_{\theta_{ij}} \mu_{ij}(a_{ij}|o_{ij} \nabla_{\theta_{ij}} Q^\mu(s_{11}, \cdots, s_{nk}, a_{11}, \cdots, \right.$

$\left. a_{nk})|_{a_{ij} = \mu_{ij}(o_{ij})} \right]$

if every n episodes then

    for agent in class do

        net_var(agent) = net_parmeters(agent i) $* \alpha$ + net_parmeters(agent) $* (1-\alpha)$

    end for

end if

    end for

  end for

end for

3.2　算法性能分析

在测试环境中,每个飞行器智能体使用的是相同的网络结构,包括 actor 网络、critic 网络、target—actor 网络和 target-critic 网络。每个网络有 2 个全连接层,每层有 64 个单元。学习率 $l=0.01$,学习的折扣因子 $\gamma=0.95$。actor 网络和 critic 网络采用 Adam[12]进行优化,目标网络参数每训练 100 次更新一次,目标网络的软更新因子 $p=0.01$。在同质智能体之间进行参数共享,同时使用了参数异步传递机制和参数软更新机制。在初始阶段,每训练 100 次同质智能体之间进行一次参数共享,参数共享的频率随着训练周期的增加而增加。同质智能体之间参数软更新因子 $\alpha=0.95$。

3.2.1　典型 MADRL 环境测试

(1)测试环境描述

本文参照 OpenAI 公开的典型多智能体研究环境[13][14],结合空中战术机动中的三种基本机动行为(目标机动、跟踪移动目标和逃离目标),设计了合作任务、竞争任务和混合任务的三种测试场景。

场景一为合作导航,如图 4(a)所示。在该场景中,N 个初始位置随机的飞行器必须合作无碰撞地进入 N 个地标。该场景可以看做对空中战术机动中多个飞行器机动至各自战位的抽象。

场景二为追击逃逸,如图 4(b)所示。在该场景中,包括 N 个追击飞行器和 M 个逃避飞行器,以及两个可以阻挡智能体的障碍。在该场景中,追击飞行器和逃避飞行器之间存在竞争关系,同类飞行器之间是合作关系。

场景三为防守入侵,如图 4(c)所示。在该场景中,包括 N 个入侵飞行器、M 个防守飞行器、一个入侵者目标以及一个通信失联区域。该场景中移动速度较快的入侵飞行器试图躲避防守实体的拦截后,对目标进行攻击。当智能体进入失联区域后,其他智能体无法得到其相关信息。在防守飞行器中具有一个领导者,可以得到所有飞行器的位置、速度等信息并通知给盟友,帮助其更好地拦截入侵实体。在该场景中,飞行器间同时存在合作关系、竞争关系和通信。涉及向固定目标机动、跟踪移动目标和逃离目标三种基本机动行为。

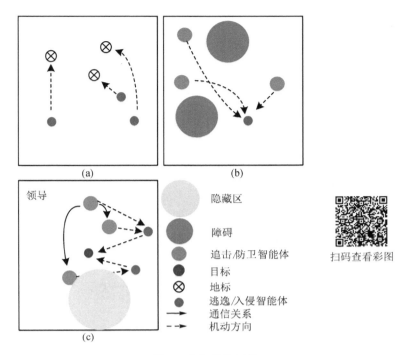

图 4　多智能体环境

（2）算法性能分析

本文在融合了三种基本机动行为的空中机动抽象场景中，以 MADRL 经典算法 MAD-DPG 为基准，对 PS - MADDPG 算法的有效性进行了验证。

在合作导航场景中，设置了三个智能体和三个地标，分别使用 MADDPG 算法和 PS - MADDPG 算法进行训练，仿真结果如图 5(a)所示。

在追击逃逸场景中，设置了三个追击智能体和一个逃逸智能体，逃逸智能体使用的 DDPG 算法，追击智能体分别使用 MADDPG 和 PS - MADDPG 算法进行训练，仿真结果如图 5(b)所示。

在防守入侵场景中，设置了 2 个入侵智能体和 3 个防守智能体，对于防守智能体使用 MADDPG 算法进行训练，入侵智能体则分别使用 MADDPG 和 PS - MADDPG 算法进行训练，结果如图 5(c)所示。

从以上三个场景中可以看出，MADDPG 算法和 PS - MADDPG 算法在性能上差异不大。主要原因是在多智能体场景中，具有相同任务的同质智能体有着相同的奖励函数，并且最终会收敛到相同策略。训练过程中，在处理好"探索与利用"均衡问题的前提下，利用参数共享机制并没有影响智能体策略的演化，所以 PS - MADDPG 与 MADDPG 算法收敛到了几乎相同的水平。

在上述实验中，对训练 1 000 个周期的平均消耗时间进行了统计，结果如图 6 所示。在合作导航场景中 PS - MADDPG 比 MADDPG 的每 1 000 个训练周期的平均消耗时间减少了 13.5%；在追击逃逸场景中，PS - MADDPG 比 MADDPG 平均训练时间减少了 17.1%；在防守入侵场景中，PS - MADDPG 比 MADDPG 平均训练时间减少了 14%。主要原因是，在不影响智能体策略演化的前提下，PS - MADDPG 利用同质智能体间的参数共享，代替了对每一个

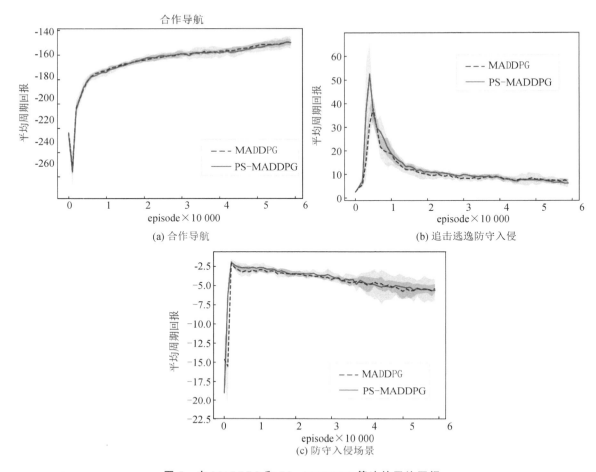

图 5　在 MADDPG 和 PS - MADDPG 算法的平均回报

智能体网络参数的迭代计算,减少了需要网络参数计算更新的智能体数量。从而节省了计算资源,提高了训练效率。

3.2.2　空战仿真平台环境测试

(1)环境描述

在仿真平台上作战,两架飞机与一架飞机进行对抗机动,其中蓝方飞机仍基于平台内置规则集进行机动,红方飞机采用 PS - MADDPG 算法进行训练。红蓝战机的对抗空域为长150 km、宽100 km、高度在 3 000~8 000 m 范围内。当红蓝任何一方的位置满足发射条件时会自动发射武器。红蓝双方凭借自身各种传感器感知空域内其他战机的位置。仿真中的

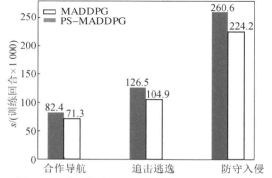

图 6　三种场景中 MADDPG 和 PS - MADDPG 算法平均训练时间

两架红方战机采用相同的神经网络结构对机动策略进行拟合,超参数设置于前面一致。

(2)仿真结果分析

在真实作战仿真平台上对本文提出的 PS - MADDPG 算法的有效性进行验证。具体实验

及结果分析如下：

红蓝双方对抗的仿真结果如图 7 所示，其中红方战机 R 采用的是本文提出的双网络决策算法和 PS - MADDPG 算法，蓝方战机 B 利用平台的内置规则集进行决策。从图(a)和图(b)可以看出，1 号机和 2 号机遇到基于规则的战机 B 后，开始分开对 B 采取行动；从图(c)和图(d)可以看出，蓝方战机 B 对 2 号机有优势时，1 号机开始靠近战机 B，当战机 B 对准 1 号机时，2 号机又开始向 B 机动；图(e)中态势再次进行了反复，战机 B 再次对准 2 号机，此时 1 号机又开始继续向 B 机动；最终，在图(g)中红方 1 号机满足了攻击条件，对蓝方战机 B 发起了攻击。

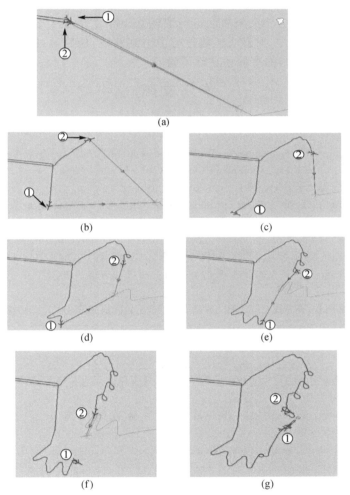

图 7　红蓝 2v1 对抗场景

仿真结果表明，红方战机利用本文所提算法的确产生了有效的机动策略，击败基于规则进行决策的蓝方战机完成了对抗任务。PS - MADDPG 算法在生成多智能体的行为策略上相比于基于规则集的智能体具有一定优势，该算法通过智能体自身的探索试错进行策略学习，不依赖专家知识输入，对环境适应性强，具有产生新知识的能力，机动行为表现丰富。

4 结 论

多机协同进行空中战术机动是作战中的典型场景,利用 MADRL 进行多机战术机动的智能决策研究中,智能体数量的增加将带来模型训练时间延长,训练效率降低。为了降低智能体数量对 MADRL 训练效率的影响,增强对智能体数量的扩展性,本文在多智能体行动者-评论员结构的基础上,结合 DDPG 算法,引入参数传递机制,提出了 PS – MADDPG 算法。该算法采用集中训练分布执行,可以在训练阶段保持环境的平稳性;执行过程中,单个智能体可依据 Actor 网络进行自主决策;引入参数传递机制,降低多智能体强化学习的策略更新计算量,增强对多智能体数量的扩展性。本文对算法进行了理论分析,并在具有合作、竞争等不同关系的典型抽象空中战术机动场景中,对算法性能进行了仿真验证,最后通过真实作战仿真平台,对 PS – MADDPG 算法生成策略的有效性进行了验证。

参考文献

[1] Defense Advanced Research Projects Agency. AlphaGog-fight trials go virtual for final event[EB/OL]. (2020-08-07)[2021-03-10]. https:www. darpa. mil/news -events/2020-08-07.

[2] Hensoldt. Technology project "GhostPlay" of Helmut Schmidt University Hamburg analyses effects of artificial intelligence on military operations[EB/OL]. (2021-11-4) [2023-09-04]. https://www. hensoldt. net/news/hensoldt-simulates-defence-systems-of-the-future/

[3] Mnih V, Kavukcuoglu K, Silver D, et al. Playing atari with deep reinforcement learning[J]. arXiv pre-print arXiv:1312. 5602, 2013.

[4] Rijken R, Toubman A. The future of autonomous air combat behavior[C]//Proceedings of 2016 IEEE International Conference on Systems, Man, and Cybernetics, 2016;3089-3094.

[5] 左家亮,杨任农,张滢,等. 基于启发式强化学习的空战机动智能决策[J]. 航空学报,2017,38(10): 217-230.

[6] 张耀中,许佳林,姚康佳,等. 基于 DDPG 算法的无人机集群追击任务[J]. 航空学报,2020,41(10): 314-326.

[7] 施伟,冯旸赫,程光权,等. 基于深度强化学习的多机协同空战方法研究[J]. 自动化学报,2021,47(7): 1610-1623

[8] 张强,杨任农,俞利新,等. 基于 Q-network 强化学习的超视距空战机动决策[J]. 空军工程大学学报(自然科学版),2018,19(6):8-14.

[9] 李银通,韩统,孙楚,等. 基于逆强化学习的空战态势评估函数优化方法[J]. 火力与指挥控制, 2019,44(8):101-106.

[10] Demonstrating and testing artificial intelligence applications in aerospace[EB/OL].(2021-03-20) [2023-09-01]. https://aerospaceamerica. aiaa. org/year-in-review/demonstrating-and-testing-artificial-intelligence-applications-in-aerospace/.

[11] Lillicrap T P, Hunt J J, Pritzel A, et al. Continuous control with deep reinforcement learning[J]. arXiv preprint arXiv:1509. 02971, 2015.

[12] KINGMA D P, BA J. Adam:A method for stochastic optimization[C]//The 3rd International Conference for Learning Representations. San Diego:2015.

[13] Lowe R, Wu Y, Tamar A, et al. Multi-agent actor-critic for mixed cooperative-competitive environments[J]. Advances in Neural Information Processing Systems, 2017, 6379-6390.

[14] I. Mordatch, P. Abbeel Emergence of grounded compositional language in multi-agent populations[J]. in Thirty-Second AAAI Conference on Artificial Intelligence, 2018.

高升力机翼表面过冷水滴撞击及结冰仿真

王子祺　孔祥玥　管宁

（山东交通学院，山东·济南，250357）

摘要：本文以一种高升力机翼为研究对象，采用数值模拟方法对三维机翼表面的空气流动、过冷水滴撞击及结冰情况进行了研究，在相同高度和马赫数下，分别考察了襟翼与缝翼偏转 0°、15°时机翼增升装置表面的压力分布、过冷水滴撞击特性及结冰情况。通过对模拟结果进行分析，发现随着增升装置偏转角度增大，在缝翼以及襟翼与主机翼的连接处更易出现结冰现象；该高升力翼型机翼表面的水滴收集系数从翼根到翼梢逐渐增大，机翼下表面的水滴收集系数明显大于机翼上表面，襟翼的前缘水滴收集系数相对较大，最大值为 0.35。偏转角由 0 增加至 15°时，机翼中段收集系数增大，最大值由 0.27 增加至 0.31，增大了 14%；该高升力机翼结冰的位置主要集中在飞机襟翼和缝翼的前缘、机翼下表面以及襟翼缝翼与主机翼的连接处。

关键词：高升力机翼；增升装置；结冰特性；流场分析；水滴收集系数

1　引　言

在竞争日渐激烈的世界航空产业中，增升装置已经成为了决定一款飞机未来市场的关键要素。增升装置可以改善机翼表面的空气流动状况，同时增大机翼面积和弯度以达到提高升力的目的[1]。然而，飞机在结冰气象条件下飞行时，带有增升装置的高升力机翼由于结构较为复杂，且起飞着陆阶段通常带有较大偏转角，因此与无增升装置的普通机翼相比，其结冰情况更加复杂多变。众所周知，结冰对飞机飞行安全的危害较大，飞机进行飞行任务和飞行实践中出现结冰，曾导致多起严重的飞机事故[2]，因此研究人员对增升装置结冰进行了大量风洞实验，得到了大量结冰冰型。尽管风洞试验数据为验证机翼结冰数值模拟方法的准确性提供了重要的依据，但其造价极为高昂，试验运行成本高，且大多数冰风洞尺寸较小，无法满足大型机翼、尤其是高升力机翼的试验需求。

近年来，数值模拟逐渐成为研究机翼结冰问题的一个重要手段[3-5]。国内外学者利用数值模拟对飞机机翼结冰进行了大量研究，么虹等[6]基于分区多块结构网格体系，采用欧拉方法建立过冷水滴控制方程，通过有限体积方法对方程进行求解，发展了适合三维复杂外形飞机的水滴撞击特性计算方法和计算程序，计算结果可用于飞机防/除冰系统设计。王海涛等[7]通过 FENSAP-ICE 对机翼进行数值模拟，并通过改进 Messinger 结冰热力学模型模拟更加真实的飞行情况。从计算结果中可以看出，飞机表面的液态水含量与飞行速度成正比。Sang W 等[8]设计了尖角冰、钝头冰和双角冰三种不同的结冰模型，采用雷诺平均 Navier-Stokes 方程进行数值模拟，研究机翼/机身构型的冰效应，并基于欧拉方程和笛卡尔网格方法开发了一个流动求解器，计算了高升力机翼结构的流场和冰效应。Sun Z G 等[9]采用多时间步长结冰数值模拟方法对 NACA4412 机翼模型进行数值模拟，并验证了数值模拟方法的可靠性，最后研究了来流速度、静态温度、迎角以及表面粗糙度对热传递系数和结冰形状的影响。

本文正是针对高升力机翼的结冰问题,针对自行设计的一款带有前缘缝翼和后缘襟翼的高升力机翼,采用数值模拟的方法,研究了襟翼和缝翼偏转 0°和 15°两个不同卡位上的空气流动、过冷水滴撞击及结冰情况,其中空气流场采用 FLUENT 仿真软件进行模拟分析,计算了相同飞行高度、马赫数下,两种不同卡位下的流场分布,基于流场计算结果,在 FENSAP-ICE 中建立了对上述偏转卡位和迎角下,高升力三维机翼表面的水滴撞击及结冰情况,对高升力机翼表面水滴撞击特性和结冰规律进行了分析和总结。

2 高升力机翼及计算模型

本文选取 RAE2822 翼型作为高升力机翼的基本翼型,其流场模拟时计算的误差较小,计算结果更为可靠,被广泛地应用在仿真研究中[10]。如图 1 所示,该翼型最大厚度是 12.11%,最大曲面是 1.26%,本文在该翼型的几何外形基础上,采用二次曲线法生成了襟翼与缝翼的几何外形。二次曲线通过改变曲线起始点的坐标、过曲线上某点的切线斜率实现对曲线外形的控制。

根据二次曲线中椭圆方程可知,若将襟翼前缘点看作方程的原点,则根据函数表达式可知前缘点处的切线斜率自动满足无穷大而无需其他的限制条件,因此可将这一性质作为后缘襟翼设计的重要参数。根据文献[11],可知襟翼的外形曲线可以分为如图 2 所示的 4 段进行描述。

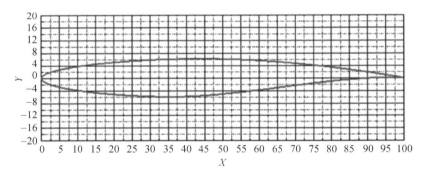

图 1 RAE2822 翼型

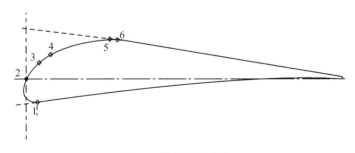

图 2 襟翼外形定义

1—2—3 段:1—2—3 段主要控制襟翼的前缘外形,设计过程中要求的控制变量主要是点 1、3 坐标及点 1 处切线斜率。设点 1、点 2、点 3 的坐标分别为 (X_1, Y_1)、(X_2, Y_2)、(X_3, Y_3),

则 X_2 控制整段襟翼的弦长；点 1 的坐标或过点 1 的切线斜率 K_1、Y_2 控制襟翼前缘半径；点 3 的坐标或过点 3 的切线斜率 K_3 控制襟翼上部的外形，进而影响缝道外形。在此次襟翼外形设计中，为减少控制变量，方便对襟翼进行控制，默认点 2 位于襟翼前缘处，则 1—2—3 段控制参数如表 1 所列。

表 1　1—2—3 段外形控制参数

控制参数	X_1	Y_1	K_1	X_3	Y_3	K_3
参数大小	71.03	−2.18	tan8.08	71.2	1.56	Tan38.14

3—4 段：3—4 段主要控制襟翼上部的外形，保证襟翼与主机翼之间形成收敛形缝道。设计过程中要求的控制变量主要是点 3、4 的坐标以及点 4 处切线的斜率。则 3—4 段控制参数如表 2 所列。

表 2　3—4 段外形控制参数

控制参数	X_3	Y_3	K_3	X_4	Y_4	K_4
参数大小	71.2	1.56	tan38.14	72.3	2.3	tan28.87

4—5 段：4—5 段主要控制了缝道的收敛的快慢程度，设计过程中要求的控制变量主要是点 4、5 的坐标以及点 5 处切线的斜率。其中，X_5 控制基本翼的弦长，Y_5 则由固定翼后缘的厚度 Δy 决定，Δy 的大小一般为 0.22% 的弦长。同时，过点 5 处的切线应与主翼相应位置的切线呈 5° 的夹角，因此可以确定 K_5 的值。则 4—5 段控制参数如表 3 所列。

表 3　4—5 段外形控制参数

控制参数	X_4	Y_4	K_4	X_5	Y_5	K_5
参数大小	72.3	2.3	tan28.87	77.78	3.73	tan0.5

5—6 段：5—6 段作用是保证襟翼曲线能光滑连续地过渡到基本翼型。设计过程中要求的控制变量主要是点 5、6 的坐标以及点 6 处切线的斜率。其中，点 6 处要求襟翼外形与主机翼外形一致。6 点的坐标可以根据点 5 与点 6 之间的距离 π 决定，其中 π 可以取弦长的 2% 左右。则 5—6 段控制参数如表 4 所列。

表 4　5—6 段外形控制参数

控制参数	X_5	Y_5	K_5	X_6	Y_6	K_6
参数大小	77.78	3.73	tan0.5	78.43	3.69	tan172.03

基于上述方法获得襟翼和前缘缝翼的几何外形后，对其进行三维模型构建，得出模型如图 3 所示。

针对图 2 所示模型，运用 ICEM CFD 软件生成非结构化网格，网格首层高度取 0.02 mm，最终得到的网格数量为 201 万，该网格量满足独立性要求。

针对图 2 中的三维高升力机翼，其空气流场的控制方程如下：

$$\frac{\partial \rho}{\partial t} + \Delta(\rho V) = 0 \tag{1}$$

$$\rho \frac{\partial \vec{V}}{\partial t} + \rho(\Delta \vec{V}) = \rho \vec{f} - \Delta \cdot (\lambda \Delta \cdot \vec{V}) + \Delta \cdot u\,[\varepsilon] \tag{2}$$

图 3　巡航状态下襟翼和缝翼三维模型

$$\rho\,\frac{\partial h}{\partial t} + \rho(\Delta \cdot \vec{V}) = \frac{\partial P}{\partial t} + (\Delta \cdot \vec{V})P + \varphi + \Delta(k\,\Delta T) \tag{3}$$

式中,ρ 表示流体密度,单位是 kg/m^3;t 是时间,单位为 s;V 表示来流速度,单位为 m/s;Δ 表示的是哈密顿算子。V 为体积,单位是 m^3,P 为理想气体的压强,单位是 Pa,R 是理想气体常数。

水滴运动过程中不考虑能量变化,因此控制方程只包括连续性方程和动量方程,具体方程如下:

$$\frac{\partial(\alpha_w \rho_w)}{\partial t} + \nabla \cdot (\alpha_w \rho_w \vec{u}_w) = 0 \tag{4}$$

$$\frac{\partial}{\partial t}(\alpha_w \rho_w \vec{u}_w) + \nabla \cdot (\alpha_w \rho_w \vec{u}_w \cdot \vec{u}_w) = \frac{3}{4}\alpha_w\,\frac{C_{D,sph}\,\mathrm{Re}_w}{d^2/\mu_a}(\vec{u}_a - \vec{u}_w) + \alpha_w(\rho_w - \rho)\vec{g} \tag{5}$$

在上述表达式中,$\vec{u}_w$ 表示水滴矢量速度,ρ_w 表示水滴密度,$\vec{F}_{dw}$ 表示空气对水滴的阻力,d 表示水滴平均直径,$C_{D,\mathrm{sph}}$ 表示球形颗粒阻力系数。

结冰过程单位时间控制容积内质量和能量守恒方程如下:

$$\dot{m}_{\mathrm{imp}} + \dot{m}_{\mathrm{in}} - \dot{m}_{\mathrm{evp}} - \dot{m}_{\mathrm{ice}} - \dot{m}_{\mathrm{out}} = 0 \tag{6}$$

$$\dot{q}_{\mathrm{imp}} + \dot{q}_{\mathrm{in}} + \dot{q}_{\mathrm{cnd}} - \dot{q}_{\mathrm{evp}} - \dot{q}_{\mathrm{ice}} - \dot{q}_{\mathrm{cnv}} - \dot{q}_{\mathrm{out}} = 0 \tag{7}$$

其中,$\dot{m}$ 和 $\dot{q}$ 分别表示质量流量和热流。下标 imp 表示撞击水滴,in 表示上游溢流流入,evp 表示蒸发或升华,ice 表示结冰,out 表示溢流到下游流出,cnd 表示防除冰加热,cnv 表示对流换热。

通过 ANSYS、FLUENT 和 FENASP ICE 对上述数值方程进行求解,可以预测高升力机翼不同工况下的气流场、水滴冲击和结冰状况。

3　结果与分析

本文主要针对不同卡位增升装置的结冰进行研究,在计算中取飞行高度为 1 000 m,马赫数为 0.6,分别考察襟翼与缝翼分别偏转 0°、15°时,机翼各部分在迎角为 10°时的空气流场、过冷水滴撞击和结冰情况。

图 4(a)～(f)分别给出了襟翼和缝翼偏转 0°、15°时空气流场模拟结果,图 5(a)～(d)所示为机翼展向不同截面上的压力分布。通过图 5 的对比可以看出,不同偏转角度,襟翼和缝翼周围的压力分布情况不同,机翼与襟翼的偏转角度越大,机翼上方的低压区也就越大,这是由于机翼相对弯度和机翼面积随偏转增加而明显增大,使得机翼上表面空气流速增加,压力出现明

显下降,从而提高了机翼的升力。

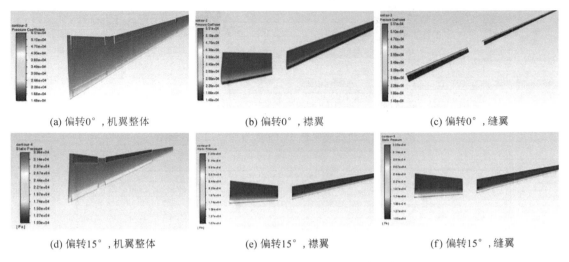

(a) 偏转0°,机翼整体　　　　(b) 偏转0°,襟翼　　　　(c) 偏转0°,缝翼

(d) 偏转15°,机翼整体　　　　(e) 偏转15°,襟翼　　　　(f) 偏转15°,缝翼

图 4　襟翼和缝翼偏转 0°、15°空气流场模拟结果

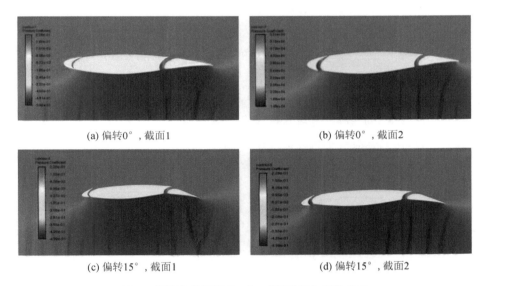

(a) 偏转0°,截面1　　　　(b) 偏转0°,截面2

(c) 偏转15°,截面1　　　　(d) 偏转15°,截面2

图 5　襟翼和缝翼偏转 0°、15°截面压力系数分布

图 6(a)和(b)给出了飞行迎角为 10°时襟翼和缝翼分别偏转 0 和 15°时水滴收集系数云图。由图可以看出,襟翼和缝翼的偏转角度发生变化时,襟翼、缝翼以及机翼表面水滴收集系数分布也会随之改变,偏转角度越大,机翼表面液态水含量就越高,机翼表面结冰面积也就越大。另外,机翼表面的水滴收集系数从翼根到翼梢逐渐增大,机翼下表面的水滴收集系数要明显大于机翼上表面。另外,襟翼的前缘水滴收集系数也相对较大。

为了对机翼表面各部分的水滴收集情况进行定量分析,图 7(a)和(b)给出了两种情况下机翼中间截面上的水滴收集系数分布曲线。对比图 7(a)和(b)可以发现,水滴收集系数的最大值均出现在上表面的前缘点附近,最大值为 0.35,同时,当偏转角由 0 增加至 15°时,最大收集系数并未出现明显增加,但机翼中段收集系数有所增大,该段上的最大值由 0.27 增加至 0.31,增大了 14%。

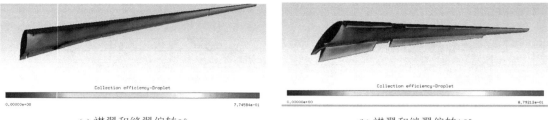

(a) 襟翼和缝翼偏转0°   (b) 襟翼和缝翼偏转15°

图 6　襟翼和缝翼偏转 0°、15°时水滴收集系数云图

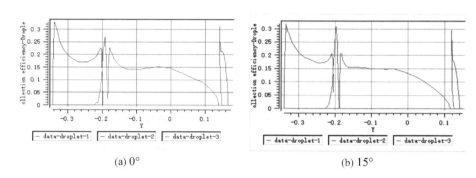

(a) 0°   (b) 15°

图 7　襟翼和缝翼偏转 0°和 15°时水滴收集系数云图

　　基于水滴撞击特性计算结果,本文对高升力机翼表面的结冰情况进行了计算。图 8(a)～(d)给出了襟翼和缝翼偏转 0°、15°时且飞行迎角为 10°时,在结冰环境为－12.5 ℃时襟翼与缝翼的结冰情况。从图中可以看出,飞机在结冰环境中飞行时,结冰的位置主要集中在飞机襟翼和缝翼的前缘,以及襟翼缝翼与主机翼的连接处,机翼上表面结冰量较少,主要集中在机翼下表面,这是由于上述部位的水滴收集系数相对较大,因此相同气象条件下结冰面积和结冰量也较大。

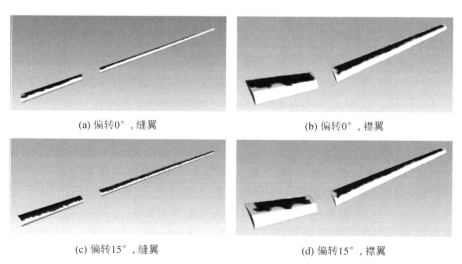

(a) 偏转0°,缝翼   (b) 偏转0°,襟翼

(c) 偏转15°,缝翼   (d) 偏转15°,襟翼

图 8　襟翼和缝翼偏转 0°、15 时结冰情况

4 结 论

本文针对一款高升力机翼,考察了不同增升装置偏转角时机翼的空气流动、水滴撞击和结冰特性,获得主要结论如下:

(1)随着增升装置偏转角度增大,在缝翼以及襟翼与主机翼的连接处会形成低压区,受空气流速增加,所受压力降低的作用,该区域较易产生结冰现象。

(2)该高升力翼型机翼表面的水滴收集系数从翼根到翼梢逐渐增大,机翼下表面的水滴收集系数明显大于机翼上表面,襟翼的前缘水滴收集系数相对较大,最大值为 0.35。偏转角由 0 增加至 15°时,机翼中段收集系数增大,最大值由 0.27 增加至 0.31,增大了 14%。

(3)机翼结冰的位置主要集中在飞机襟翼和缝翼的前缘,机翼下表面,以及襟翼缝翼与主机翼的连接处,随着襟翼和缝翼偏转角度越大,机翼表面结冰面积越大。

参考文献

[1] Ray E J, Hollingsworth E G. Subsonic characteristics of a twin-jet swept-wing fighter model with maneuvering devices[J]. 1973;1-292.

[2] 李庆庆. 飞机机翼结冰过程数值模拟及气动特性分析[D]. 西安:陕西理工大学,2022.

[3] 张丽芬,刘振侠,胡剑平. 机翼三维结冰数值模拟[J]. 航空计算技术,2013,43(1);36-39.

[4] 盛强,邢玉明,何超. 基于 CFD 的机翼结冰过程分析[J]. 航空计算技术,2009,39(2);37-40.

[5] 李庆庆,王军利,李金洋,等. 不同来流条件对机翼结冰及气动特性影响研究[J]. 飞行力学,2022,40(03);13-20.

[6] 么虹,王强. 三维高升力机翼水滴撞击特性数值模拟研究[J]. 大连理工大学学报,2017,57(01);11-15.

[7] 王海涛,毛玉坤. 机翼结冰分析与防除冰系统设计验证[J]. 航空工程进展,2016,7(4);439-446.

[8] Sang W, Li F, Shi Y. Icing Effect Study for Wing/Body and High-Lift Wing Configurations[C]. Aiaa Aerospace Sciences Meeting&Exhibit,2015.

[9] SUN Z G,ZHU C X,FU B,et al. Study on thermodynamic characteristics of ice-layer accretion for airfoils[J]. Heat and Mass Transfer,2012,48(3);427-438.

[10] JING Z R, HUANG Z F. Instability analysis and drag coefficient prediction on a swept RAE2822 wing with constant lift coefficient[J]. Chinese Journal of Aeronautics,2017,30(3);964-975.

[11] 董斌斌. 二维襟翼缝道外形的气动优化设计研究[D]. 南京:南京航空航天大学,2011.

碳纤维复合材料无人机机翼设计与仿真

周舟　　陈振　　张相一

（山东交通学院，山东·济南，250357）

摘要：本文主要采用响应面优化和直接优化相结合的方法对机翼结构进行优化设计。首先，通过对机翼结构设计特点的分析，利用 Proe 软件构建了无人机机翼三维模型。然后基于 ANSYS Workbench 模块完成机翼结构网格划分和有限元分析。针对某型无人机机翼面结构设计特点，分析其极限载荷下的应力分布情况，为后续铺层优化提供依据。接着采用响应面优化和直接优化相结合的方法对机翼结构进一步进行铺层优化设计，通过对比不同铺层参数下机翼最小总变形值的变化情况，以最小变形值作为目标函数，配合蔡—希尔失效准则，得到最优铺层参数，最终确定机翼结构重要部件的铺层厚度以及单层铺层角度；通过确定合理的铺层参数，从而获得最优的机翼复合材料力学性能，且保证了最小的成本、最轻的重量。充分发挥了复合材料的优点，研究表明：优化后的机翼结构满足性能要求，相比于优化前，无人机机翼抗载荷能力优化 60％，实现了复合材料机翼结构优化设计。

关键词：碳纤维复合材料；机翼结构；铺层优化；响应面优化算法；蔡-希尔失效准则

0　前　言

复合材料因其重量轻、强度高、设计性能好、易于整体成型、耐化学腐蚀、耐疲劳等优点而广泛用于各个领域，特别是在航空航天工业中[1]，很多国家正在积极发展无人机技术。因为复合材料的各向异性力学性能以及复合薄壁材料层合板具有可设计性，所以导致材料的性能需求也不相同。所以合理地设计复合材料的铺层厚度、铺层的角度以及铺层的顺序，能够更好地发挥出复合材料的功能，同时使无人机机翼更加牢固。

大量学者针对复合材料机翼优化设计进行探索研究。主流优化策略为结合布局优化与尺寸优化的两级优化模型。柴红普[2]选取机翼典型结构，采用自由尺寸优化方法，对复合材料层压板进行优化设计研究。众多学者进行了复合材料铺层优化研究，优化复合材料铺层数与铺层顺序[3]。

本文以普通无人机为实验模型，针对复合材料机翼所承受的载荷的大小，基于商用有限元软件 ANSYS，进行无人机机翼的性能分析。其中使用碳纤维 T800 预浸料和 Honeycomb 夹层结构，通过纤维铺层角度、蜂窝夹层结构角度以及材料的铺层厚度设计无人机机翼，最后计算其整体静力强度，并采用响应面优化设计方法对有限元模型进行优化，优化模型选取机翼预浸料的厚度与铺层角度作为约束条件，机翼总变形最小作为优化目标。选用 Tsai - Wu Failure Criteria 作为复合材料失效判定准则。

1 无人机机翼仿真分析

1.1 无人机机翼模型

机翼由某型无人机机翼结构优化而来,并对优化后的机翼进行简化处理,只保留翼梁、翼肋和蒙皮等主要构件。机翼参数如表1所列。

如图1所示,无人机机翼结构为三梁单块式U形结构,其前梁、中梁和后梁分别沿着轴线的15％、45％、75％等弦配置,在其机翼后缘25％弦长的位置安装副机翼。无人机机翼的铺层结构为蜂窝状,蜂窝铺层的面层材料为碳纤维预浸料[4,5],利用胶黏剂连接碳纤维预浸料,并在其上方和下方分别连接无人机面

图1 机翼结构模型

板。蜂窝状无人机机翼铺层属于各向异性材料,其在不同的方向具有不同的强度和刚度。蜂窝状铺层可有效提升无人机机翼结构的抗弯强度[6]。

表1 机翼几何尺寸

参　数	数　值	参　数	数　值
展长/m	5.18	平均空气动力弦长/m	1
根弦长/m	0.89	相对厚度/％	17
展弦比	5.34	机翼面积/m²	1.06

1.2 碳纤维预浸料优化设计

对碳纤维预浸料中的增强材料和基体材料进行选材,表2为增强材料的力学性能。

表2 T800碳纤维复合材料的基本力学性能

力学性能	取　值	力学性能	取　值	力学性能	取　值
E_1/GPa	80	G_{23}/GPa	2.5	YT1/MPa	1 200
E_2/GPa	80	G_{13}/GPa	6	YC1/MPa	900
v_{12}	0.29	XT1/MPa	1 200	S12/MPa	105
G_{12}/GPa	6	XC1/MPa	900	S_{13}/MPa	115

1.3 复合材料层合板失效判据

当施加在复合材料层合板的载荷足够大,且超过了材料的强度,会引起层合板的破坏,从而发生失效。目前经常用到的失效准则有如下几种:① 最大应力准则;② 最大应变准则;③ 蔡-希尔(Tsai-Hill)失效准则;④ 蔡-吴(Tsai-Wu)强度失效准则[7]。

本文选取的失效准则是蔡-吴(Tsai-Wu)强度失效准则,该准则相较于其他准则应用更加广泛,结果预测更加合理。

蔡-吴(Tsai-Wu)强度失效准则是建立在蔡-希尔(Tsai-Hill)失效准则的基础上,考虑

了复合材料单方向抗压强度相等的情况,蔡–吴(Tsai–Wu)强度失效准则可表达为以下函数:

$$F_{11}\sigma_1^2 + 2F_{12}\sigma_1\sigma_2 + F_{22}\sigma_2^2 + F_{66}\sigma_6^2 + F_1\sigma_1 + F_2\sigma_2 = 1 \tag{1}$$

其中:

$$\begin{cases} F_{11} = \dfrac{1}{X_T X_C} \\ F_{22} = \dfrac{1}{Y_T Y_C} \\ F_{66} = \dfrac{1}{S^2} \\ F_1 = \dfrac{1}{X_T} - \dfrac{1}{X_C} \\ F_2 = \dfrac{1}{Y_T} - \dfrac{1}{Y_C} \\ F_{12} = \dfrac{\sqrt{F_{11}F_{12}}}{2} \end{cases} \tag{2}$$

式中,F 由试验确定,当满足式(2)时,理论值与试验值较符合。当式(1)中函数值小于 1 时,材料才不会发生破坏;反之,当函数值等于 1 时,代表迫近破坏状态,当函数值大于 1 时,材料就会发生破坏。

1.4　有限元分析(实验准备)

在机翼接触处,施加固定约束,在机翼上表面施最大极限载荷 0.016 515 MPa,得出翼面变形量,并求出此时复合材料的失效状态。

由图 2 可知,其中最大变形在机翼两侧边缘处为 15.063 mm。

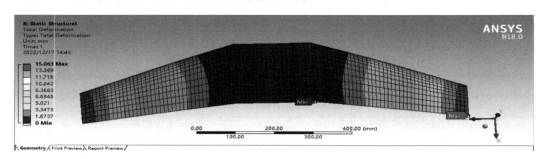

图 2　机翼的总变形图

由图 3 可知,此时所有材料均没有失效,并且数值均达到极限值,在碳纤维预浸料的许用值内,符合相关标准和设计准则。所以施加给机翼的最大载荷压力为 0.016 515 MPa。

1.5　建立优化问题

以复合材料强度与机翼蒙皮、矩形梁腹板、翼肋的厚度以及翼肋缘条的宽度为约束条件,以复合材料机翼最大总变形最小值为目标函数,以预浸料厚度以及预浸料的单层铺层角度为优化目标,建立复合材料机翼结构优化模型,机翼选用碳纤维 T800 预浸料,铺层方向角与厚度为优化目标[8]。共计 12 个优化变量。

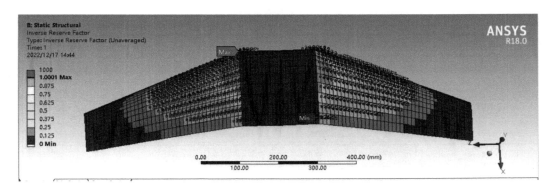

图 3 复合材料失效准则图

优化迭代过程中,每个计算步将对不同几何尺寸的机翼模型进行计算分析,进而获得机翼的应力分布与变形情况。通过比较计算结果与约束条件,结合优化算法,调整设计变量并重新进行计算。直至计算结果满足收敛性条件,优化迭代过程结束[9]。

1.6 优化变量

为了进一步验证实验的可靠性,进行响应面优化设计,将预浸料的厚度以及铺层角度定义为自变量来求得最合理的机翼总变形值。

响应面优化法即指在实际工程应用当中,经常会遇到一个或多个自变量的变化导致另外一个或多个响应变量的变化,并力求在这个变化当中寻找一个合适的自变量,使得响应变量取得最优解[10]。为了探究自变量与响应变量之间的变化规律,大量数学工作者对其进行了试验设计,并对其结果进行了统计和整理,最终演变成了如今的响应曲面法,可以说响应曲面法是数学法和统计法结合的产物。作为典型的试验设计方法之一,其应用得到了广泛的传播,但是针对大多数响应曲面设计问题,其自变量和响应变量之间的函数表达式是未知的,为了得到最优解,就需要通过大量试验数据创建一个合适的数学模型,然后将该数学模型用图形的形式表达出来,最终通过分析直接确定最优的约束条件或者最优响应区域[7]。

响应面法最早是由数学家 Box 和 Wilson 在 1951 年提出来的,其主要目的是通过一系列确定性试验,用不确定参数函数与基本变量之间的函数表达式代替隐含的目标函数。响应面函数表达式一般为

$$y = \beta_0 + \sum_{i=1}^{n} \beta_i X_i + \sum_{i=1}^{n} \beta_{ii} X_i^2 + \sum_{i<j} \sum \beta_{ij} X_i Y_j + \varepsilon \tag{3}$$

式中,β_0,β_i,β_{ii},β_{ij} 为待定系数;ε 为 y 的误差。这是一个二阶多项式表达式,可以在一定范围内近似代替真实函数。

在实际工程应用中,很多响应曲面设计问题都可由上述二阶多项式表达式近似表示,但在寻求最优解的过程中,一个响应面模型不可能完全真实地去表达自变量在整个空间中的真实函数[11],如果响应面模型能够作为真实函数的合理近似表达式,或者说在某个区域内响应变量对自变量有很好地响应,则可以说响应面模型可靠度高[12]。

优化变量选取范围的确定须考虑复合材料加工工艺、复合材料铺层设计经验。现将优化变量选取范围汇总于表 3,定义预浸料厚度的范围在 0.1~0.15 mm,蜂窝夹层结构厚度的范围为 1.0~1.5 mm,预浸料的铺层角度在 $-90°$~$90°$ 之间。

表 3　优化变量选取范围

优化变量	上界限/mm	下界限/mm	优化变量	上界限/mm	下界限/mm
Fabric thickness	0.15	0.1	Honeycomb. 6. ply_angle	−90°	90°
Honeycomb thickness	1.5	1.0	Honeycomb. 7. ply_angle	−90°	90°
Fabric. 1. ply_angle	−90°	90°	Fabric. 8. ply_angle	−90°	90°
Fabric. 2. ply_angle	−90°	90°	Fabric. 9. ply_angle	−90°	90°
Fabric. 3. ply_angle	−90°	90°	Fabric. 10. ply_angle	−90°	90°
Fabricy. 4. ply_angle	−90°	90°	Fabric. 11. ply_angle	−90°	90°
Fabric. 5. ply_angle	−90°	90°	Fabric. 12. ply_angle	−90°	90°

2　实验结果分析

由图 4 验证实验数据的收敛性,优化模拟 16 次计算后完成收敛。

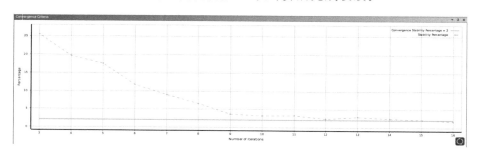

图 4　总变形的收敛性判别图

由图 5 和图 6 可以看出,设计变量样本点分布几乎涵盖了所有可能出现的取值,保证了后续优化的精度。

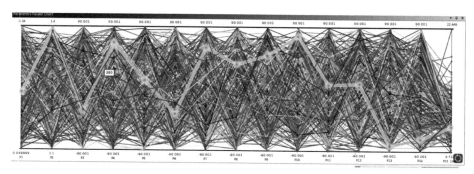

图 5　280 余组数据整合折线图

2.1　响应面模型的确定

在响应面优化设计中,响应面模型的精度会直接影响优化结果,所以选择合理的响应面模型是非常重要的一个步骤。在本次响应面优化设计中,选择 Kriging 响应面模型作为优化模型,Kriging Algorithm(克里金)响应面模型具有在大规模样本下精度高、误差小以及计算速

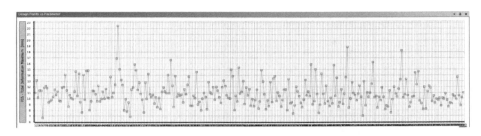

图6　优化后总大变形值的全部结果折线图

度快的特点,适用于非线性参数样本的优化。为了验证 Kriging 响应面模型的精度,本文构建的响应面模型如图7所示[13]。

　　在图7中,该响应面模型是由 X 轴(预浸料厚度)、Y 轴(蜂窝结构厚度)、Z 轴(结构总变形)构成的,由图可知,用 Kriging 构建的响应面模型表面光滑,说明该响应面模型具有很高的可靠性。

　　通过 ANSYS Workbench 中的 Design Xplorer 模块,在有限元参数化模型基础上,设置 Kriging 算法的相关参数,其中核函数设置为可变式的,最大允许改进点设置为5,最大预测允许相关误差为5%,改进点只选取最大预测相对误差点的影响,求出 Kriging 响应面模型的拟合度曲线。

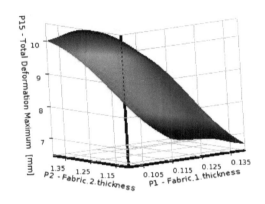

图7　响应面模型

图8中反映了碳纤维厚度、铺层角度和最大总变形3个设计参数的拟合关系,通过其可判断 Kriging 响应面模型的拟合计算值与设计值之间的对应程度。图中最大变形所对应的点都在对角线附近,这表明所得到样本点及其响应面拟合值的一致性非常好,用 Kriging 构建的响应面模型表面光滑,说明该响应面模型具有很高的可靠性。样本设计点所得的响应变量真实值与响应面模型所得的响应变量非常贴合,由此说明,响应面模型的误差小,精度高。故所得到的 Kriging 响应面模型与实际有限元计算的结果吻合,具有一定的合理性,适合作为本次优化设计响应面模型,满足后续设计分析的需求[7]。

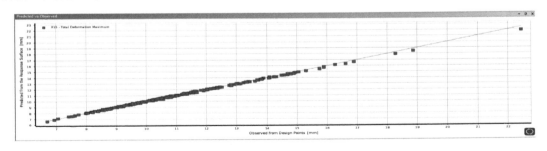

图8　质量曲线

2.2 灵敏度分析方法理论基础

复合材料机翼由于结构复杂且具有各向异性的力学特性,导致其能作为设计变量的参数有很多,如果将所有结构的尺寸变量都作为优化设计中的设计变量,无疑会大大增加工作难度和时间成本,同时也会导致模型复杂化,这就导致其在工程实践中是很难实现的;并且已有的经验表明,机翼结构中某些部件承力是很小的,这些结构尺寸变量的变化对最终的力学性能影响也很小。因此,为了提高计算速率和优化效率,本文主要对机翼重要结构部件进行了灵敏度分析,通过采用灵敏度分析方法最终确定了对机翼结构力学性能影响较大的设计变量参数,并将其作为本次优化设计的优化目标。

灵敏度在函数关系上可表达为目标函数或某个约束条件相对于某一个设计变量的变化而得到的变化率,在数值上它等于设计变量做单位改变时目标函数或约束条件所作出的对应改变,其真正含义是计算目标函数或者约束条件的导数[14]。经过灵敏度分析,可以很直观地得到各设计变量对目标函数或约束条件的影响程度,从而筛选出对目标函数或约束条件影响较大的设计变量,并对其进行优化设计,从而简化优化模型。在实际工程分析中,常将目标函数与状态变量相对于自变量在某参照点的变化率作为其灵敏度。常用灵敏度表达式如下:

$$\sin \frac{y_i}{x_j} = \frac{\partial y_i}{\partial x_i} = \frac{y_i(X + \Delta x_j \cdot e) - y_i(X)}{\Delta x_j} \qquad (4)$$

其中,sen 代表灵敏度;在偏导数中,$i = 1,2,3,\cdots,n$,$j = 1,2,3,\cdots,m$;$y = [y_1, y_2, y_3, \cdots, y_n]^T$ 代表结构性能量;$x = [x_1, x_2, x_3, \cdots, x_n]^T$ 代表设计变量;e 是与 X 同维数的向量;X 是所有的结构设计变量组成的初始设计变量,Δx_j 代表结构设计变量的变化。

2.3 复合材料优化变量灵敏度分析

本节将碳纤维复合材料厚度、蜂窝夹层结构厚度以及两种材料的铺层角度作为研究对象,利用 Parameters Correlation(参数相关性)探究了其对机翼最大总变形值影响程度,并对比分析了其影响强弱。其中,灵敏度柱状图如图 9 所示。

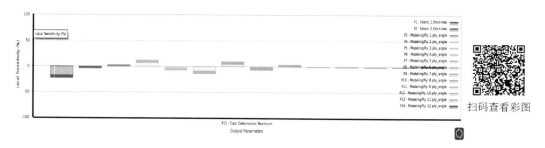

扫码查看彩图

图 9 灵敏度分析

在图 9 中,坐标从上到下和从左到右依次为碳纤维 T800 复合材料厚度、蜂窝夹层结构厚度、两种材料的铺层角度以及机翼最大总变形,其中,蓝色代表负相关,红色代表正相关,颜色越深代表相关性越强,由矩形图可知,碳纤维 T800 复合材料厚度对机翼力学性能的相关性呈红色,而其他机翼结构的相关性则呈浅色,由此可得,碳纤维 T800 复合材料厚度对机翼力学性能的影响远大于其他机翼结构厚度,且为正相关,影响系数接近于 1,后面的铺层角度影响很小。综上所述,可以得到碳纤维厚度是对机翼结构力学性能影响最大的设计变量。

3　验证实验

验证原理是将得到的三个候选点的铺层信息直接进行静力学分析,得到其各自的力学性能真实结果,通过与求解响应面模型得到的力学性能结果进行对比,如果误差控制在合理范围之内,就说明利用该响应面模型求解出的结果具有可靠性。

图 10~图 15 为一到六阶模态分析图,根据上述分析图可知,一阶、二阶均为上下变形,三阶、四阶为弯曲变形,五阶、六阶发生比较严重的变形,主要为弯曲变形。从以上有限元分析结果可以看出,机翼的受力变形随着振动频率的变化而变化,对于一阶、二阶的上下变形,翼梁的变形较大,可以通过加强机翼横梁强度克服这种大形变,但对于四阶、五阶这种较为复杂的变形来说,则需要进行更合理的设计以避免机翼因大变形而损坏。

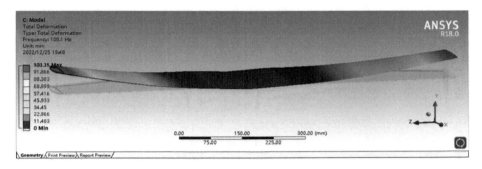

图 10　一阶模态分析

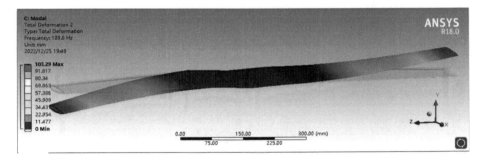

图 11　二阶模态分析

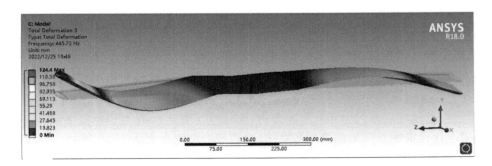

图 12　三阶模态分析

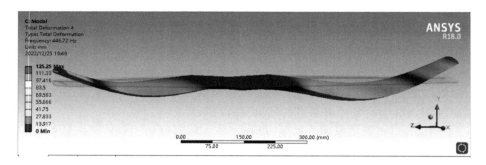

图 13　四阶模态分析

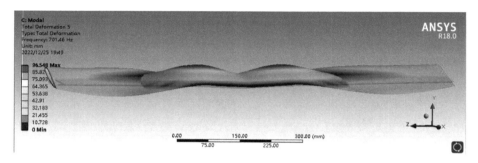

图 14　五阶模态分析

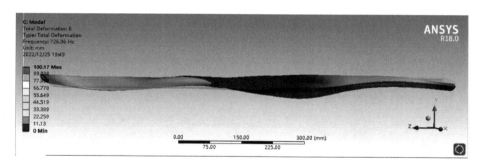

图 15　六阶模态分析

　　经过响应面厚度优化,由表 4 可知,候选点 1 结构最大变形为 6.3 mm,小于最大变形指标;由应变分布图 16 可知,结构最大应变为 6431 微应变,小于应变极限指标;由应力分布图 17 可知,结构最大应力为 219 MPa,小于应力极限指标;由于纤维是复合材料中主要承压部分(纤维)大范围失效将会引起机翼整体结构的破坏,但由图 18 可以看出,并未出现大规模失效,而且是固定约束首先出现失效点,且在失效点周围微小的区域有少量的失效点,损伤系数接近 1,其他铺层区域均未出现失效。说明该机翼结构安全且材料利用率较高,不会出现屈曲和失稳情况。

　　综上所述,通过响应面优化和有限元分析,候选点 1 满足所有力学性能要求,将优化后的总变形结果与优化前的总变形结果进行对比,总变形的幅度大大减小,由图 19 可知,优化程度将近 60%,达到设计目的。且结构材料安全,故将候选点 1 的优化厚度作为最终的铺层厚度。

表 4　最优方案点

设计变量	优化结果	设计变量	优化结果
Fabric thickness	0.13 mm	Honeycomb.6.ply_angle	12°
Honeycombthickness	1.13 mm	Honeycomb.7.ply_angle	46°
Fabric.1.ply_angle	−43°	Fabric.8.ply_angle	−6°
Fabric.2.ply_angle	−28°	Fabric.9.ply_angle	−23°
Fabric.3.ply_angle	−23°	Fabric.10.ply_angle	43°
Fabric.4.ply_angle	21°	Fabric.11.ply_angle	20°
Fabric.5.ply_angle	0°	Fabric.12.ply_angle	−74°
机翼最小总变形：6.3 mm			

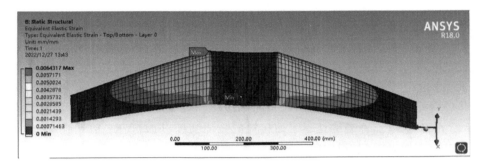

图 16　应变分析

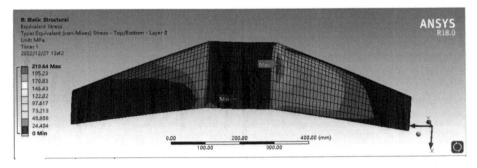

图 17　应力分析

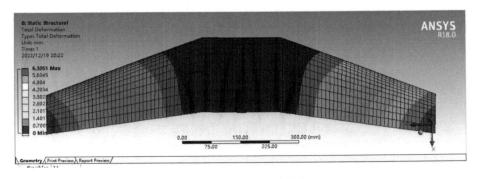

图 18　材料失效准则判定

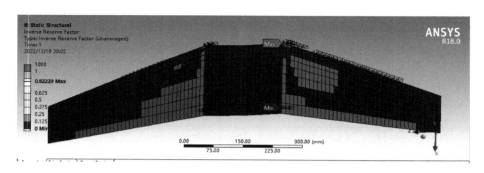

图 19　结构总变形分析

4　结　论

机翼作为飞机的主承力结构,在满足设计要求的前提下保证了飞机良好的飞行性能和机动性能。对于现代飞机,复合材料在机翼结构材料的比重越来越大,设计出一种高刚度、高强度和轻量化的机翼对于提升飞机飞行性能和续航能力具有重要作用。本文针对某轻型飞机复合材料机翼结构的优化开展了如下几个方面的研究:

(1)针对碳纤维 T800 复合材料进行了力学性能参数测试试验。对复合材料层合板进行了拉伸、压缩和剪切试验,并最终获得了该材料的拉伸强度、压缩强度、剪切强度、泊松比以及弹性模量等性能参数,并对材料的破坏形态和失效形式进行了分析。

(2)首先通过对机翼结构设计特点的分析,利用 Proe 软件构建了复合材料机翼结构三维模型,将经过参数化的三维模型关联 ANSYS Workbench 模块得到有限元模型,并完成机翼结构网格划分和有限元分析;其次采用灵敏度方法对机翼结构部件进行分析,得到了各结构设计变量对优化目标及机翼性能的影响强弱。研究表明:初始机翼模型满足设计要求;碳纤维厚度相对于其他结构设计变量对机翼力学性能的影响最大。

(3)采用响应面优化的方法对机翼结构进一步进行铺层优化设计。本文利用响应面优化(Response Surface Optimization)对机翼结构进行铺层厚度优化设计,将预浸料厚度以及铺层角度作为响应变量,机翼结构总变形最小作为优化目标,最终确定了机翼结构的铺层厚度以及铺层角度。通过以上优化设计,得到了机翼结构的最优铺层方案,研究表明:优化后的机翼结构满足性能要求,相比于优化前,性能优化 60%。

(4)通过对设计变量的灵敏度分析以及对机翼结构铺层优化设计,机翼结构力学性能均满足使用要求,机翼结构减重明显,并且本优化方法与有限元分析相结合,计算结果的精度和可靠度较高。

参考文献

[1] 沈浩杰,陈刚,夏杨.某型无人机复合材料机翼结构尺寸优化设计[J].复合材料科学与工程,2021(12):82-88.

[2] 柴红普.复合材料层压板典型结构优化设计研究[D].上海:上海交通大学,2011.

[3] 卢杰,聂小华,常亮.复合材料机翼结构多约束优化设计[J].工程与试验,2021,61(02):50-52.

[4] 陈林奇,李廷会.基于双空间 PSO 算法的四旋翼无人机自抗扰控制器优化设计[J].广西师范大学学报(自然科学版),2019,37(03):42-49.

[5] 李继宇,展义龙,欧阳帆,等.多翼单臂纵列式布局电动无人机旋翼间距优化及能耗试验[J].农业工程学报,2019,35(23):87-95.

[6] 樊新乾,武晓英,麻丽明,等.碳纤维复合薄壁材料的无人机机翼结构优化设计[J].塑料科技,2022,50(09):109-113.

[7] 曾漾,周俊,沈志远,等.基于响应面法的复合材料舱壁结构优化设计[J].重庆大学学报,2020,43(06):82-89.

[8] 蒋荣超,慈树坤,刘大维,等.基于灰色关联分析的碳纤维增强树脂复合材料控制臂铺层优化[J].复合材料学报,2022,39(01):390-398.

[9] 沈浩杰,陈刚,夏杨.某型无人机复合材料机翼结构尺寸优化设计[J].复合材料科学与工程,2021(12):82-88.

[10] 姜沛汶,李晗晟,邓天天,等.响应面法优化制备 La-Biochar 复合材料及其对 As(Ⅲ)的吸附研究[J].河南理工大学学报(自然科学版),2023,42(01):76-86.

[11] 朱从云,段帅兵.采用响应面法的复合板结构噪声优化设计[J].噪声与振动控制,2023,43(02):92-97.

[12] 杨卓懿,庞永杰,王建,等.响应面模型在艇型多目标优化中的应用[J].哈尔滨工程大学学报,2011,32(04):407-410,438.

[13] 谭培林.基于响应面法的 CG231 复合材料机翼的铺层优化设计[D].重庆:重庆理工大学,2022.

[14] LangXinyu,Song Bifeng,Yang Wenqing,et al. Sensitivity Analysis of Wing Geometric and Kinematic Parameters for the Aerodynamic Performance of Hovering Flapping Wing[J]. Aerospace,2023,10(1).

测试技术

2023

基于信息流的航天设备数字测试平台
柔性设计与实现

栾丽　沈浩　王丽君　邹晓丹　张艳萍

（山东航天电子技术研究所，山东·烟台，264670）

摘要：为了适应型号多、任务重、甚至多台航天设备并行测试的需要，采用分布式的设计模式，实现系列化、模块化、通用化，基于信息流测试技术及航天设备全方位测试数据智能化判读评估技术，构建了一种数字测试平台系统，该系统可实时采集航天设备间指令与数据、地面与航天设备上下行指令与数据，进行回路实时同步控制及比对的数字化测试判读，从通用化、标准化、高性能及网络化等方面，实现了设备的"一站式"测试工作。本文介绍了系统的总体结构及各主要部分的功能，并给出了系统在实现时的一些关键技术，该平台已在某型号设备上进行了测试工作，构建开放式的体系结构，具备柔性配置设计，快速适应测试需求，达到了缩短测试时间、节约测试成本、提高测试效率、保证测试覆盖率以及确保测试可靠性的效果。

关键词：设备；自动化；分布式；多任务

1　引　言

航天设备地面测试系统用于检验航天设备各种电系统（包括机电、光电、热电）的正确性和兼容性，检测航天设备是否达到所要求的技术指标，特别是经受各种地面模拟环境考验后，检测其性能是否恶化。通过综合测试，使不满足技术条件的性能、不完善的功能、不匹配的电气接口以及设计缺陷都得到暴露，并加以改进、完善，确保卫星质量。测试在航天设备研制中占有极其重要的地位[1]。

信息流是在空间和时间上向同一方向运动中的一组信息，它有共同的信息源和信息接收者，即是由一个分支机构（信息源）向另一个分支机构（地址）传递的全部信息的集合。航天器设备间的数据交互、数据在组件中的传递方向、方式和数据的编码等组成了信息流。

狭义上讲信息流是从现代信息技术研究、发展、应用的角度看，指信息处理过程中信息在计算机系统和通信网络中的流动[2]。信息流是用户真正关心的内容[3]，信息流可用于企业的信息集成需求分析[4]，信息流是指以卫星平台资源为主要的信源和信道，经由任务管控、数据接收、信息处理、分发传输、终端应用等环节的链路[5]。信息是整个卫星信息应用链路的核心内容。所以，在航天设备测试中，信息流至关重要。

目前，航天设备系统设计日趋复杂，研制周期不断压缩，国外数字测试平台正朝着通用化、标准化、网络化和智能化的方向迈进。构建通用化数字测试平台，实现测试软硬件资源共享；采用开放的商业标准和工业标准，减少测试系统软硬件的开发和升级费用；规范软硬件开发过程，提高测试设备的互换性和通用性，实现测试程序集 TPS 的可移植性和可重用性；构建高性能测试系统，优化测试序列缩短测试时间；构建网络化测试系统，实现测试过程的远程控制与远程故障诊断。

国内对航天设备测试的要求日益提高,测试数据量不断增加。以往的航天设备测试,测试细则采用单个型号表格化 word 文件进行管理,随着型号任务的不断增加,设备数量的不断增长。传统模式下产生的信息数据各类信息分散,管理的实现方式各异,流程控制的实际操作也易受客观人为因素影响出现混乱。如何有序地对卫星设备进行自动化测试,另外如何管理和组织这些存放分散、类型多样、格式复杂的测试数据一直是一个困扰测试管理人员的难题。建立一套基于信息流的数字测试平台是非常必要的。

2 测试系统体系结构

测试是产品研发、生产制造、维修保障过程中必不可少的重要技术手段,在优化产品性能、延长产品寿命、提高产品质量以及控制成本方面都起着至关重要的作用。航天设备在不同研制阶段(初样阶段、正样阶段、发射阶段)需要进行大量的地面验证测试,每一轮测试过程中,均需要测试人员和该测试设备的业务人员对设备的状态进行确认,这大大增加了人员成本,需要在较短的测试周期内针对海量测试数据采取全方位的精细化判读,包括针对遥测、数传、地测、总线、网络数据及音视频、图表显示、射频信号等进行多层次全面判读,针对测试数据进行全周期逐帧、逐比特智能化不间断连续判读,针对不同型号不同阶段测试数据进行关联比对,从海量数据中自动发现故障并对测试结果进行评估;另外测试过程中产生的大量测试数据管理尤其成为关键问题,测试数据被复制到各个相关的业务人员的计算机里,测试数据基本处于信息孤岛状态,难以共享。

基于以上原因,采用 C/S 架构的设计模式[6],将设备的测试与测试数据相结合。通过判读同时间段内关联参数的测试数据,与参数关联关系进行比较。首先读入遥测参数:建立测试准则,从第一个遥测参数节点开始进行配置文件的读取,读入遥测参数根节点的参数代号、参数初始值、相关遥测参数,最后读入参数的处理方法的程序语句,所有内容以内存变量的形式呈现,当节点都被遍历时,结束配置文件的读取。然后建立遥测参数间的关联:从第一个遥测参数开始,以遥测参数代号为搜索依据,在所有遥测参数中查找当前遥测参数处理方法对应的相关遥测参数;找到后建立遥测参数与找到的输入遥测参数间的关联,使两个参数相互索引和访问,读入遥测参数集合。通过使用局域网建立软件数字测试平台,提供可靠的高并发、高性能、高稳定性,并能通过对历史数据、综合数据的挖掘,最大化地优化测试工作流程,采用模块化的设计和标准的接口数据交互模式,可以满足相关测试的业务需求[7]。数字测试平台如图 1 所示。

数字测试技术在实际应用系统分为四部分:自动化序列生成、流程自动执行、状态监视与报警、实时数据采集。以测试序列为基础的测试流程自动执行决定了测试的流转;状态监视与报警即是流程流转的基础,也是卫星整体安全情况的反映;实时数据采集则是面向数据集成化测试体系的中心。平台内使用配置文件进行柔性设计,以使多个项目通过配置即可实现。

3 设计与实现

3.1 软件架构

因为卫星工作模式复杂,自主状态检测和管理功能越来越完善,对设备提出的要求也越来

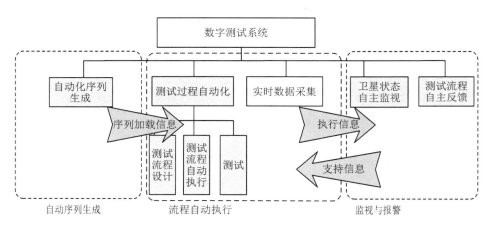

图 1　数字测试平台

越高,测试过程中需要的测试也面临着测试项越来越多、数据量越来越庞大以及实时性要求越来越高等需求[8]。针对上述需求,采用针对对象模块化建模方法,针对每个物理对象进行建模,方法直观、结构清晰、易于测试模型和子模型的再利用。

总控模块由主测试处理机、测试控制台、测试实时数据库、数据和图形显示器、遥测/遥控前端、网络接口以及测试软件系统等组成,负责整个地面综合测试系统数据流的维护、辅助测试人员完成测试工作并管理所有专用测试设备。

专用测试设备由分系统测试计算机、外部设备、专门研制的接口设备和通用仪器设备组成。每个 SCOE(专用测试设备)按照统一规定的通信协议和总控服务器进行通信,实现测试数据的传送并接收远程控制命令。网络环境负责连接总控设备和专用测试设备的测试计算机,通过标准的测试通信协议实现设备间的数据通信,组成一个完整的卫星地面综合测试系统,从而形成统一指挥和调度的卫星电气综合测试体系。

3.2　系统划分

该测试平台的核心模块是自动化测试部分、数据采集分发部分。在设备测试过程中,可通过设备的自动化测试部分完成设备的一键测试,最后输出测试报告和其他的测试数据。测试平台剥离出了业务人员全程参与的部分,以往进行测试的过程中,业务人员在测试过程中需要进行手动测试设备,进行记录测试情况,利用自动化测试系统上述工作可以一键完成。

3.2.1　自动化测试部分

卫星的自动测试过程是一个闭环过程:测试系统向设备发出激励后,通过遥测得到状态变化信息;系统自动分析这一变化,并依据预先定义的模型,判断这一变化是否属于正常范围。指令-参数模型见图 2。

通过分析抽象测试执行过程,以统一"指令-参数"抽象模式为基础,进行可视化电子细则设计,为测试设计人员提供了一套方便快捷的测试细则设计方式,将传统手工编辑电子细则变为图形化电子细则。

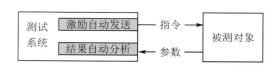

图 2　指令-参数模型

指令是指测试细则中每一步骤所要完成的工作内容,通常是改变设备的状态,判读是指在指令发送前后对相关设备的某时刻的状态参数进行判读,其目的是判断上一指令发送是否成功和是否继续执行下一指令。

系统以规则的形式管理和存储所定义的测试业务流程、细则参数设定、应用过程等数据，通过数据模型定义，并通过数据模型编辑器、业务模型编辑器、应用生成编辑器等工具，实现测试流程的全过程快速可视化建模，提高系统的灵活性和测试的应用效率。

规则的实现分为四个模块进行：细则设计、细则模板、细则参数管理和数据库管理。其中，细则参数管理模块包括指令列表和参数判读库。测试细则设计模块在对测试细则进行设计时，从细则参数管理模块中对指令进行调用；细则模板管理模块中的模板可被测试细则设计模块调用，而测试细则设计模块中已完成细则可通过基于网络服务的确认机制导入模板；测试细则设计模块中已完成细则以数据库文件形式保存在数据库管理模块中，在自动化测试过程中，直接通过数据库调用的形式读取并执行测试细则。细则结构如图 3 所示。

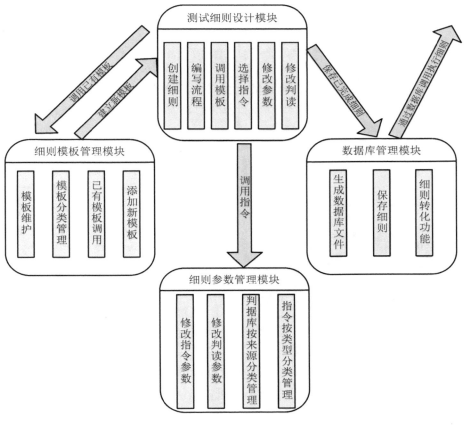

图 3 细则结构

通过管理设备上下行数据，包括遥测数据接收和遥控指令的发送，控制、监视和测量星上各仪器的工作状态，正确有效地验证各软硬件设备工作的正确性，验证各设备之间的兼容性和接口的正确性，同时完成对航天设备产品性能的测试，自动归纳整理卫星测试结果，并进行评估与分析。自动化测试执行逻辑如图 4 所示。

实现航天设备的测试自动化，不仅需要逐步提高自动化测试能力，包括设备程控、测试过程自动进行、与设备自动通信等能力，还需要在现有的测试系统和测试数据库软件的基础上，重点实现系统测试指令的自动发送和测试数据的自动判读能力，并通过协同测试环境将指令

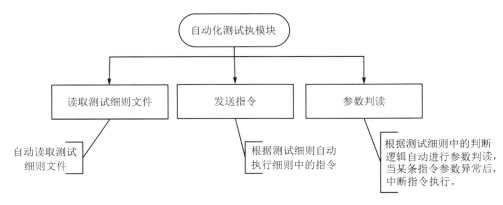

图 4　自动化测试执行逻辑

发送和参数自动监测相关联,形成真正的自动闭环测试,提高设备测试的自动化和智能化能力,减少测试对设计人员的过多依赖,解放设计人员,减少测试人员的劳动强度,提高测试验证的准确、快捷、效率。

以测试流程驱动为核心的测试细则自动执行技术,实现测试流程的自动执行,改变以往指令手动发送、相关参数人工判读的方式,实现计算机自动发送指令、自动关联指令对应参数、自动判读关联参数、自动判读细则执行结果。

3.2.2　数据采集分发系统

在面向数据的集成化测试体系中,测试数据的实时存储及分发是整个体系的基础和核心。

图 5　数据采集与分发图

这一技术主要完成各种测试数据的采集、分发管理,为其他应用提供数据接口。这些测试数据通常需要被测试系统实时处理,但是测试过程中产生的大量测试数据,由于测试过程执行时间有限,在测试过程中通常不会被全面分析,而是在事后进行处理。这就需要将这些数据实时记录存储下来,如图 5 所示。

在数据的处理机构上,实时数据管理不同于常见的关系数据。系统具有并行数据管理功能,实时管理测试数据,并提供数据回放、查询分析等功能。另外,实时数据库中的数据还可以按不同阶段生成实时数据集,供其他系统模拟测试使用。

测试过程的开展,涉及大量数据,这其中既包括测试过程中产生的卫星状态数据,也包括各航天设备运行的参数信息。通过引入数据管理技术,将原有离散的、无结构的数据组织成结构清晰的、有价值的数据信息,为系统的运行及测试管理提供支持平台。

（1）基础数据管理

基础数据管理是对原有电测配置表、设备信息、文档数据等进行的一次规范组织。测试产生的各种数据,按型号不同,分别存储于数据管理库中,同时,管理工具具有导入/导出等数据管理功能,方便数据的分发管理。

（2）实时数据采集

测试中产生的大量测试数据是测试事后分析的最直接的信息来源。系统结合工程化的实时数据库,实时采集测试过程中产生的数据信息,用于对测试状态的查询分析。考虑到网络复合及实际应用需求,数据库采用两级管理结构:第一级直接处于型号电测环境中,便于测试现场对数据的分析要求;第二级位于各型号测试环境外,一级数据库中的数据信息同步存储于二级数据中,用于办公网环境中的用户对数据的分析要求。二级实时数据库结构既满足了测试环境内外用户对数据的不同需求,也使得系统负荷处于合理水平,保证了数据分析系统的执行效率。

(3)结果数据分析

结果数据分析是利用知识工程、数据挖掘等数据处理技术,对测试数据进行事后分析的重要手段。测试产生的海量数据常常隐含着许多有用的信息,但由于数据量大,数据之间逻辑关系不明显,因此不易于发现。

系统通过结果分析工具,对测试数据进行知识化重构,组织有价值的信息形成知识本体,利用相应的处理算法,挖掘出潜在的设计信息,指导今后测试的开展。

4 测试验证

目前的测试过程中,设备自动测试和测试管理已成功进行了多个设备的测试工作。下面以某设备测试为例,要测试500路回路在各种热控策略下的执行情况,既需要测试热敏的温度设置及加热器开关的正确性,又要测试安全开关的有效性,为了达到全面、准确的测试目的,提高测试的覆盖性,需要测试热敏的温度变化状态下,所控制的加热器开关闭合、断开的变化情况。

第一路进行一一对应热敏测试,在测试过程中要用设置热敏设置符合指标要求,传统的人工测试工作量十分庞大,特别是在不同的测试阶段,该测试案例需要重复执行,每次执行的难度系数和错误概率都是相同的。采用数字测试平台后无论在测试正确性方面还是在测试有效性方面都有很大程度的提高。

其执行流程如下:

(1)测试人员根据需求规格编写可直接执行电子测试用例,并纳入自动化测试系统,针对业务进行自动化流程固化,建立指令队列。

(2)启动自动测试软件,自动执行控制,进行判据判断,如图6所示。

(3)测试结束,并将测试结果自动填写到

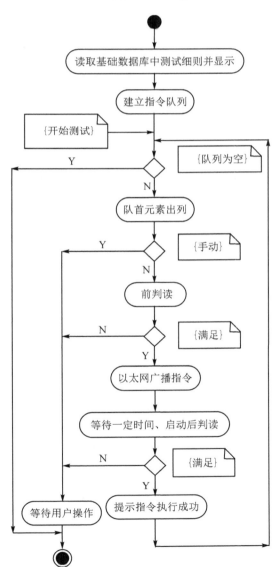

图6 自动化测试流程

测试文档中,生成测试报告,如图 7 所示。

序号	动作	描述	期望值	实测值	状态	执行	错误等待	开始时间	结束时间
1		根据热控策略测试——对应策略,默认门限下主热敏电阻测试 1) 主热敏设置高温(低阻)->判加热器断开 2) 中温->判加热器断开 3) 低温->判加热器接通 4) 中温->判加热器接通 5) 高温->判加热器断开第1路热控回路,主热敏当班				是	否	2022/7/6 17:19	2022/7/6 17:19
2	Auto Res54[17866.1017096949]	1) 初始化主份热敏电阻,将主热敏电阻设置为停控门限90%;设置主份热敏电阻54低电阻(高温)				是	否	2022/7/6 17:19	2022/7/6 17:19
3	Auto Res56[17866.1017096949]	初始化备份热敏电阻,将备热敏电阻设置为停控门限90%;设置主份热敏电阻56低电阻(高温)				是	否	2022/7/6 17:19	2022/7/6 17:19
4	等待毫秒[2000]	设置完成后延时3s,查询主备热敏电阻电压值(16进制显示)				是	否	2022/7/6 17:19	2022/7/6 17:19
5		外部热敏54电阻值	C[RT27_SU89_Res54]	RT27_SU89_Res54:125		是	否	2022/7/6 17:19	2022/7/6 17:19
6		外部热敏56电阻值	C[RT27_SU89_Res56]	RT27_SU89_Res56:125		是	否	2022/7/6 17:19	2022/7/6 17:19
7		判断对应加热器为关(0)状态;加热器开关1状态	T[RT27_SU89_Status1]="断开"	RT27_SU89_Status1:断开		否	否	2022/7/6 17:19	2022/7/6 17:19
8	Auto Res54[28549.1525645423]	设置主份热敏电阻54电阻值(中温)				是	否	2022/7/6 17:19	2022/7/6 17:19
9	等待毫秒[2000]					是	否	2022/7/6 17:19	2022/7/6 17:19

图 7　自动化测试分析报告

该数字测试平台可大大缩短测试数据处理周期和测试准备时间,提高测试数据的使用效率,加快测试进度,节省测试人力成本。

5　总结与展望

该数字测试平台体系,借鉴了国际最新的自动化测试先进思想和理论方法,实现了智能自动化测试,与传统的测试工程相比,该数字测试平台具有速度快、精度高等优点,且能较容易实现完全覆盖测试和回归测试,大大缩短了测试周期,节省了测试成本。

相比于手动测试,可达到百分之百的测试覆盖率,并保证百分之百的可靠性,避免了手工测试易出现的人为失误差错。

参考文献

[1] 谭维炽,胡金刚.航天器系统工程[M].北京:中国科学技术出版社,2009.

[2] 百度百科.信息流定义[EB/OL].[2012-06-10].http://baike.baidu.com/view/128567.htm.

[3] 刘刚,李志猛,邱涤珊,等.以信息流为中心的卫星信息应用链设计方法研究[J].装备学院学报,2014(6):63-66.

[4] 张志军,张宇镭.基于企业信息流矩阵的信息集成需求分析[J].计算机集成制造系统,2001,7(9):51-54.

[5] 李志猛,陈俊良,马满好,等.仿真卫星军事应用效能评估系统的设计与实现[J].火力与指挥控制,2010,35(10):157-159.

[6] 闫会强,许静.分布式软件测试系统的设计与实现[J].南开大学学报(自然科学版),2003.12(36):50-54.

[7] 杨秋辉,周洪宇,洪攻,等.分布式自动化软件测试实现技术研究[J].四川大学学报:工程科学版,2011.9(43):126-132.

[8] 黄小虎.卫星测试系统研究与应用[D].上海:上海交通大学,2007.

复合材料结构的典型缺陷分析研究

钱恒奎　徐振业　刘志浩　马占东

(航空工业济南特种结构研究所,高性能电磁窗航空科技重点实验室,山东·济南,250023)

摘要: 本文介绍了复合材料层压结构和蜂窝夹层结构的典型缺陷分析研究结果。对复合材料层压结构和蜂窝夹层结构采用超声检测、射线检测、光学显微镜观察等手段实现了对分层、孔隙、脱粘等典型缺陷的识别与分析研究。研究结果表明,实芯层压结构分层缺陷区域进行检测时存在明显的缺陷回波且底面回波消失,存在孔隙缺陷时表面回波与底面回波之间无明显回波,但杂波高于正常水平或者底波幅度明显降低;实芯层压板-板胶接结构界面脱粘区域存在明显的一次和二次缺陷回波,底波消失,胶接界面处存在明显的间隙,孔隙缺陷区域底波未消失,整体表现为某些区域为空腔,相邻区域仍有粘连;蜂窝夹层结构存在蒙皮分层和胶接界面脱粘缺陷时超声 C 扫描图像上呈现为黑色,X 射线的穿透能力与被穿透物质的密度有关,常存在金属夹杂、孔洞、非贯穿型裂纹缺陷等缺陷。

关键词: 复合材料层压结构;蜂窝夹层结构;无损检测;典型缺陷

1 引　言

树脂基复合材料是由高分子材料和纤维经过一定的成型工艺复合成一体的多相结构材料,具有高比强度和高比模量、可设计性强、耐腐蚀和可一体化成型等优点[1,2],已经广泛应用于航空航天、车辆、船舶和电子等领域。

复合材料夹层结构是由上下纤维面板和芯子三层结构叠加而成的[3],芯子厚度较大但刚度较弱,面板厚度小,强度刚度较大,材料的比刚度和弯曲刚度都有所提高,整体结构的质量降低。芳纶纸蜂窝是以芳纶纸为主要原材料,结构及外形与蜂窝的巢穴相似,是飞机复合材料夹层结构的首选芯材[4]。20 世纪 40 年代以来,复合材料夹层结构在航空航天、交通、能源以及海洋工程等领域得到了广泛的应用[5]。

复合材料在制造过程中的主要缺陷有气孔、分层、越层裂纹、夹杂、树脂固化不良等;在使用过程中的主要缺陷有疲劳损伤和环境损伤、脱粘、分层、孔隙增长、纤维断裂、皱褶变形等[6]。无损检测技术主要是科学运用声、电、热、射线等非损害性的方式对内部质量及存在的缺陷进行科学检查,并探明缺陷的具体位置,较为常见的无损检测技术有超声波、射线、渗透等[7]。

超声波检测法[8](Ultrasonic Testing,UT)是目前复合材料无损检测的主要方法之一,主要根据复合材料自身和其缺陷对超声波传播的阻碍来判断材料表面及内部的缺陷。超声波穿透能力强、灵敏度高、操作简单,可对缺陷的深度、大小、范围进行精准检测。超声检测常用方法有自动喷水脉冲穿透法超声 C 扫描(简称穿透 C 扫)、相控阵超声 C 扫(简称相控阵 C 扫)及接触式脉冲反射法超声 A 扫描(简称 A 扫)。由于 C 扫描速度快、显示直观等特点,已经广泛应用于大型航天设备复合材料的无损检测[9]。

射线检测技术(Radiographic Testing,RT)是利用射线(X 射线、γ 射线、中子射线等)穿过物体时的吸收和散射特性,检测其内部结构不连续性的技术[10]。射线检测技术比较适合检测孔隙、夹杂等体积型缺陷,对平行于射线穿透方向的裂纹有比较好的检测效果,但对一些薄板的分层缺陷、扁平气孔缺陷无法实现准确检测[11]。计算机断层扫描成像(Computed Tomography,CT)是利用 X 射线探测物体的内部,通过测定射线的衰减系数,经计算机处理,实现建立断面图像的成像技术。通过分析断层面内密度的分布,可获得内部密度均匀性、微孔隙体积含量与分布等方面的信息[12,13]。

本文通过对复合材料实芯层压结构、实芯层压板－板胶接结构、蜂窝夹层结构内部缺陷的分析研究,利用超声、X 射线等无损检测方法,从典型结构形式、缺陷类型、无损检测和分析等维度出发,对典型缺陷进行研究,为缺陷识别确认提供参考依据,提高检测效率,也可为复合材料结构设计提供依据。

2 典型结构形式

2.1 实芯层压结构复合材料

实芯层压结构复合材料(即实芯层压板)是由两层或两层以上的薄层纤维材料通过一层一层铺贴后固化而成的,见图 1,实芯层压板在制造过程中因原材料污染或过期、空气未排除干净、固化压力、温度等参数不合适,易产生层间分离、孔隙等缺陷,同时,在铺贴过程中因保护原材料纤维层上的脱模布未撕干净或外来物的混入,还会产生夹杂缺陷。

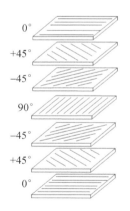 

图 1 实芯层压板铺层工艺及层板试件

2.2 蜂窝夹层结构复合材料

如图 2 所示,蜂窝夹层结构由上、下面板和中间蜂窝芯通过粘结层胶接而成。蜂窝夹层结构在制造和使用过程中存在的缺陷和损伤形式主要有蒙皮分层、蒙皮与蜂窝芯间的脱粘以及蜂窝芯缺陷(节点脱开、芯格鼓胀、夹芯断裂等)、蜂窝夹芯内夹杂、蜂窝芯积水等,如图 3 所示。

蜂窝夹层结构主要包括石英纤维复合材料与蜂窝胶接结构、碳纤维复合材料与蜂窝胶接结构等,当前夹层结构常用的检测方法为穿透 C 扫,辅助采用相控阵 C 扫及 A 扫。穿透 C 扫检测过程中,发射端探头激发的超声波声束进入试样内部,接收端探头接收到通过试样衰减后

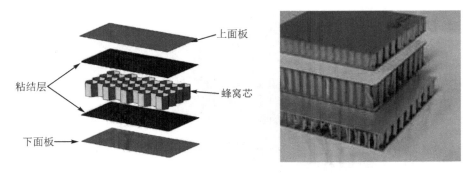

图 2　复合材料蜂窝夹芯结构工艺及试件

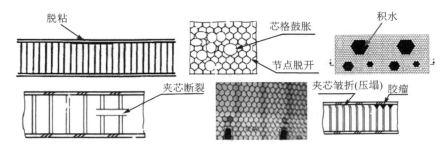

图 3　复合材料蜂窝夹层结构脱粘、蜂窝芯缺陷、夹杂和积水损伤形貌示意图

的超声波声束,相对于层压结构,超声波在夹芯部分只能沿蜂窝格孔壁传播,导致蜂窝夹层结构对超声能量衰减更大。

3　典型缺陷分析研究

3.1　石英纤维复合材料实芯层压板

以石英纤维复合材料实芯层压板为例(见图 4),在近表面、远表面以及中间层各放置聚四氟乙烯薄膜模拟分层缺陷,分别对良区和不同人工预置缺陷区域进行 A 扫检测,良区存在明显的表面回波与底面回波,缺陷区域进行检测出现明显的缺陷回波,底面回波消失,如图 5 所示。

实芯层压板除了常见的分层缺陷,还经常有孔隙缺陷出现,存在孔隙缺陷时表面回波与底面回波之间无明显回波,但杂波高于正常水平或者底波幅度明显降低。将正常区域底面回波高度调至 80%,当底面回波小于 40% 时,可定为孔隙缺陷。

采用微纳米 CT 和光学显微镜对孔隙区域进行检测,如图 6 所示,孔隙弥散分布于纤维束之间,这是由于工艺参数比如固化压力、真空度及温湿度等控制不当导致的。

3.2　实芯层压板的板-板胶接结构

实芯层压板的板-板胶接结构分为石英纤维/石英纤维实芯层压板的板-板胶接结构、石英纤维/碳纤维实芯层压板的板-板胶接结构等,主要缺陷为胶接界面脱粘和孔隙缺陷。

石英纤维/碳纤维实芯层压板的板-板胶接结构是指石英纤维实芯层压板与碳纤维实芯层

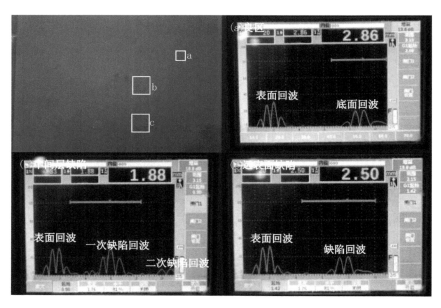

图 4　石英纤维复合材料实芯层压板超声 A 扫描波形图

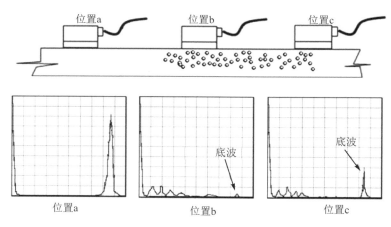

图 5　实芯层压板孔隙缺陷超声 A 扫描波形图

压板采用胶膜进行胶接固化,胶膜两侧会产生脱粘和孔隙缺陷。采用 A 扫检测,良区存在明显的表面回波、胶接界面回波以及底面回波,如图 7(a)所示,当胶接界面脱粘时,存在明显的一次和二次缺陷回波,底波消失,如图 7(b)所示。

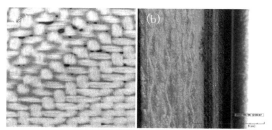

图 6　实芯层压板孔隙区域微纳米 CT 和横截面光学显微图片

对图 7 所示的脱粘区域进行解剖,利用光学显微镜进行观察分析,沿厚度方向做纵向剖切,如图 8(a)所示,可以清楚地看到胶接界面处存在明显的间隙;沿平面方向做揭层剖切,如图 8(b)所示,可以看出脱粘区域相比良区表面光滑,且存在下陷。从解剖结果中可知,脱粘缺陷产生的原因是在胶接过程中空气未完全排

图 7　石英纤维/碳纤维实芯层压板的板-板胶接结构超声 A 扫波形图

除干净,残留空气的区域形成气泡,在后续加压固化过程中,气泡铺展开来形成空气间隙,产生脱粘缺陷。超声波在空气间隙区域会产生强反射,而没有能量透射至底面,导致超声 A 扫描检测时界面回波明显升高,底波消失。

当石英纤维/碳纤维实芯层压板的板—板胶接结构胶接界面存在密集孔隙时,采用 A 扫进行检测其波形如图 9(a)所示,界面回波明显升高,底面回波减弱但没有消失。对孔隙区域沿厚度方向做纵向剖切,截面图如图 9(b)、(c)和(d)所示,可以看出胶接界面上存在多处孔隙,整体表现为某些区域为空腔,相邻区域仍有粘连,但并未产生如图 8(a)所示的明显空气间隙(即脱粘缺陷)。

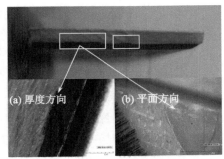

图 8　石英纤维/碳纤维实芯层压板的
板-板胶接结构脱粘缺陷剖切图

3.3　蜂窝夹层结构

3.3.1　蜂窝夹层结构超声 C 扫描检测

图 10 所示为蜂窝夹层结构对比试块超声 C 扫描图像,整体可分为灰色区和黑色区,圆形的黑色区为人工预置缺陷,呈现大小规则的阵列分布。当超声波声束遇到分层和脱粘缺陷时产生强反射,接收端探头无法接收到超声波声束,在超声 C 扫描图像上呈现为黑色区,缺陷性质须采用超声 A 扫或相控阵进行验证。

图 11 所示为蜂窝夹层结构产品超声 C 扫描检测图像,经过验证后可发现图(a)、图(b)为板-芯脱粘缺陷,图(c)为蒙皮内分层缺陷。

3.3.2　蜂窝夹层结构射线检测

图 12 所示为蜂窝夹层结构片状夹杂缺陷 DR 检测图像,图中可以清楚地看出蜂窝边界,因 X 射线的穿透能力与被穿透物质的密度有关,金属对 X 射线能量衰减较大,可判定图 12

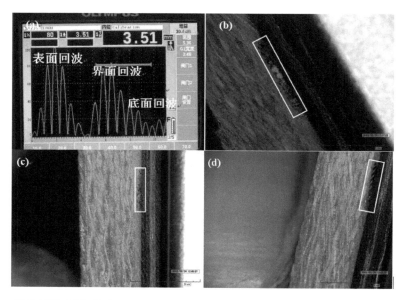

图 9　石英纤维/碳纤维实芯层压板的板−板胶接结构密集孔隙区域 A 扫图像及剖切图

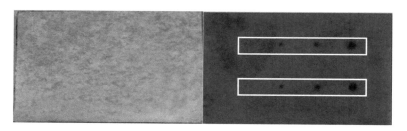

图 10　蜂窝夹层结构对比试块超声 C 扫描检测图像

（a）、（c）和（d）中白框区域内灰度差异较大区域为金属片状夹杂；图 12（b）白框区域所示图像灰度差异与其他 3 个图像中夹杂相比要小得多,可判定该区域内为非金属片状夹杂。这些夹杂缺陷是由蜂窝夹层结构在成型过程中遗漏的金属或非金属造成的。

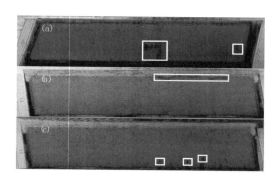

图 11　蜂窝夹层结构产品超声 C 扫描检测图像

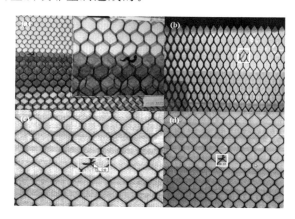

图 12　蜂窝夹层结构片状夹杂缺陷 DR 图像

图 13 为蜂窝夹层结构点状夹杂缺陷 DR 检测图像,图中白框区域内存在灰度差异较大区域,因图像中显示为点状,可判定为点状金属夹杂。这些夹杂缺陷是由蜂窝夹层结构在成型过程中遗漏的金属颗粒造成的。

图 13 蜂窝夹层结构点状夹杂缺陷 DR 图像

图 14 为蜂窝夹层结构非贯穿型裂纹缺陷 DR 检测图像,图中白框区域内存在灰度差异较大的灰白色条状区域,可判定该区域缺少填充物,经与成型过程进行对比确认该区域存在非贯穿型裂纹缺陷。

图 15 为蜂窝夹层结构孔洞缺陷 DR 检测图像,图中白框区域内存在灰度差异较大的灰白色条状区域,判定该区域缺少填充物,经与成型过程进行对比确认该区域存在孔洞缺陷。

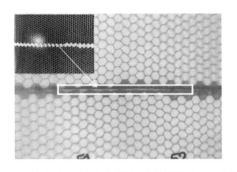

图 14 蜂窝夹层结构非贯穿型裂纹缺陷 DR 图像

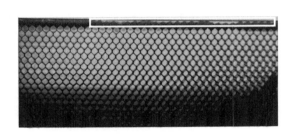

图 15 蜂窝夹层结构孔洞缺陷 DR 图像

4 结　论

本文重点采用超声检测、射线检测及光学显微镜等研究方法对常用复合材料形式如实芯层压结构、蜂窝夹层结构内部的典型缺陷分析研究,得到的结论如下:

（1）石英纤维实芯层压结构主要存在缺陷为分层与孔隙,分层区域出现明显的缺陷回波,底波消失,孔隙区域杂波高于正常水平或者底波幅度明显降低;实芯层压板-板胶接结构主要存在缺陷为胶接界面脱粘、孔隙缺陷,脱粘区域出现明显的缺陷回波,底波消失,胶接界面处存在明显的间隙,表面光滑且存在下陷,孔隙区域界面回波明显升高,底波减弱,界面整体表现为某些区域为空腔,相邻区域仍有粘连。

（2）超声波在蜂窝夹层结构夹芯部分中只能沿蜂窝格孔壁传播,超声 C 扫描图像的黑色区表明接收端探头无法接收到超声波声束,该处存在分层和脱粘缺陷,缺陷性质须采用超声 A 扫或相控阵进行验证;蜂窝夹层结构 DR 检测图像中可以清楚地看出蜂窝边界,X 射线的穿透能力与被穿透物质的密度有关,常存在金属夹杂、孔洞、非贯穿型裂纹等灰度差异较大的缺陷,金属对 X 射线能量衰减较大。

参考文献

[1] 邢丽英,包建文,礼嵩明,等.先进树脂基复合材料发展现状和面临的挑战[J].复合材料学报,2016,33(7):1327-1338.

［2］嵇培军,王国勇,赵亮,等.树脂基结构复合材料的研究进展[J].宇航材料工艺,2015,45(4)：1-5.

［3］弓晓芸,陈晓明.新型夹芯板的研究及应用[J].钢结构,2000,15(2):51-52.

［4］郝巍,罗玉清.国产间位芳纶纸蜂窝性能的研究[J].高科技纤维与应用,2009,34(6):26-30.

［5］Zenkert D. The Handbook of Sandwich Construction[M]. UK：Engineering Materials Advisory Services LTD,1997.

［6］葛邦,杨涛,高殿斌,等.复合材料无损检测技术研究进展[J].玻璃钢/复合材料,2016(1):5.

［7］孙丽转,张体磊.航空复合材料无损检测及进展[J].军民两用技术与产品,2015,(12):127.

［8］刘松平,郭恩明,刘菲菲.面向大型复合材料结构的高效超声自动扫描成像检测技术[J].复材检测,2012 (18):79-82.

［9］高铁成,郭恒飞,赵传阵,等.航天复合材料无损检测技术的发展现状[J].天津工业大学学报,2017,36 (1):71-76.

［10］李俊杰,韩焱,王黎明.复合材料 X 射线检测方法研究[J].弹箭与制导学报,2008,2:215-217.

［11］魏建义.航空复合材料无损检测应用研究[J].现代制造技术与装备,2016(1):82-83.

［12］汪星明,郭耀红,朱庆友,等.复合材料无损检测研究进展[J].玻璃钢/复合材料,2012(S1):261-265.

［13］吴东流.复合材料 CT 检测的原理和应用[J].宇航材料工艺,2001,1:42-48.

基于聚焦透镜法的等效平板电性能测试研究

毛东炜　孟平　黄安震　张睿　曹美会

(航空工业济南特种结构研究所,高性能电磁窗航空科技重点实验室,山东·济南,250023)

摘要: 在开展产品电性能设计与仿真时,为有效降低制造成本和提高设计的准确性,须先进行等效平板制作,对其结构特征进行电性能试验验证。为了明确聚焦透镜法测试等效平板的优缺点与适用范围,本文构建聚焦透镜法测试系统,开展等效平板电性能测试研究,与远场照射法进行对比试验,并依据仿真计算结果分析试验数据。

关键词: 等效平板;电性能参数;聚焦透镜法;自由空间法

为降低产品制造成本及提高电性能设计的准确性,须制作与产品同等介质材料的等效平板,并对其进行电性能试验,验证介质材料库选取及设计的合理性。因此,等效平板的电性能参数对于表征电性能产品设计仿真结果的准确性具有极其深远的意义。

本文针对适用于等效平板的聚焦透镜法,基于测试原理,分析测试疑难点,提出解决方案,构建测试系统,探索方法间的局限性,形成不同类型等效平板最优测试方案,减少外界不利因素造成的测试误差,保障电性能设计与仿真数据的准确性。

1 聚焦透镜法测试系统

聚焦透镜法测试系统主要由收发聚焦透镜天线、矢量网络分析仪、计算机测试软件、等效平板支架、方位角调整转台、极化旋转转台等组成。聚焦透镜法测试系统用于发射和接收微波信号的点聚焦透镜天线安装于天线支架上,样件安装于一维转台上,进行方位转动,上位机作为测试系统的控制中心,控制矢量网络分析仪的参数设置及转台运动。聚焦天线测试系统框图如图 1 所示。

聚焦透镜法测试系统中,收发天线之间距离为聚焦天线焦距的 2 倍,因实际测量中不同频率焦距存在细微差别,测试过程中天线焦距采用典型值。天线固定于天线支架上,该天线支架可调节天线的高度及收发天线距离,适应校准和测试不同厚度等效平板的需要。矢量网络分析仪的端口 Port1 通过微波电缆接到发射天线上,然后从接收天线通过微波电缆接到矢量网络分析仪的端口 Port 2。测试时,当电磁波到达被测样件表面,一部分电磁波在等效平板表面形成反射信号,反射信号沿着相反路径进入矢量网络分析仪的 Port 1;另一部分电磁波经过被测样件,形成透射信号,透射信号经接收天线进入矢量网络分析仪的 Port 2。此时通过对矢量网络分析仪散射参数 S_{11} 和 S_{21} 进行测量,即可得到反射波和透射波的数据[1]。

2 测试方法及原理

功率传输效率表征天线射频能量等效平板的失配损失、热损耗,是等效平板重要电性能参

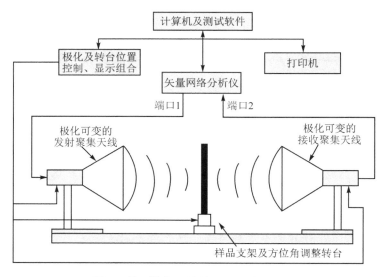

图 1　基于聚焦天线的测试系统结构图

数,目前的测试方法为自由空间法。等效平板功率传输效率工程应用为单程功率传输效率,是电磁波信号由发射天线经过等效平板到达接收天线的单一路径过程,电磁波信号传输过程有且仅有一次穿过等效平板。

测试步骤如下:

① 进行天线且无平板加载时的测试;

② 加载等效平板,进行相同状态对比测试。

功率传输效率是指对特定的天线和等效平板,在特定工作频率和天线扫描位置情况下,经等效平板后天线接收到的功率 P_S 与不带天线罩时天线接收的功率 P_A 之比,即

$$\text{TE} = \frac{P_S}{P_A} \times 100\% \tag{1}$$

根据天线互易定理,天线在发射状态和接收状态时等效平板的单程功率传输是相同的,一般测试时将天线作为接收状态工作模式进行测试。

自由空间法隶属于传输/反射法,将被测材料视为双端口网络。经矢量网络分析仪 Port1 端口产生一个频率为 f 的电磁波信号,经同轴传输线进入发射天线并向空间辐射形成平面波信号。同轴-矩形波导转化器起到了模式转化的作用,使 TE_M 模转化为 TE_{10} 模。位于天线焦平面处的线极化均匀平面波垂直入射到介质材料上,形成反射信号与透射信号。反射信号被天线接收后进入矢量网络分析仪 Port 1 端口,与参考信号之比即为反射电磁系数 S_{11};透射信号经接收天线接收后进入矢量网络分析仪 Port 2 端口,与参考信号的比值即为透射系数 S_{21}[2]。

3　试验验证及分析

测试平板选用某型号等效平板两块分别为等效平板 1# 和 2#,其具体尺寸如下:等效平板 1#,长×宽为 1 500 mm×1 000 mm;等效平板 2#,长×宽为 600 mm×600 mm。为保持测试等效平板的一致性,等效平板 2# 从等效平板 1# 上截取相应尺寸部分,测试频率为 8~18 GHz,天线极化方

式为垂直极化。

3.1 聚焦透镜法测试试验

在聚焦透镜测试系统下对等效平板 2# 进行了电性能测试,功率传输效率测试结果如图 2 所示。

由分析测试结果可以得知,周围环境引起的反射影响测试结果的抖动,故聚焦透镜天线测试系统中引入了时域门测量。将时域门选定在合理时间内,有效消除多径效应、绕射效应和其他背景干扰,将该区间的时域响应再反算到频域,就能得到消除多径效应、绕射效应和其他背景干扰后真实的幅频响应和相频响应,从而得到比较准确的散射参数,选用时 1 ns 时域门后的功率传输效率结果如图 3 所示。

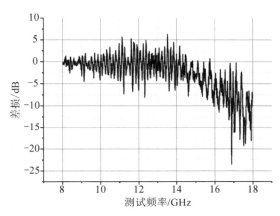

图 2 基于聚焦透镜法的等效平板 2# 功率传输效率测试结果

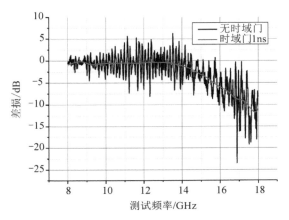

图 3 等效平板 2# 加 1 ns 时域门后功率传输效率测试结果

3.2 与远场照射法的对比试验

在远场测试系统下完成了等效平板 1# 测试。对基于聚焦透镜法的等效平板 2# 功率传输效率测试结果、基于远场照射法的等效平板 1# 功率传输效率测试结果与仿真计算结果进行对比分析,结果如图 4 所示,两种测试方法与仿真计算结果一致。

与远场照射法相比,聚焦透镜测试系统采用开场域测试,具有非破坏性和非接触性,其能量值集中于焦斑位置,散射及绕射现象较小,对背景环境要求较低,其周围无需吸波环境;为确保等效平板测试精度,远场照射测试系统需要等效平板的尺寸满足 20 倍焦斑,聚焦透镜测试系统只需等效平板尺寸大于 3 倍焦斑即可,降低了等效平板的制作及测试难度。

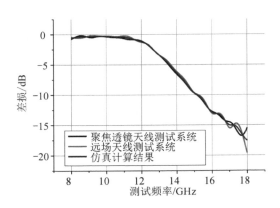

图 4 远场测试系统与聚焦透镜天线对比测试结果

4　结　论

本文基于等效平板聚焦透镜法测试原理,剖析测试过程存在的疑难点,根据疑难点确定问题解决方案,测试系统的构建,探索了远场及聚焦透镜测试方法间的局限性,控制系统误差因素,明确了聚焦透镜天线的适用范围,为电性能的仿真设计提供了强有力的数据支撑。

参考文献

[1] 王娟.自由空间法微波参数测试技术[D].成都:电子科技大学,2013.
[2] 姜山.电磁参数测试系统研究[D].北京:北京交通大学,2006.

航天嵌入式软件测试用例复用技术研究及应用

邻晓丹　余军　王丽君　栾丽

（山东航天电子技术研究所,山东·烟台,264670）

摘要：为了提高测试效率、积累测试经验、节省测试成本,本文对软件测试中可复用测试用例的设计和使用进行了系统的研究与分析。总结了可复用测试用例应具有的特性,为评估测试用例的可复用性提供准则;提出了面向复用的测试用例设计过程和基于复用的软件测试模型,为测试用例复用提供了方法和实现策略;并以航天嵌入式软件的 CAN 总线通信接口通用测试设计为例,实现了测试用例的复用实践,验证了测试用例复用的可行性和有效性。

关键词：航天嵌入式软件;测试用例复用;软件测试

1 引　言

在软件的整个生命周期中,软件测试是确保软件质量的可靠手段,是软件开发过程中必不可少的重要环节[1]。随着信息产业的迅速发展,软件的规模变得越来越大,软件的复杂度也变得越来越高,这对软件测试工作带来了很大挑战[2]。

测试用例设计是软件测试步骤中的核心环节,用例设计的质量将直接影响到测试的效果,同时相同或者相似测试用例的重复设计给测试人员带来了冗余繁重的工作,软件测试成本在不断增加[3]。为了解决由测试人员经验不足带来的技术问题并减少测试中的冗余现象,提高软件测试过程中发现软件缺陷的效率,缩短软件测试的时间及成本,保证软件产品的质量,测试用例复用技术在软件测试环节的应用受到了广泛的关注。

2 测试用例复用

2.1 测试用例复用的概念

测试用例复用是指测试工程师在执行一项新的测试工作时,直接调用或修改现有的、合适的测试用例,并将其应用在测试执行中。测试用例复用并不是简单的复制一个测试项目的用例,而是在充分参考原有测试设计思想的基础上,做进一步的提炼和补充。

2.2 可复用测试用例特性

测试用例是软件测试复用的重要资产。一个可复用的测试用例通常具有通用性、独立性、有效性、标准化和完整性等特点,如表 1 所列。

表 1 可复用测试用例特性

可复用测试用例特性	描述说明
通用性	通用性是指测试用例应该可以被运用到某一类或者某一领域的不同测试项目中,软件测试环境、测试需求等因素对其可复用性不造成影响
独立性	独立性指多个可复用测试用例之间不存在交集,测试目标相互独立,且每个测试用例都能够独立运行。通常独立性越高,其可复用性越好
有效性	测试用例的目标是发现软件问题。因此,可复用测试用例也必须是能够发现软件问题的,并且是可靠和高效的
标准化	可复用测试用例应具有统一的格式、命名规则,避免个人化的语言影响测试用例的可理解性。同时使用文档对测试发现的缺陷、测试步骤、代码、设计方案、测试总结等进行详细的记录
完整性	每一个可复用的测试用例都应该具有完整的描述信息,同时应包括测试环境、时间、测试方法的基本要素,并且每个要素的描述是充分的

2.3 测试用例复用的发展前景

测试用例的复用是一项提升软件测试效率的关键技术,其优势主要体现在[4]:

(1)软件测试对测试人员的经验和技能要求高,通过复用,可提高测试人员技能,解决其经验不足的问题,同时提高软件测试质量;

(2)软件测试是当前保证软件质量的一种有效手段,但其占用软件开发周期时间长,通过复用,可避免大量重复性劳动,缩短测试周期,提高效率;

(3)伴随着同一个软件的生存周期,软件需要经历单元测试、集成测试、确认测试和系统测试等流程,这一过程产生了成百上千的经过执行确认的高质量的测试用例,在前一测试阶段执行过的一些测试用例可在后续测试阶段中使用,包括在回归测试、维护阶段的版本升级和纠错测试中都可以使用;

(4)同一领域或相同系统架构的不同软件,测试用例在设计思想、测试策略、测试数据及测试步骤等都有类似之处,存在着测试用例复用的可能性,且随着软件复用技术的发展,很多有价值的组件可供使用,这也使测试用例复用成为可能[5]。

2.4 面向复用的测试用例设计过程

2.4.1 需求分解及共性分析

需求文档描述软件各配置项的基本内容,是测试用例设计的指导性文档。测试人员要根据被测试软件需求分解结果进行面向复用的共性分析,从而实现相似需求的测试用例设计及复用,使得在设计新系统的软件测试用例时,可直接复用这些共性功能的测试用例[6],需求分解及用例复用过程如图 1 所示。

2.4.2 测试用例设计

测试用例的复用程度取决于测试用例设计的独立性及规范性,测试人员需求分解基础上,设计可复用测试用例,需要遵循的设计思想如下[7]:

(1)测试用例之间的相关性尽量降低到最低;

(2)测试用例对被测软件的依赖尽量减弱;

(3)测试用例的描述要规范化;

(4)测试用例尽量不包含常量,输入值用变量代替;

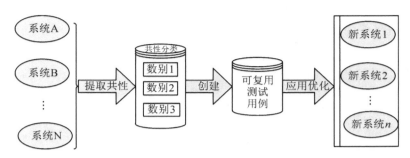

图 1 需求分解及用例复用过程

（5）测试用例的内容要完整，结构要统一；

（6）测试用例的分类要合理。

2.4.3 测试用例评审

可复用测试用例设计完成后，组织领域专家、软件专家、测试专家、软件设计人员对其进行评审，确保所设计的测试用例是正确的，满足可复用测试用例的特性。评审同时应关注以下几点：每个共性需求的测试策略是否合适；每个共性需求是否被可复用测试用例所覆盖；每个共性需求是否被可复用测试用例进行了充分测试。

2.4.4 测试用例执行和修改

测试人员用多字段检索功能从可复用测试用例库中查找满足要求的测试用例进行用例复用。若查找到的可复用测试用例并不能完全满足测试需求，则须先对其进行"补充完善"，而后再进行用例执行[8]，基于用例复用的软件测试模型如图 2 所示。

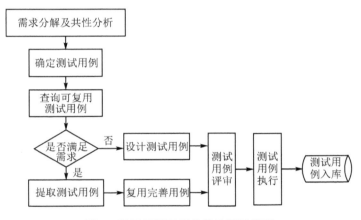

图 2 基于用例复用的软件测试模型

2.4.5 测试用例入库

将经过测试执行确认的可复用测试用例统一纳入测试用例库中，供测试人员在后续软件测试或以后的项目中查询使用。

3 测试用例复用实践

以航天嵌入式软件常见的 CAN 总线通信接口测试为例，对可复用测试设计方案中的重点环节予以说明。

3.1　共性需求分析

通过对大量航天嵌入式软件的 CAN 总线接口设计的研究,CAN 总线通信接口的通用测试需求主要包含以下三个方面[9]:

(1) 合法/非法输入的校验与处理

TR-JK-001:接收并校验 CAN 总线数据帧。校验内容包括:仲裁场、控制场、帧序号(针对多帧输入流,帧序号应从 0 开始连续计数)、LENGTH、TITLE、校验和。软件仅处理合法数据帧,对非法数据帧不予处理。

(2) CANA、CANB 总线的输入与处理

TR-JK-002:针对 CANA、CANB 总线输入,软件均应按照 TR-JK-001 进行处理。

(3) 应答输出的总线选取原则

TR-JK-003:针对需要应答的输入帧,如果是 CANA 总线输入,则软件应从 CANA 总线给出应答;如果是 CANB 总线输入,则软件应从 CANB 总线给出应答。

3.2　可复用测试用例设计

通过对大量航天嵌入式软件的 CAN 总线通信接口测试的研究,CAN 总线通信接口测试的核心内容是确认总线上的数据传输是否符合需求的规定,对符合规定的合法输入应予以正确的应答及处理,对不符合规定的非法输入应不予执行[10]。因此,CAN 总线通信接口的通用测试设计应覆盖如下情况:

(1) 合法输入的覆盖性测试

测试应覆盖所有的合法输入,并将不同长度的输入均作为独立的输入流,予以覆盖。以数据块为例,输入流包含 9、57、121 三种不同长度的数据块,则测试需覆盖三种长度的数据块,而不能仅覆盖其中一种长度的数据块,从而确保测试全面性。

(2) 非法输入的覆盖性测试

测试应覆盖所有的非法输入,即覆盖每个输入流的所有异常情况。典型的非法输入情况包括:仲裁场错、控制场错、帧序号错、LENGTH 错、TITLE 错、校验和错。

(3) 多帧输入的非法情况测试

相比单帧输入,多帧输入有一些特殊情况,需要在测试设计时特别关注。

① 针对多帧输入的仲裁场错、控制场错、帧序号错,应分别考虑首帧、尾帧、中间帧错误的故障模式。

② 针对多帧输入,应考虑多帧接收不完整的故障模式,包括未收到首帧、未收到中间帧、未收到尾帧、未收到后 N 帧(N <多帧的总帧数)的情况。并在该类故障后分别输入正确的单帧、多帧输入数据,以查验该故障对后续正确输入的影响,确保当前故障输入,不影响后续正确输入数据的接收与处理。

③ 针对多帧输入,应考虑首帧、尾帧、中间帧的 DLC 长度小于实际长度的情况。

(4) 合法、非法输入穿插测试

测试过程中,设置非法输入,执行格式非法指令测试,首先是为了验证软件对非法输入的屏蔽情况;其次是为了验证软件对非法输入的处理是否会影响其后续对合法输入的正常响应处理。因此,应进行合法与非法输入的穿插测试。

(5) CANA、CANB 总线测试

针对 CANA、CANB 总线应分别设计并执行两套用例。

根据上述分析,设计如表 2 所列的可复用测试用例,并将经过测试执行确认的可复用测试

用例统一纳入测试用例库中。

表 2 可复用测试用例设计案例

测试用例编号	［测试用例唯一标识］	设计者	［测试用例设计人员］	
测试项	［测试场景简述］	设计时间	［YYYY－MM－DD］	
测试描述	CAN 总线接口通用测试用例			
序号	测试内容	操作步骤	期望结果	
1	指令遍历	依次遍历所有指令（包括遥测轮询及不同长度的数据块注入指令）	均正确执行（可配合其他功能项测试，不必重复测试）	
2	指令格式严格判读	使用 CANtest 软件通过周立功 CAN 盒与设备相连，设计并发送仲裁场错、控制场错、帧序号错（多帧）、LENGTH 错、TITLE 错、有效数据错、校验和错的指令，查看指令执行情况	无应答，指令不执行	
3	多帧指令接收少首帧	CANtest 界面输入多帧数据帧（指令排好后，不勾选首帧），查看指令执行情况	无应答，指令不执行	
4	多帧指令接收少中间帧	CANtest 界面输入多帧数据帧（指令排好后，不勾选中间帧），查看指令执行情况	无应答，指令不执行	
5	多帧指令接收少尾帧	CANtest 界面输入多帧数据帧（指令排好后，不勾选尾帧），查看指令执行情况	无应答，指令不执行	
6	穿插测试	进行非法输入测试后，紧接着发送一条正确的指令，查看正确指令的执行情况	指令正确执行，当前故障输入不影响后续正确输入数据的接收与处理	
7	确认总线选择	通过测试软件交替在 A、B 总线发送遥测轮询控制序列，查看总线应答情况	CANA 总线输入，软件从 A 总线给出应答；CANB 总线输入，软件从 B 总线给出应答	
8	确认 A、B 总线独立接收总线指令（多帧）互不干扰	通过测试软件分别向 A、B 总线发送符合协议要求的两包多帧数据块，两包多帧数据的发送方式为一帧 A 总线数据一帧 B 总线数据交叉发送	A、B 总线均收到正确数据块应答	
⋮	⋮	⋮	⋮	
审核人	［审核人姓名］	审核日期	［YYYY－MM－DD］	

4 应用分析

在共性需求分析的基础上设计的航天嵌入式软件可复用测试用例已成功应用于航天领域

软件的测试过程中。

4.1　应用前后的工作量对比分析

用例复用前和用例复用后测试人员承担工作的对比分析如表 3 所列。

表 3　用例复用前后测试工作量对比分析

序　号	测试人员承担工作	
	用例复用前	用例复用后
1	CAN 总线接口需求分析	——
2	设计测试用例	——
3	编写测试用例表	——
4	编写所有合法输入流	编写或导入所有合法输入流 （使用自动化测试方式进行指令遍历）
5	编写所有非法输入流	——

注：“—”表示测试人员无须承担相应的工作。

4.2　应用效果说明

以 CAN 总线通信接口测试为例的航天嵌入式软件可复用测试用例推广应用后，取得了如下成效：

（1）CAN 总线通信接口测试的耗时由之前的 2～3 天缩短至 1～2 天。

（2）CAN 总线通信接口设计的测试覆盖率达到 95% 以上。

（3）CAN 总线通信接口正常/异常处理相关缺陷，均能有效检出。

5　结　论

实践证明，可复用测试用例在软件测试过程中的应用，降低了软件需求、设计文档以及测试人员经验和能力对测试的影响，增强了测试的规范性，保证了测试的有效性和全面性，提高了测试的效率和质量。在未来，需要进一步深入了解航天领域软件的特征，丰富领域软件的测试模型，不断扩充测试资源，形成组织测试资产。

参考文献

[1] 王珊珊. 软件测试中可复用测试用例研究[J]. 信息技术与信息化，2015，18(03)：119-121.

[2] 王明珠. 软件测试中测试用例复用的研究[J]. 信息系统工程，2014，21(10)：136.

[3] 林琳. 基于黑盒测试的航天嵌入式软件用例设计方法[J]. 计算机工程与设计，2012，33(6)：2272-2276.

[4] 马贤颖，陈青，司倩然. 遥测软件测试用例复用技术研究及应用[J]. 现代电子技术，2015，38(16)：29-33.

[5] ZHANG Z G，XU B L，QIN X H. Reuse-oriented modeling of test cases for spaceflight TT&C software [J]. Journal of Spacecraft TT&C Technology，2011，30(6)：46-50.

[6] 王通. 基于软件需求的测试用例复用研究[D]. 北京：北京化工大学，2017.

[7] 马萌 赵煜. 一种基于软件测试用例库的设计方法[J]. 计算机与网络，2021，47(15)：48-50.

[8] 石金周，汪海涛，姜瑛等. 面向复用的软件测试方法研究[J]. 计算机与数字工程，2016(3)：458-462.

[9] 刘沅斌. 基于共性分析的软件测试用例复用技术研究[J]. 中国管理信息化，2016，19(13)：177-180.

[10] 芮素娟. 可复用测试用例研究[J]. 软件设计开发，2013，19(14)：3308-3310.

阻尼复合材料层合板的损耗因子测试方法

闫云鹏　秦龙

（山东中航和辉航空标准件有限责任公司,山东·济南,250102）

摘要: 黏弹性阻尼复合材料层合板具有优良的阻尼性能和力学性能,在航空航天领域具有应用价值。准确测量阻尼损耗因子,对设计更优秀的黏弹性阻尼复合材料层合板具有一定的促进作用。本文介绍了黏弹性阻尼复合材料层合板,从应力和应变的角度、能量的角度分别介绍了阻尼损耗因子,并且介绍了多种测量阻尼损耗因子的方法。

关键词: 黏弹性阻尼复合材料层合板;阻尼损耗因子

1 引　言

随着科学技术的迅速发展,在精密仪器、空间探测器等高科技领域,对材料的减振降噪性能要求更高,但是传统的复合材料不能满足该性能要求,黏弹性阻尼复合材料层合板应运而生。这种复合材料是将三种不同性质的材料制成多相固体,包括增强相、基体相、阻尼相。增强相一般为非连续的高性能纤维,作为整个复合材料的骨架,承担大部分载荷;基体相一般为树脂,包覆在纤维上;阻尼相是一种连续相,多为橡胶材料。黏弹性阻尼复合材料层合板拥有许多优点:比强度大、比刚度高、减振降噪效果好、层间结合性能高,是一种高科技装备制造中不可或缺的材料。

2 黏弹性阻尼复合材料层合板

阻尼是指振动系统的振动能量随时间或距离而耗损的现象,阻尼材料受到振动时,其阻尼的来源有两个方面:材料发生形变吸收能量而造成阻尼;振动使分子无规则运动加剧而消耗振动能量引起阻尼[1]。

黏弹性阻尼材料受到外力时,其自身的分子链会产生扭转、弯曲和拉伸,分子链之间会发生扭转和滑移;移除外力之后,黏弹性阻尼材料会释放外力做的功,变形的分子链回复初始状态,这表现出黏弹性阻尼材料的弹性[2]。外力移除后,如果黏弹性阻尼材料分子链之间的扭转和滑移无法完全复原,已经出现永久变形,吸收外力做功并转化为热能,这是黏弹性阻尼材料的黏性[3]。

黏弹性阻尼材料可通过其能量耗散,将振动做功产生的能量转化为热能并传导至外界,产生减振降噪的作用,但是其弹性模量很低且无法单独承载外力,必须将黏弹性阻尼材料依附于刚性材料上,组成黏弹性阻尼复合材料层合板。在阻尼复合板的研发过程中,准确测量阻尼损耗因子是极为重要的环节。

3　阻尼损耗因子

3.1　在应力和应变的角度定义损耗因子

作用于黏弹性阻尼材料的外力是交变应力,应力和应变为时间的函数;在外界交变应力的影响下,应变滞后应力一个相位角 $\delta^{[4]}$。

假设阻尼材料受到拉应力,可得

$$\sigma = \sigma_0 e^{i\omega t} \tag{1}$$

$$\varepsilon = \varepsilon_0 e^{i(\omega t - \delta)} \tag{2}$$

式中: σ_0——应力幅值,Pa; ε_0——应变幅值。

根据复模量定义:

$$E^* = \frac{\sigma}{\varepsilon} = \frac{\sigma_0}{\varepsilon_0} e^{i\delta t} = E(\cos\delta + i\sin\delta) \tag{3}$$

或

$$E^* = E' + iE'' = E'(1 + i\beta) \tag{4}$$

式中: E^*——复拉伸模量,Pa; E'——储能拉伸模量,Pa; E''——耗能拉伸模量,Pa。

β 是黏弹性阻尼材料的损耗因子,可表示为

$$\beta = \frac{E''}{E'} = \tan\delta \tag{5}$$

阻尼材料受到剪应力时,可得公式:

$$\tau = \tau_0 e^{i\omega t} \tag{6}$$

$$\gamma = \gamma_0 e^{i(\omega t - \delta)} \tag{7}$$

式中: τ_0——剪应力幅值,Pa; ε_0——剪应变幅值。

复剪切模量公式:

$$G^* = G' + iG'' = G'(1 + i\beta) \tag{8}$$

式中: G^*——复剪切模量,Pa; G'——储能剪切模量,Pa; G''——耗能剪切模量,Pa。

β 是损耗因子,可表示为

$$\beta = \tan\delta = \frac{G''}{G'} = \frac{E''}{E'} \tag{9}$$

3.2　在能量的角度定义损耗因子

在能量的角度考虑,损耗因子是振动周期内以热能耗散的能量与最大应变产生能量的比值。处于稳态振动的结构,外力做功和材料耗散的能量相同,可得

$$D = \oint f(\sin\omega t)\omega X \cos(\omega t - \delta) dt = \pi F X \sin\delta \tag{10}$$

材料的最大形变能可定义为最大形变与对应作用力乘积的一半,可得

$$E = \frac{1}{2} X \sin\frac{\pi}{2} \cdot F \sin\left(\frac{\pi}{2} + \delta\right) = \frac{1}{2} X F \cos\delta \tag{11}$$

材料的损耗因子可定义为

$$\beta = \frac{D}{2\pi E} = \frac{D_2}{D_1} = \tan\delta \tag{12}$$

式中: D_2——材料损耗能量,J; D_1——材料储存能量,J。

4　测试损耗因子的方法

4.1　半功率带宽法

在半功率带宽法中,频率响应函数峰值的半功率点带宽和对应的模态频率的比值[6],是其损耗因子为

$$\beta = \frac{\Delta_{1/2}\omega_n}{\omega_n} = \frac{\Delta_{1/2}f_n}{f_n} \tag{13}$$

式中:$\Delta_{1/2}\omega_n$——半功率带宽,Hz;ω_n——峰值对应的模态频率,Hz;f_n——峰值对应的中心频率,Hz。

用半功率带宽法测损耗因子时,在阻尼复合板上放置加速度传感器,使用激振器,激励待测阻尼复合板,将传感器采集到的信号传输到计算机,绘制频响函数曲线,提取出所有峰值的模态数据,根据公式(13)求解出损耗因子。

4.2　脉冲激励法

在阻尼复合板上施加单位脉冲激励,通过传感器测量阻尼复合板的响应,对响应函数做傅里叶变换后求出传递函数,然后利用半功率法求出损耗因子[7]。适用于模态密度较为稀疏的结构,当模态密度较为密集时,此方法会带来较大误差,因为此时模态相互之间耦合较为严重,在共振区附近不能以单模态来近似[8]。

4.3　共振曲线法

共振曲线法又被称作共振梁法,该测试方法不需要获取被测对象的动柔度,只须利用试验获取弯曲共振曲线并开展反演计算。这种方法在较高频率下难以满足信噪比要求,因此该方法通常用于低频段、小阻尼材料的测量[9]。

4.4　模态法

通过实验采集阻尼复合板上的输入与输出,根据各点测得的频响函数,利用最小二乘原理对参数进行识别,对其实频和虚频进行拟合,确定系统的模态参数。该方法易于操作,大部分数据处理软件可对测得的频响函数求解,用模态法进行小阻尼测量时,测得的结果往往偏大[8]。

4.5　衰减法

阻尼复合板受到激励后会产生强迫振动,激励终止后,阻尼复合板会进行自由衰减振动,该振动的振幅和速度受到损耗因子的影响。测试阻尼复合板的损耗因子时,先测得阻尼复合板的频带中心频率,随后测得该频带的混响时间,通过数学软件计算出频带损耗因子。含有多阶模态并且模态损耗因子相差较大时,利用衰减法识别阻尼存在困难。

4.6　衰减率法

采用衰减率法测量阻尼复合板的损耗因子时,通过在阻尼复合板上施加单位脉冲激励,从而获得脉冲响应函数,然后获得传递函数,并对其进行逆傅里叶变换,求出阻尼复合板振动系统的时域内脉冲响应函数,再求出损耗因子[8]。阻尼复合板的损耗因子较小时,实际的测试结

果往往偏大。

4.7 频域内幅值跟踪法

对阻尼复合板进行激励,将撤掉激励源后测得的时域衰减信号分成 2～4 段,将单独的每段信号进行傅里叶变换,在频域内检测模态频率谱线的衰减,明确能量衰减 60 dB 的时间,将时间代入 $\eta = 13.82/(\omega_n T_{60})$,可得损耗因子[8]。

4.8 相位法

通过相位法测试损耗因子时,需要在特殊测量夹具上安装阻尼复合板,测量激励力与位移之间的相位差,根据随频率变化的相位差计算损耗因子随频率变化的连续曲线[9]。

4.9 输入功率法

给阻尼复合板施加稳态激励,测得激励位置的加速度和激励力,用测得的力和加速度作互谱运算可得输入功率,同时通过布置在阻尼复合板上的多个加速度传感器测量振动响应,即可获得系统的平均振动能量,通过式(14)即可求出被测试件的损耗因子。

$$\omega \begin{bmatrix} \sum \eta_{1i} & -\eta_{21} & \cdots & -\eta_{N1} \\ -\eta_{12} & \sum \eta_{2i} & \cdots & -\eta_{N2} \\ \vdots & \vdots & \ddots & \vdots \\ -\eta_{1N} & -\eta_{2N} & \cdots & \sum \eta_{Ni} \end{bmatrix} \begin{bmatrix} E_1 \\ E_2 \\ \vdots \\ E_4 \end{bmatrix} = \begin{bmatrix} P_1 \\ P_2 \\ \vdots \\ P_N \end{bmatrix} \tag{14}$$

式中:ω——圆频率,Hz;P_i——输入到子结构 i 的输入功率,W;n_{ii}——子结构 i 的损耗因子;E_i——储存在子结构 i 中的振动能量,J;n_{ij}——子结构 i 到 j 的耦合损耗因子。

该方法涉及矩阵逆运算,可能放大测试误差,导致最终计算得到的损耗因子误差很大[9]。

5 结束语

本文介绍黏弹性阻尼复合材料层合板,阐述了阻尼损耗因子,总结了多种测量阻尼损耗因子的方法。以上工作对于深入研究阻尼损耗因子具有参考意义。今后研究损耗因子测试的方法,可以集中在以下方面:

（1）在保证测试仪器准确可靠、测试步骤简单的情况下,显著降低测试的成本;

（2）探究一种在大阻尼和小阻尼情况下都可以准确测量损耗因子的方法。

参考文献

[1] 袁运开,顾明远.科学技术社会辞典·物理[M].杭州:浙江教育出版社,1991.

[2] 王慧彩.约束阻尼夹层板动态特性研究[D].辽宁:大连理工大学,2003.

[3] 潘利剑.粘弹阻尼层共固化复合材料的性能研究与优化设计[D].哈尔滨:哈尔滨工业大学,2009.

[4] 于超.粘弹性阻尼材料及带槽垫高自由阻尼结构振动特性研究[D].青岛:青岛理工大学,2018.

[5] 杨阳.粘弹性阻尼材料及夹层板阻尼结构动态力学性能研究[D].青岛:青岛理工大学,2016.

[6] 王加政,张学飞.复合板件内损耗因子的声激励测量方法[J].上海:声学技术,2019,38(1):67-70.

[7] 胡溧.颗粒阻尼的机理与特性研究[D].湖北:华中科技大学,2008.

[8] 赵志高.基于边界元法的薄板振动声辐射与阻尼损耗因子的测试研究[D].武汉:华中科技大学,2001.

[9] 顾金桃.损耗因子测试方法研究[D].西安:西北工业大学,2016.

检 测 技 术

2023

用于高精度电子水平仪检测的线性稳压电源

谢旭　王世雷　齐欣　肖华林

(青岛前哨精密仪器有限公司,山东·青岛,266000)

摘要：在高精度电子水平仪测试过程中需要电源提供长时间的大电流和稳定电压的电能供给。本文提出了一种用于高精度电子水平仪测试环节的长工作时间、高电压电流稳定性的±6 V 直流线性稳压电源的设计方案,并测量和分析了电源的电学特性。本文提出的电源设计方案基于可调三端稳压器,采用互补功率三极管提高电源的输出电流,利用瞬态抑制二极管抑制电源开关瞬间的浪涌电流。实际制作了所设计的±6 V 直流线性稳压电源,并进行了实验测试。最后在水平仪实际生产测试环节进行应用,证明了所设计电源的可靠性和稳定性。

关键词：稳压电源;双极性;电子水平仪

1 引　言

高精度电子水平仪因其较高的测量精度而广泛应用于精密机械加工的场合,较高的测量精度也对高精度电子水平仪的生产测试过程提出了严格的要求。±6 V 直流线性稳压电源用于对高精度电子水平仪检测环节进行供电,电子水平仪必须经过长时间的检测才能证明其功能的可靠性,因此需要稳压电源提供长时间的稳定电压,而且检测过程需要同时检测多台仪器,因此稳压电源需要输出较大的电流以满足检测环节的电能需求。同时稳压电源的输出电压稳定性和负载调整率等都会在实际应用中造成电源供电不稳定,从而直接影响电子水平仪检测结果的准确性和可靠性。

在实际工作场景中通常采用开关电源作为直流电源为设备供电,但开关电源的输出电压含有 10～100 kHz、50～200 mV 的纹波信号,对高精度电子水平仪检测结果产生较大干扰。而其他关于直流稳压电源的研究都有其适用性,无法直接为电子水平仪供电。为满足电子水平仪生产需要,本文基于可调三端稳压器,设计制造一款直流线性稳压电源。设计的电源可以为高精度电子水平仪的检测环节提供长时间的大电流和稳定电压。

2 电路结构与工作原理

2.1 电路结构

直流线性稳压电源电路如图 1 所示,从电网输入的 220 V、50 Hz 交流电通过 220 转双 9 V 变压器和整流桥产生正负直流电压,经过滤波电容 C_{a1} 和 C_{b1} 滤波后输出到稳压电路。稳压电路部分基于可调三端稳压器 LM317 和 LM337,LM317 产生正极性的电压输出,LM337 产生负极性的电压输出。采用瞬态抑制二极管 D_{a1} 和 D_{b1} 抑制电源开关瞬间的浪涌电流,保护稳压芯片。正极性采用 NPN 型功率三极管 Q_{a1},负极性采用 PNP 型功率三极管 Q_{b1},提高电源的输出能力。经过电容 C_{a3} 和 C_{b3} 滤波后输出电源电压。电源结构简单,成本较低,方便后续设备维护与检测。所设计直流线性稳压电源输出额定电压为 ± 6 V,额定电流为 1 A。

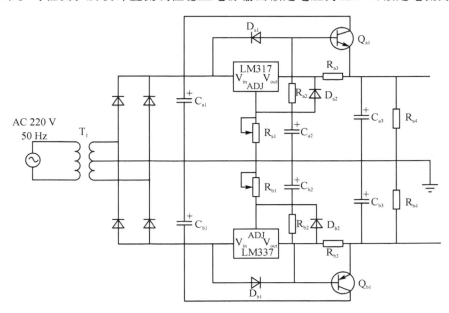

图 1   直流线性稳压电源电路图

2.2   可调稳压器的工作原理

LM317 是正电压输出的可调三端稳压器,输出电压范围为 $1.25 \sim 37$ V,具有 0.01% 的线性调整率和 0.1% 的负载调整率,可以满足电子水平仪的电能需求。LM317 依靠电位器 R_{a1} 和电阻 R_{a2} 调节输出电压 V_{out},在 LM317 芯片内部输出端口 V_{in} 与接地端口 ADJ 通过一个 1.25 V 稳压管连接,稳压器正常工作时输出端口 V_{in} 与接地端口 ADJ 之间的调节电压 $V_{ref} = 1.25$ V,接地端口 ADJ 输出电流 I_{ADJ} 通常为 50 μA,稳压器输出电压的计算公式为

$$V_{out} = V_{ref} \times \frac{R_{a1} + R_{a2}}{R_{a1}} + I_{ADJ} \times R_{a2}$$

正极性采用 NPN 型功率三极管 Q_{a1} 提高输出电流,电源的输出电流为 LM317 的输出电流与功率三极管 Q_{a1} 输出电流之和:

$$I_o = I_{Q_{a1}} + I_{LM317}$$

LM337 是负电压输出的可调三端稳压器,输出电压范围为 $-37 \sim -1.2$ V,具有 0.01% 的线性调整率和 0.3% 的负载调整率,可以满足电子水平仪的电能需求。LM337 依靠电位器 R_{b1} 和电阻 R_{b2} 调节输出电压 V_{out},在 LM337 芯片内部输出端口 V_{in} 与接地端口 ADJ 通过一个 1.25 V 稳压管连接,稳压器正常工作时输出端口 V_{in} 与接地端口 ADJ 之间的调节电压 $V_{ref} = -1.25$ V,接地端口 ADJ 输出电流 I_{ADJ} 通常为 10 mA,稳压器输出电压的计算公式为

$$V_{out} = V_{ref} \times \frac{R_{b1} + R_{b2}}{R_{b1}}$$

负极性采用 PNP 型功率三极管 Q_{b1} 提高输出电流,电源的输出电流为 LM337 的输出电流与功率三极管 Q_{b1} 输出电流之和:

$$I_{out} = I_{Q_{b1}} + I_{LM317}$$

3　实验测试

根据图 1 的电路原理图搭建了直流线性稳压电源实验平台(见图 2),实验平台包括数字万用表、220 转双 9 V 变压器、实验电路部分和散热铝制外壳。本文依据 JJG(军工)77—2015《直流稳压电源检定规程》通过实验对所设计的直流线性稳压电源的负载调整率、输出电压短期稳定性和长期稳定性进行测量。

电源正极性和负极性的实验均按照图 3 所示进行接线,负载电阻采用滑动电阻。电源输入电压为 220 V,断开负载电阻,调节电位器 R_{a1}

图 2　实验平台

和 R_{b1} 使电源正极性和负极性空载时的数字万用表读数分别为 6 V 和 −6 V。

3.1　负载调整率

在实际中,不同批次的电子水平仪检测环节的待测仪器数量并不一致,为避免电源负载变化引起的电压波动对检测结果产生干扰,需要检定电源的负载调整率。接入滑动电阻,电源输入电压为 220 V,调节滑动电阻使直流电流表指示为额定电流值 1 A,记录此时数字万用表的读数 U_m。负载调整率 S_L 计算公式为

$$S_L = \left| \frac{U_m + U_n}{U_n} \right| \times 100\%$$

式中,U_n 为直流稳压电源空载时,数字万用表的读数。U_m 为直流稳压电源输出电压最大值,且输出电流为额定电流值时,数字万用表的读数。实验结果及电源的负载调整率如表 1 所列。

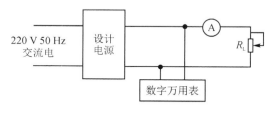

图 3　实验接线图

将电源接入实际电子水平仪检测环节,实验结果及电源的负载调整率如表 2 所列,电源的负载调整率小于 1%,电源输出电压受负载变化影响较小,当检测环节的电子水平仪数量发生变化时不会对检测结果产生干扰。

表 1　滑动电阻负载调整率实验

极　性	输出电压 U_m/V	负载调整率
正极性	5.95	0.83%
负极性	−5.93	1.16%

表 2　电子水平仪负载调整率实验

极　性	输出电压 U_m/V	负载调整率
正极性	5.98	0.33%
负极性	−5.95	0.83%

3.2　输出电压短期稳定性

为了避免电源上电时的电压不稳定对电子水平仪检测产生干扰,需要对电源输出电压短期稳定性实验。电源输入电压为 220 V,调节滑动电阻使直流电流表指示为额定电流值 1 A,

记录此时数字万用表的读数 U_3。在一定时间间隔内记录数字万用表读数的最大变化 ΔU_3。输出电压稳定性 S 计算公式为

$$S_L = \frac{\Delta U_3}{U_3} \times 100\%$$

表 3 为所设计的电源在 0～21 min 的输出电压记录,记录间隔为 3 min。由输出电压短期稳定性计算公式可以得到,电源正极性输出电压短期稳定性为 0.563%/10 min,电源负极性输出电压短期稳定性为 0.978%/10 min。电源正极性和负极性的输出电压短期稳定性均小于 1%/10 min,稳定性较高,对电子水平仪的影响较小,可以满足高精度电子水平仪测试过程的需求。

表 3　电源短期输出电压

时间/min	正极性/V	负极性/V	时间/min	正极性/V	负极性/V
0	5.92	−5.84	12	5.96	−5.93
3	5.95	−5.88	15	5.97	−5.95
6	5.95	−5.91	18	5.97	−5.95
9	5.96	−5.92	21	5.97	−5.96

3.3　输出电压长期稳定性

高精度电子水平仪需要经过长时间的测试才能证明其可用性与稳定性,为避免直流线性稳压电源长时间工作出现输出电压不稳定的情况,对电源的输出电压长期稳定性进行检测是有必要的。

电源的长期输出电压数据如表 4 所列,实验时间 90 分钟,数据记录间隔 15 分钟。绘制电源的长期输出电压的折线图如图 4 所示,可以看出电源长时间供电时可以提供稳定的输出电压。按照输出电压稳定性计算公式可以得到电源正极性输出电压长期稳定性为 0.197%/10 min,电源负极性输出电压长期稳定性为 0.320%/10 min。电源正极性和负极性的输出电压长期稳定性均小于 0.5%/10 min,电源输出电压具有良好的稳定性,可以保证高精度电子水平仪测试结果的准确性。

表 4　电源长期输出电压

时间/min	正极性/V	负极性/V	时间/min	正极性/V	负极性/V
0	5.92	−5.84	60	5.99	−5.97
15	5.97	−5.95	75	5.99	−5.98
30	5.97	−5.97	90	5.99	−5.97
45	5.98	−5.97			

4　结　论

本文设计了一种的用于高精度电子水平仪测试环节的直流线性稳压电源,电源输出额定电压为 ±6 V,额定电流为 1 A。经过实验验证,所设计的直流线性稳压电源具有良好的负载

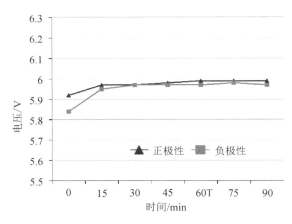

图 4　电源长期输出电压折线图

调整率,输出电压的短期稳定性和长期稳定性较高,不会对高精度电子水平仪测试产生干扰,可以满足高精度电子水平仪测试过程的需求。同时设计的电源结构简单,成本较低,方便后续设备维护与检测。

参考文献

[1] 陈海清,陈文聪,张仁醒.一种用于压电陶瓷驱动电路的线性稳压电源[J].压电与声光,2021,43(5):657-660.

[2] 潘爽.可调式直流稳压电源的设计与仿真研究[J].新型工业化,2021,11(3):164-166.

[3] 邓敏,陈思敏,李清霞,等.低功耗宽带载±5V DC 线性稳压电源的 CAD[J].中国科技论文在线精品论文,2020,13(4):439-446.

[4] 郭凯明.矿用直流稳压电源电气性能试验装置设计[J].机电工程技术,2022,51(2):141-144.

基于声纹传感器的航空发动机故障检测技术研究

刘乐敏[1]　苗飞[2]　袁伟[2]

（1.中国民航大学,天津,300300;2.滨州学院,山东·滨州,256603）

摘要：航空发动机需要经过严格的测试和维护,以确保其在高度、速度和温度等方面的稳定性和可靠性。论文主要是通过麦克风采集发动机转子系统工作时产生的声音信号,并进行信号分析与特征提取。具体的过程为:利用实验室的转子振动模拟试验台,实现对包括转子质量不平衡、转子转动不对中在内的发动机转子故障进行模拟试验;同时在转子试验台旁多角度放置麦克风,连接电脑进行声音信号的采集,将获得的音频信号。再利用经验模态分解将采集到的信号转变成线性平稳信号,再利用希尔伯特变换得到相应的谱图进行分析,在希尔伯特谱中查看对应故障产生的瞬时频率,并以此作为故障的特征频率分析故障类型,以便后续进行故障排除以及修复。

关键词：航空发动机;转子系统;声纹识别;希尔伯特黄变换

0　引　言

转子作为发动机的核心部件,其正常运行关系到整个发动机设备的运行状况,因此对转子系统的故障[1]检测具有十分重要的意义。振动信号作为航空发动机故障检测[2]的常用手段,但是在发动机内部安装传感器对航空器的适航性有一定的影响,而声纹信号具有易采集、稳定唯一等特点,十分适合用于故障检测领域。通过研究调查发现声纹监测方法[3]主要应用电力变压器、车辆发动机等的故障检测。声纹信号含有机械设备故障的大量时频域特征信息,作为典型的非线性非平稳信号[4],声音数据的处理常常采用时频分析的方法,因此本文采用希尔伯特黄变换[5]的方法对航空发动机转子运转产生的声音进行采集与分析,用于发动机故障类型的初步判断。

1　希尔伯特黄变换的基础理论

希尔伯特黄变换[1]主要包括两部分:经验模态分解和希尔伯特变换。原始信号经过 EMD 分解之后生成多个固有模态函数 IMFs,然后对产生的所有分量进行希尔伯特变换生成希尔伯特谱,因为 EMD 分解凭借信号自己的时间尺度特性来进行分解,所以在时间和频率两个方面都具有较好的分辨率。

1.1　希尔伯特变换

希尔伯特变换简单上是傅里叶变换的扩展,本质上是 90°的相移器。假设现有信号 $x(t)$,定义信号 $x(t)$ 的希尔伯特转换为

$$H\left[x(t)\right]=\frac{1}{\pi}\int_{-\infty}^{+\infty}\frac{x(\tau)}{t-\tau}\mathrm{d}\tau \tag{1}$$

从信号系统了解到，$H\left[x(t)\right]$ 是 $x(t)$ 和 $\frac{1}{\pi t}$ 的卷积。上式通过查表求解得

$$H\left[x(t)\right]=-\mathrm{jsgn}(\omega)=\begin{cases}-\mathrm{j}\omega>0\\+\mathrm{j}\omega<0\end{cases} \tag{2}$$

$$H\left[x(t)\right]=1 \tag{3}$$

令
$$H\left[x(t)\right]=\mid H\left[x(t)\right]\mid \mathrm{e}^{\mathrm{j}\varphi(\omega)}=\begin{cases}-\mathrm{j}\omega>0\\+\mathrm{j}\omega<0\end{cases} \tag{4}$$

引入欧拉公式
$$\mathrm{e}^{\mathrm{j}\omega_0 n}=\cos\omega_0 n+\mathrm{j}\sin\omega_0 n \tag{5}$$

由引入的欧拉公式可知，当

$$\cos\omega_0 n+\mathrm{j}\sin\omega_0 n=-\mathrm{j}\rightarrow\omega_0 n=\frac{\pi}{2} \tag{6}$$

即
$$\varphi(\omega)=-\frac{\pi}{2}\Big|_{\omega>0} \tag{7}$$

同理
$$\varphi(\omega)=-\frac{\pi}{2}\Big|_{\omega>0} \tag{8}$$

整理可得
$$\varphi(\omega)=\begin{cases}-\mathrm{j}\omega>0\\+\mathrm{j}\omega<0\end{cases} \tag{9}$$

由最后一步可以知道，当频率大于 0 时，相位向左移 90°；反之，向右移 90°，这便是希尔伯特变换。一般来讲，对于原始信号 $x(t)$ 的希尔伯特变换 $H\left[x(t)\right]$，通常被写为 $z(t)=x(t)+\mathrm{j}H\left[x(t)\right]$，其中，$x(t)$ 被称为复信号 $z(t)$ 的实部，$H\left[x(t)\right]$ 被称为复信号 $z(t)$ 的虚部，$z(t)$ 被称为 $x(t)$ 的解析信号。

1.2　经验模态分解

经验模态分解的目的：将非线性非稳态的时域信号转化为线性稳态信号。

经验模态分解的基本原理：如下假设：信号是由一系列简单震荡模式的信号组成，这些振荡信号的瞬时频率唯一。

固有模态分量 IMF 需要满足以下两个条件：

（1）信号极值点的数量与零点数量相等或者相差为 1；

（2）信号的极大值定义的上包络和由极小值定义的下包络的局部均值为 0（包络上下对称）。

EMD 分解流程如图 1 所示。

2　航空发动机啊声纹数据采集系统

2.1　ZT-3 转子试验台介绍

实验分析使用的 ZT-3 多功能转子试验台是一款可模拟旋转机械振动的实验设备，如图 2 所示。ZT-3 多功能转子试验台构成了一种模拟三跨转子振动的试验平台，由调速器、电动机、转子、轴承座、联轴器、转速传感器、麦克风、计算机等组成，可用于模拟各类转子发动机

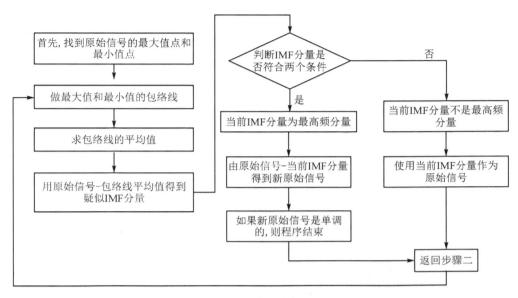

图 1　EMD 分解流程

的运动特性,以研究转子发动机的动态响应规律。在数据采集的过程中需要使用定向麦克风及数字采样设备来实现对声音信号进行采样处理,采样的声音频率范围为 20～16 kHz,采样频率 48 kHz,以达到对转子振动信息识别与诊断的目的。系统可通过采用不同的零部件和组合方式,可以实现对转子转速、质量不平衡、轴承摩擦调整。

2.2　声纹数据采集

声音信号的采集过程并不复杂,主要是做好录音过程中的变量控制工作,以及录音过程中防止因操作不当对声音信号产生的干扰。具体步骤如下:

第一步:在试验台配备的电脑上安装好 JMTEST 测试软件,设置好相关的配置方案。

第二步:将位移传感器和转速传感

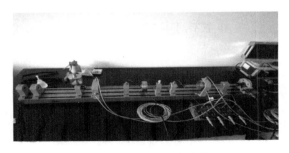

图 2　多功能转子试验台

器通过信号线连接到 JM5937 便携式分析仪上。接通电源,调整实验台运转速度,并利用 JMTEST 动态采集分析软件实时查看并记录实验台转速。

第三步:取两只麦克风,在转子实验台两侧分别放置,并以转子轴线为圆心,使两个麦克风与圆心所构夹角呈 90°放置,且每个麦克风采集方向为正对转子实验台。按照实验方案调整转速至各预定速度后,通过麦克风将转子试验台振动产生的声音信号以 48 kHz 的采样频率录制,并保存为 WAV 格式,用于后面的信号处理。

3　希尔伯特黄变换的转子故障分析

通过 ZT-3 多功能转子故障试验台、麦克风和 JM5937 动态信号测试分析系统采集到的声音信号,利用希尔伯特黄变换的方法对采集到的音频文件进行分析。实验中,发动机的故障类型在选择时,决定以转子不对中和转静碰磨这两种具有代表性的故障为主。

3.1　转子故障的设置

3.1.1　不对中实验方法

按照图 3 所示的方式进行故障设定,将轴承固定架的螺丝拧开,在实验台底座与支架之间安放一到两个垫片模拟转子不对中故障。

3.1.2　转子动静碰磨实验方法

按照图 4 所示的方式进行故障设定。将固定架上的碰磨螺钉逐丝拧紧,提高转子与轴之间的摩擦从而模拟转子动静碰磨。

图 3　转子不对中　　　　　　　　　　　　　图 4　转子动静碰磨

3.2　转子故障数据处理及分析

3.2.1　转子不对中故障

采用 4 500 个采样点/秒和 48 kHz 的采样频率对 1 032 r/min 下不平衡引起的声音信号进行了分析。在此转速下,基频为 150 Hz。对不对中信号进行了 EMD 分解,发现该信号波动开始时为比较规律的波动,后面出现不规则的跳动,如图 5 和图 6 所示。Hilbert 谱见图 7。

在观察 EMD 分解图时,通过对比得知,相比于转子正常转动信号的 EMD 分解图,转子不对中产生的 EMD 分解图中的第三个分量中有明显的波动。

再观察 Hilbert 谱,在频率进行了归一化处理后,并且选取的 4 500 个点位中通过转子不对中的希尔伯特谱(见图 7)与转子正常转动的希尔伯特谱(见图 8)的对比,发现在 300 点位处开始出现比较高的瞬时频率,并且该声音信号的能量幅值较高比较容易辨别。在 2 800 点位处也同样发现了该信号的浮动频率,并且也是信号幅值能量较高比较容易区分,故可以此判别故障症候。

3.2.2　转子动静碰磨故障

转速设置在 1 032 r/min,对碰磨声音信号进行分析。采样点数设置为 4 500 点,采样频率为 48 kHz,EMD 分解图如图 9 所示,Hilbert 谱如图 10 所示。EMD 分解的 IMF 分量呈现不规则的趋势,但是由于碰磨本身产生的音频较低,在希尔伯特谱中没有明显的特征频率,与转子旋转本身产生的基频区分度不高,故从图中不容易看出故障特征。

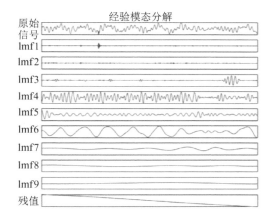

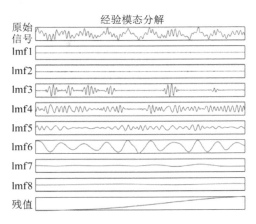

图 5　转子正常 EMD 分解信号　　　　　**图 6　转子不对中 EMD 分解信号**

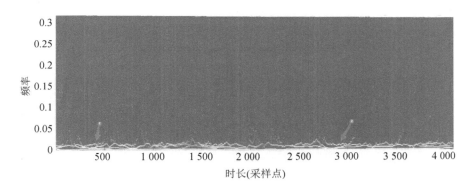

图 7　转子不对中希尔伯特谱

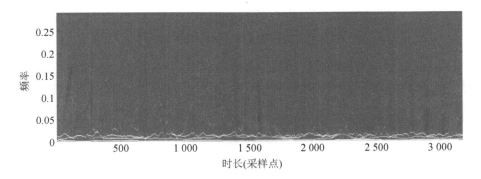

图 8　转子正常希尔伯特谱

4　结　论

通过对声音信号的处理以及希尔伯特谱图的分析得到以下结论:在模拟转子不对中故障中,频率主要集中在 2 倍频,在希尔伯特谱中能看到明显瞬时频率峰值,并且频率的能量的幅值较高,较为清楚地观测。在转子动静碰磨中,通过希尔伯特谱不能够明显的区分出故障特征,可能是由于碰磨产生的声音信号比较平稳和转子旋转产生的瞬时频率区分度不高故效果

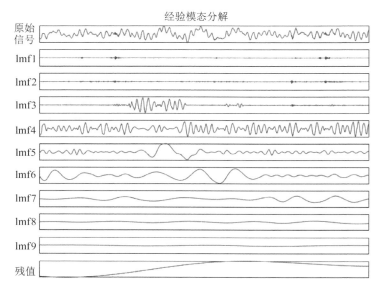

图 9 转子动静碰磨 EMD 信号分解图

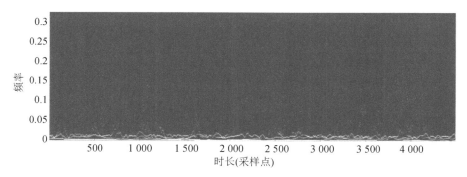

图 10 转子动静碰磨希尔伯特谱

不是特别明显。使用希尔波特谱可以顺利地通过声音信号对转子发动机进行故障分析,并得到一系列有用的谱线结果。不对中故障时谱线图中特征明显即可直接用于故障类型的判断;而碰磨时故障特征不明显,也可作为下一步深度分析的特征信号处理的第一步来使用。

参考文献

[1] 刘佳杭.基于振动分析的航空发动机转子系统故障诊断研究[D].天津:中国民航大学,2020.

[2] 刘洋.基于傅里叶分解算法的航空发动机转子碰磨故障诊断研究[D].南昌:南昌航空大学,2018.

[3] 张可,杨可军,黄文礼,等.基于声纹识别的变压器工况检测方法及验证系统[J].计算技术与自动化, 2022,41(01):1-6.

[4] 白鸟无言.语音信号处理|傅里叶变换、短时傅里叶变换、小波变换、希尔伯特变换、希尔伯变换[EB/OL]. CSDN.[2023-01-29].https://blog.csdn.net/qq_42688495/article/details/106961315.

[5] 黄泽佼,徐子东,罗晗,等.希尔伯特黄变换(HHT)在 EH-4 数据去噪处理中的应用[J].物探与化探, 2022,46(05):1232-1240.

航空航天热处理设备高温测量技术应用

孙嫣然　孔艳霞　赵玉振　闫红文　董志林　霍晓峰

（东方蓝天钛金科技有限公司，山东·烟台，264003）

摘要：在航空航天热处理特种工艺过程控制中，高温测量是周期性评估热处理设备稳定性的标准。通过对不同高温测量规范中温度传感器、仪表、系统精度测试和炉温均匀性测试的介绍，对比分析国内外标准对高温测量要求一致性和差异性，深入探讨高温测量对热处理设备温度场影响，并剖析高温测量的控制核心，从而使读者认识到高温测量对于热处理质量控制的重要性，以期推进热处理质量控制的精细化发展。

关键词：高温测量；热处理质量控制；温度传感器；仪表；系统精度；温度均匀性

1　引　言

在航空航天热处理特种工艺过程控制中，热处理设备是保障产品质量一致性的重要因素之一，高温测量是周期性评估热处理设备稳定性的标准。高温测量细分为温度传感器、仪表、系统精度和温度均匀性测试四部分，并通过对上述四部分进行周期性测试从而达到控制设备稳定性的目的。本文重点探讨不同高温测量规范之间的相同性和差异性，更好理解航空航天对热处理设备测量不同要求。

2　航空航天高温测量标准介绍

国内航空航天企业高温测量主要依据性文件为 GJB 509B—2008《热处理工艺质量控制》[1]、HB 5354—1994《热处理工艺质量控制》[2]、HB 5425—2012《航空制件热处理炉有效加热区测定方法》[3]、QJ 1428—2012《热处理炉温控制与测量》[4]、GB/T 9452—2012《热处理炉有效加热区测定方法》[5]和 GB/T30825—2014《热处理温度测量》[6]等国家、行业或企业标准。

因开展民航适航业务，民机生产企业需要采用 AMS 2750—G《Pyrometry》[7]标准进行高温测量工作。AMS 2750 是由美国汽车工程师协会（SAE）的航宇材料规范（AMS）标准委员会编制的。作为 AMS 标准体系的质量控制和工艺范畴的关键基础标准，AMS 2750 几乎指导或应用于所有国际宇航材料热处理的高温测量过程控制[8,9]。该标准也是我国航空材料研制、生产和使用参照的重要标准。

3　高温测量技术

3.1　温度传感器检定

热处理设备上常用温度传感器主要分为热电偶和热电阻。高温设备上多采用热电偶，淬火槽和低温设备上则多用热电阻。

热电偶是基于赛贝克效应制造的温度计,其工作原理如下:两种不同热电特性丝材一端连接在一起形成测量端,另一端作为参考端,测量端放入被测温场,在偶丝两端将产生 mV 级电压,不同金属的组合在一定温度下可以产生恒定的电压[10]。热电阻工作原理是利用电阻值随温度变化进行测量。目前仅有铂电阻精度可以满足航空航天精度要求。

热电偶的校准常采用比较法。国内外标准对热处理设备上使用的控温、记录、报警温度传感器的检测要求见表1。

表 1　热处理设备控温、记录或报警温度传感器校准要求

标　准	温度传感器校准要求	校准周期
HB 5354	S:Ⅰ级,±1 ℃(0～1 100 ℃)或±[1+0.003×(t−1 100)](1 100～1 600 ℃); 　　Ⅱ级,±1.5 ℃(0～600 ℃)或±0.25% (600～1 600 ℃)。 B:Ⅱ级,±0.25% (600～1 700 ℃);Ⅲ级,±0.5% (800～1 700 ℃); K:Ⅱ级,±3.0 ℃(0～400 ℃);Ⅲ级,±0.75%(400～1 100 ℃)	一年 一年 半年 半年
QJ 1428	S:Ⅰ级,±1 ℃(0～1 100 ℃)或±[1+0.003×(t−1 100)](1 100～1 600 ℃); 　　Ⅱ级,±1.5 ℃(0～600 ℃)或±0.25% (600～1 600 ℃)。 K:Ⅰ级,±1.5 ℃(−40～375 ℃)或±0.4% (375～1 000 ℃); 　　Ⅱ级,±2.5 ℃(−40～333 ℃)或±0.75%(333～1 200 ℃)。 E:Ⅰ级,±1.5 ℃(−40～375 ℃)或±0.4% (375～800 ℃); 　　Ⅱ级,±2.5 ℃(−40～333 ℃)或±0.75%(333～900 ℃)。 铂电阻:AA 级±(0.1+0.001 7×t);A 级±(0.15+0.002×t)	一年 半年 半年 半年 半年 半年 一年
GB/T30825	Ⅰ类或Ⅱ类炉子:±1.1 ℃或±0.4%;ⅢA 类至Ⅵ类炉子:±2.2 ℃或 0.75%。	首次使用前校准
AMS 2750	R,S:±0.6 ℃或±0.1%;B:±0.25%;C:±4.4 ℃或±1%;K/N/J/E/T: ±1.1 ℃或±0.4%	首次使用前校准

根据表1国内外标准比较可知,最新 G 版 AMS2750 标准,热处理设备上的工艺热电偶(控温、记录和监控)精度要求提升后,已经高于国内各标准要求。

AMS2750 和 GB/T 30825 标准中均规定,工艺热电偶在首次使用前校准,后续使用过程不再校准,而是通过测试周期更短的系统精度测试间接监控温度传感器情况。

3.2　仪表校准

航空航天热处理设备上常用温度仪表包括控制、记录、监测、报警仪表和数据采集器等。

仪表工作原理如下:接收温度传感器发出的电子信号,并将电子信号转换为可视的形式输出(例如用于控制、记录等)。

国内高温测量标准 GB/T 30825、HB 5425 和国外标准 AMS2750 中,将仪表类型配置分为 A、B、C、D 和 E 型等。航空航天产品热处理使用的设备至少满足 D 型。具体仪表配置类型规定见表2。

国内外标准对热处理设备上控温和记录仪表精度和检定周期要求见表3。

关于热处理设备上使用仪表,国内标准要求可以是机械式或数字式。但 AMS 2750 最新 G 版标准规定除了冷冻和淬火设备外,热处理设备上使用的温度仪表均为数字仪表,淘汰了机械式仪表。

表 2　不同仪表类型对温度传感器和仪表配置的要求

温度传感器和仪表配置要求	仪表系统类型				
	A	B	C	D	E
每个控制区至少应有一支控制温度传感器,与控制和显示温度的控制仪表相连接,用于控制和显示温度	√	√	√	√	√
每个控制区的控制温度传感器指示温度应由一个记录仪表记录。也可单设一支记录传感器与记录仪相连,且记录与控制传感器具有相同保护管,其测量端距离≤10 mm	√	√	√	√	—
每个控制区应有超温保护系统。最高温度位置的温度传感器也可以用作超温保护温度传感器。	√	√	√	√	√
每个控制区至少应有另外两支记录温度传感器,放置于或尽量靠近最近一次温度均匀性测量结果得出的最低和最高温度的位置	√	—	√	—	—
每个控制区至少应放置一支记录载荷温度传感器,未放置工件的空置区不要求载荷温度传感器	√	√	—	—	—

表 3　热处理设备上控温、记录仪表精度和检定周期要求

AMS 2750			国内炉子类别	GB/T 30825		QJ 1428			HB 5354			GB/T 9452		HB 5425		GJB 509
炉子类别	仪表精度	校验周期		仪表精度	校验周期	控温精度	记录仪精度	校验周期	控温精度	记录仪精度	校验周期	控温表级别	记录仪级别	控温表级别	记录仪级别	校验周期
1		1月	Ⅰ	数字仪表:±1.1℃或0.2%;机械式仪表:±1.1℃或0.3%	1月	±1℃	0.5%	1年	±1℃	0.2%	3月	0.1	0.2	0.1	0.2	3月
2	±1.1℃或0.2%	3月	Ⅱ		数字式3月 机械式1月	±1.5℃	0.5%	1年	±1.5℃	0.5%	6月	0.2	0.3	0.2	0.3	6月
3		3月	ⅢA		3月	—						0.5	0.5	—	—	—
4		3月	Ⅲ		3月	±3℃	0.5%	1年	±5℃	0.5%	6月	0.5	0.5	0.3	0.5	6月
5		6月	Ⅳ			±5℃	0.5%		±8℃	0.5%	6月	0.5	0.5	0.3	0.5	6月
—	—	—	Ⅴ			±5℃	0.5%	1年	±10℃	0.5%	1年	0.5	0.5	0.3	0.5	12月
6	±1.1℃或0.2%	6月	Ⅵ		数字式6月 机械式3月	—			—			1.0	1.0	0.3	0.5	12月

AMS2750 标准中增加了对记录仪上时间功能的校准要求,一般应保持在±1 min/h 以内。

3.3　系统精度测试

系统精度测试即 SAT,主要目的是标定热处理设备上控制或记录温度测量系统的偏差。

通常一个温度测量系统包含温度仪表、补偿导线和温度传感器三部分。在温度测量系统中,补偿导线自身不产生电信号,一般情况下,其对传输电信号的影响为常量。仪表处理电信号时,可能受其他电磁信号扰动或内部元器件变化影响,出现仪表接收信号准确度或运算准确度下降,使温度测量系统精度下降。温度传感器长期在高温条件下工作,测量端材料元素成分可能发生变化,从而改变其发出的物理电信号特征,进而影响温度测量系统的精度。

仪表和传感器本身均具有精度误差要求,这两个误差可能相互抵消减小温度测量系统误

差,也可能相互叠加放大温度测量系统误差。因此需要周期测量系统温度误差,以确定温度系统精度下降是否超出可控范围。

SAT 测试方法:使用修正后的温度测量系统与设备上的温度测量系统进行比对,从而标定出热处理设备上温度测量系统显示温度与实际温度之间误差。需要注意的是:AMS 2750 和 GB/T 30825 标准规定 SAT 测试偶测量端距离工艺偶测量端距离在 76 mm 以内,HB 5354 则规定应小于 50 mm。

国内外不同标准规定的系统精度测试要求见表 4。

表 4　不同标准规定的系统精度测试要求(以 D 型仪表配置为例)

GB/T 30825 炉子类别	AMS 2750 炉子类别	GB/T 30825 和 AMS 2750		HB 5354		
		系统精度最大误差	校验周期	炉子类别	系统精度最大误差	校验周期
Ⅰ	1	±1.1 ℃或 0.2%	1 周	Ⅰ	±1 ℃	1 周
Ⅱ	2	±1.7 ℃或 0.3%	1 周	Ⅱ	±1 ℃	1 周
ⅢA	3	±2.2 ℃或 0.4%	2 周	—	—	—
Ⅲ	4	±2.2 ℃或 0.4%	2 周	Ⅲ	±3 ℃	1 周
Ⅳ	5	±2.8 ℃或 0.5%	2 周	Ⅳ	±3 ℃	1 周
Ⅴ	—	±2.8 ℃或 0.5%	2 周	Ⅴ	±3 ℃	1 周

从表 1、表 3 与表 4 的对比可知,SAT 测试周期短于仪表和热电偶的测试周期,足以实现在使用过程中对仪表和热电偶精度下降情况的监测。因此,在国际航空航天行业的通常做法中,都把 SAT 作为对仪表和热电偶周期校准的补充。AMS 2750 和 GB/T 30825 标准,并未对热处理设备上安装的工艺热电偶规定开展周期检定。这是因为,在温度测量系统中,仪表进行了周期检定,补偿导线为常量,SAT 所用温度测量系统更严格、精度更高。SAT 过程已对现场用热电偶进行了变相校准,因此,现场用热电偶可不再周期校准,以免浪费校准成本,同时减少工艺热电偶拆卸校准再安装过程带来的停产成本损失、热电偶损伤风险、以及热电偶位置变化带来的 SAT 和 TUS 重测成本增加等。

3.4　温度均匀性测试

温度均匀性测量即 TUS,其目的是立体地显示炉膛内不同典型位置实际温度场分布情况。

通常情况下,热处理设备控制和记录温度仅反映传感器测量端所在位置温度情况,并不能反馈整个炉膛内温度场情况。为了确定炉膛内温度场随着时间与控制/记录传感器温度间关系,需按照炉膛有效加热区尺寸,在炉膛最具代表性的位置上,安装一定数量热电偶,在控温温度相对稳定状态下测定炉膛内温度场分布情况。TUS 反映了在保温过程中,工件摆放在不同区域时所承受的温度。

TUS 测试的炉膛内温度最大偏差分类要求见表 5。

国内外 TUS 测试方法大同小异。其基本原理为采用已知误差的高精度测试仪表、一组测试热电偶以及对应的补偿导线组成一个更为精确受控的温度测量系统,在热处理设备有效工作容积区域内代表性位置进行测量,以反应加热区的真实温度情况。这种分布和测试方法,既测量了温度最恶劣位置,例如各个角落位置,又包含了典型温度位置,例如中心位置。因此,

TUS 可以在使用有限的资源条件下,做到了最大的立体温度场的还原。

表 5　国内外炉子类别划分和温度均匀性要求

国内炉子类别划分		AMS 2750 炉子类别划分	
炉子类别	温度均匀性/℃	炉子类别	温度均匀性/℃
Ⅰ	±3	1	±3.0
Ⅱ	±5	2	±6.0
ⅢA	±8	3	±8.0
Ⅲ	±10	4	±10.0
Ⅳ	±15	5	±14.0
Ⅴ	±20	—	—
Ⅵ	±25	6	±28.0

4　结　论

　　高温测量是保证热处理设备可靠性的关键所在。在追求零件质量高和批次稳定性好的航空航天行业中,高温测量是热处理工艺质量保证的必要条件。国内外标准对温度传感器、仪表、系统精度和温度均匀性测量的规定,有相似的地方,也有不同。随着科学技术的不断进步,传感器和仪表精度要求也在提升,测量方法和要求也在不断更新,国内高温测量规范有向AMS 2750 靠近的趋势。

　　维持周期性高温测量,其高昂的校验成本不容忽视,因此需要人们更多地关注高温测量要求、研究高温测量技术、推进高温测量手段的发展,以期采用更加经济的方式,达到更加精准的温度场长期控制的目的,从而提升航空航天产品质量,推动行业高速发展。

<h2 align="center">参考文献</h2>

[1] 中国航空综合技术研究所.热处理工艺质量控制:GJB 509B—2008[S].北京:国防科学技术工业委员会,2008.

[2] 六二一所.热处理工艺质量控制:HB 5354—1994[S].北京:中国航空工业总公司,1994.

[3] 中国航空工业集团公司.航空制件热处理炉有效加热区测定方法:HB 5425—2012[S].北京:国家国防科技工业局,2013.

[4] 中国航天标准化研究所.热处理炉温控制与测量:QJ 1428A—2012[S].北京:国家国防科技工业局,2013.

[5] 全国热处理标准化技术委员会.热处理炉有效加热区测定方法:GB/T 9452—2012[S].北京:中国标准出版社,2012.

[6] 全国热处理标准化技术委员会.热处理温度测量:GB/T 30825—2014[S].北京:中国标准出版社,2014.

[7] Pyrometry:AMS 2750 - G [S]. USA:SAE International's Aerospace Metals and Engineering Committee,2022.

[8] 冷绍波,孔宪俊.热处理炉高温测量解析[J].金属加工热加工,2022,10:67-71.

[9] 孔令利,成亦飞.AMS2750《高温测量》标准 G 版修订内容分析[J].热处理技术与装备,2023,44(1):60-66.

[10] 张鹏,王飞云.Nadcap 热处理认证高温测量中热电偶的技术研究[J].工业加热,2022,51(9):64-68.

水平仪校准器的研究及应用

董志国　梁邦远　祁军霞　孙佳卓

（青岛前哨精密仪器有限公司，山东·青岛，266000）

摘要：随着我国工业的不断发展，对产品的精度需求逐步上升，水平尺利用液面水平原理，可以通过水准泡直接显示角位移，测量被测表面相对水平位置、铅直位置、倾斜位置偏离程度。其操作简单，测量准确在市场中广泛应用，随着市场对该机器的需求度增加，精度要求增加，对其检定机构的需求度和精度要求也逐步增加。目前该行业的检定机器的精度普遍不高，独立高校准的设备占用空间过大，不利于移动。针对这一现状，研制一种水平仪校准器，采用蜗轮蜗杆机构，利用其大减速比的属性提高测量的精度，并且整个仪器所需要的空间较小，便于移动。

关键词：水平仪校准器；水平仪；蜗轮蜗杆；高精度

1　引　言

水平仪校准器是于检测水平尺，其具有精度高，占用空间小，便于移动等属性。该机构一种利用蜗轮蜗杆机构，具有大减速比大幅提高测量精度，高精度工作面、三点支撑系统、百分表等装置来减少测量时所产生误差，来保证对水平尺的校准的精准。

2　国内外发展现状

水平尺是利用液面水平原理，以水准泡直接显示角位移，测量被测表面相对水平位置、铅直位置、倾斜位置偏离程度的一种计量器具。水平尺和垂直度检测尺一样，主要用于土木建筑和普通机器的安装，应用较为广泛。

目前国内市场 2015—2019 年水平尺企业数量及产品供需能力图表见图 1 和图 2，可以看出，水平尺的市场需求呈逐年稳定增长趋势，相应的其校准需求也呈逐年稳定增长的趋势。

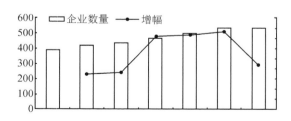

图 1　2015—2019 年水平尺行业的企业数量发展状况

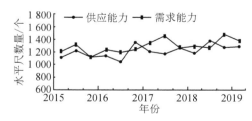

图 2　供需平衡分析

3　水平仪校准器的主要结构

设备基体、导轨采用高精度花岗石制造,强度高,刚性好,膨胀系数小,稳定性好其加工精度高、热膨胀系数小,适用于高精度测量系统的研制;采用梯形丝杠结合蜗轮蜗杆的升降调节机构,运动平稳,升降分辨率低;所有支撑部件均采用可调的三点支撑机构,易于调节水平,稳定度好;还有百分表减少测量时所产生的误差。水平仪校准器整体图如图 3 所示。

3.1　工作原理

校准前,先将工作台的横向调至水平,再将被校水平尺放置在工作台上,使工作台的纵向与水平尺的纵向相一致。将百分表测头与工作台接触,下图为原理示意图。转动水平尺校准装置手轮,通过传动机构,调节工作台水平,使气泡对准水准泡左边的起始线。将百分表的指针调至零刻线,然后根据水平尺的被校位置,旋转手轮,使百分表的指针旋转相应刻度。待气泡稳定后,按气泡的一端进行读数。取两次读数的平均值,依次读取 a1、a2。标称分度值与读数值之差为水平尺左边分度值的误差。以同样的方法校准水平尺右边的分度值误差,取其最大差值为该水平尺的分度值误差。图 4 为水平尺校准的示意简图。

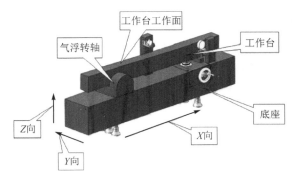

图 3　水平仪校准器

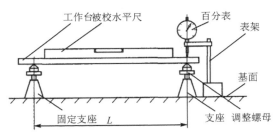

图 4　水平尺校准示意简图

3.2　产品关键机构

（1）蜗轮蜗杆机构

该机构如图 5 所示,通过手轮旋转带动蜗杆和蜗轮进行啮合旋转,蜗轮旋转带动中间的支撑装置上下移动。由于蜗轮蜗杆有很大的传动比,所以可以通过旋转手轮对水平工作台进行微调,相比于其他装置更为准确,升降分辨率低。而且蜗轮蜗杆之间的啮合齿面间为线接触,其承载能力比其他装置更大,校准的水平尺种类更加多。蜗杆传动相当于螺旋传动,为多齿啮合传动,故传动平稳、噪音很小。蜗轮蜗杆具有自锁性。当蜗杆的导程角小于啮合轮齿间

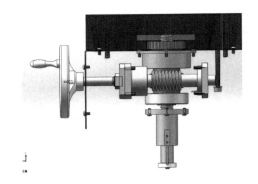

图 5　蜗轮蜗杆机构

的当量摩擦角时,机构具有自锁性,可实现反向自锁,即只能由蜗杆带动蜗轮,而不能由蜗轮带动蜗杆。如在起重机械中使用的自锁蜗杆机构,其反向自锁性可起安全保护作用。

（2）高精度花岗石工作面

高精度花岗石工作面是降低校准误差的关键部分,并且其强度高,刚性好,热膨胀系数小,稳定性好更为适合高精度系统。在不同环境下的对于校准的误差更小。在生产其工艺时要求平面度优于0.005。

（3）气浮轴承

工作面的另一端采用气浮轴承支撑,气浮轴承是一种高动态、高精度的一种轴承形式,不仅有着较高的承载力,而且具有很强的稳定性和尺寸适应性,并且磨损低,低噪声、高刚度等特点,可以使该机器的精度更加准确。

4 结论及发展前景

本文介绍的水平仪校准器,设备基体、导轨采用高精度花岗石制造,同时采用梯形丝杠结合蜗轮蜗杆的升降调节机构,所有支撑部件均采用可调的三点支撑机构,并通过百分表减少测量时所产生的误差,充分发挥各个结构的优点,具有运动平稳、升降分辨率低、易于调节水平、稳定度好、精度高等特点,可实现 $0.5\ mm/m$、$1\ mm/m$、$2\ mm/m$、$5\ mm/m$ 和 $10\ mm/m$ 分度值的水平尺的零值误差和分度值误差的校准,更好地满足客户需求。基于社会及行业现状分析,水平尺校准装置,正向着多功能、集成化的方向发展。本项目的实施将有效解决了市场对于水平尺校准装置的需求,同时项目实施可以丰富市场对于水平仪校准的产品类型,定位国内先进水平,推进国内检测计量等方面科技进步对推广宣传航空工业青岛前哨的产品和声誉也起到积极作用。

参考文献

［1］朱龙仙.水平尺专用检台校准装置设计[J].工业计量,2003,11:15-17.

［2］杨玉洁,姜国雁,陈海华,等.专用校准台校准技术研究[J].计量与测试技术,2017(1):22-23,26.

线纹尺自动检测装置运动控制系统

王海川　祁军霞　梁邦远　孙佳卓

(青岛前哨精密仪器有限公司,山东·青岛,266045)

摘要:线纹尺自动检测装置是一种能够自动进行线纹尺示值提取并进行误差检定的设备,具有检测精度高、重复性好、检测效率高的特点。近年来,随着我国经济社会的高速发展,各类线纹尺在科研、制造、建筑等各个领域的应用也越来越丰富,各行各业对线纹尺的需求也越来越大。在这样的市场环境下,线纹尺检测行业同样迅速发展,要求线纹检测的准确度更加精准、效率更快速。原本的线纹检定方式已不能满足当前线纹检测的需要,各检测机构对线纹检测装置提出了自动检测、数据处理甚至可编程的新需求等,因此基于上位机、plc和伺服电机的运动控制系统应运而生。

关键词:PLC控制;运动控制;伺服控制;自动检测;钢卷尺;示值误差;气浮技术;图像检测

1　引　言

线纹尺(见图1)是用金属或玻璃制成的、表面上准确的刻有等间距平行线的长度测量和定位元件,也称刻线尺。常用的线纹尺包括普通钢卷尺、标准钢卷尺、纤维卷尺、钢直尺等。

图1　常用线纹尺

精密仪器行业产成品需求逐年向好,线纹尺作为长度计量最常用的工具之一,各行各业的需求量逐年上升,在精密制造、科研创新领域也要求有更便捷的检测方法。所以比起传统的检测方式本设备在控制系统方面,增加了PLC伺服电机运动控制系统以此实现了线纹尺自动化检测。线纹尺自动检测装置结构见图2。因此在各计量院所、各科研院等各行业的需求之下本仪器的应用有着大量需求,具有广阔的市场前景!

图2　线纹尺自动检测装置结构

对于广泛使用的三等线纹尺,目前国内大多使用相对法进行测量,或在2 m或3 m测长机上采用比较法测量,或直接在测长机、万能工具显微镜读数。

2 传统方式检测钢卷尺

对于钢卷尺的检测,目前国内大多使用相对法进行检测。检测装置为钢卷尺检定台(见图 3),其一般结构组成主要包括支撑座、线轨、滑块、读数显微镜、标准钢卷尺、尺夹、砝码等。检测时,将被检尺与个标准钢卷尺分别按照检定规程的要求,施加相应拉力后装夹在钢卷尺检定台的相应位置,然后微调对零,通过读数显微镜观察使被检尺与标准尺的零位对齐,最后移动读数显微镜到相应被检刻度位置,读出两尺的偏差,即被检尺的示值误差。手动记录数据,移动滑块,进行下一刻度检测。

该检测方法每次测量需要人工手动装夹两次尺子,手动记录数据,操作过程复杂繁琐;其次,读数时需反复移动滑块,而滑块与导轨之间有摩擦,且导轨容易变形,长时间使用会通过读数显微镜位置的微小改变带来读数误差;另外,读数时为人眼读数,人为判断读数值,检测时人为误差较大,重复性不好,且对检测人员素质要求较高。基于以上原因,该检测方法准确度不高、效率较低。

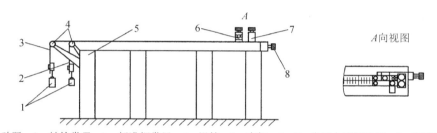

1—砝码;2—被检卷尺;3—标准钢卷尺;4—滑轮;5—支架;6、7—卷尺台压紧装置;8—调整螺丝

图 3 钢卷尺检定示意图(JJG 4—2015)

3 线纹尺自动检测装置检测线纹尺

基于光栅测长的线纹尺测量系统是一个可以直接对线纹尺进行直接测量的系统。其实现原理为:通过 PLC 和伺服电机、控制器配合对气浮滑块实现自动位移,采用数字式显微镜对某一刻度进行瞄准,通过识别其灰度发出重合信号,确定被测位置。然后借助光栅尺的信号确定位置的实际坐标值,从而计算出相应的示值误差,上位机进行数据处理。

该系统设计的关键点在于:

比起传统的检测方式在控制系统方面,增加了 PLC 伺服电机运动控制系统以此实现了线纹尺检测的自动化解放了人工,在机械方面增加了高直线度导轨,以作为测量滑块及 CCD 镜头的运动基准。保证了光栅尺作为长度基准的准确性。本项目运动方式采用气浮的方式,通过其产生的气膜,消除了导轨与滑块之间摩擦产生的误差,同时 CCD 相机和光栅测长方式大大提高了本仪器的准确性和稳定性。

运动控制方面采用选择 Panasonic PLC 和 Panasonic 伺服电机、驱动器,将其连接到 PLC 的输出端口。

在 PLC 中编写位置控制、速度控制、力矩控制程序,实现对伺服驱动器的控制。

将编写好的程序下载到 PLC 中,启动程序。

PLC 根据程序要求向伺服驱动器发送控制信号,控制伺服电机的运行。例如,如果需要控制伺服电机按照预定的速度旋转,则 PLC 会向伺服驱动器发送速度控制信号,控制伺服电机按照设定的速度旋转。

监测伺服电机的运行状态(如位置、速度、力矩等参数),并根据需要进行调整和优化。

图像系统,通过数字显微镜准确识别被测刻度的位置,避免因图像识别系统的误差过大而影响测量准确度。对此,本公司选用专业的图像处理测量软件,高像素的工业 CCD 镜头,可调环形光源,保证图像识别精度;通过千兆以太网传输数据,以尽可能减少图像失真,减小图像识别误差。

基于激光干涉测长的自动线纹尺测量系统的主要技术路线如下:采用光栅尺系统作为长度测量信号;采用一定长度的花岗石和精密气浮导轨及滑块,作为主要支撑和位移构件;采用数字光学显微镜,并结合微调装置,对线纹进行瞄准,并实现光电信号转换和传输;采用微机控制系统进行整体自动化控制和数据采集处理;另外,针对不同外形和材质的线纹尺,设计了夹持固定机构。

系统(见图 4)主要组成包括高精度花岗石气浮导轨及滑块、光栅尺反馈系统、PLC 运动控制系统、图像采集系统、上位机系统等。

该测量系统能够实现线纹尺的直接检测,检测精度高,重复性好。现有样机设备最大行程为 5 m,不确定度可达$\leqslant(0.003+0.005L)$ mm,测量重复性为 5 μm,滑块全闭环运动控制,定位精度高,同时软件支持自由编程检测,记录并打印检测数据。

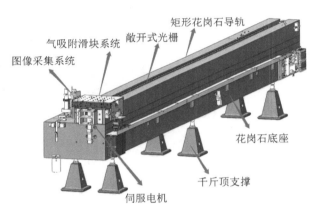

图像采集系统　气吸附滑块系统　敞开式光栅　矩形花岗石导轨

花岗石底座

千斤顶支撑

伺服电机

图 4　系统示意图

4　主要研究内容

4.1　原　理

本系统应用 PLC 伺服电机运动控制系统以此实现了线纹尺检测自动化,在机械方面增加了高直线度导轨,以作为测量滑块及 CCD 镜头见图的运动基准。保证了光栅尺作为长度基准的准确性。并且本项目运动方式采用气浮的方式,通过其产生的气膜,消除了导轨与滑块之间摩擦产生的误差,同时 CCD 相机和光栅测长确保本仪器的准确性和稳定性。

本系统采用数字式显微镜对线纹尺的被测刻线进行瞄准,通过识别其灰度或发出的重合信号,借助激光干涉仪或光栅的脉冲确定刻线的坐标值,与刻线的名义值相比较,从而计算出相应的偏差,以此进行线纹尺的检定。

4.2　路　线

采用光栅作为长度测量信号;采用一定长度的花岗石和精密气浮导轨及滑块,作为主要支撑和位移导向构件;采用数字光学显微镜对线纹瞄准识别,并实现光电信号转换和传输;采用计算机控制系统进行整体自动化控制和数据采集处理；另外，针对不同外形和材质的线纹尺，设计了夹持固定机构。

4.3　CCD 成像系统

CCD 成像系统（见图 5）采用高清工业相机及大恒相机软件，通过软件算法及高清相机保证了识别精度的准确性，从而消除了传统方式人眼比对产生的误差。同时自研六向调节系统夹具，使 CCD 成像系统相机可以自由定位，自由调节需要的焦距。

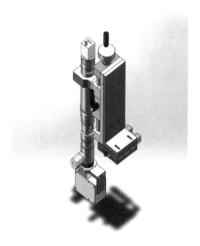 

图 5　CCD 成像系统

4.4　运动控制

增加了 PLC 伺服电机和高直线度导轨作为测量滑块及 CCD 镜头的运动基准，保证了光栅尺作为长度基准的准确性。选择 Panasonic PLC 和 Panasonic 伺服电机、驱动器作为运动控制。

在 PLC 中编写位置控制、速度控制、力矩控制程序，实现对伺服驱动器的控制。

将编写好的程序下载到 PLC 中，PLC 软件程序梯形图见图 6。

PLC 根据程序要求向伺服驱动器发送控制信号，控制伺服电机的运行。例如，如果需要控制伺服电机按照预定的速度旋转，则 PLC 会向伺服驱动器发送速度控制信号，控制伺服电机按照设定的速度旋转。

监测伺服电机的运行状态，如位置、速度、力矩等，并根据需要进行调整和优化。脉冲输出、脉冲计数、数字输入、数字输出、D/A 输出，发出连续的、高频率的脉冲串，通过改变发出脉冲的频率来控制电机的速度，改变发出脉冲的数量来控制电机的位置，以此控制气浮滑块和 CCD 镜头的精准定位。

4.5　设计计算

4.5.1　伺服电机选型计算：

➤ 计算折算到电机轴上的负载惯量

$$J_L = m \times d_{1^2}/4/i_{1^2} = 100 \times 3.708^2/4/20^2 = 8.6 \text{ kg} \cdot \text{cm}^2$$

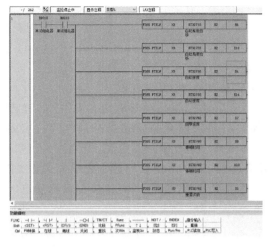
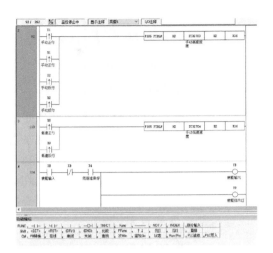
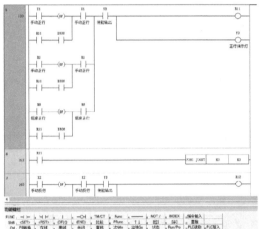
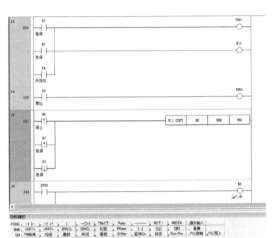

图 6 上位机软件程序梯形图

其中，$m=100$ kg，$d_1=37.08$ mm，$i_1=20$。

按照负载惯量<3 倍的电机转子惯量 J_M 的原则：

$$J_M > 2.9 \text{ kg} \cdot \text{cm}^2$$

➤ 计算电机驱动负载所需要的扭矩

克服摩擦力所需要的转矩：

$$T_f = m \times g \times u \times d_{1/2}/i_1 = 100 \times 9.8 \times 0.1 \times (0.03708/2)/20 = 0.09 \text{ N} \cdot \text{m}$$

加速时所需要的转矩：

$$T_a = m \times a \times d_{1/2}/i_1 = 100 \times 0.5 \times (0.037 \ 08/2)/20 = 0.047 \text{ N} \cdot \text{m}$$

伺服电机额定转矩$>T_f$，最大转矩$>T_f + T_a$。

➤ 计算电机所需转速：

$$N = 60 \times i_1 \times V/(\pi \times d_1) = 20 \times 60 \times 5 \ 000/50/3.14/37.08 = 1 \ 030 \text{ r/min}$$

根据以上分析，可选择 SMH110D-0105-20AAK-4LKC 型号的电机。

5　主要研究成果及其水平

5.1　设备的主要特点

本设备应用了 PLC 控制、驱动器伺服电机相配合的运动控制系统具有可编程性强、稳定性高、可靠、适应性强、操作简单、便于维护等特点；导轨材料采用高品质花岗石，硬度高、耐腐蚀、温度变形小、易保养维护；执行机构采用了先进的气吸附技术，导向精度高、无摩擦，可保证高精度；定位反馈系统采用光栅作为测量基准，位置精度高；瞄准系统采用数字光学显微镜，工业 CCD 瞄准、识别刻线、放大倍率高，提高检测精度；专业计算机测量软件控制，实现测量自动化，提高检测精度和效率。

5.2　设备的创新点

本设备通过 PLC 控制、驱动器、伺服电机的运动控制系统实现了线纹尺检测的自动化，该设备通过光栅建立坐标，结合 CCD 图像识别技术的方法实现了对线纹尺直接法检测。

设备的主要技术参数如下：

有效行程：$0 \sim 5$ m。

设备耗气量：200 L/min。

设备总重量：4.5 t。

测量不确定度：$\leqslant (0.003 + 0.005\ L)$mm，其中，$L$ 单位为 m。

测量重复性：$\leqslant 5\ \mu$m。

导轨直线度：$30\ \mu$m。

分辨力：$0.5\ \mu$m。

由设备的试验及专业计量机构的试用可知：此设备实现了预期的设计目标，能用于各类线纹尺的直接自动化检测，目前在国内同类产品中处于领先水平，在国际同类产品中处于先进水平。

6　成果推广和应用前景

随着科研、制造等行业的不断发展，线纹尺作为长度测量的标准工具正在被大量地应用于各个领域。因此，各个线纹尺计量及线纹尺使用机构对线纹尺的检测提出了更高的要求，需要更高精度、更高效率的直接线纹检测法来代替传统线纹尺检测所采用的人眼对线瞄准、手工记录、人工数据处理的比对线纹检测法。

此次研发的线纹尺自动检测装置运动控制系统，正好来满足目前线纹检测的需求，使肉眼检测老旧方式升级为自动化检测。同时填补直接法检测线纹尺的自动化设备不足的市场空缺，可为公司带来良好经济效益；同时也可填补当前国内线纹尺检测方法落后的不足，推动我国线纹尺检测技术的进步。

7　总　　结

本文首先介绍了线纹检测行业的国内环境和市场现状，并对线纹相对法检测和直接法检测进行了比价,其后提出了市场对线纹尺检测自动化、高精度检测发展方向的新要求,最后介绍了本项目通过 PLC 伺服电机运动控制系统及其原理、特点。本文观点为个人观点,由于水平有限,难免有片面不妥之处,欢迎批评指正。

参考文献

[1] 林杰文,吴亦锋.基于 PLC 的伺服电机运动控制系统设计[D].福州:福州大学,2015.

[2] 周渭,于建国,刘海霞.测试与计量技术基础[M].西安:西安电子科技大学出版社,2004.

[3] 李贤帅.图像检测识别技术应用研究[D].长沙:国防科学技术大学,2005.

[4] 张玉,刘平.几何量公差与测量技术[M].沈阳:东北大学出版社,1999.

无人机技术

2023

电力巡线无线充电无人机系统的设计

丁文斌[1] 徐伊可[1] 孙瑞腾[1] 刘一帆[1] 张家伟[1] 石领先[1,2] 马国利[1,2]

(1. 滨州学院航空工程学院,山东·滨州,256600;

2. 山东省航空材料与器件工程技术研究中心,山东·滨州,256600)

摘要:为了保障电力线路的安全稳定运行,需要巡线人员对线路进行巡视并及时发现故障以及安全隐患。现在,随着科技的发展,无人机正逐渐应用到电力巡线队伍当中。虽然无人机巡线效率高,但是由于其电池电量的限制,无法进行远距离飞行,这导致无人机无法对需要远距离巡检的线路进行巡视。现有的无线充电方法不能解决这一问题,这是因为充电平台仍然是固定的,无人机在充电过程中无法移动,这限制了巡线效率的提升。为解决这一问题,需要提供一种新的无线充电巡线无人机、充电装置及充电方法。这种无人机充电装置允许无人机在巡视电力线路的同时进行无线充电,从而大大提高无人机的续航能力。这项新的设计可以在巡线效率不受影响的前提下,增加无人机的巡线范围,提高巡线效率。

关键词:无线充电;电力巡线;无人机;电磁感应

0 引 言

近年来,无人机无线巡线技术得到了快速发展,主要原因是传统的人工巡线方式存在着巨大的不足之处。人工巡线的主要问题是效率低、准确性差、费用高等。传统人工巡线需要繁琐的组织和协调,不同的巡线人员对同一线路往往存在着主观性不同的结果,结果也不太具有可比性。而无人机无线巡线,使用无人机代替人工进行线路巡视,节约了大量人力和时间,处理结果更加可靠和具有可比性。而且,无人机无线巡线技术还可以减少安全风险[1],人工巡线往往需要穿过较为复杂的地形和气候条件,存在较大的生命风险和财产,而无人机大大降低了巡线风险,工作方式更加灵活。

无人机续航能力却成为阻碍无人机巡线的一大障碍。随着无人机的应用越来越广泛,无线充电技术逐渐成为一种解决无人机续航问题的途径。无线充电技术利用电磁波通过空气传输能源,可为无人机提供足够的电力,实现长时间的持续飞行。在电池技术无法取得重大突破的前提下,为了解决这一问题,就需要开发无人机的中途充电技术[2]。但中途充电技术又不能在中途耗费大量的时间来进行充电,否则就大大降低了无人机巡线的效率,增加了时间成本。针对这一问题我们提出利用无线充电来具体解决,我们设计实现在无人机巡线的同时无人机进行无线充电,减少了中途单独充电的时间上的浪费,提高了无人机的续航能力,同时增加了无人机巡线的范围,大大提高了无人机在区域范围内的巡线效率。

1 电力巡线无线充电无人机系统的构成

电力巡线无线充电无人机系统由四旋翼无人机、感应线圈、整流器、单向充电器组成(如

图 1 所示），具体结构如下：通过在四旋翼无人机[3]本体底部设置感应线圈、整流器和单向充电器，四旋翼无人机底部的感应线圈的两端与整流器的输入端导线连接，整流器的输出端与四旋翼无人机的电池充电端导线连接，单向充电器串联在整流器与电池之间。

无线充电技术是指通过非物理直接接触实现能量的无线传输。该技术具有高安全性、强可靠性和易于实现充电过程自动化等优点，因此在电动汽车充电、机器人充电等多领域得到了广泛研究[4]。其中，无人机的高效自主无线充电将是推动无人机发展的创新性方法，采用无人值守的充电基站对无人机进行无线充电，可以弥补其短时运行的局限性。无线充电技术的优势主要在于无需接触线缆、轴承等器件，因此可以减少维护成本，同时还能够提高设备的使用寿命，降低人工干预的风险，提高安全性。此外，无线充电技术还能够自动化充电过程，减少设备停机时间，提高生产效率。

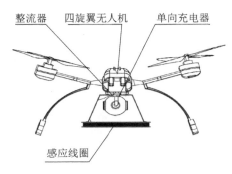

图 1 系统整体结构

2 无人机无线充电与巡线的设计

2.1 无人机充电平台设计

无线充电巡线无人机的充电装置的感应线圈在无人机的底部可以水平放置（如图 1 所示），感应线圈底部可转动可以使感应线圈轴线垂直于无人机巡线时的线路（如图 2 所示）。

如图 3 所示，无人机底部的感应线圈内圈设置承载架，无人机底部设置安装架，承载架与安装架之间通过阻尼轴连接，使无人机底部的感应线圈可手动调整为竖直位置的各个方向。安装架上加上了伺服电机，伺服电机与阻尼轴之间安装了齿轮传动装置，伺服电机与无人机的控制装置连接可以将感应线圈旋转为各个角度。

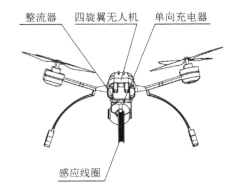

图 2 平台垂直状态图

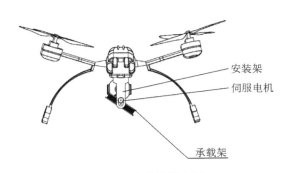

图 3 平台旋转状态图

无线充电技术利用交变磁场或者电场在传递过程中，产生了能够把电能传输到其他装置中的物理过程。例如，将发生在高压线桥头的电磁场穿过感应线圈[5]，使得其中的电池被充电。在巡线无人机充电方法中，无人机飞行沿高压线路平行方向飞行，位于高压线路正上方或高压线路外侧。当高压线路流通交流电时，交变电磁场穿过感应线圈[6]，使感应线圈内产生感应电流，并为无人机电池充电。由于该种充电方式无需连接电源线，因此可以减少巡线无人机在高压线下的传感器的电磁干扰。此外，该种无线充电方式具有可移动性、便携性、无需维修等优点，所以它是巡线无人机充电的一个很好的选择。

2.2　无人机充电效率设计

该设计适用于沿着高压输电线路巡线的无人机，其无需使用传统的有线充电设备，可以在无需停机的情况下为无人机电池充电，提高了其工作效率和可靠性。无人机沿着高压线路平行方向飞行，位于高压线路正上方或外侧，这可以确保无人机的安全，并且减小了对线路的影响。当无人机通过高压线路附近时，高压线路产生的交变电磁场会穿过感应线圈，感应线圈内产生感应电流[7]。这种感应电流可以直接用来为无人机电池充电，从而实现了无线充电。

以 220 kV 高压线为例，此类线的间距一般都在 $280\sim300$ cm 左右，地高在 1 000 cm 以上，杆（铁塔）距 500 m 左右，r_0 为线圈距高压线距离，r 为线圈内任一点距高压线距离，a 为矩形线圈边长。220 kV 高压线的负荷在 $50\,000\sim200\,000$ kW 之间，最小额定电流 $I=P/U=50\,000$ W$/220$ V$=227$ A，最大额定电流 $I=P/U=200\,000$ W$/220$ V$=909$ A，实际 220 kV 高压线额定电流在 $200\sim1\,000$ A 之间。

当无人机线圈距离高压输电线 3 m 距离初巡线，以无人机在高压线中心位置处计算，在无人机处的感应磁场为

$$B=\frac{\mu_0 I}{4\pi r_0}\left(\frac{z_2}{\sqrt{z_2^2+r_0^2}}-\frac{z_1}{\sqrt{z_1^2+r_0^2}}\right)$$

其中，$\mu_0=4\pi\times10^{-7}$ T·m/A；$z_2=250$ m；$z_1=-250$ m；$I_{max}=1\,000$ A；$r_0=3$ m。以上条件可以看作是无线长直导线在 3 m 处感应磁场：

$$B=\frac{\mu_0 I}{2\pi r}=\frac{4\pi\times10^{-7}\times1\,000}{2\pi\times3}=6.7\times10^{-5}\ \text{T（最高峰值）}$$

3 m 处无人机下方挂载正方形边长为 $a(=50$ cm$)$，约 500 匝的线圈，由于高压线电流是 50 Hz 正弦波振荡的，所以感应磁场也一样：

$$I=I_0\cos\omega t$$

$$B=\frac{\mu_0 I}{2\pi r}=\frac{\mu_0 I_0\cos\omega t}{2\pi r}$$

距导线为 r 处的磁感应强度是一样的：

$$B=\frac{\mu_0 I}{2\pi r}=\frac{\mu_0 I_0\cos\omega t}{2\pi r}$$

通过 dr 长条处的磁通量为

$$\mathrm{d}\varphi=B\mathrm{d}s=\frac{\mu_0 I_0\cos\omega t}{2\pi r}a\,\mathrm{d}r$$

通过正方形的总磁通量为（线圈匝数为 $N=500$）

$$\varphi=\int_{r_0}^{r_0+a}\mathrm{d}\varphi$$

$$=\int NB\mathrm{d}s=N\int_{r_0}^{r_0+a}\frac{\mu_0 I_0\cos\omega t}{2\pi r}a\,\mathrm{d}r$$

$$= N \frac{a\mu_0 I_0 \cos \omega t}{2\pi r} \int_{r_0}^{r_0+a} \frac{1}{r} \mathrm{d}r$$

$$= N \frac{a\mu_0 I_0 \cos \omega t}{2\pi r} \ln \frac{r_0+a}{r_0}$$

感应线圈中感应电动势为

$$\varepsilon_i = -\frac{\mathrm{d}\varphi}{\mathrm{d}t} = \frac{\mu_0 N I_0 a\omega \sin \omega t}{2\pi} \ln \frac{r_0+a}{r_0}$$

其中,$\omega = 2\pi f$。

线圈中的感应电流为

$$i_i = \frac{\varepsilon_i}{R}$$

感应电动势最大值为

$$\omega_{max} = \frac{4\pi \times 10^{-7} \times 500 \times 1\,000 \times 0.5 \times 2\pi \times 50 \times 1}{2\pi} \times 0.16 = 2.51 \text{ V}$$

充电线圈再加入阻抗为 $0.1\ \Omega$ 电阻,则最大电流为

$$I_{max} = 25.1 \text{ A}$$

感应线圈输出总功率为

$$P_{max} = 2.51 \times 25.1 = 63 \text{ W}$$

利用整流器整流升压后,将电压提升到 12 V 左右,此时电流为 5 A 左右对无人机锂电池充电。

需要指出的是,本设计的无线充电效率的计算只考虑了单根高压线的磁场状况,鉴于多条高压输电线磁场叠加原理,同时也考虑到其他线路磁场互相抵消和距离感应线圈距离的问题,实际操作中感应线圈输出总功率会比计算值略大。

2.3 无人机巡线功能设计

无人机巡线控制系统主要采用 STM32F407 作为飞行控制巡线主控制器,并搭载 ROS 机器人操作系统的机载计算机作为主要控制计算系统,实现了自主定位[8]和高塔识别的功能。该飞行控制巡线系统支持 MAVLink 通讯,ROS 系统安装 MAVROS 软件包,从而实现了与飞控的通讯。一旦识别到高塔,飞机就能够根据自身的速度和位置确定投放点[9],并使用自主设计的投放装置将带有磁铁的牵引绳投放到高塔顶端,之后飞机会继续向下一个作业点飞行,无需高空作业人员的配合即可完成放置牵引绳的任务。地面站系统采用支持 MAVLink 通信的开源地面站 QGroundControl 作为无人地面站。

控制系统的核心是 STM32F407 主控制器。它是一款 32 位 ARM Cortex – M4 处理器,具有高性能、低功耗的特点[10]。无人机巡线系统中的基础部件包括主控芯片、陀螺仪和气压传感器,这些部件都做了冗余设计,以确保飞机在飞行中的稳定性和可靠性。在 ROS 系统中,飞机通过 MAVROS 软件包与控制系统通信,实现数据的传输和命令的控制。

飞控系统还实现了自主定位和高塔识别的功能。根据飞机所处的位置和速度,控制系统可以确定投放点,从而实现精准的放置牵引绳任务。此外,飞机还搭载了雷达和双目摄像头等传感器,可以实时检测牵引绳距离高塔的相对位置,提高了作业效率。控制系统中的另一个重要部件是自主设计的磁式牵引绳投放装置。该投放装置由强磁和牵引绳组成,可以将牵引绳

自主投放至高塔顶端,并将绳子固定在高塔上。这一设计大大提高了作业效率,同时也减少了高空作业人员的风险。

无人机巡线系统的开发采用了 ROS 操作系统,ROS 是一个开源的机器人操作系统,它提供了一种灵活、模块化的框架,可以方便地实现机器人控制与数据处理。本系统将 ROS 操作系统应用到飞行控制系统中,结合自主开发的飞控系统和投放装置,实现了自主定位和牵引绳投放的功能。

3　总　　结

为了解决无人机巡线中续航能力不足的问题,可以利用无线充电技术,让无人机在巡线的同时进行无线充电,从而延长其续航时间,提高巡线效率。传统的人工巡线方式效率低、准确性差、费用高等问题,而无人机无线巡线技术可以节约大量人力和时间,提高处理结果的可靠性和可比性,同时还能减少安全风险。为了提高无人机巡线效率和范围,我们需要研发一种新的无人机充电装置和充电方法,让无人机能够在不影响巡线效率的前提下进行长时间持续飞行。无线充电技术利用电磁波通过空气传输能源,可以为无人机提供足够的电力,实现长时间的持续飞行。因此,中途充电技术可以利用无线充电技术,在无人机巡线的同时对其进行充电,从而延长其续航时间,提高巡线效率。无人机无线充电巡线系统的成功开发具有重要的应用价值。在高空作业领域,自主飞行无人机可以代替高空作业人员完成一些危险、繁琐的任务,大大提高了作业效率,同时也提高了人员安全性。这种无人机无线充电巡线技术可以减少时间成本和安全风险,提高效率和精度,具有广泛的应用前景。

参考文献

[1] 李和丰,王瑞,杨佳彬,等.基于无线充电站的无人机全自动电力巡线研究[C]//浙江省电力学会.浙江省电力学会 2020 年度优秀论文集.中国电力出版社(China Electric Power Press),2021:7.

[2] 刘璐,郝鹏,刘维亭,等.基于优先级的谐振式无线充电研究[J].电子技术应用,2017,43(04):149-152,156.

[3] 甘嵩,穆健伟,彭柏皓,等.无人机自动巡线系统的设计[J].设备监理,2019,No.51(08):40-42,50.

[4] 武帅,蔡春伟,陈轶,等.多旋翼无人机无线充电技术研究进展与发展趋势[J].电工技术学报,2022,37(03):555-565.

[5] 蔡春伟,姜龙云,陈轶,等.基于正交式磁结构及原边功率控制的无人机无线充电系统[J].电工技术学报,2021,36(17):3675-3684.

[6] 朱云阳,沈宝国.基于无人机无线充电技术方法概述[J].信息通信,2020,210(06):134-135.

[7] 姜龙云.基于正交磁场耦合的无人机无线充电系统[D].哈尔滨:哈尔滨工业大学,2021.

[8] 彭炽刚.基于图像识别技术的无人机巡线指挥系统[J].电子设计工程,2021,29(04):53-56,61.

[9] 张兆云,黄世鸿,张志.机器视觉在无人机巡线中的应用综述[J].科学技术与工程,2020,20(34):13949-13958.

[10] 武福平.基于嵌入式系统低速率语音编解码的研究与实现[D].西安:西安电子科技大学,2005.

无人机辅助充电系统研究

王子涵[1]　韩飒[1]　曾亮[1]　关鹏轩[1]　王梦龙[1]　高金海[1]　马国利[1,2]

（1. 滨州学院，山东·滨州，256600；

2. 山东省航空材料与器件工程技术研究中心，山东·滨州，256600）

摘要：无人机辅助充电系统包括充电站管理模块、无人机信息库、警报模块、人机交互模块、控制器、信息传输模块、无人机控制器、运动控制模块、图像采集模块、图像处理模块、超声波高度计、个体信息库、GPS 定位模块、电源与电量测量模块。通过对无人机的飞行距离与电量的关系进行分析，并根据个体无人机的实际状况以及无人机与充电站之间的距离来分配无人机去往最合适的充电站进行充电工作，使无人机能够充分利用电池容量，提升无人机的单次飞行时间；在距离充电站一定距离处就开始进行下降过程，并通过加速下降与减速下降的形式进行降落，节约了大量的降落时间，提高了无人机的工作效率。

关键词：辅助充电；充电站管理；无人机信息库；个体信息库

1 研究背景

随着无人机行业的快速发展，无论是商用无人机还是家用无人机都开始普及，目前市场上的无人机技术已经趋向成熟。

现有技术中，困扰无人机的主要技术难点是无人机的续航问题，当无人机在室外长时间进行工作时，就需要每隔一端时间对无人机进行充电。如果将无人机召回进行充电，就需要无人机保留足够的电量飞回，这一过程不仅耗时，还会浪费能源，直接导致无人机的有效飞行时间缩短，工作效率降低。

为保障无人机在商业领域的应用，就需要提高无人机的续航时间与有效飞行时间，进而提升无人机的工作效率，考虑无人机机载能量有限的实际情况，可通过部署充电站为无人机提供充电服务，允许无人机在能量消耗殆尽前返回充电桩补充能量，充电完成后继续执行任务。对于这一问题，现有技术中通过建立无人机充电站，无人机在飞行过程中选取最近的无人机充电站进行充电，而进入寻找充电站状态的依据是无人机的电量存量。无人机在侦察过程中，当电量不足时可飞往附近的充电平台进行无线快速充电。利用无人机自身携带的 GPS 模块和电源检查模块等装置，实时监测路况信息和自身电源电量信息，自动做出最佳选择，如飞行路线[1-4]。当无人机电量达到预设阈值时，无人机开始匹配充电站，但是对于不同的无人机、不同电池种类以及不同的电池使用时长，相同的电量存量仍然会造成实际行驶距离与目标距离有很大的差异，导致无法充分利用无人机电源电容量，进一步造成无人机的工作效率下降，或者设定的阈值电量无法支撑无人机达到充电站进行充电，导致无人机坠毁损失。

2 问题分析

无人机的续航问题在现有技术中主要是依靠设置无人机充电站来解决,无人机通过无人机充电站充电实现续航,但是现有技术中无人机在选择无人机充电站进行充电时,单纯以剩余电量作为阈值来判断无人机是否需要进行充电,目前很多半自主控制的无人机控制系统都是根据电池电压来估计动力电池剩余电量,但是锂聚合物电池的剩余电量还与电池工作环境温度、充放电倍率和电池老化等因素有关[5],无法根据无人机的种类与电池的实际续航状况的不同进行分析,导致无人机出现未到达充电站就出现电能耗尽或电能足够无人机到达下一充电站却就近开始充电的状况。由于多无人机协作,不同无人机的飞行轨迹会对彼此产生影响。因此,多无人机网络的分布式协作设计具有很大的挑战性[6]。前者容易导致无人机坠毁造成损失,后者直接降低了无人机充电一次的有效飞行时间,从而降低了工作效率。

无人机在充电站进行充电时,需要经过降落、起飞的步骤。无人机降落后可能出现偏移距离远大于机身尺寸,大范围错位于充电平台的情况[7]。为了保证无人机能够平稳、安全、精准的降落,需要对无人机的降落速度进行控制,但是只通过降低降落速度来达到这一目的会导致充电时间变长。如何在保证无人机平稳降落的前提下缩短无人机的降落时间,提升充电效率,是目前需要解决的问题之一。

为解决上述问题,本研究提供了以下系统设计与技术方案。

3 系统设计

无人机辅助充电系统,该系统(见图 1)包括充电站管理模块、警报模块、人机交互模块、无人机控制器、信息传输模块、无人机控制器、运动控制模块、图像采集模块、图像处理模块、超声波高度计、个体信息库、GPS 定位模块、电源与电量测量模块、无人机信息库。

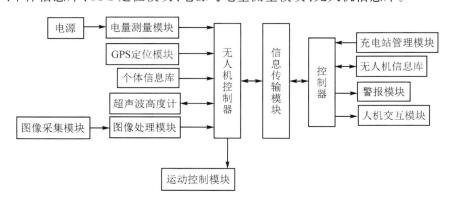

图 1 整体系统框图

充电站管理模块用于记录充电站的位置信息、充电站的自身状态信息以及充电站的充电状态信息。

警报模块用于发出报警信息。

人机交互模块用于建立人机交互界面。

图像采集模块用于采集无人机附近的实时图像信息,并将所采集的实时图像信息传输至图像处理模块,图像处理模块在对采集的图像进行分析处理后,通过无人机控制器控制运动控制模块对无人机的运行状态进行调整。

运动控制模块用于对无人机的运行速度、垂直高度与无人机姿态进行控制与修正。

超声波高度仪用于检测无人机与充电站之间的垂直距离,并将检测到的垂直距离传输至无人机控制器。

个体信息库用于录入与存储对应无人机信息,无人机信息包括无人机编号、无人机型号以及无人机服役时间。

GPS定位模块用于采集无人机的实时位置信息与实时垂直高度信息,并将所采集的实时位置信息与实时垂直高度信息通过无人机控制器与信息传输模块传输至控制器。

无人机信息库用于存储所有处于该系统中的无人机信息,无人机信息包括无人机编号、无人机型号、无人机服役时间以及无人机的飞行距离与电量的关系。

电源、电量测量模块、GPS定位模块、个体信息库、超声波高度仪、图像采集模块、图像处理模块、运动控制模块与无人机控制器均安装在无人机上。

4 技术方案

4.1 信息采集

利用无人机信息库对无人机的飞行距离与电量的关系采集,方案为:

以每 $w\%$ 的电量作为一个检测单位,无人机的电量每下降 $w\%$,记录无人机在这一过程中的飞行距离 L,从而得到 $L_1, L_2, \cdots, L_n$,飞行距离对应的电量范围为 $0 \sim w\%, w\% \sim 2w\%, \cdots, (100-w)\% \sim 100\%$;

在记录 N 组 $L_1, L_2, \cdots, L_n$ 数据后,计算多组数据的同一检测单位内飞行距离的平均值 A_k,之后每新录入一组 $L_1, L_2, \cdots, L_n$ 数据,将其替换最先录入的一组数据;

在收集到飞行距离 A_k 与电量范围的对应关系后,以电量范围作为横坐标,以飞行距离作为纵坐标建立坐标系绘曲线图,根据每 $w\%$ 电量对应的飞行距离随电量范围的降低的下降趋势,从而预测得到电量较低的一个或多个电量范围内飞机的飞行距离,将预测得到的飞行距离减去一个预设值作为最终预测值。

在无人机更换电源后,所述无人机信息库将原有的无人机的飞行距离与电量的对应关系删除并重新建立对应关系。

4.2 降落方案

利用无人机控制器对无人机进行精准快速降落,方法如下:

当无人机与充电站之间的水平距离达到预设值 Q_4 时,无人机开始进行降落,即无人机在水平发现靠近充电站的同时进行降落工作,节约降落时间,当GPS定位模块检测到无人机的垂直高度达到预设值 Q_5 时,无人机控制器开启超声波高度计进行工作,并将检测的垂直高度值传输至无人机控制器,此时无人机垂直高度以超声波高度计的检测值为准;

当无人机的垂直高度达到预设值 Q_6 时,无人机不再继续降落,同时无人机控制器控制图像采集模块采集充电站的充电平台的图像信息并传输至图像处理模块,图像处理模块读取充电平台的角点建立一个封闭的二维图形,无人机控制器通过无人机与二维图像之间的相对位

置控制运动控制模块控制无人机停在二维图形内部,为了保证角点识别的精度,可以在充电平台的角点处安装红外二极管;

无人机在垂直方向的运动方法为,在无人机开始降落至垂直距离为 Q_5 这一过程中,无人机由加速度 a_1 下降至速度 V_1 后匀速进行下落,当垂直距离变为 Q_5 时,无人机开始以加速度 a_2 进行减速,当垂直距离变为 Q_6 时,无人机的竖直方向移动速度为 0,在垂直距离由 Q_5 变至 Q_6 过程中,由于测量垂直高度的模块由 GPS 定位模块变为超声波高度计,这一过程会出现较大的误差,因此加速度 a_2 的值需要根据 Q_5、Q_6 的差值进行变化,通过加速与减速下降交替进行,相较于现有技术中的匀速下降能够减降低降落时间。

该方法通过在距离充电站 Q_4 处就开始进行下降过程,并通过加速下降与减速下降的形式进行降落,相较于传统的停留在充电站上方后开始匀速后减速下降的过程,节约了大量的降落时间,提高了无人机的工作效率。

4.3 充电匹配

利用无人机控制器根据无人机状态与充电站状态来选择合适充电站对无人机进行充电,方案如下:

步骤一:当无人机电量达到预设阈值 $\theta\%$ 时,无人机控制器读取个体信息库中的无人机信息以及 GPS 定位模块传输的位置信息与垂直高度信息并将其传输至控制器,控制器将接收到的个体无人机信息与无人机信息库中的无人机信息进行匹配以获取该无人机的飞行距离与电量的关系,为了方便管理,所有无人机的预设阈值相同。

步骤二:控制器根据 GPS 定位模块传输的无人机实时位置信息与充电站管理模块中存储的充电站信息得到无人机与三个可用充电站之间的距离,可用是指充电站处于正常运行状态,多个充电站包括处于无人机行进方向后方的一个可用充电站、行进方向上的两个可用充电站,一个充电站为一个充电平台或多个充电平台的集聚点,无人机与行进方向后方的一个可用充电站的距离为 Q_1,无人机与行进方向上较近的一个充电站的距离为 Q_2,无人机与行进方向上较远的一个充电站的距离为 Q_3。

步骤三:当无人机的实时电量处于一电量范围时,计算时以该电量范围的下一电量范围为准,即当实时电量处于 $2w\%\sim3w\%$ 时,计算时以 $w\%\sim2w\%$ 的电量范围进行计算,根据无人机电量所处的电量范围与无人机信息库中的飞行距离与电量的关系图得到无人机还能飞行的距离 Q。

步骤四:比较 Q 与 Q_1、Q_2、Q_3 之间的大小关系。

当 Q 小于 Q_1、Q_2、Q_3 中任一值时,无人机原地降落,GPS 定位模块持续发出定位信息,控制器控制警报模块发出报警信息。

当 $Q>Q_1$ 且 $Q<Q_2$ 时,无人机返回至行进方向后方的一个可用充电站进行充电,为了避免以上两种情况,可提高阈值 $\theta\%$。

当 $Q>Q_2$ 且 $Q<Q_3$ 时,无人机行进至行进方向上较近的一个充电站进行充电,若此时该充电站处于满载状态,无人机返回至行进方向后方的一个可用充电站进行充电,若该充电站与返回至行进方向后方的一个可用充电站均处于满载状态,无人机降落在该充电站附近进行排队。

在这一过程中,设置一阈值 $\alpha\%$,当电量降低至该阈值时,无人机原地降落并等待工作人员进行回收。

步骤五：当 $Q>Q_3$ 时，无人机在行驶 Q_2 距离后进行步骤二到步骤四的操作。

充电平台的角点处安装红外二极管，无人机降落于充电平台上，其质量作用于重力传感器，重力传感器达到设定阈值，向核心控制单元发出信号，核心控制单元判断无人机降落成功，充电开关打开，电能传输装置向无人机传输电能。同时，搭载摄像头视觉导航的无人机可以应用于一些特殊任务，提高了任务的可靠性[8,9]。

5 结 论

（1）通过对无人机的飞行距离与电量的关系进行分析，并根据个体无人机的实际状况以及无人机与充电站之间的距离来分配无人机去往最合适的充电站进行充电工作，使无人机能够充分利用电池容量，提升无人机的单次飞行时间。

（2）通过在距离充电站一定距离处就开始进行下降过程，并通过加速下降与减速下降的形式进行降落，相较于传统的停留在充电站上方后开始匀速后减速下降的过程，节约了大量的降落时间，提高了无人机的工作效率。

参考文献

[1] 李茜雯,陈健锋,崔苗,等.可充电无人机辅助数据采集系统的飞行路线与通信调度优化[J].物联网学报,2022,6(03):113-123.

[2] 魏涛. 无人机路径规划算法研究[D].重庆:重庆邮电大学,2020.

[3] 毛慧婷. 考虑中继充电的多无人机侦察路径规划方法研究[D].长沙:国防科技大学,2020.

[4] 安红恩,杨少沛,许璐.无人机空中充电智能系统研究[J].信息记录材料,2022,23(05):18-20.

[5] 武晓凯. 基于电量管理的无人机航行自主决策与精准降落[D].北京:华北电力大学,2020.

[6] 吴梦洁. 无人机辅助的物联网信息年龄优化方法研究[D].咸阳:西北农林科技大学,2022.

[7] 武帅,蔡春伟,陈轶,等.多旋翼无人机无线充电技术研究进展与发展趋势[J].电工技术学报,2022,37(03):555-565.

[8] 缴德凯,张岩,李博文,等.风光互补无人机无线充电基站系统设计[J].科技风,2022,498(22):6-8.

[9] 贺震. 旋翼无人机自主充电系统设计[D].北京:华北电力大学,2019.

扇翼环保海洋无人机设计

丛伟　王云海　穆旭　马丽　朱伟

（山东交通学院，山东·济南，250357）

摘要： 扇翼飞行器是近期发展起来的低速大载荷飞行器，既有直升机的短距起降优势，又兼顾固定翼飞机的经济效益。为减轻海洋垃圾对人类、海洋生物、水质、渔业等造成的严重危害，改善海洋生态系统，本文根据当前海洋垃圾回收容量小、效率低等问题，结合扇翼飞行器特点设计一款及时高效清理海洋垃圾的飞行器-扇翼海洋环保无人机。具体研究内容如下：① U 形网快速回收垃圾，垃圾分类处理，海藻海草类粉碎直接排入海中做鱼饵或海洋微生物降解；塑料类垃圾打包，采用石油裂解法产生油品和化学用品，降低石化产业对石油的需求。② 通过对单个扇翼仿真验证本文使用的数值模拟方法的可行性，并对前后并排双扇翼、上下并排双扇翼等 7 个不同多扇翼布局在 10 m/s 和 30 m/s 下进行气动仿真对比，对比发现前后并排双扇翼布局气动特性最好。③ 通过对比前后扇翼不同距离的升力系数和推力系数发现，当前后间距为 $d/(2R_3)=1.5$ 时扇翼的升力系数及推力系数最大。本文研究结果对进一步开展扇翼飞行器的设计、海洋漂浮垃圾的清理等相关研究提供一定的参考价值。

关键词： 扇翼飞行器；海洋垃圾；清理；数值模拟

1 引　言

随着全球人口的升高，科技的发展，海洋污染也越来越严重。据官方数据显示，每年有 1 270 万长时间无法分解的塑料垃圾被倾倒入海洋，成千上万的海鸟、海龟等海洋生物被杀死，甚至曾经的海洋霸主鲸鱼也未能幸免。海洋垃圾它正在扼杀海洋生态和生物多样性，并对生活在海洋中的许多生物造成严重破坏。据统计，每年有超过 700 万吨塑料从河流中流入海洋，占海洋碎片的 80%。在联合国海军会议上，联合国秘书长安东尼奥·古特雷斯表示，根据最近的一项研究，到 2050 年海洋中的垃圾总质量可能会超过鱼类总质量。

在流入海洋的垃圾中，泡沫垃圾占 37.35%，玻璃垃圾占 17.29%，塑料垃圾占 45.37%[1]。近海漂浮垃圾对环境、人类以及动物的污染极大，海洋漂浮垃圾有诸多危害。海洋动物危害：海洋动物在近海漂浮垃圾附近活动时，容易被海洋漂浮垃圾缠绕，误食海洋漂浮垃圾，进而影响其自由捕食的能力[2]。海洋漂浮垃圾对海洋动物的危害如图 1 所示。

海洋垃圾漂浮在海洋表面，遮挡了阳光，阻碍了海洋植物进行光合作用，从而使植物的制氧量减少，导致海水中的含氧量减少，从而抑制了海洋动植物的活力，随之破坏了海洋生态系统的平衡。海上漂浮的垃圾由于越来越多，海洋生物由于生物富集作用，海洋漂浮垃圾带来的微塑料等污染物会随着食物链逐步积累，最终危害到人类，人类作为食物链顶端的生物，一定会遭受漂浮垃圾中的污染物危害。

我国塑料产量增长迅速，新中国成立初期塑料年产量仅有 400 多吨，而 2019 年塑料的年产量已达到 8 650.2 万吨，塑料产量飞速增长。图 2[3] 为 2013—2022 年我国塑料制品产量及

图 1　被塑胶带牵绑生长畸形的乌龟和误食垃圾的喙鲸

增长趋势,从图 2 中可以看出,我国垃圾产量几乎每年都在增长,人们对塑料制品的需求越来越大,但是人们使用的塑料制品,大部分为不可分解塑料,有较大一部分最终会流入河流,变为海洋漂浮垃圾,造成我国沿海海洋环境污染。在塑料制品逐年增长的同时,我们也在努力践行生态环保理念,始终在寻找清理海洋漂浮垃圾的可靠方法。

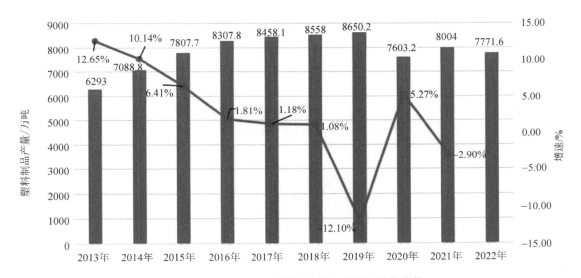

图 2　2013—2022 年我国塑料制品产量及增长趋势

　　我国海面漂浮垃圾处理设备逐渐有更大的规模,有经验的研究人员使用了很多无人设施,但因受到海洋漂浮垃圾处理技术的限制且财政投入不足,某些地区处理海洋漂浮垃圾的技术方法达不到要求,海面漂浮垃圾处理设施和支助设施不够现代化,不适合海洋环境的技术要求。

　　扇翼飞行器是近期发展起来的低速大载荷飞行器,既有直升机的短距起降优势,又兼顾固定翼飞机的经济效益。通过气动分析,优化气动布局,设计一款扇翼海洋环保无人机来补上弥补我国在“无人机＋环保”这一方面的空缺,利用扇翼无人机的优势,快速高效清理海洋漂浮垃圾,有效改善海洋漂浮垃圾污染问题,实现海洋生态系统的可持续发展。

2 研究思路及创新点

2.1 研究思路

研究思路见图 3。

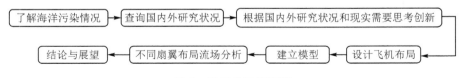

图 3 研究思路流程图

2.2 海洋垃圾清理工作流程

海洋垃圾清理工作流程见图 4。

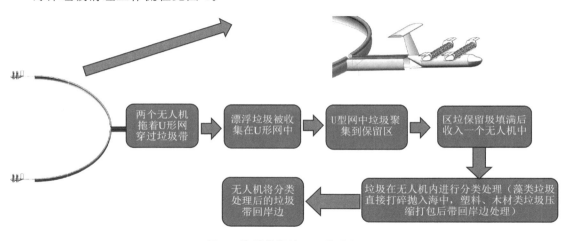

图 4 海洋垃圾清理工作流程

2.3 海洋垃圾处理方式

海洋垃圾处理方式见图 5。

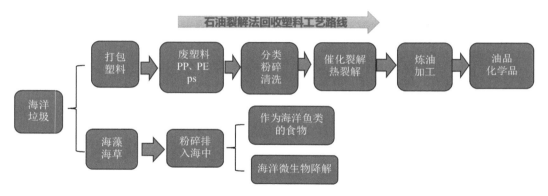

图 5 海洋垃圾处理方式

2.4 创新点

（1）清理垃圾工具由船改为低速大载荷扇翼飞机，快捷高效。垃圾清理工作示意图见图6。

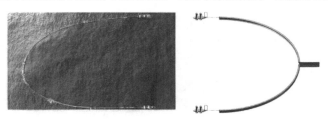

图6 垃圾清理工作示意图

（2）垃圾分类处理

① 垃圾分类处理，海藻海草类粉碎直接排入海中做鱼饵或海洋微生物降解。

② 塑料类垃圾打包，杜绝在运输途中可能出现的二次污染，有效降低海洋垃圾对海洋生态系统的影响。单扇翼开槽和上下、前后双扇翼布局见图7。

③ 塑料垃圾通过石油裂解法产生油品和化学用品，降低石化产业对石油的需求。

（3）扇翼气动布局

① 提出上下双扇翼和单扇翼开槽布局形式，并研究上下双扇翼和单扇翼开槽布局参数的相关影响。单扇翼开槽和上下、前后双扇翼布局见图7。

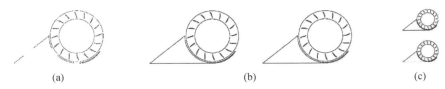

      (a)   (b)   (c)

图7 单扇翼开槽和上下、前后双扇翼布局

② 提出双横流风扇（见图8）和三横流风扇（见图9）的布局形式，并研究双横流风扇和三横流风扇参数的相关影响。

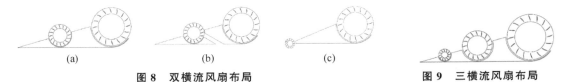

  (a)   (b)   (c)

图8 双横流风扇布局   **图9 三横流风扇布局**

3 研究内容

3.1 单个扇翼的气动特性分析

建立几何模型，计算域划分为四个部分：① 外部流场远端区域3 000 mm×2 000 mm的长方形区域，为扇翼弦长的25倍；② 外部流场加密区域600 mm×500 mm；③ 叶片旋转区域，该区域为计算时运动区域；④ 内部静止区域，该区域为产生低压偏心涡区域。定义Part，划分网格，基于SIMPLE算法的压力求解器，通过RNG k-ε 湍流模型结合增强壁面函数的方法进行模拟。

设定扇翼的迎角为0°，气流速度为10 m/s，气流从右向左流动，扇翼的转速为

3 000 rpm(r/min),横流风扇为逆时针旋转方向。从图 10 仿真结果来看,速度矢量图和压力图与前人所作结果类似,该数值模拟方法具有一定的可行性,在扇翼内部产生一个低压偏心涡,同时气流经过扇翼后被加速从上翼面流向后方。产生差异的原因可能是扇翼模型尺寸及安装角不同造成的。

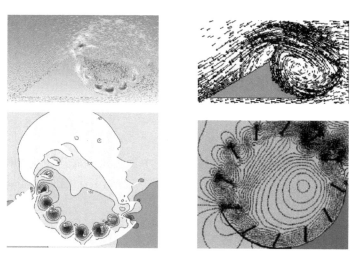

图 10 数值模拟验证

3.2 前后并排双扇翼气动特性分析

由图 11 可知,前、后扇翼的升力系数随着前后扇翼间距的增大而先增大后减小,后扇翼的升力系数变化更大,说明它受前扇翼的影响更大。由图 11 可知,在 $d/(2R_3)=1.5$ 时升力系数最大,10 m/s 时提高了 12.8%,30 m/s 时提高了 97.67%。

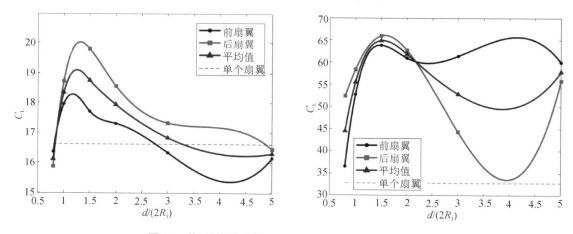

图 11 前、后扇翼布局 10 m/s 和 30 m/s 时升力曲线图

3.3 上下并排双扇翼气动特性分析

由图 12 可知,当上下扇翼距离 $h/(2R_3)$ 增大时,上方扇翼的升力系数随之增大,而下扇翼的升力系数随 $h/(2R_3)$ 的增大而减小,但平均的升力系数最终没有超过单个扇翼的升力系数。

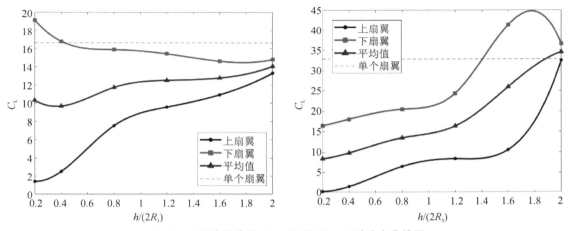

图 12　上下扇翼布局 10 m/s 和 30 m/s 时升力曲线图

3.4　单个扇翼后方开缝气动特性分析

由图 13 和图 14 可知,随 d 的增大扇翼的升力系数 C_L 和推力系数 C_m 均逐渐减小,且升力系数远小于单个扇翼和 $d/(2R_3)=1.5$ 的前后双扇翼结构的升力系数;推力系数远小于 $d/(2R_3)=1.5$ 的前后双扇翼结构的推力系数。

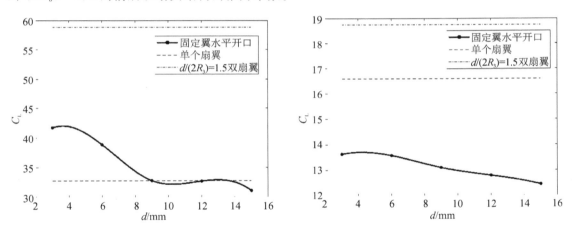

图 13　单扇翼开槽气动布局 10 m/s 和 30 m/s 时升力曲线

3.5　双横流风扇气动特性分析

由图 15 和图 16 可知,随 d 的增大,扇翼的升力系数和推力系数均先增大后减小,在 $d=10$ mm 时最大,此时升力系数远小于单个扇翼和 $d/(2R_3)=1.5$ 的前、后双扇翼结构的升力系数,但大于未开缝时的升力系数。

3.6　三横流风扇气动特性分析

安装在一个固定翼上的三扇翼结构参数见表 1。利用 FLUENT 对扇翼进行气动特性数值模拟,得出在流速分别为 10 m/s 和 30 m/s 的仿真结果,并将此与单个扇翼和 $d/(2R_3)=1.5$ 时的前后结构的升力系数和推力系数进行对比,由表 2 可知,不论 10 m/s 还是 30 m/s

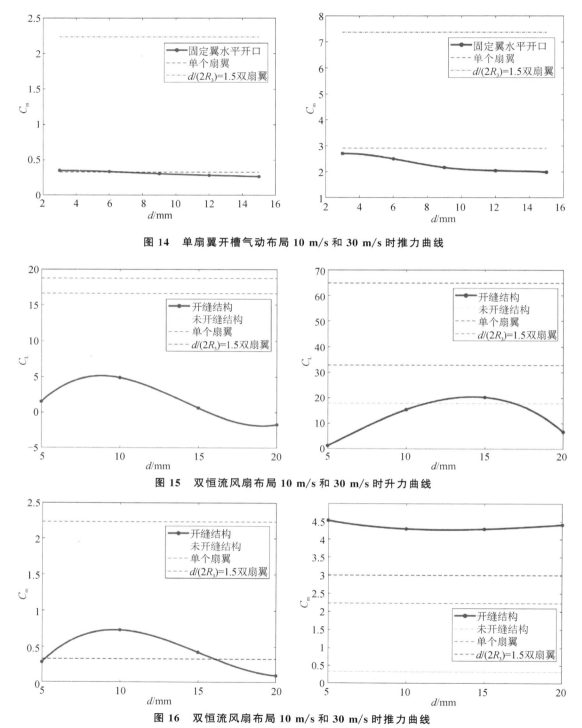

图 14　单扇翼开槽气动布局 10 m/s 和 30 m/s 时推力曲线

图 15　双恒流风扇布局 10 m/s 和 30 m/s 时升力曲线

图 16　双恒流风扇布局 10 m/s 和 30 m/s 时推力曲线

时,该结构的升力系数远小于单个扇翼和 $d/(2R_3)=1.5$ 前后结构的双扇翼,但其推力系数大于单个扇翼小于 $d/(2R_3)=1.5$ 前后结构的双扇翼。

表 1　安装在一个固定翼上的三扇翼结构参数

名　称	参数值	名　称	参数值
第三个风扇翼内圆弧半径 R_1	8 mm	前两扇翼的距离 d_1	120 mm
第三个风扇翼外圆弧半径 R_2	15 mm	后两扇翼的距离 d_2	80 mm
固定翼内圆弧半径 R_3	16 mm	第三个扇翼叶片数量 m	12

表 2　不同结构的升力系数和推力系数对比

速　度	类　型	升力系数 C_L	推力系数 C_m
10 m/s	安装在一个固定翼上的三扇翼结构	4.031 839 331	0.800 117 225
	单个扇翼	16.613 584 97	0.327 601 212
	$d/(2R_3)=1.5$ 前后结构的双扇翼	18.750 283 66	2.233 477 65
30 m/s	安装在一个固定翼上的三扇翼结构	14.735 885 87	4.409 394 87
	单个扇翼	32.822 712 56	2.905 236 962
	$d/(2R_3)=1.5$ 前后结构的双扇翼	64.880 984 57	7.378 705 463

为进一步分析该结构的气动特性,该结构的压力云图和速度云图见图 17。由图 17(a)可知,三扇翼结构相比于其他结构较小。由图 17(b)可知,三个扇翼的偏心涡位置各不相同,且第一个扇翼的速度较第二第三扇翼较大,这是因为扇翼安装在固定翼上造成对气流的影响,这样不仅对速度造成影响,而且对压力也有所影响。

(a) 压力云图　　　　　　　　　(b) 速度云图

图 17　安装在一个固定翼上的三扇翼压力云图和速度云图

3.7　各种情况结果对比

不同结构的升力系数和推力系数对比见表 3。

表 3　不同结构的升力系数和推力系数对比

速　度	类　型	升力系数 C_L	推力系数 C_m
10 m/s	固定翼尾部添加一扇翼结构	12.541 233	0.430 896 802
	单个扇翼	16.613 584 97	0.327 601 212
	$d/(2R_3)=1.5$ 前后结构的双扇翼	18.750 283 66	2.233 477 65
30 m/s	固定翼尾部添加一扇翼结构	26.607 3	2.525 393 617
	单个扇翼	32.822 712 56	2.905 236 962
	$d/(2R_3)=1.5$ 前后结构的双扇翼	64.880 984 57	7.378 705 463

由表 3 综上几种情况对比发现,前后双扇翼结构的气动特性更好,当前后距离在 $d/(2R_3)=$

1.5 时,升力系数和推力系数最大,因此将该气动布局作为海洋环保无人机机翼的主体结构。最终确定海洋环保无人机的总体如图 18 所示,具体相关海洋环保无人机设计参数见表 4。

表 4　海洋环保无人机设计参数

参 数	数 值	参 数	数 值
整机长/m	32	扇翼叶片数/个	16
整机高/m	6.8	最大航程/km	960
翼展/m	38.8	飞行高度/m	2 000
最大载重量/t	10	最大起飞重量/t	53
最大时速/(km·h⁻¹)	110	起飞距离/m	320

图 18　海洋环保无人机

5　结束语

扇翼海洋环保无人机紧扣当今"向海洋进军,加快建设海洋强国"战略,可明显改善海洋环境,具有劳动强度低、适用范围广等优势,市场推广前景好,高效与及时地处理海上垃圾,可有效降低海洋垃圾对海洋生态系统的影响;降低海洋生物因误食海洋垃圾导致生物种类减少或浮游生物的死亡的概率;既美化了环境,又杜绝了二次污染;既减少蚊蝇的滋生,又利于海边居民拥有更好的居住环境[4]。

本文通过对扇翼海洋环保无人机的设计与气动特性分主要得出以下结论:

(1)清理海漂浮洋垃圾工具由船改为低速大载荷扇翼飞机,快捷高效。

(2)垃圾分类,海藻、海草就地绞碎直接排入海中作为鱼饵鱼的食物,循环利用;塑料类垃圾就地打包处理,杜绝在运输途中可能出现的二次污染,有效降低海洋垃圾对海洋生态系统的影响,省力省时更高效。

(3)打包塑料垃圾通过化学反应釜,将海洋塑料垃圾转化成石蜡,实现资源的可再生,以便资源实现循环利用,实现可持续发展;通过金属离子催化剂生产出 0 号无铅汽油和 0 号柴油,减少石化产业对石油的需求。

(4)在不同速度(10 m/s 和 30 m/s)仿真对比不同的多扇翼布局发现,前后扇翼气动布局的升力和推力比其他扇翼气动布局的升力和推力更好。

(5)由仿真可知,当前后扇翼的距离为 $d/2R_3=1.5$ 时,升力系数和推力系数最大。因此选用前后间距 $d/2R_3=1.5$ 双扇翼布局作为海洋环保无人机机翼的主体结构,进而确定海洋环保无人机的总体。

参考文献

[1] 闻冰喆,张今星,崔晨宇,等.浅析海洋垃圾现状——以厦门为例[J].现代盐化工,2021,48(04):183-184.

[2] 刘红丹,金信飞,焦海峰.海洋生态示范区建设中开展海洋漂浮垃圾综合管控的探索——以浙江省宁波市为例[J].环境与可持续发展,2018,43(03):82-85.

[3] 高靖,刘建超.塑料产量的影响因素分析和模拟预测[J].橡塑技术与装备,2021,47(18):40-45.

[4] 赵尚飞,李越,李玲,等.一种新型的海洋塑料垃圾回收处理平台的设计[J].河南科技,2021,40(33):110-112.

无人机天气干扰解决研究进展与展望

刘畅　李甜雨

（山东交通学院，山东·济南，250357）

摘要： 无人机在未来军民领域的应用越来越广泛，随着人工智能技术和传感器技术的不断发展，无人机的自主飞行能力将逐渐提高，从而提升无人机的飞行效率和安全性。无人机技术将进一步成熟，生产制造的成本将逐渐降低，从而实现无人机的规模化应用，大规模应用将带来更加丰富的商业模式和应用场景，让无人机发挥更大的价值。在这种大规模的模式下可以应对不同天气状况且在不同天气下实现无人机作业也逐渐成为当下研究的热点话题。无人机飞行受到天气影响是一个复杂的问题，受到的影响因素有很多，包括温度、湿度、风速、风向、能见度、云量等。为了提高无人机在不同天气情况的稳定性和性能，本文通过查阅大量文献，从视程障碍天气、风力天气、雷电天气三个大方面提出影响因素，并总结解决办法，使无人机可以更好地适应和克服以上天气的突发情况，从而实现在不同天气的平稳飞行。此外，本文还对无人机未来在不同天气情况下的飞行进行展望，提高无人机质量和选择更优的控制器，确保它们在恶劣天气条件下仍然可以可靠的工作。

关键词： 无人机；天气状况；抗干扰；突发情况

1　引　言

随着人工智能技术的发展，无人机已经从基本的低速、小范围应用逐步应用在各个领域，在军事领域、农林植保、地图测绘、气象探测、环境监测、电力巡线、治安巡逻、应急救援等方面应用广泛，逐渐形成"无人机＋行业"的应用趋势。

从我国无人机拥有者注册用户数量来看，据民航局数据显示，截至 2021 年底，全行业无人机拥有者注册用户达 78.1 万个，同比增长 40%。其中，个人用户 71.8 万个，同比增长 44.2%，企业、事业、机关法人单位用户 6.3 万个，同比增长 5%[1]。可见无人机行业未来市场广阔，市场规模在不断提高。

对于我国而言，无人机特别是民用无人机的发展已处在世界前列，未来在低空开放和需求牵引下，我国无人机很可能成为航空工业实现赶超发展的重要突破口，并成为国民经济转型升级的新增长点[2]。然而，随着无人机任务复杂性的增加，不可避免地增加了失败的几率，而这很大一部分源自天气的干扰。无人机飞行受到天气影响的因素有很多，包括温度、湿度、风速、风向、能见度、云量等。因此，在无人机飞行前，应该根据当地的天气情况，采取适当的措施，提高无人机自身性能，确保无人机的安全飞行。本文通过查阅相关文献，对无人机受天气的影响因素和解决方法进行了总结，并对未来的发展方向进行了展望。

2　无人机受天气影响的因素

2.1　视程障碍天气

视程障碍天气现象包括:雾、烟、霾、风沙;浮尘;吹雪;降雨等。

目前无人机行业遇到的问题是,在大雾天气中,无人机因为能见度低,所以降落、飞行、自动返航都是十分困难的,很容易出现意外,如果雾天严重就不能实时监测到无人机的动向,具有一定的危险性,无人机易受高空中雾气影响,造成图像清晰度降低甚至失真,极大影响了无人机图像的拼接;随着空气湿度的增加,无人机镜头形成的小水珠会影响内部高精密部件的运作,小水滴有可能渗透进一体化机体,侵入飞控系统,进而附着在电路板上,从而导致一些电子设备短路,也会使航拍无人机拍出来的照片不清晰,画质不达标[3]。

2.2　风力天气

风力是指风吹到物体上所表现出的力量的大小。一般根据风吹到地面或水面的物体上所产生的各种现象,把风力大小分为 13 个等级,最小是 0 级,最大为 12 级。

据大疆无人机数据显示,大部分无人机一般在五级以下风力天气正常航行,而 5 级以上的风力会影响无人机飞行的稳定性及续航时间。在大风的情况下,无人机为了保持姿态和飞行,会消耗更多的电量,续航时间会缩短。当最大风速大于无人机的最大飞行速度,无人机将无法正常工作,其飞行稳定性会大幅下降,甚至出现摔机事故。无人机的飞行受到气流的影响,当无人机处于强风区域时,空气流动的速度和方向会发生明显变化,这会影响无人机的稳定飞行。具体来说,无人机在飞行过程中,需要通过螺旋桨等设备产生的气流来产生升力和控制飞行方向。但强风会改变螺旋桨和机身的气流状态,使得无人机失去平衡和稳定性,从而无法控制飞行方向,进而被风吹飞。此外,无人机在飞行过程中还需要通过传感器、遥控器等设备获取外部环境信息,并对飞行进行精确的控制。强风会干扰无人机的传感器和遥控器的正常工作,导致无人机失去控制,进而出现摔机事故。

2.3　雷电现象

雷电现象包括雷暴、闪电、极光。

在地球大气中,每天平均产生雷电约 800 万次,分布在海拔约 100 km 的空间内,电压可高达亿伏量级,实际上当云层之间或云地之间电场达到 1 000 kV/m 量级时,大气就被电离,形成导电的等离子体气流,从而形成气流泄放和中和电荷的等离子体导电通道,通道内电流极大,温度极高,气体瞬间膨胀并产生闪电弧光和雷鸣[18]。雷电对无人机有直接效应和间接效应:直接效应主要指由雷电直接击中无人机后,对结构造成的物理损伤,其损伤程度主要与雷电流大小、持续时间、作用积分、电荷传递量等因素有关,主要包括以下几个方面:机械效应、热效应、火花效应、电磁力效应;间接效应主要是指雷电对无人机电子、电气设备的干扰或破坏,产生可能危及无人机正常工作的间接危害,主要包括:电磁效应、静电感应效应[19]。

3　无人机受天气影响的解决方案

3.1　视程障碍天气解决方案

邬春学提出无人机遥感具有实时性、高分辨率等特点,但易受高空中雾气影响,造成图像清晰度降低甚至失真,极大影响了无人机图像的拼接等问题。在图像去雾方面,本文基于周昊提到的暗通道先验去雾算法,提出一种结合亮通道先验理论的去雾算法,并使用伽马函数优化图像显示。许哲提出了一种深度学习神经网络模型 DLDN,利用神经网络模型实现无人机深度学习去雾算法。黄依国提出结合暗通道先验进行去雾网络模型设计,在保证去雾精度和效果下,对网络结构进行优化;然后对含雾图像间隔多尺度卷积特征提取,采取最大池化层的方式对特征降维;最后通过修正线性单元和全连接对进行处理,得到回归结果。许哲针对雾霾的影响,提出了一种自适应无人机遥感图像去雾算法,提高了算法的精确性和时效性,最后,对去雾后的图像进行图像增强处理,提高图像的清晰度。杜漫飞提出将图像分割技术与暗原色方法结合起来,实现不均匀雾霾的综合去除。徐宏庆提到在旋翼无人机的基础上,对无人机的传动机构进行重新设计,解决了电机防雨问题,同时在机体部分安装防雨罩,进行了防雨设计,保证了多旋翼动力单元的防雨效果,保证无人机安全稳定飞行。

通过对无人机应对视障碍的文献进行查阅得知,得益于无人机遥感的实时性和高分辨率,着重由此实现去雾处理,改进不同的算法图像,使无人机有更好的色彩真实性、清晰度,并能更好地进行处理细节,优化计算透射率,增强边缘细节,同时提升处理速度。

3.2　风力天气解决方案

为了提高无人机在更高风力等级下飞行的稳定性,姜文韬提出将模糊控制理论引入传统PID 控制器,设计模糊 PID 控制器。刘祎玮提出基于小型四旋翼无人机的非线性动力模型,选择模糊规则,对控制方程中相应的变量进行模糊化;在 Simulink 环境下,以阶跃信号作为输入,考察模糊 PID 控制器的动态性能,结果显示:与传统 PID 控制器相比,模糊 PID 控制器可以将偏航角调整时间缩短至 67.1%,超调量缩小至 65%,有效提高四旋翼无人机的飞行姿态调整质量。郭英萃提出构建稳定风场和多个静态障碍区双重影响的无人机电力巡检路径规划模型,运用强化学习的思想改进遗传算法更新种群,提高种群的收敛速度,实现在短时间内规划出巡检时间代价最小的路径。司勇提出基于滑模控制的四旋翼无人机参数预测和抗扰动的自适应轨迹跟踪控制器提高无人机的抗扰动能力,消除在飞行过程中的抖振现象,提高无人机的适应性和稳定性。孙玉提出基于极值搜索算法的多旋翼无人机姿态稳定控制方法研究。利用牛顿-欧拉方程分析无人机动力作用机制,充分考虑不同姿态下的多旋翼无人机角速度参量,将参数输出状态与目标状态之间的偏差作为无人机稳定控制的目标参数。以代价函数为约束,利用极值搜索算法计算得到多旋翼无人机稳态下的控制参数,完成姿态稳定控制。熊吉提出面向解决矢量无人机飞行姿态中由于控制策略不合理导致飞行失稳甚至"炸机"的频发问题,重点阐述了易发生的飞行掉高、机翼振动和随机干扰等飞行姿态稳定问题以及注意事项,并总结出实践中相匹配的优良解决方案。冉杨提出设计了一款能够多功能长续航物联网无人机动力电池,以提升无人机的续航,进一步提高了无人机的工作效率;也能在无人机作业时利用机载电池追踪到无人机的实时状态及位置,能更好地控制无人机;在无人机坠毁后,也可以利用蜂鸣器控制辅助寻找无人机。

综上所述,在一定等级范围内的大风天气,提高无人机飞行的稳定性和对抗大风长久的续航能力,可以从模糊控制理论引入传统 PID 控制器、极值搜索算法等方案去解决。通过仿真实验、场景测试,分析解决了无人机在不同风力的作用下,无人机稳定性的提高,从而实现无人机在大风天气的稳定飞行。

3.3　雷电现象解决方案

针对无人机在雷电天气安全飞行,范海涛指出了 MBSE 的系统工程理论在航天航空的重要作用。徐宏伟提出基于 MBSE 的系统工程理论,综述了飞机系统雷电效应的总体防护设计原则和技术措施,对机体结构和外部设备给出了雷电直接效应防护设计措施,并给出了机载设备雷电间接效应的防护总体设计原则及典型技术方案。何征提出以某型无人机系统作为受试对象,利用亥姆霍兹线圈和雷电浪涌发生器模拟雷电脉冲磁场,研究了无人机雷电脉冲磁场效应,利用雷电脉冲磁场试验平台,对无人机系统开展雷电脉冲磁场效应试验,评估其抗强电磁脉冲干扰能力,研究防护加固措施等。张海燕提出面对复杂的电磁环境,无人机可以采用扩频抗干扰的技术、自适应干扰技术以及信息源编码技术等诸多强化性措施,来有效降低或防止电磁环境对无人机的干扰。郭飞提出针对固定翼无人机建立了端接式和同轴式两种不同的回路导体模型,通过传输线矩阵法仿真分析了 MQ - 9 无人机在不同试验配置条件下的雷电间接效应,给出了合理优化的试验方案。

通过对无人机雷电防护的文献进行查阅得知,无人机在雷电天气在设计技术上可以采用扩频抗干扰的技术、自适应干扰技术或信息源编码技术等解决方案,随着系统的集成度越来越高,雷电电磁脉冲对无人机的影响也越来越大,因此需要采取适当的雷电防护措施。当前国外非常重视无人机的防雷工作,而我国在无人机雷电防护方面的研究还比较少,多数无人机都没有采取防雷措施,应加强该领域工作,确保无人机在雷电环境中的飞行安全。

4　不同天气下无人机飞行展望

当下无人机的出现与应用更好地解决了抗击台风至关重要的一个问题,就是能对台风进行及时预测和实时监测。过去,这些任务主要由有人驾驶飞机来完成,这一方式虽然有效,但监测成本比较高,监测范围和效率比较有限,同时驾驶员生命安全也存在一定风险。而无人机具有高灵活、强适应、低成本和无伤亡的明显优势,这不仅能支撑其在恶劣极端天气下完成各种气象监测任务,而且完成的精度和效率也要高很多。最为重要的是,无人化作业不会产生安全隐患。在 2020 年 8 月 2 日,我国气象局便表示,当年第 3 号台风"森拉克"肆虐期间,我国自主研发的高空大型气象探测无人机已经圆满完成了对"森拉克"外围云系的综合气象观测任务,这标志着我国无人机在台风探测和预警领域方面愈发成熟[22]。

不仅如此,无人机在灾区测绘、灾后应急救援、临时通信、电力巡检等方面同样具有显著价值。而在未来,无人机将会应用的更为广泛,随着无人机结构、系统、通信、荷载、续航等方面的不断完善,无人机未来前景将值得期待。未来无人机的研究必将向着更加个性化、智能化的方向发展,如开发无人机自动开启防降雨的技术;在狂风中保持流畅的飞行以及躲避空中的各种沙石;在减弱雷电等因素造成的磁场干扰现象产生的损害;应当积极搭建无人机工作平台,让无人机更加智能化、稳定化。

参考文献

[1] 2023 年中国无人机行业全景图谱[EB/OL].[2022-11-13].网易,https://m.163.com/dy/article/HM2ILAA40519811T.html.

[2] "中国无人机产业创新联盟"正式成立华为进军电视领域[OL].[2023-02-18].https://www.whst.com.cn/tianwen/20200103_90300.html.

[3] 邬春学,万志港.无人机图像去雾与特征匹配算法研究[J].智能计算机与应用,2023,1:38-42,49.

[4] 周昊,宜美艳.基于暗通道先验与改进 Retinex 的图像去雾算法[J].安徽:池州学院学报,2021(6):22-25.

[5] 许哲,张少帅,郭璐,等.无人机深度学习去雾算法[J].机械与工程,2021,12:22-25.

[6] 黄依国.基于暗通道先验和深度学习的去雾算法研究[D].厦门:厦门理工学院,2022.

[7] 许哲,张少帅,郭璐,等.一种无人机遥感图像去雾方法[J].通信技术,2020,10:2442-2446.

[8] 杜漫飞,孙华生.无人机遥感图像中不均匀雾霾的去除算法研究[J].测绘与空间地理信息,2019,1:174-176,180.

[9] 徐宏庆,何启瑞,郑潘璇.实用防雨型多旋翼无人机设计[J].科技与创新,2021,7:51-52.

[10] 姜文韬,李海英,刘绍谦,等.基于模糊 PID 的四旋翼无人机飞行姿态控制[J].交通行业节能,2023,4:22-25.

[11] 刘祎玮,唐路平.粒子群优化模糊 PID 的四旋翼飞行器控制[J].控制系统与智能制造,2022,8:13-18.

[12] 郭英萃,靳慧斌.基于稳定风场下的无人机电力巡检路径规划研究[J].理论与政策,2023,3:110-117.

[13] 司勇,王兆魁,李东方,等.四旋翼无人机参数预测和抗扰动自适应轨迹跟踪控制[J].测控技术,2023,2:99-107.

[14] 孙玉,潘安.基于极值搜索算法的多旋翼无人机姿态稳定控制[J].信息:技术与应用,2022,9:204-206.

[15] 熊吉,许春霞,胡瑞,等.矢量无人机飞行姿态稳定性保障及其控制策略研究进展[J].电讯技术,2021,10:1324-1330.

[16] 冉杨,邓雷禹,蓝誉鑫,等.长续航无人机动力电池的技术分析[J].创新应用,2023,4:378-379.

[17] 范海涛 刘霞.运用 MBSE 理论和方法实现航天器创新研发[J].网信军民融合,2020,7:22-26.

[18] 徐宏伟.无人机雷电防护设计技术综述[J].飞机设计,2021,8:65-73.

[19] 何征,谢冲.无人机雷电防护研究[J].飞机设计,2018,6:42-47.

[20] 张海燕.复杂电磁环境下无人机通信干扰问题的探索[J].科技创新与应用,2020,8:75-76.

[21] 郭飞,姜张磊,苏丽媛.无人机雷电间接效应试验方法的仿真分析[J].南京:陆军工程大学学报,2018,10:100-102.

[22] 无人机在梅雨季和台风大展身手,未来前景可期[OL].[2020-08-08].https://www.elecfans.com/rengongzhineng/1266036.html.

基于四旋翼无人机平台的识别抓取系统研究

李港　黄成龙　孙明健

(哈尔滨工业大学(威海),山东·威海,264200)

摘要: 四旋翼无人机通过携带不同的任务设备,在救援、灭火、配送有着广泛的应用,使用无人机进行物品抓取也有着良好的应用前景,然而,现在对无人机与识别抓取系统相结合的研究较少。因此,本文以四旋翼无人机平台为载体设计了一套识别抓取系统,用于完成无人机对地面物品的识别与抓取。首先,基于自主设计的无人机平台,对剪叉式机械臂进行改进,完成抓取系统运动学分析,并设计控制算法,控制算法具有良好的准确性、稳定性和快速性。然后,提出了新的摄像头标定方案,提升了标定效率;部署了图像识别算法,实现图像精准识别;设计研发具备实时目标检测功能的地面站系统,实现 PC 和机载设备之间的通信。最后,在实机飞行中,完成对本系统的各项功能测试,结果表明,本文研究设计的基于四旋翼无人机平台的识别抓取系统,可以完成识别抓取任务,丰富了无人机和机械臂相结合的实例,对于进一步扩展无人机的应用有着重要的意义。

关键词: 四旋翼无人机;识别抓取系统;剪叉式机械臂;总线舵机;摄像头标定

1　引　言

无人机指不载有操作人员可以自主飞行或遥控驾驶的飞行器。多旋翼无人机相比于其他形式无人机,具有结构和控制相对简单、容易实现悬停、空间机动性强、载荷空间大等优势。无人机虽在航拍航测、电力巡检、农业植保等领域有了较多应用,但这都是无人机单向的对外"输出",仍无法满足智能化无人机应用的实际需要。

将机械臂和无人机结合,使其能够进行特殊作业,如自然灾害应急救援、特殊环境采集样品、跨越复杂地形运输物品等场景,将进一步扩大多旋翼无人机的应用范围。上海交通大学的熊靖丰团队[1]在其文章中针对搭载单关节机械臂的四旋翼无人机进行了动力学建模,并探讨了基于干扰观测器的系统位置控制器设计。犹他州立大学的 Vaibhav Ghadiok[2]等人通过视觉 SLAM 算法对无人机进行定位,并且完成了无人机的抓取功能。但现有的研究没能有机地将识别系统与抓取系统进行结合。

针对无人机对识别抓取功能的需求,本文首先完成了对无人机平台及三自由度抓取系统的设计,改进了剪叉式机械臂结构,进行抓取系统运动学模型构建,并设计抓取系统运动控制算法;然后完成坐标系标定,开发了地面站系统,具备物品识别功能,实现无人机与地面的通讯;最后通过实机飞行进行功能测试,验证无人机的识别抓取系统,并进行分析总结。

2　抓取系统结构与控制

抓取系统是整个无人机的"肩膀、胳膊和手"。现在市面上少有的几款可用于无人机的机械臂系统,结构都较为复杂,且与无人机平台结合较为突兀,对无人机的飞行有较大的负面影响。针对这些问题,首先提出设计要求,对机械臂结构进行结构设计与优化,然后建立抓取系统运动学模型,最后根据运动学模型完成对抓取系统的控制算法设计。

2.1 抓取系统结构设计与优化

针对无人机系统,其搭载的抓取系统需要有较高的空间利用率,以满足更大的工作空间需求,并能够将重物置于飞机重心轴较高的位置,减少重物对飞机操控性的负面影响,降低钟摆效应。为了简化抓取系统结构,提升无人机飞行过程中的稳定性,受建筑塔吊启发,进行抓取系统设计。在无人机平台中心布置旋转机构连接平移导轨,通过回转电机与皮带导轨的旋转与平移实现 xoy 平面运动;导轨连接可伸缩机械臂,机械臂控制柔性机械爪沿 z 轴运动。其简图如图 1 所示。

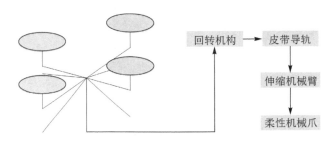

图 1 抓取系统简图

抓取系统包含了连接机械臂的和无人机的旋转平移机构、可伸缩机械臂和柔性机械爪,在机械臂设计中要提升空间利用率,受无人机起落架高度限制,要求缩小机械臂高度以提升空间利用率;同时为了避免钟摆效应影响,机械臂应有中心对称的结构,且负载后能将物体置于水平平面无人机重心垂直高度靠近机身的位置,要求连接件可旋转及平移。

2016 年,广东工业大学的华楠[3]提出了一种新型的剪叉式机械臂,如图 2(a)所示,其可展结构的形式,具有空间伸展性强、稳定性好、工艺性好等特点。但其结构复杂,多单元组合需要更多动力源;刚度不够,会产生前后左右的晃动造成稳定性不足。

为此,本系统在保持结构简单的前提下作出初版改进,如图 2(b)所示,采用对称式结构,对侧各采用两个剪叉单元,结构更加简单,且避免了左右的晃动,降低前后晃动,提高了稳定性。但此初版方案的仍需改进以提高稳定。

在机械学原理中,认为当自由度大于 0 时,原动件应与自由度需保持一致,整个机构才能有确定的相对运动。自由度计算公式如下:

$$F = 3n - (2Pl + Ph) \tag{1}$$

其中,n 为活动构件数目,Pl 为低副数目,Ph 为高副数目。本机构中 n、Pl、Ph 分别为 13、18、0,解得自由度为 3。

而初版方案使用 2 个原动件控制,自由度大于原动件数量,导致整个机构在运动过程中,系统处于欠约束状态,运动状态并不确定,导致机械爪发生偏转,无法保证抓取的准确率。为此做出改进,利用平行四边形的特性,增加一个约束,同时保证两侧的单臂仍保持对称的运动。删去冗余的外侧放松装置,减少重量,增加可靠性。改进后的机械臂如图 2(c)所示。

整个系统采用一体式结构,即抓取系统部分嵌入无人机平台,为整个系统提高结构强度、

　　(a) 剪叉式机械臂

　　(b) 剪叉式机械臂初版改进

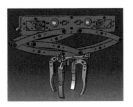
　　(c) 终版剪叉式机械臂

图 2　剪叉式机械臂设计与建模

刚度,同时减少因连接部分所产生的晃动,增加稳定性。考虑到重量和强度要求,本系统采用碳纤维板材料,进一步提高本系统的载重比。完成抓取系统的机械结构设计。携带抓取系统的四旋翼无人机系统如图 3 所示。

2.2　抓取系统运动学模型

　　为了完成后续运动控制算法设计,

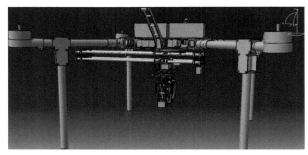

图 3　携带抓取系统的四旋翼无人机

在抓取系统结构设计完成的基础上,需要对其进行运动学建模。将无人机机体平台设为固定坐标系,无人机首先连接旋转机构,然后连接平移机构,完成末端执行器的 xoy 平面运动,最后连接平移机构,完成末端执行器沿 z 轴运动。整个抓取系统构成了 RPP(旋转-平移-平移)串联机械臂系统,简化为如图 4 所示。

　　图中 RPP 结构共有 3 个自由度,包括 1 个转动副和 2 个移动副,旋转轴带动皮带导轨进行转动,机械臂相对皮带导轨可以左右移动,机械爪可以随着机械臂的伸缩而上下移动。根据 RPP 模型建立 D-H 坐标系[4],如图 5 所示。根据所有相邻连杆坐标系的 D-H 参数,建立 RPP 结构参数表,如表 1 所列。

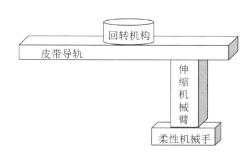

图 4　抓取系统简图

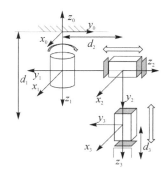

图 5　RPP 模型运动学建模及 D-H 坐标系

　　表中,d_1 表示机械爪到无人机的最小距离,为已知值,θ_1、d_2、d_3 为是变量,分别对应旋转电机旋转角度、导轨运动长度、机械臂伸展长度。通过给出的机械臂模型和机械臂 DH 参数表我们可以对机械臂进行运动学推导。将 D-H 参数表中参数带入 D-H 矩阵式(2)中,将相邻变换矩阵 ^0_1T、^1_2T、^2_3T 连乘,得到 RPP 结构末端点相对于基准坐标系的位姿矩阵,如式(3)所示,完成正运动学推导。

表 1 RPP 串联结构 D－H 参数表

连杆序号 i	关节变量 $\theta_i/(°)$	连杆长度 a_{i-1}/mm	偏转角度 $\alpha_{i-1}/(°)$	连杆变量 d_i/mm
连杆 1	θ_1	0	180	d_1
连杆 2	0	0	90	d_2
连杆 3	0	0	－90	d_3

$$
{}^{i-1}_{i}T = \begin{bmatrix} \cos\theta_i & -\sin\theta_i & 0 & a_{i-1} \\ \sin\theta_i\cos\alpha_{i-1} & \cos\theta_i\cos\alpha_{i-1} & -\sin\alpha_{i-1} & -d_i\sin\alpha_{i-1} \\ \sin\theta_i\sin\alpha_{i-1} & \cos\theta_i\sin\alpha_{i-1} & \cos\alpha_{i-1} & d_i\cos\alpha_{i-1} \\ 0 & 0 & 0 & 1 \end{bmatrix} \tag{2}
$$

$$
{}^{0}_{3}T = \begin{bmatrix} \cos\theta_1 & -\sin\theta_1 & 0 & d_2\sin\theta_1 \\ -\sin\theta_1 & -\cos\theta_1 & 0 & d_2\cos\theta_1 \\ 0 & 0 & -1 & -d_1-d_3 \\ 0 & 0 & 0 & 1 \end{bmatrix} = \begin{bmatrix} n_x & o_x & a_x & p_x \\ n_y & o_y & a_y & p_y \\ n_z & o_z & a_z & p_z \\ 0 & 0 & 0 & 1 \end{bmatrix} \tag{3}
$$

式(3)中，d_1 表示机械爪到无人机的最小距离，为已知值，θ_1、d_2、d_3 为是变量，分别对应旋转电机旋转角度、导轨运动长度、机械臂伸展长度。n、o、a 表示机械爪姿态，p 表示机械爪位置。

下面进行逆运动学推导，式(3)，右边元素均为已知量，求左边中的 θ_1、d_2、d_3。按照矩阵相等，对应元素相等，第一行第一列与第二行第二列对应相等可得

$$
\cos\theta_1 = n_x, \qquad -\sin\theta_1 = n_y \tag{4}
$$

两式相除可得并整理，可得 θ_1：

$$
\theta_1 = -\arctan\frac{n_y}{n_x} \tag{5}
$$

求解 d_2，令式(3)两边一行四列相等，并整理可得

$$
d_2 = \frac{p_x}{\sin\theta_1} \tag{6}
$$

求解 d_3，令式(3)两边三行四列相等，并整理可得

$$
d_3 = d_1 - p_z \tag{7}
$$

至此完成抓取机构运动学正解和逆解解算，下面可以根据运动学模型，进行抓取系统控制算法设计。

2.3 抓取系统控制算法设计

基于运动学模型，对抓取系统控制算法进行设计。总线舵机自带闭环反馈系统，拥有丰富的控制模式，可以精准的控制总线舵机运转到每个具体角度；同时还具有保持力矩和堵转力矩功能，自锁保证抓取物体在飞行中的稳定性。因此选择总线舵机进行控制。

首先对机械臂动作进行分析，完整的机械臂抓取分为回转步进、抓取、回中三个部分。

（1）回转步进部分，经过旋转和平移，使将机械臂在 oxy 平面上运动，将机械爪首先运抵待抓物体上方；分别根据 θ 控制回转舵机与步进舵机同时运转 α、β 角度，将机械臂运抵指定位置。

（2）抓取部分，第一步机械臂向下的延伸，同时机械爪张开，将物体包括在机械爪内经过测试，总线舵机运转角度为 90°；第二步机械爪闭合，机械爪完成闭合后机械臂开始回收。

（3）回中部分，反向执行旋转步进操作，使物品位于无人机重心 z 轴上。基于对运动控制分析和总线舵机指令选择，采用 Arduino 开发板进行抓取系统控制。经测试，添加延时函数，解决卡顿问题，完成抓取系统控制。算法流程如图 6 所示。抓取系统设计完毕。

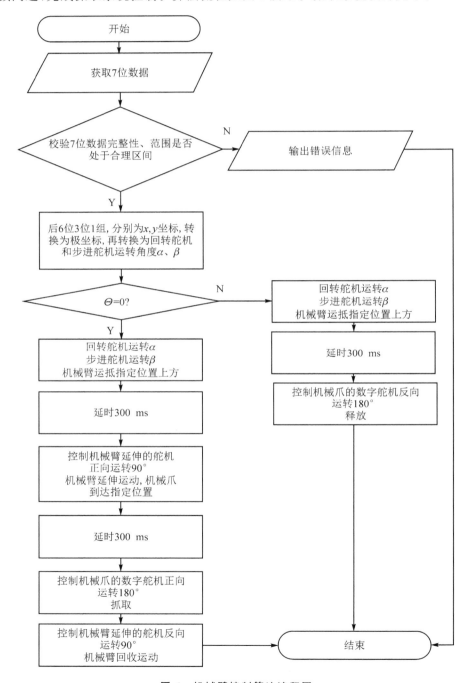

图 6　机械臂控制算法流程图

3 识别系统方案设计与算法开发

识别系统是整个无人机的"眼睛"。首先设计了图像传输系统,使"眼睛"可以正常工作,将机载摄像头图像传输至地面站系统,使地面站操作员可以实时获取识别系统画面;为了使"眼睛"准确地告知"手"物品的位置,对识别系统的像素坐标系,和抓取系统的世界坐标系进行标定,使"手眼同步",并建立数据传输系统;最后,设计搭载物品识别算法的人机交互页面,完成地面站识别系统的设计与开发。

3.1 图像传输系统方案

图像信息传输系统承担着识别抓取系统"眼睛"的重要功能。地面站操作员需要通过图像信息传输系统画面进行物体的选取。

本系统需要实时图像信息,对视频的还原度、实时性要求高,需要保持延迟在 300 ms 以内。图像传输采用 Mjpg – Streamer 方案[6],这种方案的特点占用资源少、图像还原度高、延迟低。可以满足要求。采用广角镜头结合树莓派 4B 作为机载图传设备,进行延迟实验验证如图 7 所示,延迟为 230 ms,符合要求。

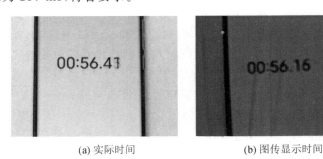

(a) 实际时间　　　　　　　　(b) 图传显示时间

图 7　图传延迟测试

3.2 基于模糊算法的高效坐标系标定方法

通过图传系统获取到的摄像头图像,其坐标系仅在屏幕上有意义,而并没有建立到现实世界的映射。需要将摄像头拍摄的识别系统图像坐标系,与抓取系统、物品所处的世界坐标系进行整合转换,使图像坐标系内的点与世界坐标系相对应,从而使操作员单击图像上任意位置时,机械臂可以准确移动至该处抓取物品。

在本系统中,关注图像上所需点与世界坐标系的对应关系。以 1 cm 边长的正方形为一个单位,以长宽各为 40 个单位建立世界坐标系的单位集合,只需要找每个单位和像素坐标系的对应关系即可实现坐标系标定。在世界坐标系中,显示坐标的每个单位是有面积的,那么其不应只对应一个像素坐标点,那如果一个世界坐标系中的单位要对应需要一定范围内的像素点,就会导致标定十分困难,不具备可行性。

设计了模糊算法来解决此问题。如图 8 所示,让所获取的像素点坐标(记为 A 点),找出在像素坐标系中距离最近的一个点(记为 B 点),将 A 点模糊为 B 点,标定少量 B 点的对应世界坐标,即可完成模糊算法转换。该算法将世界坐标系中的单位的面积,等效到了像素坐标系中,解决像素坐标标定数目少的问题,规避了最难的获取像素坐标的部分,通过距离的运算,将一定范围内的像素点整合到之前已经标定好的集合中,大大减少了工作量,同时不影响准确度。

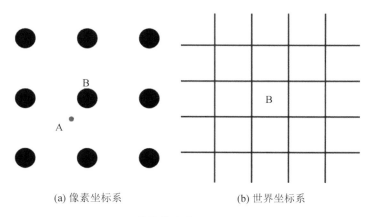

(a) 像素坐标系　　　　　　　　(b) 世界坐标系

图 8　模糊算法的坐标系标定

3.3　地面站与无人机的通信机制

坐标系标定完成后,需要建立通信协议传回机载设备,为机械臂的抓取或者释放提供准确信息。需要完善 PC 端和机载树莓派之间的通信,树莓派和控制机械臂的 Arduino 的通信,同时要规定一些简单的通信协议,例如设置一些校验位,控制机械臂抓取或者释放在指定位置。

在 PC 和树莓派的通信上,采用的是 Socket 的机制[7],在计算机通信领域是计算机之间进行通信的一种方式。通过 Socket 方式,一台计算机可以实现与另一台计算机的通信,实际上也是基于 TCP/IP 的一种通信方式,如图 9 所示。

树莓派和 Arduino 建立有线通信连接。Arduino 在接收到树莓派传来的数据信息之后,首先对传来的数据做出校验,判断数据是否传输完整,坐标是否处于正确的区间范围,然后根据第一位抓取或者释放的标志位 θ 判断这次执行的操作为抓取或者释放,接着将传来的横纵坐标转换成极坐标系坐标,最后将极坐标转换成回转舵机、总线舵机运转的角度 α、β 控制两个舵机运转,完成机械臂控制。

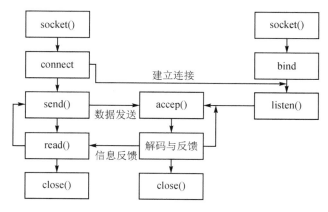

图 9　Socket 通信流程

3.4 基于 YoloV5 目标检测的人机交互页面开发

人机交互界面是将地面站与无人机之间的通信机制具象化,是人与整个系统之间进行双向信息交换的平台,便于高效准确地完成识别抓取任务。要完成界面的开发首先需明确界面的功能要求,针对不同的功能要求,设计不同的区域完成指定功能。需要将上述所需算法和功能集成在一起,主要有以下几点:

(1)画面显示,显示无人机下方实时画面。一方面,操作员需要根据实时画面规避障碍物,选择抓取或者释放的具体位置,另一方面,系统也需要根据实时画面进行目标检测。

(2)抓取和释放功能,这是本系统的主要部分。设置两个按键控件,分别对应抓取和释放功能,再按下按键后分别对应不同的数值,即上节所提到的抓取或者释放的标志位 θ。

(3)坐标显示功能,显示鼠标点击位置,便于后续调式标定。

(4)图像识别功能,准确识别视野内物品类型。

本系统采用目标检测算法中常用的 Yolo 系列算法中,最新的 YoloV5 算法,来进行辅助检测,对硬件进行适配并应用在无人机识别抓取系统。选择的 YoloV5 算法基于开源 PyTorch 机器学习库,配置环境后,按指定路径配置,修改视频流来源为树莓派,运行 detect.py,实现对视频流的实时检测功能,如图 10 所示。

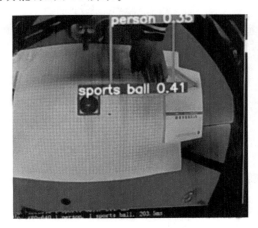

图 10 机载图像设备在地面站系统的实时目标检测

利用 PyQt5,开发设计了如图 11 所示界面。在该界面的左侧分别是抓取或者释放按钮,点击后,界面会出现提示框,提示操作员双击对抓取或者释放物体做出选择,避免误触。选取后,界面右侧实时产生一个像素坐标,便于后续调试、标定。系统将获取的像素坐标信息通过标定产生的 txt 文档转换为世界坐标,并加上抓取或释放标志位,形成完整的通信协议发给机载设备,执行准确抓取或释放操作。图像信息传递系统、目标检测系统将整合在人机交互界面中,完成识别系统方案设计与算法开发。

4 系统验证

将自主设计的四旋翼无人机平台、抓取系统、识别系统进行装配,并进行飞行实验与识别抓取实验。装配后的无人机系统如图 12 所示。

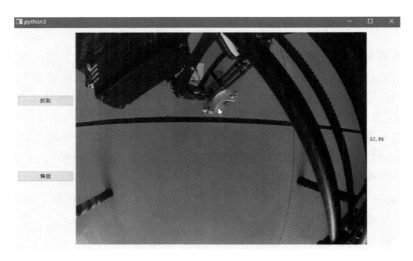

图 11　地面站人机交互界面

图 12　基于四旋翼无人机平台的识别抓取系统

4.1　无人机飞行测试

系统选用大疆创新 E2000 动力系统(参数如表 2 所列),搭载 PixHawk 飞行控制器,使用乐迪 AT9s 遥控器控制。为保证飞行安全,实机飞行实验由具备国家一级运动员资格的专业飞手操作。飞行测试如图 13 所示,相关飞行参数如表 3 所列。

表 2　E2000 动力系统主要参数

螺旋桨 (直径/螺距)	电池	拉力	最大允许电流 (持续)	推荐起飞重量
553/178	12S LiPo	5 100 g/轴	25A	1 800~2 500 g/轴

表 3　无人机系统飞行参数

自重 (含电池)	最大起飞重量	载荷系数	最大起飞 高度	最大飞行 速度	最大可承受 风速	飞行时间
8 kg	12.75 kg	37.25%	2 500 m	18 m/s	8 m/s	8 min

根据实际飞行数据分析,选用的动力系统及无人机整体设计,完全可以搭载设计的识别抓

(a) 无人机日间飞行测试　　　　　　　(b) 无人机夜间飞行测试

图 13　无人机实机飞行测试

取系统,可以安全搭载 2 kg 物品平稳飞行,极限情况下可以搭载 4.75 kg 的货物飞行,飞行姿态稳定,满足设计需求。

4.2　抓取系统测试

根据不同的任务需要,末端执行器可以更换为其他夹具,测试使用的为自行设计的基于 3D 打印技术的柔性机械手,其柔性手指通用性强,可以准确夹取不同形状的物品且不会损坏物品;带有自锁结构,稳定性强,保证了飞行过程中的稳定性。测试中使用密度大、表面光滑不易夹取的标准斯诺克球,其质量为 0.2 kg,如图 14 所示。采用地面站系统进行测试,如图 15 所示。测试所获取的抓取参数如表 4 所列。

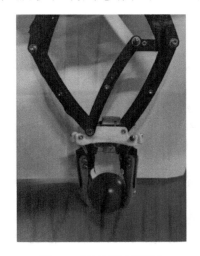 

图 14　机械臂抓取测试　　　　　　图 15　测试使用的地面站系统

表 4　抓取系统抓取性能

偏置误差	机械爪移动误差	抓取速度	释放速度
4.4 cm	0.54 cm	4.16 cm/s	7.36 cm/s

根据实际抓取测试结果表明,在工作空间内,抓取系统整体偏置误差小,机械爪移动误差仅为 0.54 cm,可以准确抓取物品;机械臂抓取时移动速度为 4.16 cm/s,可以在 2 s 内快速抓取地面物品,设计的识别抓取系统具有较好的准确性和快速性。对上述结果进行分析,在机械

结构方面,设计的结构具有较好的稳定性,保证了抓取准确性,同时便于控制系统控制;在控制算法方面,经过大量测试,加入延时函数避免卡顿,并使旋转和步进同时运动,提高快速性,结构、算法等多方面共同保障了抓取系统的稳定性、快速性、准确性。

4.3 目标识别功能测试

本系统中的实时目标检测是通过图像信息传递系统中的图传功能获取视频流信息,对视频流进行实时目标检测。如图 16 所示,本系统配备的目标检测功能可以对包括小球、人等多种物体做出准确的识别,使得整体功能更加完善,适用范围更广。

图 16　目标检测功能

5　结　论

根据实际测试结果分析,本文提出的基于四旋翼无人机平台的识别抓取系统,创新性地提出了中心对称剪叉式机械臂系统,空间利用率高、结构稳定性强、运行速度快、夹持牢固,满足无人机平台使用需求;相应设计了机械臂抓取算法可以对物品进行快速准确的抓取。提出了基于模糊算法的坐标系标定方法,对像素坐标系和世界坐标系进行高效标定。开发的相应地面站系统,人机交互页面友好、操作逻辑清晰、图传延迟低、机械臂控制准确、物品识别精准,可以有效地配合无人机实现识别抓取功能。完整实现了基于四旋翼无人机平台的识别抓取系统研究。

参考文献

[1] 熊靖丰,胡士强.带单关节机械臂四旋翼无人机的建模与控制[J].计算机仿真,2020,37(05):65-70.

[2] Ghadiok V,Goldin J,Ren W. Autonomous indoor aerial gripping using a quadrotor[C]//2011 IEEE/RSJ International Conference on Intelligent Robots and Systems. IEEE,2011:4645-4651.

[3] 华楠.复合剪叉式工业机械臂的结构设计与分析[D].广州:广东工业大学,2016.

[4] 高艺,马国庆,于正林,等.一种六自由度工业机器人运动学分析及三维可视化仿真[J].中国机械工程,2016,27(13):1726-1731.

[5] 王智杰,杜宇凡,杨沫,等.基于 MATLAB Robotics Toolbox 的 Dobot 机械臂运动规划[J].机械研究与应用,2021,34(2):49-51.

[6] 熊丽华. mjpg - streamer 在树莓派上的视频技术应用[J].福建电脑,2020,36(9):101-102.

[7] 孙二敬,张国振,张振兴.一种基于 Socket 通信的车载设备 MVB 仿真方法[J].铁路通信信号工程技术,2022,19(07):30-33.

质量管理技术

2023

航天单机产品保证方法分析与实施

季兴远　孙培霖　柳黎

（山东航天电子技术研究所，山东·烟台，264003）

摘要： 本文是对航天单机产品保证的一种管理方法进行研究。系统地分析了 ESA 和 NASA 在空间系统中，开展产品保证管理的基本情况，以及国内航天产品保证管理发展历程的基础上，针对国内航天型号特点，阐明了航天型号产品保证管理的目标和原则，提出产品保证管控应从产品保证工作策划和产品保证实施管理两方面开展的思路。

关键词： 航天单机；质量保证；分析与实施

0　引　言

"产品保证"是保证复杂、高风险产品质量的一套科学、有效的方法，目前已成为国际航天界的通用模式。1959 年，美军标 MIL‐Q‐9858A《质量大纲要求》颁布，该规范是美国政府、各公司在签订合同时对产品质量保证的纲领性文件，当时的质量管理侧重于生产过程，重在过程检验。20 世纪 60 年代至 80 年代，美国通过高性能战斗机、载人登月、航天飞机、核动力航空母舰等高技术复杂系统的研制和不断解决产品质量问题，积累了丰富的高风险复杂系统质量与可靠性保证经验，此阶段，产品的可靠性、维修性、安全性、软件质量保证以及元器件、材料和工艺保证等相关技术相继产生并应用，并以此为基础建立了产品保证技术。

在总结载人飞行和其他复杂军工产品研制管理经验基础上，1986 年美国发布了军用标准 DOD‐STD‐2107"承包商产品保证大纲要求"，首次提出了"产品保证"的概念。该标准要求负责重大军事装备研制的承包商制订和实施产品保证大纲，内容包括：产品保证管理，质量保证，可靠性管理，安全性管理，维修性管理，武器件管理，材料、零部件及工艺管理，软件管理，地面设备管理等。20 世纪 80 年代后期，ESA 在吸收借鉴 NASA 成功经验的基础上，推行产品保证工作，陆续制定了 PSS‐1 系列标准。到了 20 世纪 90 年代中期，"产品保证"成了保证空间项目质量的一套科学系统的方法体系。

我国的航天企业单位，充分学习借鉴了欧美先进的产品保证管理模式和方法，并结合国情、提炼研制经验和创新实践，于 1987 年发布实施《军工产品质量管理条例》，首次在国防军工领域引入"产品质量保证"的概念。该条例的提出，符合国内宇航发展的产品保证工作方法，目的是全面深入推进宇航产品保证工作，规范产品保证活动，提升产品保证能力，保证宇航型号任务风险可控，产品质量稳定。在此基础上，各承研单位制定全面、细致、科学、规范的程序和控制方法，将风险有效的识别和控制，确保承研产品安全可靠。本文研究的一种产品保证方法贯穿产品全生命周期研制活动，融入研制流程，进一步保证了产保方法、管理措施有效落地。

1 产品保证工作面临的形式

近年来,我国宇航型号研制任务急剧增多,国际合作任务竞争日趋激烈,国内微小卫星(商业卫星)需求量逐渐增大,对传统宇航型号任务研制提出了更高的要求。为适应市场需求,"继承性好、稳定性强、质量可控、成本偏高"的传统大卫星研制模式,逐步向"技术新、周期短、集成度高,质量可控、成本低廉"的小卫星研制模式转变。研制模式的转变对质量的要求并未降低,反而提出了高标准、高效率、高效益的新要求。为适应需求,研究提出了产业化的发展思路,统一了公用平台,形成了产品保证标准,规范了产品保证过程,用更科学、更高效的方式来提高生产效率与保证效益。

2 产品保证的新方法研究

产品保证是宇航产品全过程进行的一系列系统、规范、有计划技术和管理活动,确保以可靠的方式保证产品完成任务,提高组织效益、效率和竞争力。产品保证的核心是技术风险识别与控制,关键是专业化的产品保证队伍,基础是科学配套的产品保证标准和细致严谨的产品保证文件。本单位承研宇航单机研制和生产任务,借鉴国内院所经验并贯彻上级要求,研究构建了一套适应本单位使用的产品保证程序和运行规范,确保产品质量的同时,保证了各项产品保证要求的落实到位。航天产品保证标准体系见图 1。

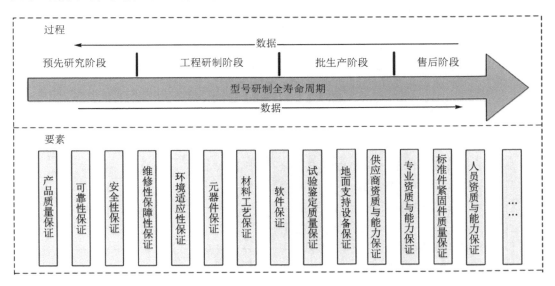

图 1　航天产品保证标准体系

2.1 顶层策划

依据 QJ3187《航天产品保证大纲编写指南》、QJ2171《航天产品保证要求》等文件的相关要求开展产品保证策划。产品保证文件按产品保证策划类文件、产品保证过程类文件、产品保证总结类文件进行分类,并按照方案阶段、初样电性阶段、初样鉴定阶段、正样阶段分别编制各阶段通用产品研制工作流程。明确了各级、各类产品保证评审的职责与分工,明确在型号研制阶段初期将相关工作纳入型号研制生产计划。航天产品保证文件架构见图 2。

图 2　航天产品保证文件架构

2.2　队伍建设

单位建立有专职产品工程师队伍,有产保经理、产保工程师、产保助理等岗位,并发布《产品保证队伍管理办法》,明确了各类产保人员职责,结合产品全周期研制工作流程对职责进行细化分解,明确具体行动项目,给出相应的工作内容、对应的输入要求、支撑性文件,按规定形式输出工作结果,最终实现职责落实。

为加强型号产品保证管理和监督工作,加强对产品保证管理人员的考核,落实岗位职责,制定了《产品保证人员考核管理办法》,明确了产品保证人员工作的考核内容、考核标准,确保职责落实到位。本单位产保工程师管控图见图 3。

2.3　产品保证方法的构建与实施

2.3.1　源头分解细化量化

产品研制依托工作流程,本单位在产品保证工作流程基础上,发布《产品保证工作关注点》和《产品保证工作检查表》。《产品保证工作关注点》中明确了 73 个产保关注点,规范了各级产保人员的岗位职责,统一了工作项目、输入条件、工作内容、输出内容和支撑体系文件,为产保工作人员在设计、生产、测试及验收的产品研制全过程的各环节中及时有效开展产品保证工作提供指导和参考。《产品保证工作检查表》将产保关注点具体工作项目进一步细化形成 93 份表格化操作文件。表格文件中明确了各类人员在每一个产保关注点上的行动项目,作为评审的输入和重点检查内容。

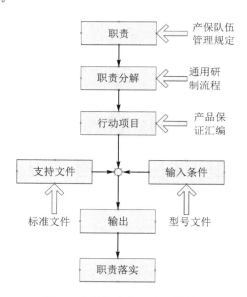

图 3　本单位产保工程师管控图

各级产保人员以《通用产品研制工作流程》为主线,以《产品保证工作关注点》为行动指南,以《产品保证工作检查表》为落实手段。逐步开展全阶段,全流程(设计、生产、测试、试验、验收)产品保证工作。确保每一项产保要求切实落地。产品保证工作流程图见图4。

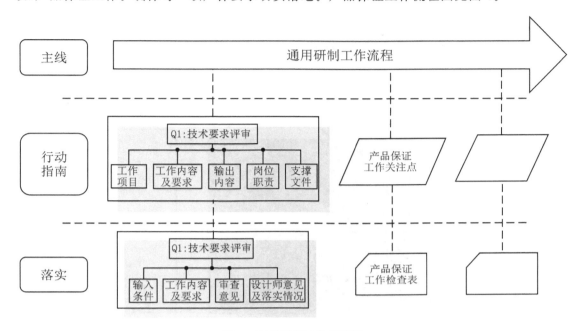

图4 产品保证工作流程图

2.3.2 信息化手段

为了解决产保工作项目过多依靠个人业务能力的情况,开发了产品保证管理平台,将《产品保证工作关注点》和《产品保证工作检查表》所有要素进行细化、分解,将所有控制要点纳入科研生产流程各节点中进行控制,实现研制计划、设计阶段、生产准备阶段、生产阶段、交付使用等各项工作的精细化管理,达到满足数据包输出管理和科研生产信息透明化要求,实现产品保证和科研生产的融合,通过信息化手段实现一体化整合。产保要素信息化控制图见图5。

图5 产保要素信息化控制图

2.3.3 过程确认

本着"合适的时机,做合适事"的原则,突出重点、分级负责、简化确认材料、注重时效,实施过程确认工作。单位内将相应过程确认的程序和方法落实到《产品保证及研制流程》和《产品保证检查表》中,在科研生产相应环节确认。确保产品保证过程的确认细化、量化,可控。印制板设计工艺过程确认表见图 6。

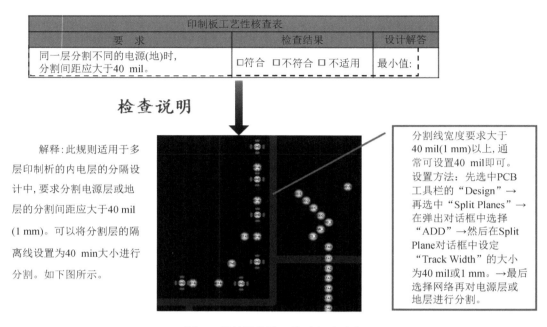

图 6   印制板设计工艺过程确认表

2.3.4   动态维护管控

建立持续改进的动态管理机制。随着产保工作的不断深入、《产品保证工作关注点》和《产品保证工作检查表》应用反馈、产品保证新增要求等,按照版本控制的方式进行动态管理,及时开展升级工作,持续改进和完善产保工作。产保要素的动态维护过程见图 7。

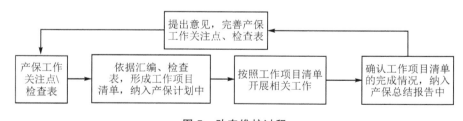

图 7   动态维护过程

3   结束语

本单位产保方法的构建与实施,确保了各项产保要求与产品研制技术流程相呼应,形成了产保工作实施确认包,覆盖全过程的产保工作项目。通过对每个工作项目的工作内容进行细分,明确具体的工作要点。在每个工作项目中均明确本过程涉及的程序文件、标准和规范,当对工作项目存在疑问时,可以方便检索和查询顶层要求,使得产品保证工作更加规范。

产品保证是建立在质量管理体系的基础之上的,产品保证是一种模式,是项目保证产品质量的一种方法,是质量管理体系支持的产品实现过程活动。从航天的经验教训来看,仅靠传统的质量监督管理方式已经满足不了航天产品质量的要求,需要探索新的方式与手段,确保产品研制全流程、全要素的进行监督和控制。

产品质量永无止境,只有不断创新,方能进步。

参考文献

[1] 徐福祥.卫星工程概论[M].北京:中国宇航出版社,2014.
[2] 袁家军.航天工程精细化质量管理[J].中国工程科学,2011,8:36-42.

双组分胶粘剂粘接过程的质量管理

马玉静　阚艳芳　宋传铁　高长双　刘双

(山东圣泉新材料股份有限公司,山东·济南,250204)

摘要:粘接技术作为一种新兴的连接方式,既可以作为结构连接,承受较大的载荷;又可以作为弹性连接,补偿基材变形;还可以作为密封使用,防止气体或液体渗透;还可以完成大面积的复合工作,获得很多新材料;同时可以明显减重及轻量化。所以一经出现就被广泛地应用于各行各业,而且应用范围越来越广[1]。但粘接作为特殊过程,无法通过最终检验进行验证,需要对粘接前、粘接过程进行全面细致的质量管理。双组分胶粘剂分为主剂和固化剂,使用前单独包装,使用时按照一定比例混合后,主剂和固化剂发生反应,产生一定的强度,从而将基材连接到一起,成为一个完整的工件。本文就我单位使用双组分胶粘剂手工粘接过程,详细描述了粘接前准备状态检查、粘接前的基材清洁、同温处理、混胶、涂胶、粘接固化等一般操作,提供了关注要点和质量管控措施,从而确保粘接后的工件符合设计规定的要求。

关键词:双组分胶粘剂;粘接;质量管理;准备状态检查;特殊过程

1 粘接前准备状态检查

1.1 人员资质检查

生产前,操作人员与检验人员都需要开展胶粘剂 TDS、胶粘剂 SDS 和粘接作业指导书的培训,并进行笔试考核,考核通过颁发上岗证,作为特殊过程操作的资质,同时也确保以上人员均能熟知粘接过程的操作要点及安全使用规定,防止出现质量安全问题。

1.2 设备状态检查

粘接前,应确保粘接相关的生产设备及监视测量设备处于完好状态,精度和量程符合粘接作业指导书的要求,监视测量设备均已检定、校准,且在有效期内。粘接过程使用到的工器具已配备齐全,并能满足使用要求。

1.3 原、辅材料状态检查

原、辅材料均需确认是否是从合格供方处采购,到货数量是否满足粘接计划要求,是否完成了入厂复验并检测合格。对于胶粘剂来说,还需要重点关注其贮存及运输环境是否满足供应商 TDS 的要求、剩余保质期是否满足粘接计划要求。另外,粘接过程使用的擦拭用无纺纸、手套等直接接触粘接基材的辅助用品,还需确认是否满足不含硅的要求。

1.4 工艺文件检查

粘接过程所需 TDS、SDS、粘接作业指导书、粘接用图纸是否可在粘接现场及时获取;相关工艺文件、工艺图纸是否完成了会签、评审且为现行有效版本。

1.5　粘接环境检查

粘接环境的温湿度需要满足粘接工艺的要求；粘接环境应是清洁、无尘区域，基材清洁完成后方可进入粘接环境，粘接现场不能使用扬尘工具（如扫帚）；粘接环境灯光亮度应能满足操作要求，确保涂胶时若出现气泡可被及时发现；粘接环境应确保无有机硅，有机硅严重危害粘接质量，需禁止含有机硅的物质进入粘接环境，主要是润滑油、脱模剂、指甲油、香水、防晒霜、化妆品等[2]。

2　粘接操作的质量管控措施

双组分胶粘剂手工粘接过程可以大致分为 5 个工序，如图 1 所示。

| 基材清洁 | ➡ | 同温处理 | ➡ | 混胶 | ➡ | 涂胶 | ➡ | 粘接固化 |

图 1　粘接工序流程图

2.1　基材清洁

粘接前，需要对基材表面进行清洁，金属表面的清洁方法一般是使用无纺纸蘸取丙酮、酒精等清洁剂进行擦拭、打磨、再擦拭三个过程。第一遍的擦拭是为了去除金属表面的灰尘、油污等影响粘接的异物，打磨是为了去除金属表面的生锈层，第二遍擦拭是为了去除打磨过程产生的碎屑、粉尘等。如果缺少打磨前的擦拭过程，那么金属表面的油污可能会深入到打磨后的微观表面，擦拭时不易将油污清洁干净。擦拭时需要关注操作工是否按照单向擦拭进行清洁，往复式擦拭往往不能得到好的清洁效果。擦拭完毕后，需要晾干足够时间，以便清洁剂完全蒸发。

非金属材料的表面清洁视基材特性及表面状态，可不使用清洁剂擦拭的方式，一般来说可以考虑吹扫、吸尘、干布擦拭等方式。

2.2　同温处理

用于粘接的两个基材与胶粘剂在粘接前需要同温处理，让基材和胶粘剂的内外温度保持在基本一致的水平，以避免因温度差距大产生较大应力从而影响粘接强度。一般来说，非金属材料需同温 12 小时以上，金属材料同温 2 小时以上。在粘接前，需要检查同温时间是否充足。

2.3　混　胶

对于双组分胶粘剂而言，混胶过程对粘接质量的影响是决定性的。首先，按照供应商 TDS 要求的混胶比例，分别称量一定量的主剂和固化剂，倒入同一容器进行充分搅拌。需要关注的是，搅拌速率不宜太快，否则主剂和固化剂发生反应易出现气泡；但搅拌速率也不宜太慢，否则不易将两者搅拌均匀。一般来说，若是手工搅拌，搅拌速率可控制在每分钟 60 转左右，根据胶粘剂混合时的粘度大小，搅拌速度可适当提高。使用容器混胶时，需要关注每次的最大混胶量，因为主剂和固化剂反应放热，若混胶量太大，可能引发局部高温，造成人员烫伤甚至爆聚问题。一般来说,最大混胶量应控制在容器高度的 1/2～2/3 之间。

对于双卡筒系统,卡筒的横截面积大小即为混胶比例,操作时,直接将胶粘剂挤出即可。但是需要关注的是,胶嘴最开始挤出约 1～2 cm 的胶粘剂,不可以使用。

2.4　涂　胶

粘接前,需要将两个粘接基材进行适配,检查是否满足设计规定的胶层厚度。涂胶过程需要关注按照供应商 TDS 严格遵守操作温度、操作时间的要求。按照粘接作业指导书规定的胶层厚度,使用合适的涂胶工具进行涂胶,必要时,可考虑使用玻璃微珠控制胶层厚度。注意:复合材料基材表面因质地较软,玻璃微珠不易控制胶层厚度,主要需要靠单位面积涂胶量、涂胶工具(如带锯齿的刮板)进行控制。涂胶后,应及时清理溢出的胶粘剂,否则固化后再清理,易对粘接界面造成损伤。

2.5　粘接固化

涂胶完成后,将两个基材按照作业指导书和粘接图纸的要求连接到一起。若粘接后的工件涉及搬运、移动的,需要先使用合适的工装进行固定,以防止出现滑动造成胶层厚度不均匀。按照供应商 TDS 要求,固定装置在到达可操作强度前,不可拆除和移动。

固化时,需要关注供应商 TDS 及粘接作业指导书的固化温度、压力、固化时间等要求,不可在达到初固强度前,对粘接工件施加任何机械载荷。涉及加温固化的,固化完成后的降温过程需要关注降温速率,以免粘接工件内外温差过大产生内应力,造成粘接工件的变形等质量问题。

3　结束语

粘接作为现阶段一种重要连接方式,因其可操作性强、应用广泛,一经出现就得到广泛的认可,并被火速推广。但粘接作为特殊过程,粘接质量跟操作过程的控制息息相关,我单位通过对双组分胶粘剂粘接前准备状态检查、基材清洁、同温处理、混胶、涂胶、粘接固化等工序的过程控制,可有效保证粘接质量,对该特殊过程的质量管理起到比较好的指导性作用,助力航空航天产品达到更优的品质。

参考文献

[1] 贺福.碳纤维及石墨纤维[M].北京:化学工业出版社,2010.

工程管理技术

2023

数字化赋能精益经营管理

黄炳偲　雷凯　张宁　张诗晗　张云昌

（山东航天电子技术研究所，山东·烟台，264670）

摘要： 在全面高质量发展的背景下，如何实现"高质量、高效益、高效率"的发展成为急待解决的问题。在数据分析理论基础上，通过识别需求、收集数据、数据分析和指导完成，突破性地给出了精益经营的解决方案及具体措施，使得精益经营管理成为可能，同时可为单机研究所管理提供参考。

关键词： 数字化；数据分析；精益经营

1 引　言

党的二十大提出，高质量发展是全面建设社会主义现代化国家的首要任务，必须完整、准确、全面贯彻新发展理念，坚持社会主义市场经济改革方向，加快建设现代化经济体系，推动经济实现质的有效提升和量的合理增长。中央经济工作会提出，坚持发展是党执政兴国的第一要务，发展必须是高质量发展，完整、准确、全面贯彻新发展理念；坚持稳中求进工作总基调，坚持实事求是、尊重规律、系统观念、底线思维，把实践作为检验各项政策和工作成效的标准；国资委优化调整"一利五率"中央企业经营指标体系，提出"一增一稳四提升"的经营目标，要求中央企业加强市场研判，努力扩收增利，强化精益管理，提升质量效益。全面启动国有企业对标世界一流价值创造行动，以价值创造为关键抓手，扎实推动企业高质量发展，加快建成世界一流企业；这些新的要求和变化，使得航天电子研究所需要不断寻找新的方法来提升经营管理水平，增强市场竞争力。

数字化、数据分析支撑下的精益经营是研究所应对当前国家军队变化的有效解，是坚持以问题为导向，以系统思维指导、数据分析为支撑的主动识变、应变、求变的最优解。

2 数据分析

数据分析是指用适当的统计分析的方法对收集来的大量数据进行分析，将它们加以汇总和理解消化，以求最大化的开发数据的功能，发挥数据的作用。数据分析是为了提取有用信息和形成结论而对数据加以详细研究和概述总结的过程[1]，目的是把隐藏在一大批看起来杂乱无章的数据中信息集中提炼出来，从而找出所研究多项的内在规律，在实际应用中有组织地收集数据、有组织地数字化数据、分析数据，使之成为问题发现和战略决策的有效依据。数据分析的工具和方法由 Excel 自带的功能完成，包括：直方图、相关系数、协方差、各种概率分析、抽样与动态模拟等。

2.1　识别需求

识别需求是数据分析过程的首要条件,是管理者根据数据决策和过程控制的需求提出对信息的需求,是过程控制管理者识别应利用哪些信息支撑评审过程输入、过程输出、资源的合理配置、过程活动的优化方案和过程异常的发现[2]。研究所在经营管理过程中,面对当前外部形势变化,如何解决当前制约发展的问题,产业和研发应当如何布局,目前当前经营存在的问题,成为了研究所管理者迫切的需求。

2.2　收集数据

按照需求进行数据收集,是确保数据分析过程有效的基础,需要对数据的内容、渠道和方法进行系统考虑,通过将识别到的数据转化为可以执行的具体要求,如采集近十年的营业收入、利润总额、资产负债率、两金比例、营业现金比率、累计收入营业差、全员劳动生产率、人事费用率、研发投入强度等;其次明确在什么时间、什么地点、什么渠道采集收集数据,可通过历年的财务电子化的财务报表或在财务系统里直接提取;第三,应提取数据表便于分析的格式,形成数据记录表。

2.3　分析数据

分析数据是将收集的数据进行加工、整理和分析的过程,从而使其转化为有用的信息,常用排列、因果、分层、调查、散布、直方、控制、关联、系统、矩阵、矩阵数据图等方法。在分析数据的过程中,首先要对收集的数据的正确性进行核对,防止在错误数据上分析;其次要对进行研判的数据进行整理,使其变成能够进行数据分析的格式;最终按照管理者的需要依据数据分析的方案进行分析,如图1所示。

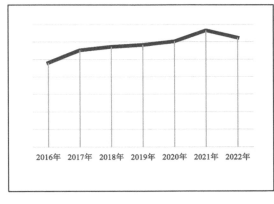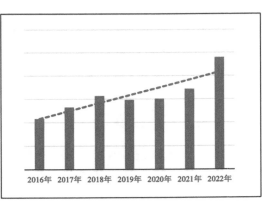

图1　分析数据图

2.4　指导改进

风险机遇鱼骨图如图2所示。通过数据分析和评估分析分析结果的有效性,找到存在问题的原因和数据背后的规律,形成财务和经营数据的分析,形成机遇风险图,从而制定针对性的措施和解决方案。

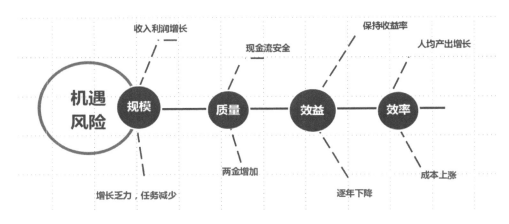

图 2 风险机遇图

3 数据指导下的精益经营管理

通过数据挖掘和分析,对照年度经营目标,使得经营决策和管理更加聚焦,从而在制定措施过程中减少盲目和浪费。研究所针对上述问题从"完善经营管控核心指标体系、推进精细化经营管理体系建设,提高精细化经济运行分析水平、分类实施对标分析实施经营状况综合预警,完善正负双向的激励约束机制、畅通责任传导机制与利益传导机制,全员协同推进经营管理,两金管控合规化经营"进行提升。

3.1 完善指标管控体系

图 3 所示为数据指导下的管控体系图分解经营指标,发布事业部经营考核指标及 KPI,鼓励事业部拓展市场、加强研发,进一步激发活力,发布科研任务责任人考核要求,细化量化责任人考核,将全年到款分解到人并加大对增量的考核力度。

3.2 数据分析预警

根据全面预算情况和年度实际,开展财务分析,控制消耗并监督各事业部经济行为,分析执行情况,挖掘潜力,提出措施,做到事中控制、事后分析控制,如图 4 所示。

图 3 管控体系图

3.3 正负双向激励

根据全所经济发展目标需要,设定相关市场部门市场开发目标,明确部门新签合同及任务回款的基本指标和奋斗指标,并分解落实到每名市场人员,如图 5 所示。

3.4 "两金"管控

梳理"两金"明细,确保全覆盖、不遗漏。对拨入科研费负数挂账要按项目进行梳理,对涉及的潜亏事项进行逐项排查。明确项目任务来源、实施进度、合同或定价情况、挂账期限、责任

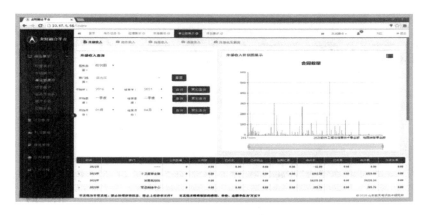

图 4 数据分析预警

部门、销账途径等关键信息,查找形成"两金"存量大、增速快、风险高的深层次原因,抓住"两金"管控重点和关键环节,确保"两金"管控工作抓出成效、抓出成果。强化业务源头控制、过程监测和闭环管理,按业务流程划分工作职责。各部门密切配合、各司其职,形成财务部门、业务部门协同配合的良好工作机制,合力推动"两金"管控工作落地见效。

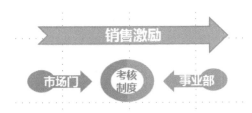

图 5 正负双向激励

3.5 市场开拓

面对生存,产业链上游向下延伸总体至单机层面,产业链下游向上拓展元器件至单机层面,项目竞争激烈,利润空间有限。以谋求增量拓展为目标,聚焦重点业务拓展,通过重点产品及重要领域市场拓展,为市场业务发展再蓄新动能做好布局。通过"型号与产品双驱动、横纵互补矩阵式"管理模式促进市场开拓。

3.6 成本管理

搭建"两个数据库＋两个机制",持续增强精细化管理;梳理成熟型号产品历史数据,形成型号成本数据库和型号价格数据库,建立成本责任传递机制,将成本责任逐级传递至一线型号团队成员,建立成本控制激励机制,对节约型号成本做出重要贡献的团队及成员进行奖励。

4 结束语

本文基于数据分析的管理,使得精益经营成为可能,从而高质量、高标准地完成研究所指标成为可能,同时也能为同类型单机研制所提供参考。

参考文献

[1] 陶皖.云计算与大数据[M].西安:西安电子科技大学出版社,2017.

[2] 赵凯.大数据与云计算技术漫谈[M].北京:光明日报出版社,2016.

产品基线在航天企业生产中的应用研究

刘金刚　曲丽伟　高辉　高海乐　马敏

（山东航天电子技术研究所，山东·烟台，264670）

摘要： 针对航天器产品需求量的快速提升与交付周期缩短的现状，打通产品研制生产中各数据孤岛，开发基线系统，通过产品的批量化、标准化和通用化来提升生产效率的同时缩短生产周期，降低产品成本，提高产品质量。以典型单机单位基线系统为依托，结合相关信息化建设，阐述产品基线系统在航天企业生产中的应用及其重要意义。

关键词： 航天器；基线；标准化

1　引　言

随着国内外形势变化及国家发展需求，航天相关企业承担的产品研制生产任务也随之大量增长。面对产品需求量的快速提升与交付周期缩短，相应配套企业必然需要通过产品的批量化、标准化和通用化来提升生产效率的同时缩短生产周期，降低产品成本，提高产品质量。另一方面还要不断进行产品创新，使产品能够满足客户的定制化要求。

面对如上需求，如何平衡产品的标准化、通用化与定制化、柔性化之间的矛盾，成为赢得市场与满足客户需求的关键能力。基线化、模块化的产品设计和生产可以在保持产品较高通用性的同时提供产品的多样化配置。因此，基线化、模块化的产品是解决定制化生产和批量生产这对矛盾的一条出路。

2　产品基线在航天产品生产中的定位

产品的技术状态管控是提高产品生产质量及效率的重要部分。随着发展产品种类、数量的逐渐增多，产品技术交叉度变大。产品研制生产过程中存在产品图纸借用、更改、投产状态、生产要素变化、十新识别等管理问题，技术状态管控难度越来越大[1]。

为了产品技术状态管理，生产过程人、机、料、法、环等各要素状态稳定，需要固化已经成熟产品的设计、工艺、生产过程等文件状态，建立产品基线，重复投产时直接提取到生产线生产[2]。开发基线管理系统，将各产品基线文件信息化，不仅方便管理，还可以直接与生产 MES 信息系统对接。正样产品一旦成熟即开展基线固化工作，将产品的原理图、PCB 图等电路设计文件，零部件图、装配图等结构设计文件，工艺文件、贴片编程、物料 BOM 等生产文件均建立基线，固化到基线管理系统。再投产时，直接从基线系统调取基线文件，转入生成 MES 生产系统进行生产。

建立产品基线系统不用再重新收集确认图纸状态、编工艺、计划物料、选择生产方式、十新识别、投产确认等工作。管理上更精细化为直接调用基线系统成熟文件应用于生产、调试、测试，使得产品技术状态管控直接有效，减少了设计、工艺、质量、调度人员的重复工作，可以用更多时间去研发新产品、新工艺,也大大了提升了成熟产品的生产,新产品研发的能力,也实现了"高质量、高效率、高效益"。

3 产品基线的构建与管理

3.1 基线系统目标

建设型谱化产品生产管理系统,在型号任务计划驱动下,支持总体单位研制公用平台、通用单机产品的各类技术要求、标准规范等管理,通过基线定义,实现公用平台、通用单机产品的技术状态基线管控;实现型号产品选用、投产、组批生产、交付的全周期管理,同时与多项目管理系统、多地库房系统贯通,实现产品投产→型号计划、产品入库→产品交付的自动化运作,产品研制管理全链路信息贯通,支撑科研生产数字化转型升级。

3.2 产品基线创建流程

为实现上述目标,建立了一套基线系统(见图1),系统以已投产成熟产品或模块为原型,涵盖产品电装及结构投产流程文件、PCB设计文件、外协文件、软件文件、设计文件、工艺文件、物料BOM等信息,同时建立了一套合理有效的基线数据使用流程,简化了新产品生产流程。

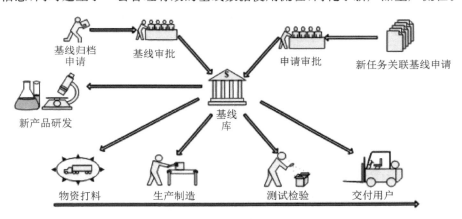

图1 基线系统整体流程图

3.2.1 产品基线分类管理

针对企业产品多批次、小批量、定制化、差异化程度比较高的特点,系统依据相关质量规范及所内生产实际,建立差异化产品类别基础数据库,基础库中包含各个包络下基线的涵盖内容。

3.2.2 产品基线策划

所内设计师可根据创建基线特点选择不同基线模板,同时因不同产品或同一产品的不同阶段(如试样、正样)对相关数据均有不同的要求,产品基线创建时可在基线模板基础内做个性化调整,系统自动按照产品基线配置,将相关底层数据预置在产品基线中。

3.2.3 产品基线数据采集

策划完成的产品基线框架发布,产品基线数据包括但不限于设计图纸、文档、清单、记录、试验大纲、测试细则、流程数据等内容。基线系统依托 PDM、MES、ERP、物资等相关系统提供基础数据支撑,按照基线策划中预置数据规则,抓取产品基线数据,自动完成产品基线采集。

3.2.4　产品基线数据分类管理

产品基线数据采集完成之后,需要分门别类地发布归档。结合产品的特点,产品基线应当按照阶段(如设计阶段、生产阶段、试验阶段)指定相关责任人负责本阶段内数据的校对审核工作,既保证了专业的人做专业的事,又提高了产品基线数据的齐套性与准确性。

3.2.5　产品基线数据族谱化管理

产品基线建立完成,作为同类产品的标准版本,后续产品因总统单位技术要求更改、器件国产化替代、精益管控要求或者仅特定器件替换等原因产生基线分支时,可将分支作为此标准基线衍生版本继续创建新基线。衍生基线与标准版基线关联关系清晰明了,如此可为后续基线使用提供灵活多变的基线产品,同时技术脉络清晰,技术来源与发展一目了然[3]。

4　产品基线在航天产品研制生产的应用

4.1　系统架构

系统根据业务流程,主要包含三层结构:数据支撑层、数据管理层、数据使用层,如图 2 所示。

数据支撑层:产品数据往往根据各业务板块或阶段不同分散存储于不同系统中,产品基线系统建立之初就需要将涉及基线数据的系统融会贯通,为产品基线提供基础数据支撑的同时接收后续由基线下发的相关生产配套指令。

数据管理层:数据管理层主要负责为产品基线制定数据规则,同时将数据支撑层提供的海量基础数据准确抓取出本基线需要的数据,并将数据进一步清洗后交由相关负责人审核、校对、发布。

数据使用层:已完成归档发布的基线,主要作为后续同类产品的标准数据使用,后续产品直接使用基线数据投产、测试、试验、交付,无须再次投入研发资源;同时完成发布的基线可为后续系列化产品提供基础版本,支撑产品升级改造;已发布的基线可作为标准数据,与后续同类产品相关产品参数展开各个维度数据分析,从而为改进生产工艺方法、设计方式提供依据。

4.2　系统特点

4.2.1　可视化接口配置

基线系统接口配置依赖于调度平台,调度平台使用基于多线程架构的 Quarz.Net 框架,接口调用时间可以精确到秒。

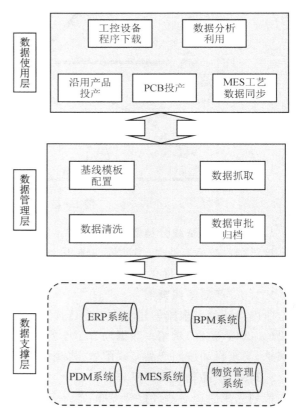

图 2　基线系统架构图

通过 Crons 表达式,可以动态配置事件周期和时间。在 Quarz. Net 基础上,系统拓展了调度服务可视化配置,实现基线数据自动采集、实时查询等功能,数据采集过程人为可控,且支持系统热更新升级,便于后期接入更多底层数据,扩展基线数据范围。

4.2.2　融合设计与生产数据于一体

生产车间工艺师可利用成熟产品的历史工艺数据,归档一套产品相关的工艺文件、工艺路由、一本通等生产性数据。后续再生产时,系统将自动比对同类任务与基线产品差异,调用基线中工艺数据指导后续产品投产,工艺无须再参与到此过程中。通过成熟工艺路线的基线化,极大地降低了成熟产品反复设计工艺文件的工作量,同时避免了反复设计为产品带来的低等级错误、性能偏差等问题。生产基线与设计基线融合见图3。

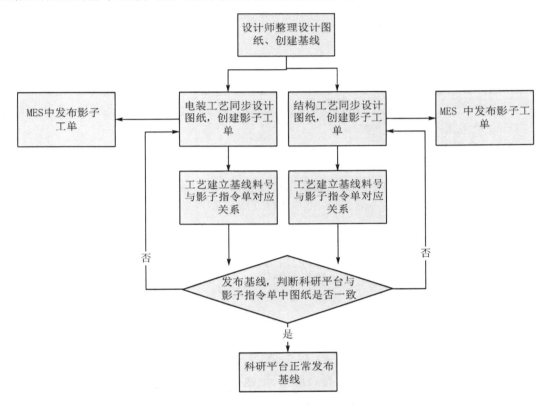

图3　生产基线与设计基线融合

4.2.3　友好的用户交互界面

基线系统各个界面做到化繁为简,贴近用户使用需求。部分页面支持个性化设置,用户可根据自己使用习惯选择数据展示内容。

4.3　应用场景介绍

4.3.1　沿用产品生产投图

由于航天、军品类产品的特殊性与高可靠性要求,新任务下达后需经过严格审批方能确认为适用于基线生产的产品。新产品在使用基线过程中,对于在基线产品基础之上某一部分结构(电路)进行调整的变形或衍生产品,基线会明显标示出差异部分,以供生产及审核人员辨别。新产品确认与基线产品关联后便无须设计人员参与后续流程,可直接使用基线数据指导后续生产。

4.3.2　多基线灵活组合

产品可按照模块建立基线,新下达的任务可根据产品需求,自由选择所需基线模块,从而达到模块化基线,组合使用的目的。基线系统支持同类任务与基线建立"一对一、一对多、多对一"等关联关系,提升了基线数据的灵活性与可重复利用性,契合了当前航天产品模块化、货架化的研制发展思路,极大提升了设计与生产效率,避免了重复设计的人力浪费与引入低层次问题等现象。

4.3.3　MES 工艺数据一键同步

基线数据涵盖范围,囊括产品生产过程中涉及的电子装配与结构加工全要素数据。数据种类包括工艺文件、设计 BOM、工艺 BOM、工艺路由、一本通、关键(强制)检验点、工序BOM、工艺清单等。结合产品工艺数据,同类产品投产后将完全沿用基线中 MES 工艺数据,无须工艺再次参与产品投产。

4.3.4　工业控制设备程序一键下载

产品基线中包含生产加工产品过程中涉及的 SMT 贴装程序、机床加工程序、机床信息、试验罐信息及试验条件等辅助设备信息,同类产品生产过程中操作者可直接下载相关程序软件导入设备中使用,或根据基线数据选择对应产品最优状态的生产试验设备及环境,从而降低产品出现质量问题概率。

4.3.5　数据分析利用

新产品使用基线数据的物料快速领用与一键投产,避免了因人为失误导致的物料领用信息错误、投产图纸错误等延误生产甚至造成生产错误的问题,提升物料申报效率 40%。

实现工艺文件、工艺路由一键抓取,工序 BOM 根据基线数据自动匹配等功能,缩短产品工艺用时约 90%。

基线模块的使用,既降低了所内质量管控成本,避免了部分低层次问题,又提升了所内生产效率,减少了设计师重复研发、浪费人力的情况。基线系统的建立不仅提升了通用化产品的生产效率,同时也为新产品的研发提供设计参考。

5　结束语

基线系统应用于航天产品研制生产,是企业随着航天领域不断拓展、新技术不断出现,深化新一代数字化技术与航天器研制的融合应用,加速推进数字化转型,建立以泛在感知、知识驱动、快速响应、优化创新为特征的信息技术与业务深度融合的体系,创建"数字化企业"的举措之一。在当期技术背景下,重点推进"数字企业 1.0"建设,以"统一数据源"为基础支撑,以"模型为核、知识驱动"为核心思想、以"数据赋能、业务聚能、平台使能"为发展方向的航天器数字化研制新体系,推动业务流程优化与管理模式变革,促进企业"数字化转型"。以基线系统为基础带动产品研制过程和管理流程转变,提升产品全寿命周期数字化一体管控水平,全面增强产品质量高可靠、高稳定的核心能力。

参考文献

[1] 苏伟,叶华. PDM 中产品基线的应用研究[J].电子机械工程.2009(8):1-3.

[2] 宋诗义. 基线管理在设计中的应用研究[J].建筑工程技术与设计.2018(8):1334.

[3] 秦坤,张昕,张军,等.基于 PDM 基线的研究与实施[J].航空精密制造技术,2014(6):47-49,30.

航天电子单机产品电子装联生产管控平台建设

高辉　刘金刚　高海乐　过骏

（山东航天电子技术研究所，山东·烟台，264670）

摘要： 结合实际开发，针对航天电子单机产品特性和生产模式的电装生产管控平台，完善标准、编码等基础数据，打通设计、工艺、物资采购、生产、调度管理等环节；实现航天电子单机产品电装生产过程数据全集管理与智能分析，通过对现场设备、工具、人员等的全面管控，实现生产制造精益化管理；打破信息壁垒，加快在数字化技术在生产管理、制造过程管控、数据交互、先进生产装备等方面的应用，实现流程驱动的精细管控和基于数据的生产管理，全面提升了生产质量、效率和管理水平。

关键词： 航天电子单机；电子装联；生产管控

1 引 言

近年来，随着航天事业的不断发展，对企业生产效率、产品质量和生产成本等综合生产指标提出了更高的要求。然而，目前生产过程中仍然存在着作业和流程无标准化规范、数据不统一、信息孤岛多、人工工作量大、数字化管控水平低等问题。本单位通过单机产品电装生产管控平台的建设，依托生产布局的优化，集成和整合生产过程管理、生产数据采集、物料仓储管理、数字化检验、质量过程追溯等功能，提升生产数据获取和分析能力，实现生产数据准确全面可追溯，提升产品生产质量过程管控能力，进一步提高生产效率，提升产品生产一致性、稳定性能力。

2 项目建设必要性

当前航天电子行业面临来自外部环境和内部环境的各种各样的压力，客户提出更高、更新、更快的产品应用要求，航天电子行业急需交付高可靠、高精度产品的能力[1]。本单位航天电子产品覆盖多个业务领域，主要包括面向单机级的产品，生产模式以多品种小批量为主，研制周期层不断缩短趋势，成本压缩要求越来越高，产品生命周期不断延长，产品复杂性越来越高。

当前产品生产面临的主要业务挑战有：保证"后墙不倒"的研制进度要求，加快电子单机交付客户的速度；提供柔性制造和装配能力，支撑多品种小批量电子装备生产要求[2]；提升数字化制造水平，提升数据挖掘、判断、分析和质量管控的能力。因此，急需探索和建设数字化的生产管控平台，以提高航天电子单机产品电子装联生产的核心竞争力。

3　建设目标和方向

通过电装生产管控平台的建设和应用,建立起了涵盖智能仓储、物料输送、生产准备、单板电装、部装、总装、检验的全流程数字化制造生产线,将数字化、智能制造等先进生产管理理念融入生产数据管理、制造过程管理等信息技术中,实现信息流驱动生产要素和资源运行的模式,以数字量代替模拟量作为生产组织、管理、拉动与控制的基本形态,达到"物流、信息流、工作流"的高度同步,实现快速动态响应和敏捷制造,从而全面提升精益生产管理能力、先进生产制造能力、全面产品保证能力,提高产品交付质量,缩短交付周期,降低生产成本。

4　生产线布局优化

为实现生产过程的数字化管控,将生产线总体布局进行了优化,如图 1 所示,主要分为智能仓储和物料输送、生产准备生产线、SMT 电装自动化生产线、手工电装和装配生产线等部分。通过生产线各部分的布局优化,为电装生产管控平台的实施打下硬件基础。

智能仓储和物料输送:结合实际需求建立智能仓储和自动物流运输以牵引生产,从原材料进厂到成品出库全流程打通,实现物流与数据流双向闭环,实现工单物料存、配、送的全流程无人化与智能化管理。

生产前准备生产线:实现(半)自动化、形成流水作业模式,分立器件成形自动化,器件搪锡批量化、自动化,印制板、器件烘烤批量化,形成具备一定规模的流水作业模式,满足各工序生产需求。

SMT 电装自动化生产线:建立灵活适应各种批量产品的 SMT 生产线,具备快速、灵活换线模式,表面贴装元器件 100％实现自动化焊装。

手工电装和装配生产线:针对典型产品和复杂产品,实现多工序流水线、分工步手工电装和装配模式。

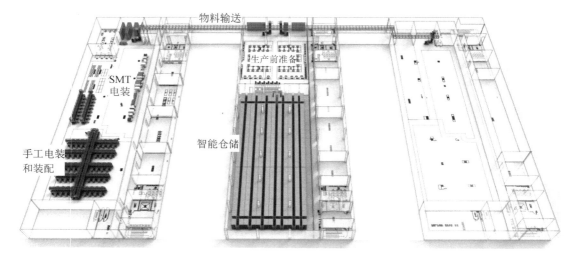

图 1　生产线总体布局图

5 生产管控平台建设内容

面向航天电子单机产品电子装联的生产管控平台主要由自研 MES 系统、生产数据采集系统、智能仓储系统、数字化检验系统、质量过程追溯系统等组成。通过生产管控平台的建设，实现自研 MES 系统、仓储管理和物流输送系统的集成，实现以物料编码为基础的物料全流程信息化管理，实现物料自动化入出库、领用和流转，智能化物流输送，提高物料使用效率。通过 MES 系统和生产数据采集系统的集成，实现生产资源设备的实时化监控，生产过程数据的采集和汇总记录。通过与数字化检验系统、质量过程追溯系统的集成建立全质量过程追溯体系。通过各系统集成实现生产全过程数据的全面贯通，改变以往的生产形式，生产线流转实现拉动式生产管理。

5.1 自研 MES 系统

针对原有单件研制型生产组织模式难以满足目前型号任务需求的问题，基于精益化生产的理念，通过自研生产管理 MES 系统的建设完善标准、编码等基础数据，打通设计、工艺、物资采购、生产、调度管理等环节；实现生产过程数据全集管理与智能分析，通过对现场设备、工具、人员等的全面管控，加快在生产管理、制造过程管控、数据交互、智能装备等方面的应用，实现流程驱动的精细管控和基于数据的决策管理，全面提升生产质量、效率和安全管理水平。

自研 MES 系统的功能主要包括生产工单图纸下达与接收、生产准备管理、生产计划排程、工艺路由与工艺文件管理、基础数据标准化、生产过程条码化、生产作业无纸化、过程记录表单电子化、生产设备监控与数据采集、生产过程多媒体数据采集与管理、生产数据包收集与汇总等。

自研 MES 系统的引入满足了不同产品和不同生产模式的应用需求，实现生产过程的各类信息表达的规范化、型号产品生产过程的精细化、透明化、生产过程及现场的可视化、车间现场作业的无纸化管理，实现数据包信息采集的自动化，提高生产过程管控能力和效率。同时将生产过程中的不确定性通过系统化的规范转变为确定性，使各节点有法可依，有据可查，在任务快速增长的同时更好地控制人员的递增，保证生产线具有弹性，激发部门内部员工能力，优化生产线构造，做到了快速动态响应和敏捷制造。

5.2 生产数据采集系统

生产数据采集系统基于 PLC 和 DCS 进行数据采集与控制，系统采用成熟稳定的数据采集方法，实现采集接口管理、分布式控制以及分布式采集等功能，实现对现场作业过程的数据采集、数据监控、设备联网、设备状态监控以及设备数据的统计分析管理，同时提升作业效率。

生产过程数据采集系统连接数字化加工设备、自动化生产线设备、专用线边检测仪器仪表、机器人、仓储货架等，通过数据采集与监控，与 MES 系统实时交互，形成纵向的业务打通，并在此基础上对生产制造过程的计划、物料、质量、生产辅助、设备运行状态等进行多维度分析和预警。

5.3 智能仓储系统

根据生产模式需求，按照智能化、安全性、稳定性、可拓展性、适用性、可靠性和可维修性的原则进行仓储系统建设,实现物料管理的信息化、网络化、智能化,实现物料的智能化管理,物料快速准确配送,信息流实时、准确、有效的采集,实现设备与设备交互的闭环执行系统,杜绝人员参与的开环动作导致的信息流与实物流不同步问题。实现了智能化入库、智能化出库、智能化输送、智能化配送,从原材料进厂到成品出库全流程拉通,物流与数据流双向闭环,数据实时、准确、完整。具体工作流程如下:

1)智能化入库:对成品进行一对一最小单元码管理,系统会根据成品特性或仓储环境要求,自动将物料运送到指定的智能仓,完成一对一扫码入库。

2)智能化出库:接到工单指令后,调度系统调度智能存取数据终端自动分拣齐套出库或根据分区分物料需求出库。

3)智能化配送:通过无人运输系统实现定向物流,严格按照生产要素(时间、站点、物料编码、数量等)将物料搬运到指定的工位站点,其中装卸物料动作也可由智能物流终端设备自动完成。

4)可视化监控:能够实时跟踪存、配、送全流程物流状态,系统中每一台设备的运行状态,系统能够根据起始点和目的地智能规划路径,选择合适的运输设备等。

5.4　数字化检验系统

建设基于三维模型的数字化检验系统,实现数字化检验能力提升,构建数字化检验体系,以提升效率,提高准确性为目标,针对不同类型产品,开展差异化检验工作。由监督检验向预防性检验转型,提高检验的经济性。突出智能化检验装备应用,逐步实现机代人作业。

推广出所测试检验"四统一":统一测试方法,统一测试平台,统一测试接口,统一测试判据。测试数据 100% 实现智能判定及结构化管理,质量文件 100% 实现自动化一键生成,典型单机基本实现独立自动化测试检验。出所测试检验重心前移,预防性检验人员占比不少于 40%。

打通基于三维模型的全过程机械检验测量过程,实现测量数据结构化。综合运用三维、影像等装备,实现除机构精测检验岗位外,一般精度检验全部实现自动化测试检验,机械综合检验效率综合提升 200%。电装检验岗位中常规检验岗位 80% 通过自动化检验完成,工艺可靠性检验岗位 60% 以上自动化完成,生产线投入过程监督型检验人员不少于 30%,检验有效性显著提升。

基于三维标注进行检验要求的定义、完整性审查、显示控制、对定义的关键检验尺寸进行信息提取,进而生成三维轻量化检验模型和检验尺寸清单报表,提供下游三维质量数据采集系统使用。在三维图纸模式下,软件配合游标卡尺可实现测量数据的实时自动采集与判读。与以往常规测量相比,该软件可实现电子通用模板数据记录,替代现有的纸质检验记录,使部门工作形式更加统一、规范,方便统一管理。

5.5　质量过程追溯系统

质量过程追溯系统以条码为信息载体,通过条码化管理实现产品配套关系、整机和模块的绑定、生产间工序、检验工序的关联,便于优化生产排产、分类统计等;以条码为追溯载体,实现物料、生产用料、工艺控制、检验的全过程可追溯。通过原物料的条码化管理追溯到物料的供应商,检验情况,筛选情况等,通过数字化工位的生产用料控制(扫码上料)建立原物料与整机的用料关系,从而实现整机用料的追溯并可根据工艺要求进行上料防呆/防错等。通过产品的条码化管理,将检验的数据与产品条码进行绑定,从而实现了检验/测试数据的可溯。生产过程全程追溯体系的建立保证了产品生产过程中各要素的可溯源性,设计、工艺、质量等部门通过 MES 平台制定标准,生产车间按标准执行生产并采集和反馈现场数据,为数字化、精细化管理提供强有力的支撑。

产品保证是重中之重,通过质量过程追溯系统建立产品的全质量过程管控体系,涵盖物料筛选、测试、试验、检验、维修等环节。通过全质量过程追溯体系的建立实现产品过程数据的采集与可溯源,不仅可以追溯到产品生产过程中的各项检验检测数据,同时还将采集到的数据进行统计分析,为产品保证、生产决策等提供数据支撑。

6 结束语

本文结合本单位航天电子单机产品电子装联生产管控平台的建设和使用,以数字化管控和智能化生产为目标,提出了航天电子单机数字化电装生产线的建设方向,基于以智能仓储和物料输送、生产前准备生产线、SMT 电装自动化生产线、手工电装与装配生产线等为主体的生产线布局,实现了自研 MES 系统、生产数据采集系统、智能仓储系统、数字化检验系统、质量过程追溯系统的贯通和集成,构建了数字化的生产管控平台,实现了拉动式生产管理、生产全流程信息化、数字化质量管理;相比于以往依赖人工操作的生产方式,生产效能和质量有了较大的提升,对航天电子行业的生产线建设有一定的借鉴意义。

参考文献

[1] 石琪,王桢宇,傅宇航. 航天电缆组件数字化制造生产线构建研究[J]. 电子工业专用设备,2019,48: 70-77.
[2] 霍家琦,王贺,丁志强,等. 面向产品,打造航天产品柔性数字化生产线[J]. 航天工业管理,2017,403 (08):41-43.

以管理提升战略实现军工固定资产投资项目管理方法优化

张永伟

（山东航天电子技术研究所，山东·烟台，264670）

摘要：以军工固定资产投资项目管理为背景，结合在实际工作中遇到的问题、流程上的不合理环节以及多部门协作效率提升等，按照管理提升战略，旨在优化项目管理方法。通过文献综述和实践研究，发现军工固定资产投资项目存在管理体系不完善、流程不合理和信息化程度不高等问题。在此基础上，引入管理提升战略，构建完善的管理体系、优化项目管理流程，并推进信息化系统建设，做好全周期管控。结果显示，管理提升战略有效提升了项目管理效率和质量，为军工固定资产投资项目的成功实施提供有益借鉴。未来可进一步深化研究，持续改进方法，以推动军工固定资产投资项目管理的不断优化与创新。

关键词：军工固定资产投资项目管理；管理提升战略；优化方法

1 引 言

在当今复杂多变的经济环境下，军工固定资产投资项目的管理显得尤为重要。然而，现有项目管理方法存在一系列问题，限制了项目的高效实施。本研究以管理提升战略为指导，旨在优化军工固定资产投资项目管理方法，通过深入探讨项目管理体系、流程及信息化程度，将管理提升战略融入其中，以期改进项目管理效率与质量。本文将结合理论与实践，提出建设性建议，为军工固定资产投资项目管理领域的进一步发展提供重要启示与支持。

2 理论基础与文献综述

2.1 军工固定资产投资项目管理概述

军工固定资产投资项目管理是军工企业在新设、扩建、改建等投资项目过程中，对项目的计划、组织、实施、监督与控制等全过程的管理活动。该管理过程涵盖了项目的前期立项、投资决策、项目实施和投产运营等各个阶段。军工固定资产投资项目的特点包括项目规模庞大、技术复杂性高、投资周期长、风险与不确定性较大等，因此项目管理的科学性和有效性对于确保项目顺利实施和取得预期效益至关重要。

2.2 投资项目管理方法与实践

投资项目管理方法是指在项目实施过程中采用的管理手段和技术方法。目前，常见的投资项目管理方法包括项目整体计划管理、风险管理、质量管理、成本管理、进度管理、资源管理等[1]。这些方法的运用有助于合理分配资源、降低项目风险、保障项目质量、提高项目效率，从而实现投资回报最大化。军工固定资产投资项目的管理实践中,经常运用项目管理软件、数据分析技术、信息化手段等工具,以提高管理效率和决策水平。

2.3 管理提升战略的意义与实施

管理提升战略是指在项目管理实践中,通过引入先进的管理理念、方法和技术,不断提升项目管理的水平和效能。对于军工固定资产投资项目,管理提升战略的意义显而易见。首先,项目管理的提升可以缩短项目实施周期,降低项目成本,提高投资回报率。其次,通过优化项目管理流程和资源配置,可以有效降低项目风险,确保项目的顺利实施。此外,管理提升战略还有助于增强军工企业在市场竞争中的优势,提升企业的核心竞争力。

在实施管理提升战略过程中,需要从多个方面入手。首先,建立健全科学的项目管理体系,明确项目组织结构和职责分工。其次,优化项目管理流程,确保项目各个环节的协同配合。再次,充分发挥项目管理信息化系统的作用,实现项目数据的集中管理和共享。同时,注重项目管理团队的培训和素质提升,提高团队的专业水平和协作能力。

3 军工固定资产投资项目管理存在的问题

3.1 项目管理体系不完善

项目管理需要明确的组织结构和职责分工,但在一些军工企业中,项目管理的组织结构不够清晰,导致项目管理责任不明确,项目管理活动无法高效执行。项目管理涉及多个部门和岗位之间的协同合作,但信息传递不畅、沟通不及时成为影响项目管理的重要障碍,导致项目执行过程中产生误解和偏差。项目管理体系中的管理流程应该是标准化、规范化的,但目前很多军工固定资产投资项目在管理流程方面还存在缺陷,导致项目执行过程中流程混乱、效率低下。

3.2 项目管理流程不合理

军工固定资产投资项目的管理涉及众多环节和细节,项目管理流程不合理将直接影响项目的执行效率和质量。目前存在的问题主要包括:部分项目管理流程设计过于繁琐,流程节点过多,导致项目执行周期长,影响项目的及时交付;有些项目管理流程过于刻板,缺乏灵活性,难以适应项目管理中的变化和应变,导致项目管理僵化[2];项目管理涉及多个部门之间的协作,但由于部门分割较大,导致流程传递不畅、协作效率低下。

3.3 项目管理信息化程度不高

信息化在现代项目管理中起到了重要的推动作用,然而在一些军工固定资产投资项目中,项目管理的信息化程度相对较低,表现在:项目管理涉及的数据分散在不同的系统中,形成数据孤岛,项目管理者难以快速获得准确的项目数据信息;军工固定资产投资项目常常涉及大量复杂的数据,但缺乏科学的数据分析工具,导致项目数据无法得到有效利用,影响项目决策质量;军工项目管理涉及的信息涵盖敏感数据,但在信息化程度不高的情况下,信息安全问题成为一大隐患。

4 管理提升战略在军工固定资产投资项目管理中的应用

4.1 构建完善的项目管理体系

建立适应军工项目管理需求的项目管理组织结构,明确各个职责和权责。确保项目管理团队的稳定性和协作性,使项目管理责任明确、分工合理。制定科学合理的项目决策流程,包括军工固定资产投资项目立项、审批、投资决策等方面。合理设置决策节点和流程步骤,确保决策流程高效执行,减少决策时间和成本。建立信息共享平台,集中管理项目管理信息,实现信息共享和传递的高效率。采用先进的信息化技术手段,确保信息的及时性、准确性和安全性,提高信息传递效率和准确性。在项目管理体系中加强沟通协作机制,确保各个部门和岗位之间的信息沟通和资源协调。通过有效的沟通与协作,提高项目执行过程中的信息传递效率,避免信息断层和资源浪费。建立健全项目管理绩效评估机制,定期对项目管理体系进行评估和改进。

4.2 优化项目管理流程

项目管理流程是项目管理的重要组成部分,直接影响项目执行效率和成果质量。在军工固定资产投资项目管理中,应优化项目管理流程,使之更加合理、简化和高效。具体措施如下:

对项目管理流程进行审视和优化,精简繁琐的流程步骤,减少不必要的审批环节,提高项目执行效率。在优化项目管理流程的同时,要充分考虑项目管理的灵活性,使项目管理流程能够适应不同类型项目的需求。建立项目管理流程的评估机制,定期对项目管理流程进行评估和调整,以确保其持续有效。

4.3 推进项目管理信息化

项目管理信息化是提升项目管理效率和决策水平的重要手段。在军工固定资产投资项目管理中,推进项目管理信息化可以提高信息传递效率、数据分析能力和决策科学性。具体措施如下:

建立完善的项目管理信息化系统,实现项目数据的集中管理和共享,提高数据处理效率。运用数据分析技术,对项目数据进行深入分析,为项目决策提供科学依据和预测能力。加强项目管理信息的安全保障,防止项目数据泄露和损毁,确保项目信息的机密性和完整性。

综上所述,管理提升战略在军工固定资产投资项目管理中的应用,需要构建完善的项目管理体系、优化项目管理流程和推进项目管理信息化。通过这些措施的实施,可以提高项目管理的科学性、规范性和效率,为军工固定资产投资项目的成功实施提供有力支持。在未来的研究和实践中,应进一步深化管理提升战略的应用,不断优化项目管理方法和策略,以适应军工固定资产投资项目管理的日益复杂和多变的需求。

5 实践研究与数据分析

5.1 选取实际军工固定资产投资项目进行管理提升实践

为验证管理提升战略在军工固定资产投资项目管理中的有效性,我们将选取一项实际军工固定资产投资项目作为研究对象,进行管理提升实践。该项目属于军工行业中规模较大、技术复杂性较高的项目,因此对其进行管理提升具有重要的实践价值。

在进行实践研究时,选取合适的军工固定资产投资项目至关重要。首先,要选择对军工企业发展具有重要战略意义的项目,这样可以确保实践研究具有实际的价值和意义。重要战略项目的管理提升对企业的长远发展具有重要影响,对其进行研究能够带来实质性的改进和提升。

其次,应选择技术难度较高、投资规模较大的项目,以挑战管理提升战略的应用能力。这样的项目具有较高的复杂性和挑战性,要求项目管理者具备更高水平的管理能力和决策能力[3]。通过应用管理提升战略,可以更好地应对项目管理中的复杂问题,实现项目目标的高效达成。

最后,选择相对完善、信息化程度较高的项目,为实践研究提供较好的基础条件。在管理提升实践中,一个较为完善的项目管理体系和信息化系统能够提供更多的数据和信息支持,帮助更准确地分析和评估项目管理效果,找出问题和改进方向。

5.2 收集项目管理数据与信息

在实践研究中,将充分收集与项目管理相关的数据和信息,以深入了解军工固定资产投资项目的管理现状和存在的问题。

首先,将收集项目管理体系的相关信息,包括项目的组织结构、职责分工和决策流程等方面。通过对项目管理体系的了解,可以评估项目管理的整体效率和协作性,找出管理体系中存在的潜在问题,为优化项目管理提供依据。

其次,将收集项目管理流程的具体信息,包括项目各个阶段的管理流程和步骤。通过对管理流程的分析,可以评估流程是否合理、是否存在冗长环节,进而发现流程优化的机会,提高项目管理效率。同时,也会关注项目管理信息化的建设情况,收集项目管理信息化系统的实际运行情况。了解数据共享、信息传递等方面的实际情况,可以帮助判断信息化系统是否满足实际需求,是否存在数据传递的不畅或信息共享的障碍。

5.3 数据分析与结果展示

通过对项目管理体系的分析,发现其中存在的问题和不足,为优化项目管理体系提供依据。对项目管理流程进行分析,找出不合理的环节和流程,提出优化建议。评估项目管理信息化系统的实际运行情况,找出信息化程度不高的原因和瓶颈。通过对项目执行数据的分析,评估项目的执行效果和绩效,发现问题并提出改进措施。

在数据分析的基础上,将结合实际项目情况,撰写详细的实践研究报告,展示管理提升战略在军工固定资产投资项目管理中的应用效果和成果。通过数据的客观呈现和实践研究的深入分析,期望为军工固定资产投资项目管理的优化和创新提供有益的指导意见和决策支持。

6 优化军工固定资产投资项目管理方法的建议

6.1 项目管理体系的优化与建设

建立灵活高效的项目管理组织结构,明确各个职责和权责。设立专门的项目管理部门或团队,确保项目管理责任明确、分工合理。在项目管理体系中明确各岗位的职责,确保各部门之间的协作顺畅。加强部门间的沟通与合作,形成团结协作的工作氛围。制定科学合理的项目决策流程,简化审批环节,提高决策效率。设立决策节点,确保项目决策能够及时迅速地实施。建立信息共享平台,实现项目管理信息的集中化、共享化。加强信息传递与交流,确保各部门对项目信息的及时掌握和共享。

6.2　项目管理流程的改进与优化

对项目管理流程进行审视,精简繁琐的流程步骤。消除不必要的审批环节,减少流程中的冗余步骤,提高项目管理效率。建立流程标准化和透明化,确保项目管理流程公开透明。所有相关人员能够清楚了解流程的执行过程和要求。项目管理流程应具备一定的灵活性,能够根据不同项目类型和规模进行调整。允许流程中的一定弹性,以应对复杂项目的管理需求。建立流程评估机制,定期对项目管理流程进行评估和调整。根据实际情况不断优化流程,确保其持续有效。

6.3　项目管理信息化系统的建设与完善

项目管理信息化是提高项目管理效率和决策水平的重要手段。以下是关于军工固定资产投资项目管理信息化系统的建设与完善的建议:

制定项目管理信息化系统规划,明确系统的需求和目标。根据军工固定资产投资项目管理的特点,量身打造适用的信息系统。建立集中管理的项目数据库,确保项目数据的一致性和准确性。信息共享和传递要建立在数据的正确和完整基础上。建立信息共享平台,实现项目信息的集中管理和共享。各部门可以共同访问和获取项目信息,提高工作效率。加强信息安全保障,确保项目管理信息的机密性和完整性。

7　总　　结

未来应进一步加强项目管理体系建设,提升组织协同能力;优化项目管理流程,简化审批程序;加强信息化系统建设,实现数据共享;同时,深入研究项目管理的创新方法,持续提升管理水平。应借助先进技术,提升项目管理智能化水平;注重项目风险管理,提前预判和应对挑战;推动项目管理标准化,加强合作与交流,推动军工固定资产投资项目管理走向更高水平。

参考文献

[1] 杨小娟.基于 AOS 的军工固定资产投资项目管理优化研究[J].中国管理信息化,2021,024(018):161-162.

[2] 赵宇婧,邵淑伟.军工固定资产投资项目全过程管理问题研究及对策建议[J].国防科技工业,2019(4):33-34.

[3] 祝书洋.国防军工固定资产投资项目管理中统计方法的作用论述[EB/OL].DOI:10.12294/j.1673-0992.2021.08.005.

山东省航空运输业与旅游业耦合协调发展研究

陈伟恒　　刘明超

（滨州学院，山东·滨州，256603）

摘要： 航空运输业和旅游业之间相互作用，双方是互惠互利的。通过收集 2010—2019 年十年之间的山东省旅游情况的数据，山东省航空运输飞机起落架次和山东省航空运输旅客吞吐量数据，运用熵值法反映指标的有效的价值，运用耦合协调度模型进行测算，分析两者之间的协调度。航空运输为旅游业带来了更多的客源和市场需求，为旅游业的快速发展提供了新的机遇。旅游业的快速崛起也推动了航空运输业的改善和发展，随着旅游业的不断扩大和完善，对交通运输的要求也越来越高，旅游业的快速发展为航空运输业带来了更多的市场需求和机会，促进了航空运输业的进一步发展。

关键词： 航空运输业；旅游业；熵值法；耦合协调度

1　引　言

在全球一体化的今天，便捷的航空运输成为旅游快速发展不可或缺的前提条件。游客在目的地和来源地间的游程，以及在集散地和景点间的往来，都离不开方便、舒适的交通体系。现代民航拥有便利化的交通网络，具有时效化的运输组织方式，以及对时间的合理利用等特征，从而改变了旅游者的出行方式、旅游行为与时空关系。所以，在如今的旅游中，航空运输业是一种重要的交通出行方式。本文选择对山东地区旅游业与航空运输业发展进行分析。为研究评价山东地区旅游和航空运输之间的协同关系，选择一种科学、合理的评价方法是十分必要的。本研究拟借鉴中国山东省发布的有关资料，按照科学和可操作性的选择原则，选择 2010—2019 十年间各机场的旅客吞吐量，人均消费，飞机起降架次，机场数目等作为各机场的评价指标，运用航空运输业和旅游业发展水平进行耦合协调计算，从而进一步衡量旅游业与航空运输业之间的耦合协调关系。

2　山东省航空运输业与旅游业发展现状

2.1　山东省航空运输业发展现状

目前，山东正以"走在前列，开创新局"为目标，推动文旅深度融合发展，着力打造具有世界风范、展现中国精神、国家文旅融合发展新高地、"好客山东"全域旅游模范区[1]。本文在山东地区航空运输业发展的基础上，运用熵值法和耦合协调模型探讨研究山东地区旅游业与航空运输业发展之间的关系。从 2010 到 2019 十年间，山东省航空运输业呈现逐年增长的状态，如表 1 所列。本文所用数据来自《山东省统计年鉴》，由山东省统计局公布。

近年来，山东省加强对航空运输业的扶持力度，出台了一系列政策措施，如减免航空公司停机位费用、支持航空物流企业发展等,促进了航空运输业的快速发展,但同时也面临着一些挑战,如机场容量限制、航空公司资源配置问题等,需要进一步完善基础设施建设和优化管理模式,提高服务水平和竞争力。航空运输对旅游业的产品形态进行了拓展,旅游业可以利用航空元素,以多种旅游资源为依托,对其展开共同开发,从而进一步丰富了产业链之间的合作,特别是航空运输舒畅的环境,增加了旅游目的地与其附近的地方经济的发展,并且信息流和经济流乃至资源和人才都在航空运输的过程中进行着往来,进而增加了旅游城市与旅游区域的相关旅游产业集聚的效应,旅游的各项要素在旅游业空间溢出效应的影响下,以航空运输的路线为中心进行扩散,有效提升了附近地区的旅游业的发展。

表1　2010—2019 山东省航空运输业现状

年　份	飞机起落架次 /万次	旅客吞吐量 /万人	年　份	飞机起落架次 /万次	旅客吞吐量 /万人
2010	21.55	2 361.3	2015	34.71	3 560.45
2011	23.73	2 414.2	2016	41.83	4 212.7
2012	25.71	2 543.81	2017	48.94	5 023.64
2013	29.36	2 883.89	2018	55.41	5 763.36
2014	31.89	3 205.55	2019	63.82	6 269.57

2.2　山东省旅游业发展现状

山东省旅游业发展势头良好,不断推进旅游产品创新和服务质量提升,吸引了越来越多的游客前来观光旅游。在 2010 到 2019 十年间旅游业总收入,总人数逐年增长,如表2所列。随着旅游业的不断扩大和完善,对交通运输的要求也越来越高,这就需要航空运输业不断改善和升级工作设备和基础设施,以适应快速崛起的旅游产业所带来的巨大人流量和货流量的压力[2]。

表2　2010—2019 年山东省旅游业现状

年　份	总人数/万人	总收入/亿元	人均花费/元
2010	34 990	2 915.8	833.3
2011	41 696	3 573.7	857.1
2012	48 739	4 335.03	889.4
2013	54 262	5 014.74	924.2
2014	59 577	5 711.2	958.6
2015	65 045	6 505.11	1 000.1
2016	70 716	7 399.61	1 046.4
2017	77 966	8 491.46	1 089.1
2018	85 889	9 661.50	1 124.7
2019	93 288	10 851.33	1 163.3

3　山东省航空运输业与旅游业耦合协调发展模型构建

3.1　基于熵值法的综合发展水平指数测算

熵值法是一种多指标决策分析方法,通过将各指标的取值转化为熵值,并计算各指标权重来确定方案的优劣程度。在熵值法中，首先对指标数据进行标准化处理，然后对每一项指标进行熵值的计算，再以熵值为依据，计算出每一项指标的权重，最后通过加权平均的方法，得到每一项方案的综合评价值。该方法适用于综合评估多个指标对于分析结果的影响。

论文运用熵值法计算指标的指标权重。下面介绍熵值法的计算原理[3]。

（1）指标标准化处理

正向指标：
$$x'_{ij} = \frac{x_{ij} - x_j^{\min}}{x_j^{\max} - x_j^{\min}} \tag{1}$$

负向指标：
$$x'_{ij} = \frac{x_j^{\max} - x_{ij}}{x_j^{\max} - x_j^{\min}} \tag{2}$$

（2）在标准化后，某些数据会产生数值偏小或负值。要防止这些现象，就必须对标准化后的数值进行平移，也就是指标非负化处理[4]，即

$$x''_{ij} = H + x'_{ij} \tag{3}$$

这里 H 为指标移动的幅度，一般取 1[5]。

（3）指标贡献度

$$P_{ij} = \frac{x''_{ij}}{\sum\limits_{i=1}^{p} x''_{ij}} \tag{4}$$

（4）计算指标的熵值

$$E_j = -\ln p \times P_{ij} \times \ln P_{ij} \tag{5}$$

（5）指标的差异系数

$$d_j = 1 - E_j, \qquad \text{j} = 1, 2, \cdots, p \tag{6}$$

（6）指标的权重

$$\omega_j = \frac{d_j}{\sum\limits_{j=1}^{p} d_j} \tag{7}$$

（7）利用标准化的数据与权重相乘得到综合发展水平指数，即

$$S_k = \sum\limits_{j=1}^{p} \omega_{ij} x'_{ij} \tag{8}$$

3.2　协调度模型构建

3.2.1　协调度模型

本文通过对航空运输和旅游两大子系统的分析，引入了航空运输和旅游两大子系统的耦合和协调，并计算出了二者耦合和协调的强度。

在计算这两个系统的综合发展评价值的基础上，得到这两个系统间的耦合度，并建立相应的数学模型：

$$Z = 2\left(\frac{S_1 \times S_2}{(S_1 + S_2) \times (S_1 + S_2)}\right)^{\frac{1}{2}} \tag{9}$$

式中，Z 表示航空运输业与旅游业的耦合协调度；S_1，S_2 分别表示航空运输业和旅游业发展水平的综合指数。对于航空运输业和旅游业的耦合协调发展状况，在现有关文献相结合的基础

上，可以从六个方面进行等级划分[3]，如表3所列。

表3　耦合度等级

Z 值的范围	耦合类型	Z 值的范围	耦合类型
$Z=0.00$	无序发展阶段	$0.50<Z\leqslant0.80$	磨合阶段
$0.00<Z\leqslant0.30$	低水平耦合阶段	$0.80<Z\leqslant1.00$	高水平阶段
$0.30<Z\leqslant0.50$	拮抗阶段	$Z=1.00$	良性共振阶段

3.2.2　耦合度评价模型

以上耦合度模型能够区分出航空运输业和旅游业两个系统的耦合作用强度。它只反映了这两个系统之间的交互作用，却无法反映这两个系统各自的发展水平。借鉴现有文献，引入协调度，对该模型进行改进，构建出能够体现航空运输业和旅游业两系统发展水平的耦合协同调度模型，即

$$T=\alpha S_1+\beta S_2 \tag{10}$$
$$D=\sqrt{Z\times T} \tag{11}$$

其中，T 是综合协调性的评估指标，D 是耦合协调性的指标，T 能较好地反映出整个系统对整体协调性的影响；计算出系统之间的耦合系数 D，代表着系统之间的相互作用；α，β 为权数，参考相关文献取 $\alpha=\beta=1/2$[5]，即航空运输系统与旅游系统同等重要。

4　山东省航空运输业与旅游业发展水平分析

4.1　山东省航空运输业与旅游业综合发展水平指数分析

根据通过式（1）~式（8）可以得出山东省航空运输业运输业与旅游业的综合发展水平，如图1所示。

由图可知，山东省航空运输业呈现逐年增长的趋势，由 2010 年的1.324 5 增长到 2019 年的 3.207 8，在十年时间增长了 58.73%；山东省旅游业也是呈现逐年上升的趋势，由 2010 年的 1.352 1 增长到了 2019 年的 3.445 4，在十年时间里增长了 60.76%。

在 2010—2019 年间，随着山东省航空业的快速发展，山东省的旅游业也有了较大的增长，这表明山东省

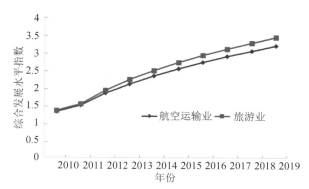

图1　山东省航空运输业与旅游业综合发展水平指数

的航空业对山东省旅游业起到了促进作用。目前，机场作为航空旅游的服务平台，它所面对的既有机会又有挑战，应该利用自己的资源优势，提高自己的运营效率，提高自己的服务水平，提高自己的市场效益。

4.2　山东省民航运输业与经济发展耦合协调度计算结果与分析

山东省航空运输业发展与旅游业耦合协调度随时间演变特征,如图 2 所示。

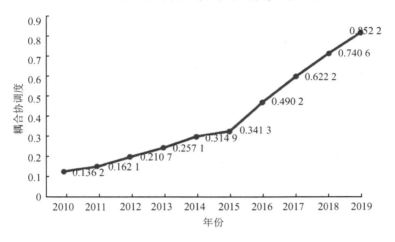

图 2　山东省航空运输业发展与旅游业耦合协调度随时间演变

随着时间的推移,山东省的发展速度也在不断加快,其中的耦合协调度从 0.136 2 增加到 0.852 2,这十年间山东省在旅客吞吐量、飞机起降、机场数目等方面都有了很大的帮助,这使得山东省的航空运输事业有了显著的发展。

《国务院办公厅关于进一步促进旅游投资和消费的若干意见》[6]是 2015 年国务院印发的一份文件,《国务院关于印发"十三五"旅游业发展规划的通知》提出了实施"十三五"旅游规划的必要性和必要性。

如表 4 所列,结合各个指标计算结果显示:山东省航空运输业与旅游业耦合协调,在 2010 年的时候,协调度的类型是严重的不协调,在 2013 年的时候,它就变成了中度的不协调,在 2015 年的时候就变成了轻微的失调,在 2016 年的时候就变成了接近于协调,2017 年的时候变成了初级的协调,2018 年的时候变成了中级的协调,2019 年的时候是高度的协调。山东省航空运输业与旅游业发展数据显示,山东省航空运输业与旅游业发展逐步上升,从这一点可以看出,山东省的航空运输业与旅游业是两个系统,二者之间存在着相互配合、相互促进的功能,而且这两个系统的功能还在不断地加强,两个系统的运作效率也在不断地提升,它们之间的耦合与协调关系也在不断地得到改善。

表 4　山东省航空运输业与旅游业耦合协调度

年　份	耦合协调度 D	耦合协调类型	年　份	耦合协调度 D	耦合协调类型
2010	0.136 2	严重失调	2015	0.341 3	轻度失调
2012	0.162 1	严重失调	2016	0.490 2	濒临失调
2013	0.210 7	中度失调	2017	0.622 2	初级协调
2014	0.257 1	中度失调	2018	0.740 6	中级协调
2015	0.314 9	轻度失调	2019	0.852 2	高度协调

5　结论与建议

5.1　结　论

本文采用熵值法构建耦合协调度模型,对山东省旅游发展与航空运输发展的关系进行深入探讨。选择 2010—2019 年山东省航空运输业旅客吞吐量,飞机起落架次、山东省旅游总人数、旅游总收入、人均消费五项指标,对二者进行分析,揭示二者的时空演化规律,并对二者进行比较。研究结果表明,山东省航空运输与旅游发展的整体态势是显著的,而且呈现出不断增长的趋势,前期协调较弱,后期发展协调较好,但还有较大的发展空间。

2010 年至 2019 年期间,山东省航空运输业与旅游业之间的耦合协调总体水平得到了提升。在这十年里,两个子系统之间的相互作用越来越强,其运作效率也逐年提高,从而使得两者之间的耦合与协调程度得到了改善。具体地说,2010 年时山东省航空运输业与旅游业之间的耦合协调度处于严重失调状态,但到了 2019 年,两者之间已经呈现出相辅相成的状态,即彼此之间相互促进、相互协作。这表明,在过去的十年中,山东省的航空运输业和旅游业都得到了快速发展,它们之间的联系和协作也逐渐加强。

5.2　建　议

航空业与旅游业两大产业间是互利互惠的共赢模式,在一个以省为地域单位的旅游地区,游客在旅行时间、资金、资源花费等方面的预算以及在该地区的多个目标旅游规划都深受航空系统空间功能和结构调整的影响,进而关系到借助航空系统实现航空业与旅游业互利双赢的目标是否能实现。山东是一个具有丰富旅游资源的半岛旅游地区,航空运输是推动该省旅游业发展的一个重要途径。

针对目前山东省旅游业与航空运输业产业融合协同发展过程中存在的问题,本文在已有研究的基础上分析了我国旅游业与航空运输业两大产业协同发展的现状,并提出相对应的建议:(1)加快建设高效率的空运体系。以民用航空为依托,建设"快进"的空中交通网,以提升旅游地的可达度、便捷度,使旅客能够迅速地从一个地方到另一个地方。(2)开发低空航空观光产品,支持低空旅游线路的开发,发展航空观光、航空体验和航空运动等航空旅游产品。建设低空旅游基础设施,加快建设民航机场,建设低空旅游产业园区,建设航空旅游城镇和航空基地等。(3)强化交通运输与旅游融合发展的保障措施。加强对旅游交通行业的诚信管理,健全旅游交通服务质量投诉处理体系。

参考文献

[1] 张广海,袁洪英.山东省交通网络与旅游产业耦合协调及其影响因素分析[J].中国石油大学学报(社会科学版),2022,38(05):47-54.

[2] 苏建军,刘义花,于正松.中国民航业 25 年发展与巨变对旅游业影响的动态分析[J].科技和产业,2014,14(02):10-17,24.

[3] 刘玉娇.基于耦合模型的四川省旅游业与航空运输业协同发展研究[D].广西师范大学,2022,17-32.

[4] 陈秀艳.山东省旅游资源与旅游业耦合协调发展研究[D].曲阜:曲阜师范大学,2022.

[5] 程振博,彭一龙.河南省生态文明综合评价——基于熵值法与耦合协调度模型[J].云南农业大学学报(社会科学),2023,17(03):135-141.

[6] 产业融合的聚变效应——《关于促进交通运输与旅游融合发展的若干意见》解读[J].中国公路,2017(20):12-13.

基于航空航天紧固件的供应链管理研究

王晓颖　严明　连业江　武少华

(东方蓝天钛金科技有限公司,山东·烟台,264003)

摘要：随着航空航天紧固件产业生产任务的增多以及低成本的要求,传统的采购模式已无法满足生产需求,亟待转型。为了适应目前军工领域的产业化转型,急需引进供应链管理模式,以便将紧固件产品设计、原料采购、销售、服务等串联起来,不断提高企业在行业市场中的竞争实力和存货能力,使企业能够逐步融入到迅速全球化的国际经济环境中。本文分析了供应链管理模式对企业采购管理的重要影响,提出了供应链管理模式下企业管理要实施战略采购、推进采购信息化、以实时生产订单驱动采购、建立战略联盟等建议。

关键词：企业采购;供应链管理;影响;对策

1　引　言

虽然紧固件作为传统的机械连接部件是 20 世纪的科技产品,但随着飞机复合材料的大量应用,紧固件的创新发展不但没有停止,反而经过多次技术革新、历久弥新,顺应航空科技发展潮流,有了更大的发展空间。企业采购管理是供应链管理中关键的环节。我国《标准物流术语》将供应链定义为:"供应链即生产与流通过程中涉及将产品或服务提供给最终用户活动的上游与下游企业所形成的网链结构"。紧固件企业在供应链管理模式驱动下,积极主动优化企业采购管理,进而对企业的生产经营产生了深刻的影响。在供应链中,采购使得供应链各节点之间的联系和依赖性进一步增强,对于降低企业的运作成本,提高企业竞争力起着越来越重要的作用。

2　供应链管理模式的影响

2.1　采购方式的转变

企业由库存采购转变为订单采购。在之前的采购模式中,采购部门只是收集生产部门的采购需求,确定采购任务,仅为了及时补充物资的库存量,防止物资不到位影响生产进度,而没有从整体上考虑生产和销售环节,容易造成物资的库存积压,占用大量的流动资金,甚至在市场中丧失主动权。在供应链管理模式下,采购活动是以销售订单驱动方式进行的,客户需求订单驱动制造生产订单,制造生产订单确定采购订单,采购订单再驱动供应商。这是一种准时化的采购模式,使企业的采购能够准时地响应客户需求,从而减少库存物资,降低采购成本,提高库存物资的周转率。

2.2 企业从内部采购管理向外部资源管理转变

在供应链管理下,企业已然打破了原有的竞争模式,从内部采购管理开始向外部资源管理进行转变,建立一种全新的、不同层次的、精细而优化的供应链网络管理体系。企业应该不断地优化该网络管理体系,根据自身情况选择适当数量的供应商,更多地参与到供应商设计产品的源头,同时能物资的生产过程进行质量控制,协调供应商的生产计划及交货计划,在有限的条件下,达成资源共享,从而保证供应链的正常供应关系,维护企业的生产经营效益。

2.3 企业经营模式由"纵向一体化"转变为"横向一体化"

供应链管理模式下,企业由原来的仅是采购物资管理转变为整个供应链却流程节点的共赢,企业逐渐由"纵向一体化"转变为"横向一体化"模式。围绕着中心企业,形成上游和下游的战略联盟。采购商与供应商不再是单一的买卖关系,而是形成了紧密的战略合作伙伴关系,形成供应商库存管理共享机制,有效地减少了采购商的库存积压,共同解决产品的成本和质量问题,共同降低采购成本。

2.4 企业的信息系统更加完善

企业的信息系统发展的更加全面,由原来的单一应用转为更加完善的信息网络。信息网络的建立,给物资采购带来了更加便利、更加高效的工作,同时信息互享、扩大采购渠道、制约采购风险。采购工作已经不是单纯的采购,而是基于完整的、健全的计算机网络信息技术的多重采购系统,大大提高了采购管理的效率。

3 供应链管理模式下的应对策略

3.1 实施战略采购

战略采购是计划、实施、控制战略性和操作性采购决策的过程,目的是指导采购部门的所有活动都围绕提高企业能力开展,以实现企业的愿景计划。实施战略采购是企业适应环境的必然,是企业提高管理水平的内在要求,因而企业应当在供应链管理模式下进一步充实完善企业采购战略,充分利用外部资源,有效配置内部资源,提高企业的竞争能力。

战略采购应从以下几方面实施:第一方面是使总购置成本最低,采购决策影响着后续的运输、调配、维护、调换甚至产品的更新换代,因此必须对总体成本有长远的思虑,必须对整个采购流程中所涉及的关键成本进行评估;第二方面是建立双赢关系,战略采购是与供应商协商的过程,并不是一味地压制供应商的价格,而是对于原材料市场的充分认识和成本分析的充分了解,达到双赢的目的;第三方面建立采购能力,双赢的关键不是一套采购技能,而是更加广泛的组织能力、成本建模能力及合作协同能力;第四方面是制衡双方采购,企业与供应商相互比较、相互选择,都具有价格议价优势,同时企业对供应商所处行业、战略模式、生产运作方式、经营模式有更深入的了解,帮助企业发现机会,在双赢中找到平衡点;同时还可以从集中采购、扩大供应商基础、优化采购流程、产品和服务的统一等其他方面实施。

3.2　加快信息化建设

采购信息化是企业运营不可或缺的重要组成部分，也是现代企业采购发展的必然方向。企业要利用信息和网络技术，积极尝试应用电子商务和 ERP 等先进的管理系统，在企业内部搭建起采购管理信息网络平台，对企业采购全过程的各个环节进行管理。从而有效地整合企业资源，实施物流、信息流、资金流的统一，帮助供求双方实现信息共享，完成采购行为，降低成本，提高企业效益。

在公司整体信息化的规划下，加强应用采购报表采集分析系统，进一步推动采购办公信息化，加大信息管理平台，充分整合各类数据，全面推进公司采购工作的精细化管理，通过信息化的运用，物资需求信息更加容易获得、更容易筛选，有利于采购计划的制定。同时信息化建设使管理效率得以提高、引发组织结构的调整、使信息传递方式得以改变，从阶梯层变为水平层，有效地减少了管理环节和管理层次。

3.3　以生产订单驱动采购

随着供大于求的市场变化，企业必须转变观念，为订单而采购，减少库存。实时生产的订单驱动方式将使制造计划、采购计划、供应计划能够同步进行，各个工序实现同步化生产，采购原材料直接配送到制造部门，减少采购部门的成本费用与库存积压，在很大程度上降低企业的库存成本。同时企业要让供应链上的其他节点共享制造部门的信息，提高供应商的响应速度，在订货过程中不断进行信息反馈，修订订货计划，使订货与需求有机协调配合起来，最终创造更大的竞争优势。

订单驱动是完全按客户订单组织生产，接收客户订单后，按产品 BOM 清单分解物料需求，物料采购到位后按单生产，优点是库存物资减少，不会形成积压，在订单充足、均衡的情况下，企业运营效率高、成本低，发挥最有效能，实现最佳库存控制的计划模式

3.4　建立稳健的供应网络

企业要与供应商之间保持长期的战略协作伙伴关系。通过给供应商提供需求信息、反馈物资使用情况、加强对供应商的业务培训，共同制定有关产品的质量标准，促使供应商提高产品质量和性能，实现资源信息的共享，让供应商及时了解市场需求情况，迅速采取应对措施，建立采购流程，降低交易费用和采购风险，真正实现以"双赢"为目的的战略联盟。供应商关系管理作为一个尖端领域，主要目的是增加采购的重心、投资和优先权。事实上，供应商关系管理部门是用来安置不断增长的物资和员工的最大部门。因为越来越侧重供应商关系管理的趋势是制度走向成熟的一个标志，因此意义重大。

合作关系式建立稳健供应链的关键，企业应该深刻认识到供应商与企业之间是互利互惠的关系，所以需要建立长期的、稳定的合作伙伴关系。企业与供应商应建立共同利益的关系，积极协调并相互促进对方的发展。例如，企业可以提供技术和管理咨询服务，帮助供应商提高质量和效率，同时使企业的生产更加稳定。建立供应链的良好沟通和信息机制是保持供应链稳定的重要手段，企业和供应商之间应建立密切联系，进行信息互享，及时解决参与方之间的矛盾，从而保持关系的长期稳定与良好。

3.5　管理好战略成本

无论是在满足客户需求方面还是在降低成本上,战略成本管理都是促进公司发展的一个重要过程。同时,它也是一个新产品发展和持续改进的整体。为了确保决策中用到的成本是准确且有意义的,战略成本管理应基于总获取成本分析并且通过成本分析了解基本成本。

从供应链的角度来看,最低总拥有成本才是最终目标,应当带动实践并关注供应链的每一个细节,充分释放供应商创造价值的能力,仅从企业的角度了解价值的定义会使采购功能面临孤立的风险。

3.6　妥善管理供应链风险

企业应对供应链成本管理更加重视。以往公司更倾向于首先从金融角度来考虑风险问题,比如外汇汇率波动和利率变化的影响等,以及从业务连续性的角度考虑,如防范 IT 故障或内部运行中断。现在,公司需要充分意识到供应链中各节点的采购风险,同时具备危及公司健康运行的最大风险来自更广泛的供应链的意识。

供应链中存在着许多风险,企业需要做好风险管理工作,降低供应链的风险。库存管理师控制供应链风险的一种重要方式,合理的库存管理可以降低因供货中断造成的经济损失。合同时供应链管理中重要的风险管理工具,企业应制定完备的合同来确保企业的权益。

4　结　论

综上所述,企业是创建经济发展的基础,在新经济时代来临的背景下,应该加强企业各项工作,形成企业对自身、市场和发展的正确认知,营造企业循序渐进、不断成长的空间和环境。企业供应链管理是企业重要的管理工作内容之一,应该在明确企业供应链管理概念,掌握企业供应链管理内容的前提下,以强化管理观念、构建现代企业制度、利用信息技术、培育企业核心竞争力措施形成企业供应链管理提高的基础,真正发展和形成企业供应链管理的新方法,为企业迎接市场经济挑战,获得不断成长奠定坚实的基础。

根据我国经济发展的现状,并随着市场竞争的不断推进,各企业在供应链体系中的竞争反映在整个供应链体系中。采购管理在供应链体系中,通过整个供应链体系,对采购这种策略进行考察和设计,而且要将供应链管理要求的协调性、一致性和集体性体现出来。使整个供应链更加完善,所以采购管理在供应链管理中的运用是新时代的必须要求。

供应商管理模式督促企业降低采购成本、降低库存,从而协调整个供应链的流程运作,以取得整体效益最大化。因此,企业采购管理要适应供应链环境的要求,不断优化采购模式,最大限度地服务于企业的生产经营活动。

参考文献

［1］胡建波.供应链管理实务［M］.成都:西南财经大学出版社,2019.

［2］李陶然.采购作业与管理实务［M］.北京:北京大学出版社,2019.

［3］张艳.供应链管理［M］.北京:清华大学出版社,2019.

［4］刘永胜,杜志平,白晓娟.供应链管理［M］.北京:北京大学出版社,2019.

［5］李严峰,罗霞.物流采购管理［M］.北京:科学出版社,2019.

浅析项目管理工具在航空产品零部件生产中的应用

余定洪

（中国航空工业集团公司济南特种结构研究所，山东·济南，250023）

摘要：本文作者从事航空零部件生产多年，拟将国际管理项目标准如何应用到航空零部件生产项目中，同时将结合航空零部件自身生产特点相融合，利用项目管理中的工具，来管理好相关零部件生产项目。

关键词：项目管理；航空产品零部件；生产计划

1 引 言

日益加剧的市场竞争压力和科技变革迫使企业将项目作为管理内容中心的管理模式，一切将成为项目，要按此方式管理经营业务。项目经理对项目应完成的工作负有最终责任，使每一项工作在一定时间按时完成，一直是组织开展工作的关键。

所谓项目是在特定时间范围内完成的相互关联活动，为创造独特的产品、服务或成果而进行的工作。项目管理是由独特的管理哲学，一整套工作理念以及一系列计划和控制技术所组成的有机整体及其应用。整个项目实施过程包括项目的启动、策划、执行、监控、收尾；项目实施技术工具包括项目策划、工作分解结构（work breakdown structure，WBS）、网络图、自下而上的计划分解、风险识别与分析、知识经验积累及总结。航空零部件生产项目管理使用的项目管理工具中的产品或工作分解结构、Project 项目管理软件的使用显得尤为重要，以便在规定的范围、时间、质量等限制性条件下完成一定数量产品的交付，来满足组织对项目的利益追求。

2 项目管理概述

经过多年的发展，项目管理的应用得到前所未有的扩展。为更好地从事项目管理，国际上成立相应的组织结构，即国际项目管理协会。国际项目管理协会（International Project Management Association，IPMA）制定了项目管理的国际标准《PMBOK 指南》，它具体是一个框架、五大过程组和九大知识领域经过 IPMA 的整理和提升，五大过程组和九大知识领域已经成为项目管理中"圣经"，以过程组为经度、知识领域为纬度提供了项目工作控制所必须掌握的基本技能和知识。

启动、计划、实施、监控和收尾构成管理五大过程组作为项目管理的经度，项目整合管理、范围管理、时间管理、成本管理、质量管理、人力资源管理、沟通管理、风险管理、采购管理组成九大知识领域作为项目纬度，要成为一个优秀的项目管理者，必须掌握这些项目管理的基本知识及相应的技能。管理好生产项目，根据上述准则，笔者认为尤其应掌握如下几方面的项目知识，并应在项目管理实践中应用。

3 "圣经"原理同生产项目融合

根据航空零部件产品生产项目管理的特点及项目管理要求,在掌握五大过程组基础上,"圣经"中要求中项目知识领域重点掌握项目范围管理、时间管理、质量管理、沟通管理,管理项目才能的心应手。

3.1 "圣经"中经纬度流程在生产项目中应用

按照项目"圣经"中的原则,生产项目管理的流程同样可以分为经纬度两个要素,经度即生产项目管理的五大要素,分别是产品、部件、组件、零件、原材料;知识领域的纬度,分别是生产项目产品 EBOM(工程设计管理中的产品结构,描述零件与零件之间的关系,主要形成产品组成明细表、材料定额明细表)、MBOM(零件与零件之间的制造关系,跟踪零件的制造流程)、工作分解结构 WBS(Work Breakdown Structure)、生产计划的分解结构 PBS(Product Breakdown Structure)、PROJECT 项目管理软件、各项计划的编制、制造工艺规程 FO(Fabricate Order)、装配工艺规程 AO(Assembly Order)。生产项目管理框架见图 1。

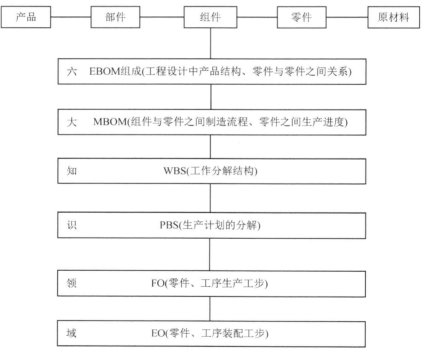

图 1　生产项目管理流程

3.2 WBS 结构与 PERT 技术

管理好一个生产项目,在掌握项目经纬度基础上,运用项目管理中的工作分解结构工具进行项目分解。所谓工作分解结构,即按照 PMBOK 指南要求工作分解结构必须以可交付成果为导向,即对任何复杂的工作,只要分解到一定层次,就会变成简单工作,找到工作的切入点。为此,在项目编制计划之前,按照如下步骤编制工作分解结构图。

首先,了解和认知项目的 EBOM,按照产品分解结构 WBS(work breakdown structure)将生产项目按照产品、部件、组件、零件原材料进行分解,四个层级的关联所在(见图 2),对于工作分工和工作计划,主要方法是 WBS 和 PERT 技术,依照产品的分解结构和工作特性建立的,依此系统地、分级地描述完成一个产品/部件/零件所必须完成任务,在按照任务职责进行工作分工分派。

其次,各个要素之间靠加工、装配顺序相关联,零件分解到工序,工序的依据制造工艺规程 FO(fabricate order),装配关系和顺序的表述方式是装配工艺规程 AO(assembly order)(见图 3);同时借助于对项目的分解,对各项物料数料加以提前规划(见图 4)。

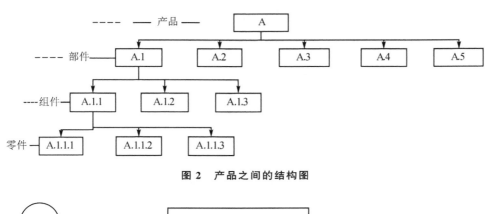

图 2　产品之间的结构图

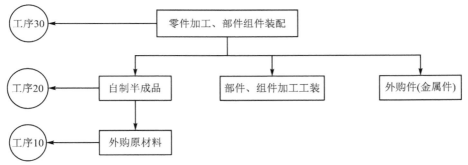

图 3　装配工艺规程

图 4　各项物料采购计划

3.3　Project 与计划编制

在完成可分解交付成果后,对项目编制实施计划和进行计划的监控,编制项目计划的项目经理熟练掌握项目管理软件 Project 的使用,按照工作分解任务,在该软件中对项目完成进度、名称、工期、开始完成时间、责任单位、资源名称等项目实施有关因素编制项目实施计划。生产项目进度计划主要内容如下。

3.3.1　计划制订

建立产品计划控制基线,形成产品零组件交付计划,计划包括网络图。

3.3.2　计划编制

进度计划实施分级管理,各级进度计划负责人组织完成本级进度计划的编制审查,解决计划中不协调的问题,确保产品装配计划配套要求,项目经理对产品交付计划进行审查,明确产品进度基线。通常工序级计划按照任务(策略及分析)、生产(加工)能力的平衡、计划的编制、计划下发四个步骤展开工作。一个好的计划员通常应掌握本中心(车间)从事项目生产的相关流程中具备要素,通常包括承担任务、任务中需求承担的班组、人员、标准排产、工艺路线、转工及在制品库存、工装、加工设备。

(1)任务分析

承担工序任务中心的计划是在收到组织职能部门计划的同时,对承担任务进行全面汇总及整理,确保当期的任务无遗漏。任务汇总中按照排定计划中型号、零件号、各班组承担任务进行分类,同时根据承担任务的情况,按照制造(装配)大纲(AO FO 工艺规程中工序的加工设备)、班组及工段中心数量 80% 的设备,工装为关键资源设备,同承担任务的需求进行对比分析,根据分析的结果,评估出完成计划的措施及实施方案,见表 1。

表 1　生产工序任务分析表

生产批次号	名　称	数　量	当前工序	计划完成工序	计划完成日期	备　注
XX						
XX						
…N						

在进行任务分析、分类、对承担任务前期的物料、工装、工艺技术状态的检查,并分析能力后,将排定的工序计划下发到班组,见表 2。

表 2　工序加工流程及相关时间

序　号	零　件	数　量	工序内容	生产准备时间	加工时间	小　计
			工序 1			
			工序 2			
			工序 N			

(2)能力测定

$$设备资源负荷率 = \frac{所有零件月能力需求(小时)}{资源可提供的加工能力需求(小时)} \times 100\%$$

人力资源负荷率 = 计划下达的品种数量 × 产品单件实做工时/月开工天数 × 每天班次 × 每班开工时间 × 设备完好率

(3)排产策略

按照先到先加工(即零件送至该工序顺序加工)、最短时间加工优先(按照加工时间递增的顺序进行连续加工)、最早交付周期优先(按照交货期递增顺序进行加工)、客户等级、订单的重要程度、后续流程长短等排产。

(4)排产结果

当承担任务中需求的人能力工时大于中心(班组)实有工时,则应采取延长工作时间加班方式进行生产,反之亦然。资源能力负荷率大于任务需求负载率时,加班或委外生产及加工,计划编制及下发,见表 3。

表 3　计划编制结果

零件名称	数　量	工序内容	生产准备时间	加工时间	加工设备
		工序 1			
		工序 2			
		⋮			
		工序 N			

3.3.3　偏差信息

在产品制造过程中,项目经理应当按照用户交付计划的规定对项目进度计划执行情况进行定期检查,收集进展信息,逐级上报产品中部件、零件加工进度绩效信息,开展偏差分析。

3.3.4　偏差分析

应识别进度计划产生偏差的根本原因,包括有利的和不理的偏差,采取措施以确保不利的偏差不影响项目目标。进度监控过程要形成记录,作为项目绩效评估报告的一部分。

3.3.5　偏差监控

项目监控过程是跟踪项目进展,定期分析和测量项目绩效。由于设备故障、停工待料、质量问题、员工缺勤等突发事件的影响,生产进度不能完全按照事先安排的计划进行,监控计划与实施的差距,评估工作是提前、正常、滞后,然后进行针对性的调整,编制赶工计划,更新项目进度,从而减少工序不顺畅导致的工期延误,以保障项目按照计划进行。项目计划、实施与监控详图如图 5 所示。

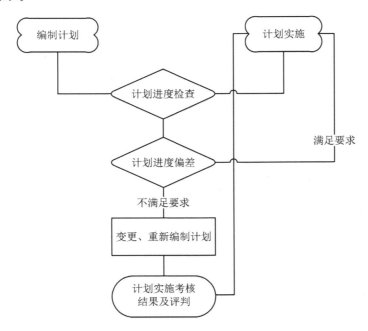

图 5　项目计划、实施与监控详图

4 生产项目相关国军标

航空零部件生产项目的特殊性在于质量管理执行国家军方制定的相应标准，分别为国军标和航标（见表 4）。项目经理掌握同零部件生产的自身单位根据国军标编制的质量程序及相关制度，具体是生产与服务控制程序、生产准备控制程序、首件检验控制程序、关键（特殊）过程控制程序、不合格品控制程序、产品图样控制程序，还应掌握从事军品生产的国军标中对产品要求，在实际工作中遇到问题，首要从标准或程序中去寻找解决问题方法、步骤。

表 4 生产相关的国军标标准

序 号	标准号	国军标名称
1	GJB 3363—1998	生产性分析
2	GJB 2102—1994	合同中质量保证要求
3	GJB 467A—2008	生产提供过程质量控制
4	GJB 909A—2005	关键件和重要件的质量控制
5	GJB 5296—2004	多余物控制要求
6	GJB 571A—2005	不合格品管理
7	GJB 5711—2006	装备质量问题处理通用要求（军代表）
8	GJB/Z 3—1988	军工产品质量问题处理规范（军代表）
9	GJB 3206A—2010	技术状态管理
10	GJB 5709—2006	装备技术状态管理监督要求（军代表）
11	GJB 1330—1991	军工产品批次管理的质量控制要求
12	GJB 3920A—2006	装备转厂、复产鉴定质量监督要求（军代表）
13	GJB 939—1990	外购器材的质量管理
14	GJB 1404—1992	器材供应单位质量保证能力评定
15	GJB 5714—2006	外购器材质量监督要求（军代表）
16	GJB 3677A—2006	装备检验验收程序（军代表）
17	GJB 3916A—2006	装备出厂检查、交接与发运质量工作要求（军代表）
18	GJB 726A—2004	产品标识和可追溯性要求
19	GJB 145A—1993	防护包装规范
20	GJB 443—1992	产品包装、装卸、运输、贮存的质量管理要求
21	GJB 968—2000	军用飞机用户技术资料通用要求
22	GJB 2489—1995	航空机载设备履历本及产品合格证编制要求
23	GJB 5572—2006	机载设备维修手册编制要求

5 生产项目相关航标

生产项目相关航标见表 5。

表 5 航空零部件生产相关的航标标准

序 号	标准号	航标标准
1	HB 6725	生产作业计划管理
2	HB 6726	生产调度工作管理
3	HB 6727	在制品管理
4	HB 6728	生产过程中库房管理
5	HB 6729—93	生产现场管理
6	HB 6730—93	航空产品试制生产管理

6 项目工艺文件

生产项目计划管理中工艺文件相关内容。生产组织的工艺文件,通常分为指令性工艺文件、生产性工艺文件、管理性工艺文件、基础性工艺文件四个部分。

6.1 指令性工艺文件

指令性工艺文件是编写生产性、管理性工艺文件的依据,也是编制生产计划依据,表现形式有产品总工艺方案、工艺分工目录、技术通知单。

6.2 生产性工艺文件

生产性工艺文件用于零部件生产、操作、检验,主要有各工序的工艺规程、工序流水卡。

6.3 管理性工艺文件

管理性工艺文件用于零部件生产前的准备、器材的供应,主辅材定额和工艺装备目录。

6.4 基础性工艺文

基础性工艺文件是工艺文件的标准化、规范化、系列化的具体表现,有各种通用的工艺规程、说明书、工艺标准和工艺手册。

7 项目沟通

按照"圣经"中的知识管理,管理好一个项目,特别是项目生产项目,项目沟通管理会起到非常重要作用。对于管理项目人员来讲,项目经理应该是一个通才,而不是专才,必须具备出色的领导才能、沟通技巧和协调才能,其主要作用组织项目团队做事。据不完全统计,项目经理每天花 80% 以上的时间来做人际沟通和工作协调,这足以说明沟通管理在实施项目中所起到作用。有效地沟通常常会为项目成功带来意想不到的效果。

为在项目中实施有效的沟通,项目经理应按照图 6 建立相应的沟通系统模型,识别出项目团队中的关系人,做到正确的编码和解码,选择正确的沟通途径,消除沟通中主客观障碍,去除沟通中的噪声,并进行有效反馈。

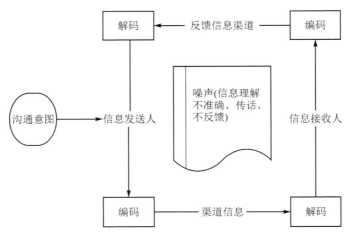

图 6　沟通系统模型

8　结束语

通过对生产项目的分解、Project 计划的熟练应用、掌握应有的相关的国军标准及质量程序文件和实施有效的沟通，并对从事每一个项目工作进行提炼及总结，提炼出重要的经验教训，形成个人管理项目过程资产，对项目收尾后总结评价，项目管理就会取得成功。

其实项目管理对日常工作和生活也非常有用。有一位哲人说过：我们需要站在前人的肩膀上才能看得更远。对于从事项目管理工作的人来说，最重要的是善于把过去的每个经历当做一个通向更高位置的台阶，不断总结，不断推升，以便更好地推动后续项目的管理工作。